최근 제품 개발에 대한 기업 분위기를 살펴보면 혁신적인 측면 없이는 주도권 경쟁에서 살아남기가 쉽지 않습니다. 특히 제품 개발 주기가 빠르거나 원가 경쟁력이 중요한 제품의 경우에는 치열한 기술경쟁이 이루어지고 있습니다. 새로운 분야의 블루오션을 겨냥한 제품뿐만 아니라 기존의 제품에서 원가를 절감하고, 경량화를 실현하거나, 신뢰성을 높이는 등의 연구는 끝이 없어 보입니다. 제품개발 및 시행착오가 비용에 미치는 영향은 생산단계보다 설계단계에서 그 효과가 훨씬 커서 설계상의 작은 실수 때문에 엄청난 규모의 리콜을 유발할 수도 있고, 막대한 손해를 입을 수도 있습니다.

초창기의 유한요소해석은 원자로에 대한 내진해석처럼 실험이 불가능하거나 항공기처럼 안전상의 이유로 실험을 할 수 없는 곳에서 시작되었지만, 이제는 다양한 제품에 대한 개발 및 검증을 위한 일반적인 단계로 보아야 할 시기가 되었습니다.

이 책은 ANSYS를 쉽게 사용하고자 하는 많은 분들의 요청에 의해 발간을 계획하게 되었고, 시간과 정열을 아끼지 않은 고마운 직원들의 힘으로 모습을 나타내게 되었습니다.

ANSYS의 버전이 높아짐에 따라 본 교재의 내용도 수정, 보완될 예정이오니 오류를 고칠 수 있도록 기탄없이 저희에게 알려주시고 질책해 주시길 기다리겠습니다.

2017년 08월

(주)태성에스엔이 FEA사업부

차례

01 ANSYS 소개

02 ANSYS 시작하기

03 ANSYS Mesh 시작하기

04 ANSYS Mechanical 시작하기

MECHANICAL 편 제6판

ANSYS 18.0 왕초보 탈출하기

tSNE (주)태성에스엔이 FEA사업부 엮음

Σ 시그마프레스

ANSYS 18.0 왕초보 탈출하기, 제6판 – MECHANICAL 편

발행일 2017년 9월 1일 1쇄 발행

엮은이 TSNE (주)태성에스엔이 FEA사업부
발행인 강학경
발행처 (주)시그마프레스
디자인 이상화
편 집 김은실

등록번호 제10－2642호
주소 서울특별시 영등포구 양평로 22길 21 선유도코오롱디지털타워 A401～403호
전자우편 sigma@spress.co.kr
홈페이지 http://www.sigmapress.co.kr
전화 (02)323－4845, (02)2062－5184～8
팩스 (02)323－4197

ISBN 978-89-6866-988-0

이 도서의 국립중앙도서관 출판예정도서목록(CIP)은 서지정보유통지원시스템 홈페이지(http://seoji.nl.go.kr)와 국가자료공동목록시스템(http://www.nl.go.kr/kolisnet)에서 이용하실 수 있습니다.(CIP제어번호 : CIP2017020972)

07 진동 해석

08 다물체 동역학 해석

09 피로 해석

10 전기-열 해석

11 최적화 해석

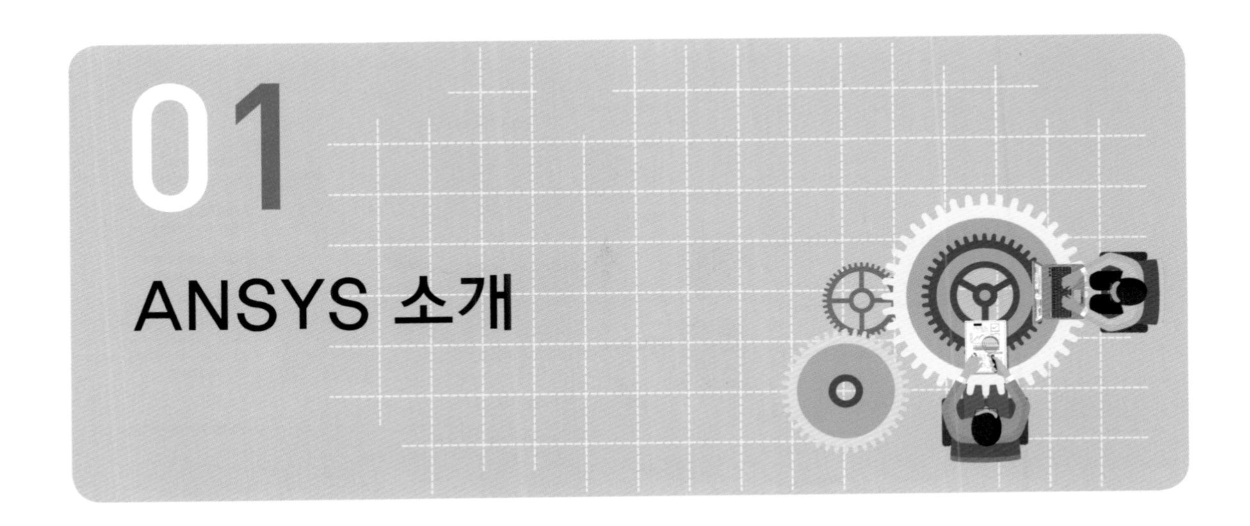

01 ANSYS 소개

1.1 ANSYS Workbench

ANSYS Workbench에서는 다물리계(Multiphysics)의 해석들을 구성하여 System단계의 솔루션을 얻을 수 있습니다.

Workbench Platform은 데이터 통합관리 및 변수제어를 기반으로 구조해석, 유동해석, 전자기장해석을 독립적으로 진행하거나 각 물리계 해석들을 연동하여 연성해석(Multiphysics Analysis)을 할 수 있도록 개발되었습니다. 이와 같은 Platform은 〈그림 1.2〉와 같이 우리가 어떤 제품을 개발해야 하는 경우에 다양한 분석을 고려할 수 있도록 구성되어 있습니다.

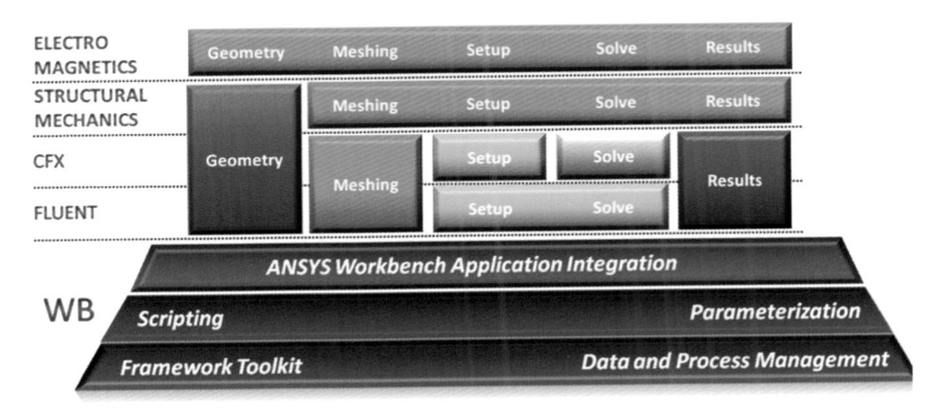

그림 1.1 ANSYS Workbench Platform의 구조

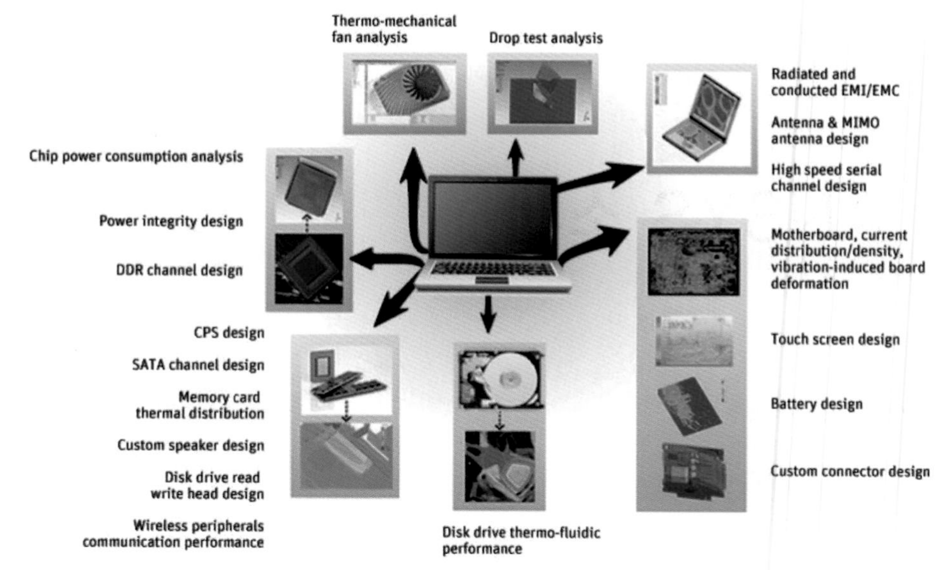

그림 1.2 Multiphysics Solution이 요구되는 제품 개발환경

ANSYS Workbench에서는 구조, 온도, 전자기장, 유체, 낙하, 충돌 등의 상호작용을 고려하는 연성해석(Coupled-field Analysis)을 수행할 수 있으며, CAD 인터페이스 및 유한요소모델(Mesh) 생성 등의 전처리 환경과 폭넓은 분석 기능을 갖춘 후처리 환경, 설계 최적화 도구, 데이터 관리 및 작업 효율을 높이기 위한 기능들을 포함하고 있습니다.

통합된 작업환경에서는 〈그림 1.3〉과 같이 서로 다른 물리현상을 계산하는 System을 쉽게 연결할 수 있으며, 〈그림 1.4〉와 같이 독립된 혹은 상호작용이 존재하는 문제를 계

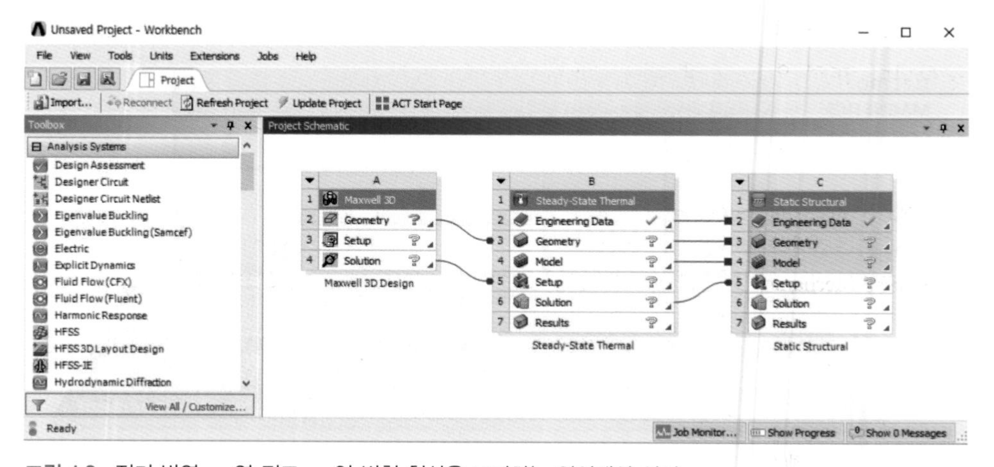

그림 1.3 전기 발열 → 열 전도 → 열 변형 현상을 고려하는 연성해석 설정

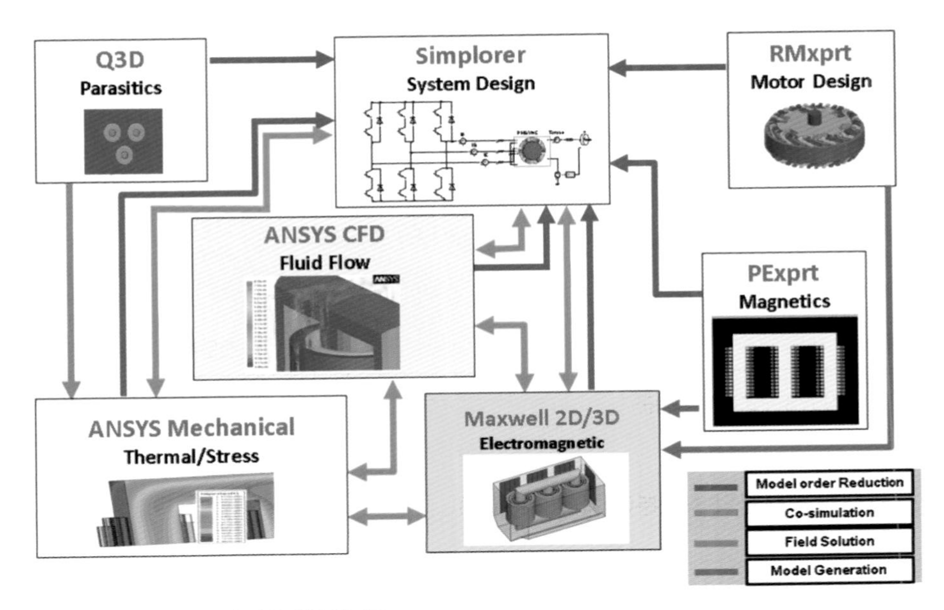

그림 1.4 다양한 물리계의 연성해석 관계도

산하게 됩니다.

1.2 ANSYS 제품군 분류 및 해석 영역

1) 구조해석 제품군

ANSYS의 구조해석 제품군은 구조물의 선형 및 비선형 해석, 동역학 해석을 지원하는 솔루션으로 포괄적인 엔지니어링 문제에 대응하는 다양한 요소, 재료 모델 방정식을 제공합니다. 또한 음향, 압전, 전열-구조 등의 연성해석 기능도 갖추고 있습니다.

표 1.1 ANSYS 구조해석 제품군

- ANSYS Mechanical Enterprise
  ✓ 모든 구조해석 및 AQWA, SCDM, DX, ACP, AIM 등의 추가 모듈 사용 가능
- ANSYS Mechanical Premium
  ✓ 선형/비선형 정적 해석 및 선형 동적 해석, 열해석, 피로해석
- ANSYS Mechanical Pro
  ✓ 기본적인 구조, 열, 진동, 피로해석 기능
- ANSYS DesignSpace
  ✓ 선형 구조 해석, 열전도해석

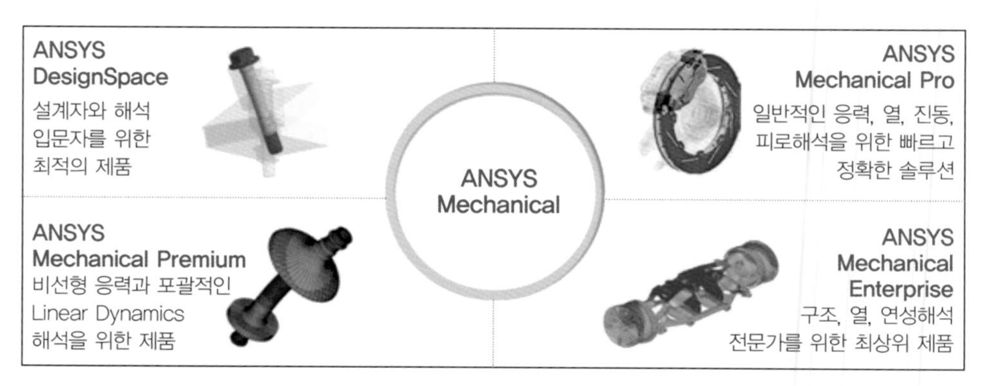

그림 1.5 ANSYS 구조해석 제품군

■ 구조해석 제품군의 활용분야 사례(Implicit)

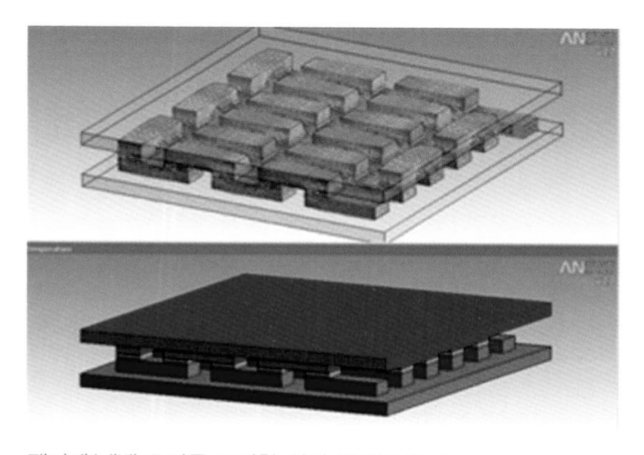

펠티에/제벡 효과를 고려한 열전 냉각기 해석

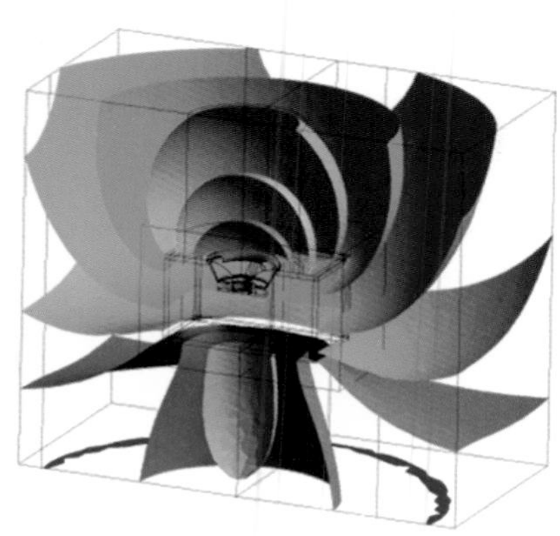

스피커의 음향해석

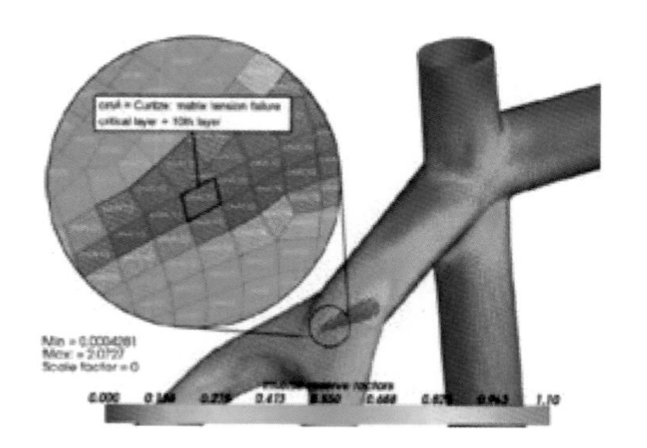

하중에 의한 복합재의 파손범위 예측 해석

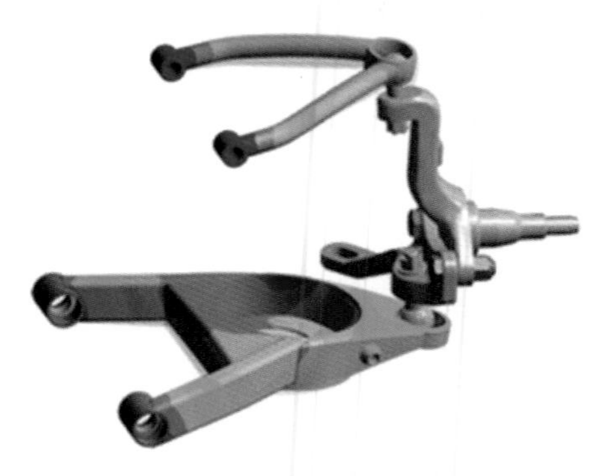

서스펜션 시스템의 과도 탄성역학 해석

그림 1.6 구조해석 제품군의 활용분야 사례

충격이나 폭발과 같이 순간적으로 큰 하중을 이용하는 문제에서는 ANSYS의 Explicit Dynamic Solution을 이용하여 문제를 해결할 수 있습니다.

ANSYS Explicit Dynamic Solution은 극도의 하중을 받는 구조물에 어떠한 거동이 발생하는지를 예측할 수 있으며 순간적인 큰 변형, 재료의 비선형성, 구조체와 유동체 간의 상호작용에 대한 문제들을 쉽고 정확하게 해결할 수 있습니다. 또한 이런 특수한 상황들에 대한 높은 비선형 동적 거동 해석들을 단시간에 해석할 수 있는 장점을 가지고 있습니다.

■ 구조해석 제품군의 활용분야 사례(Explicit)

터미널 압착 및 심선 거동 해석

야구 배트 반발력 효과 검증

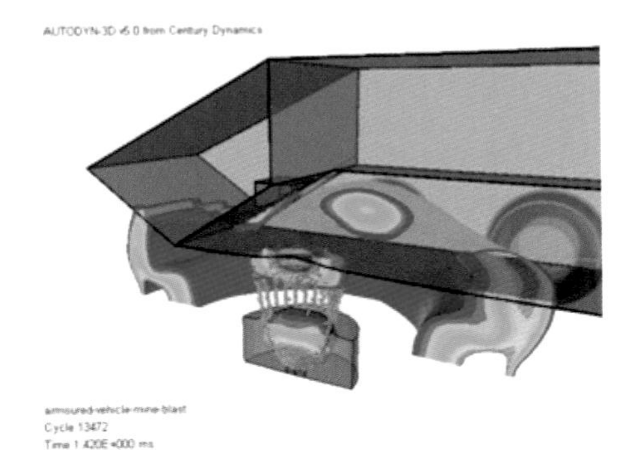

지뢰 폭발에 따른 장갑차 파손

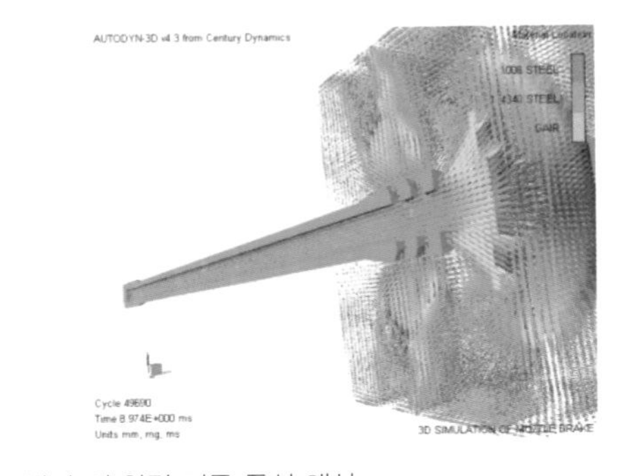

포 발사 시 압력 거동 특성 해석

그림 1.7 구조해석 제품군의 활용분야 사례(Explicit)

ANSYS는 요소에 대한 가장 진보된 해석 알고리즘을 사용합니다. 좌굴, 붕괴, 동적 해석과 비선형 등에 폭넓게 응용할 수 있도록 Beam, Pipe, Shell, Solid, 2D Planar/Axisymmetric, 3D Axisymmetric 요소 등의 많은 라이브러리를 제공하고 있습니다. 특

수 목적을 위해서 사용되는 라이브러리는 Gasket, Joint, 인터페이스 요소 및 복합 적층 구조에 대한 Layered 요소 등을 제공합니다.

표 1.2 ANSYS 사용가능한 요소들

Solid Elements	Coupled-Field Elements
2D Quad/Tri	Pore Pressure Elements
3D Hexa/Tetra/Wedge/Pyramid	Fluid-Thermal
Layered Solids	Magneto-Structural
Solid Shell	Thermal-Electric
4-Node Tetra	Hydrostatic Fluid Elements
Shell Elements	**Special Elements**
Lower/Higher Order	Rebars/Reinforcements
Layered Shells	Link/Pipe/Elbow
Beam Elements	Spring/Joint
	Cohesive Zone
Multi-Material Beam Analysis	Gasket
Beam Cross Section Definition	User Elements

설계나 엔지니어링 프로그램의 결과를 분석하기 위해서는 재료의 거동을 이해하고 정확하게 구현하는 것이 중요합니다. ANSYS는 탄성, 점탄성, 소성, 점소성, 크리프, 초탄성, 가스켓, 이방성 등의 광범위한 재료 모델을 제공합니다. 이와 같은 재료 모델을 사용하여 금속, 고무, 플라스틱, 유리, 콘크리트, 신체 조직, 특수합금 등의 다양한 종류를 시뮬레이션할 수 있습니다. 또한 재료 모델에 대한 매개변수를 찾을 수 있도록 Curve Fitting 도구를 제공합니다.

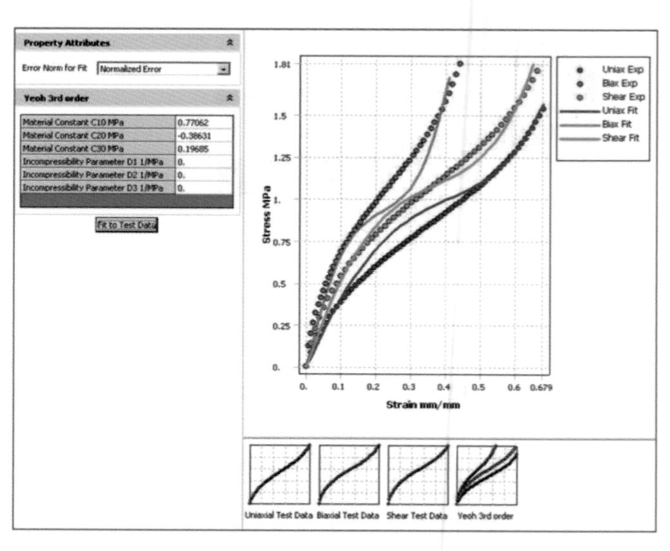

그림 1.8 매개변수 추출을 위한 Curve Fitting 도구

표 1.3 ANSYS에서 사용가능한 물성

Material Models	Other Models
Isotropic/OrthotropicElasticity	Case Iron Plasticity
Multilinear Elasticity	Drucker-Prager
Hyperelasticity	Shape Memory Alloy
Anisotropic Hyperelasticity	Swelling Material Model
Bergstrom-Boyce	Gasket Material
Mullins Effect	Concrete
Plasticity	Gurson Damage
Viscoelasticity	User Define Material
Viscoplasticity	
Creep	

2) 유동해석 제품군

전산유체역학(CFD)은 유체와 관련된 물리현상을 계산하는 엔지니어링 기법입니다. ANSYS CFD는 세계적으로 유명한 ANSYS Fluent와 ANSYS CFX의 두 제품을 사용할 수 있습니다. ANSYS Fluent와 ANSYS CFX는 범용 유체 해석 소프트웨어 중에서도 특히 우수한 평가를 받고 있는 제품이며, 높은 신뢰성과 뛰어난 기능으로 다양한 분야에 적용되고 있습니다. 그 외 최근에 인수한 결빙 해석 소프트웨어인 FENSAP-ICE와 IC엔진 해석 소프트웨어인 Forte도 포함되어 있습니다.

표 1.4 ANSYS 유동해석 제품군

- ANSYS CFD Enterprise
  - ✓ 범용 열 유동해석
  - ✓ ANSYS FLUENT/CFX를 포함한 유동해석 제품 사용 가능
  - ✓ FENSAP-ICE, Forte, Polyflow, DX, Simplorer Entry 등의 추가 모듈 포함
- ANSYS CFD Premium
  - ✓ 압력/밀도 기반 정상/비정상 상태의 유동해석
  - ✓ 다양한 난류모델 및 다상해석기능 지원

■ 유동해석 제품군의 활용분야 사례

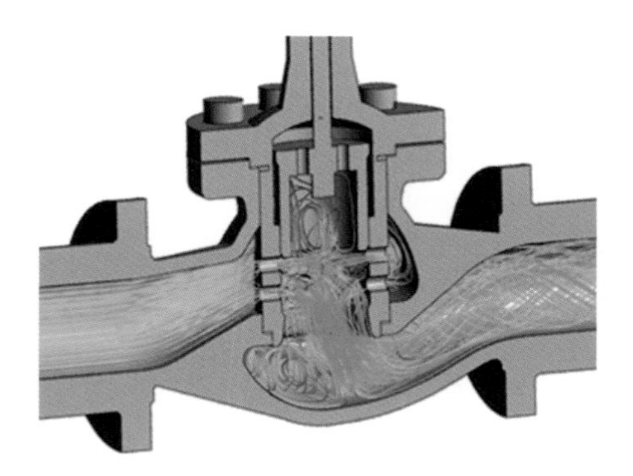

밸브를 통과하는 유동 특성 분석

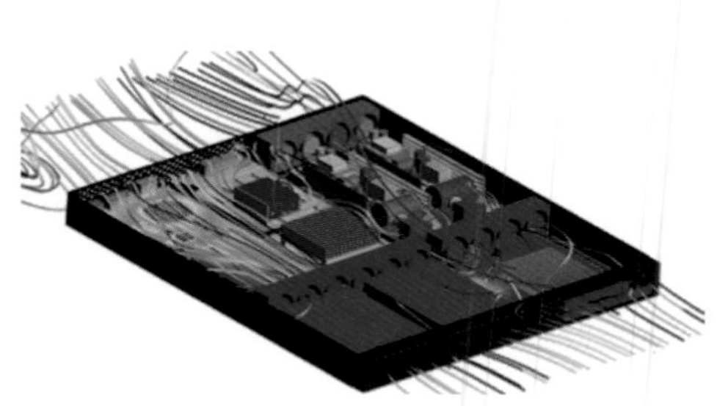

전자장비의 냉각해석 온도 분포

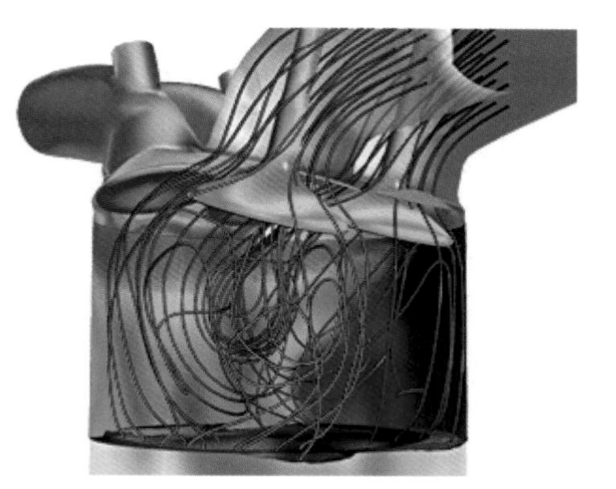

가솔린 엔진의 내부 연소과정 분석

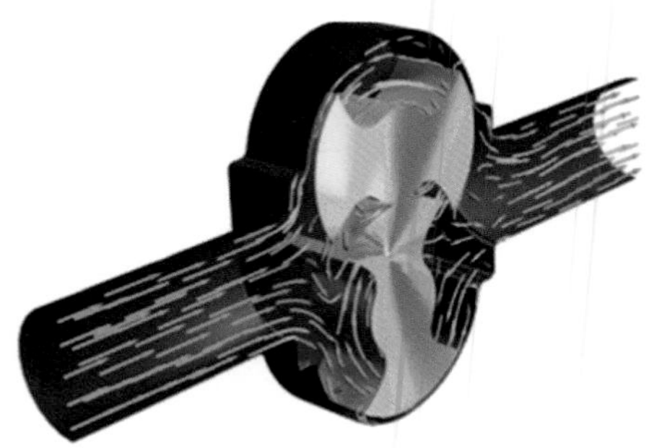

로터의 회전을 고려한 유체 흐름 분석

그림 1.9 유동해석 제품군의 활용사례

3) 전자기 회로 시스템 분석 제품군

ANSYS는 고성능 전자 장비와 전기 기기의 설계를 위한 전자기, 회로 및 시스템 분야 시뮬레이션을 선도하는 프로그램입니다. 세계 유수의 기업들은 이동 통신, 인터넷 접속, 광대역 네트워킹 부품과 시스템, 집적 회로(ICs) 및 인쇄 회로 기판(PCBs) 설계에 ANSYS의 전자기 솔루션을 사용하고 있으며, 그 외에도 자동차 부품 및 전력 전자 시스템과 같은 전기 기기 시스템 설계에도 ANSYS의 전자기 솔루션을 활용하고 있습니다. ANSYS HFSS, ANSYS SIwave와 ANSYS Maxwell과 같이 업계 표준으로 자리 잡은 제품들을 사용함으로써 여러 차례의 시제품 제작을 반복하지 않고도 전자 제품의 성능을 예측할 수 있습니다.

표 1.5 ANSYS 전자기 해석 제품군

EM(Electro-Mechanical/Electro-Magnetic)	
• ANSYS Maxwell 2D/3D ✓ 2D/3D 저주파 전자장 해석 • ANSYS PExprt ✓ Analytic 방법 및 2D FEM을 이용한 인덕터/변압기 설계 및 해석 • ANSYS RMxprt ✓ 자기 등가회로법을 이용한 모터 설계 및 해석	• ANSYS Simplorer ✓ 통합(융합) 시스템 시뮬레이션 Circuit Simulator Block Diagram Simulator State Machine Simulator
SI(Signal Integrity)	
• ANSYS Q2D/Q3D Extractor ✓ MOM 기법을 이용한 Parasitic R L C G matrix를 주파수별로 추출하여 Spice/IBIS 모델을 자동 생성	• ANSYS SIwave ✓ Full-wave FEM을 이용한 PCB, IC Package의 SI/PI/EMI 해석
HF(High Frequency)	
• ANSYS HFSS ✓ 3D 구조의 고주파 전자장 해석	• ANSYS Designer ✓ Signal Integrity 통합 설계 ✓ High Frequency 통합 설계

■ 전자기 회로 시스템 분석 제품군의 활용분야 사례

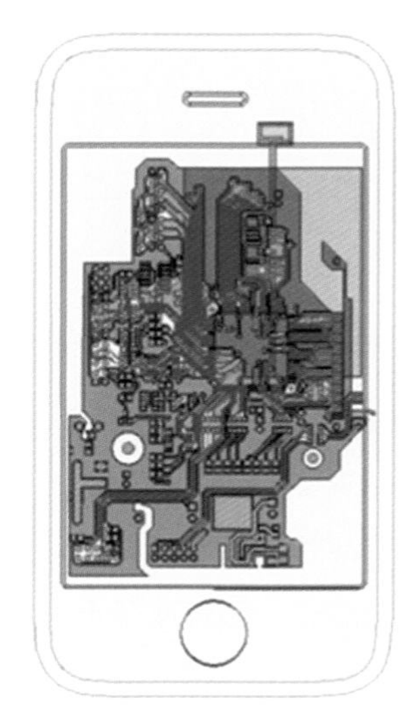
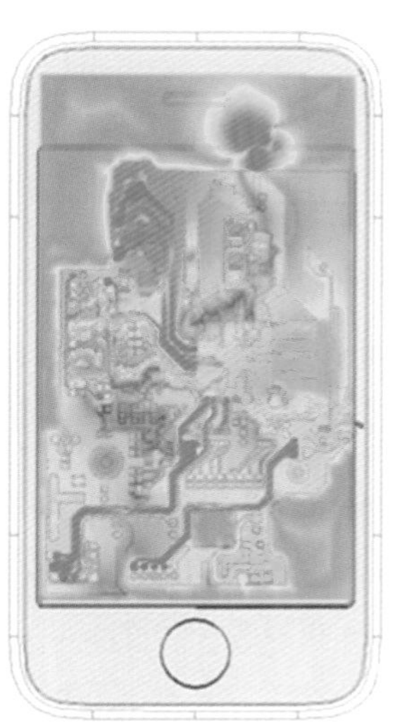

휴대전화의 EMI 방사 분석

그림 1.10 전자기 회로 시스템 분석 제품군의 활용사례

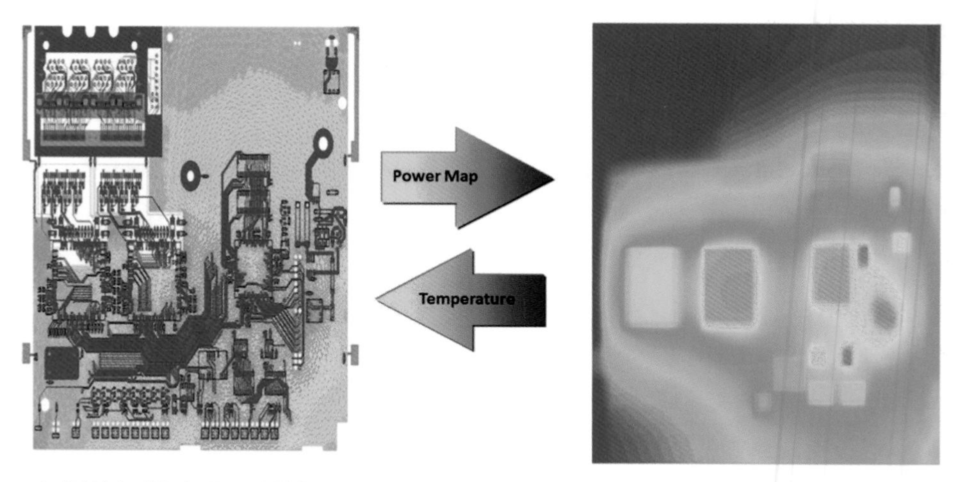

소비전력과 전류밀도를 고려한 온도 분포 분석(ANSYS SIwave와 Icepak 사용)

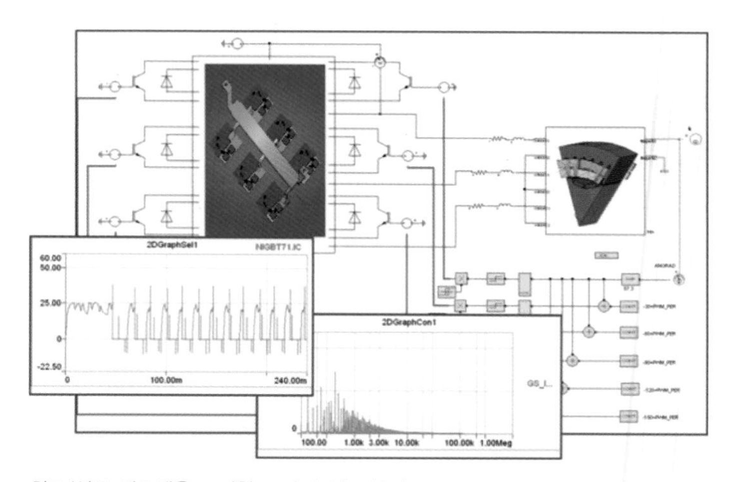

회로/신호 시스템을 고려한 모터의 성능 분석

그림 1.10 전자기 회로 시스템 분석 제품군의 활용사례 (계속)

4) ANSYS Workbench의 확장성

ANSYS Workbench는 Open Platform을 지향하고 있습니다. Python Journal file을 사용하여 자동화 해석환경을 구현하거나, MATLAB, Excel과 같은 외부 S/W들과 Data를 주고받는 해석환경을 구현할 수 있습니다. 이러한 기능들을 구현하는 방법들 중에 ACT(Application Customizing Toolkits)를 이용하는 방법이 있습니다. ACT(Application Customizing Toolkits)의 세부내용을 살펴보면 다음과 같습니다.

■ ANSYS Application Customizing Toolkits(ANSYS ACT)

ANSYS는 이제 기본적으로 설치되는 프로그램에 여러 가지 다양한 기능을 모두 탑재하지 않고, 스마트폰과 같이 사용자마다 추가로 필요한 기능을 다운받아서 사용할 수 있는 App Store(http://appstore.ansys.com)를 제공하여, 기본 프로그램은 가볍게 유지하고, 필요한 기능은 선택적으로 다운받아 사용할 수 있도록 제공하고 있습니다. App Store에 업로드된 ACT Extension들은 ANSYS WB에서는 제공하지 않거나 번거로웠던 작업을 쉽게 할 수 있도록 개발한 일종의 플러그인 모듈이라고 할 수 있으며, ANSYS 정식 사용자라면 ANSYS Customer Portal에 접속하여 필요한 기능들을 다운받은 후 Workbench 환경에 설치하여 사용할 수 있습니다.

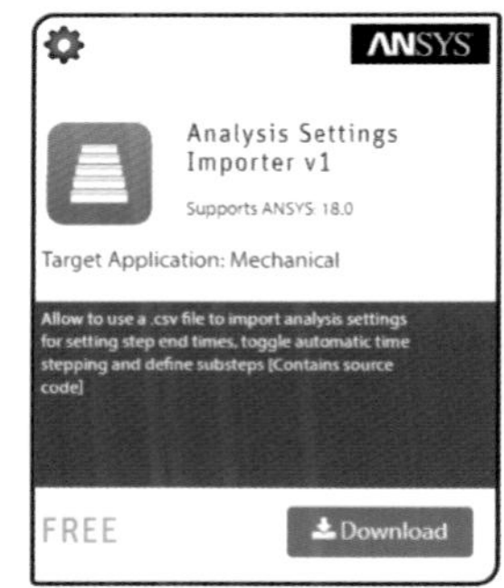

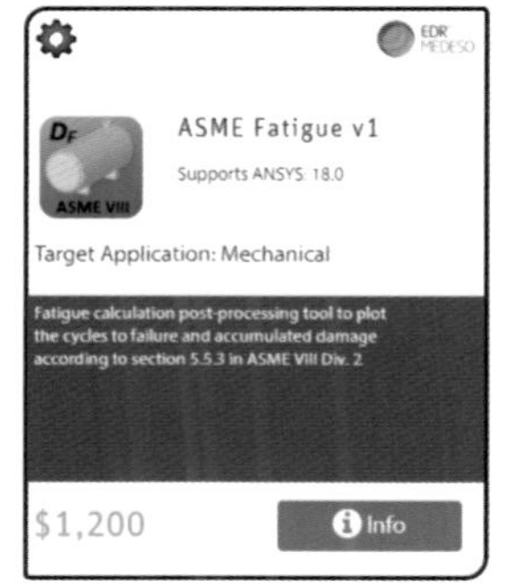

그림 1.11 ANSYS ACT Extension Library 목록 중 일부

02 ANSYS 시작하기

2.1 ANSYS 설치 컴퓨터 제원 및 설치 순서

1) 컴퓨터 제원

ANSYS Workbench는 범용 유한요소 해석 프로그램으로 시스템 자원을 비교적 많이 필요로 하는 대형 응용 프로그램에 속합니다. 따라서 몇 가지 기본적인 사항이 충족되어야만 무리 없이 ANSYS를 실행시킬 수 있습니다. 단, 아래 시스템은 개인 컴퓨터를 기준으로 한 것이며, ANSYS 실행에 필요한 최소 사양입니다. 여기에서 주의할 사항은 보조저장장치의 경우 프로그램 설치를 위해 필요한 최소 공간이기 때문에 설치 이후에 프로그램 구동에 필요하게 되는 최소 4~5GB의 작업공간까지 고려해야 합니다. 보다 자세한 내용은 ANSYS 홈페이지의 Platform Support를 참고하시기 바랍니다.

ANSYS 홈페이지 Platform support 주소_http://www.ansys.com/Support/Platform+Support

〈표 2.1〉의 요구사항은 ANSYS Workbench를 수행하기 위한 최소 기준이며, 복잡한 제품을 해석하기 위해서는 보다 높은 사양이 필요할 수 있으며, 각 제품군에 따른 시스템 사양은 Platform Support 홈페이지에서 확인해야 합니다.

설치 시 꼭 확인해야 하는 사항은 ANSYS사의 제품군은 한글을 지원하지 않기 때문에 컴퓨터의 이름이 한글이거나 로그인 계정이 한글인 경우에 실행이 되지 않을 수 있습니다. 확인한 후에 영문으로 변경하고 설치를 시작해야 합니다.

표 2.1 ANSYS 설치를 위한 최소한의 시스템 사양

ANSYS 설치를 위한 시스템 요구사항	
중앙처리장치(CPU)	Intel 및 AMD CPU 지원
메모리(RAM)	최소 4GB 이상, 8GB(64bit) 권장
설치공간(HDD)	각 제품당 설치 용량 확인(최소 4~5GB)
그래픽 출력장치(VGA)	AMD : RirePro, FirePro W, Radeon Pro NVDIA : GeForece, Quadro 계열 지원 Intel : Iris Pro Graphics
운영체제(O/S)	Windows 7, Windows 8, Windows 10 Windows Server 2012 R2 Standard Edition Red Hat Enterprise Linux(RHEL) 6.7 and 6.8 Red Hat Enterprise Linux(RHEL) 7.1, 7.2 and 7.3 SUSE Enterprise Linux Server(SLES) 11 SP3 and SP4 SUSE Enterprise Linux Server & Desktop(SLES/SLED) 12 SP0 and SP1 CentOS 7.3 (some products only) (*운영체제는 64bit만 지원)

2) 프로그램 설치

ANSYS 구조해석 제품은 해석 범위에 따라 ANSYS Mechanical Enterprise, ANSYS Mechanical Premium, ANSYS Mechanical Pro 등 여러 가지 제품으로 나뉘어 있습니다. 하지만 제품 종류에 따른 설치 방법의 차이는 없으며, 보유한 라이선스에 따라 제품의 종류가 결정됩니다. 자세한 설치 방법은 태성에스엔이 홈페이지 → 기술지원 → '제품 설치안내' 게시판 자료를 참고하시기 바랍니다.

태성에스엔이 홈페이지 주소_http://www.tsne.co.kr

2.2 ANSYS Workbench 실행

ANSYS Workbench의 실행방법에는 두 가지가 있습니다.

1) ANSYS Workbench 아이콘 실행

Workbench 모듈들은 하나의 아이콘으로 실행됩니다.

▸ 경로 : 윈도우 > ANSYS [Version] > Workbench [Version]

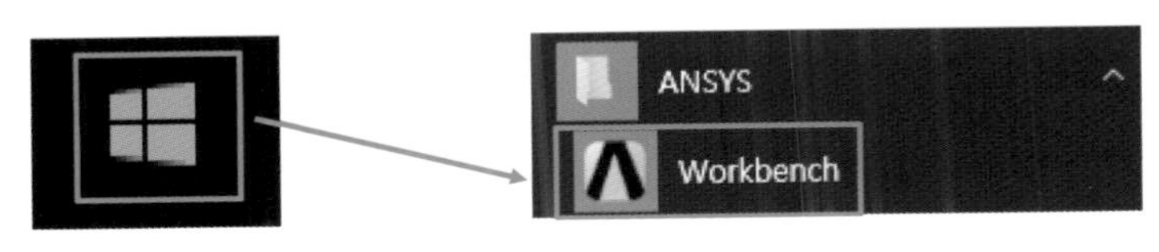

그림 2.1 ANSYS 실행

2) CAD Program으로부터 실행

① CAD Program 설치 후 ANSYS Workbench를 설치하면 CAD Program 메뉴에 ANSYS 항목이 생성됩니다. (단, 해당 License 및 Plug-In 기능을 지원하는 환경에서 가능합니다.)

② CAD Program에서 Modeling 작업 후, 메뉴에서 ANSYS의 Workbench를 실행합니다.

③ ANSYS Workbench는 자동으로 Geometry System을 구성하고, 작업 중이던 CAD Model을 적용합니다.

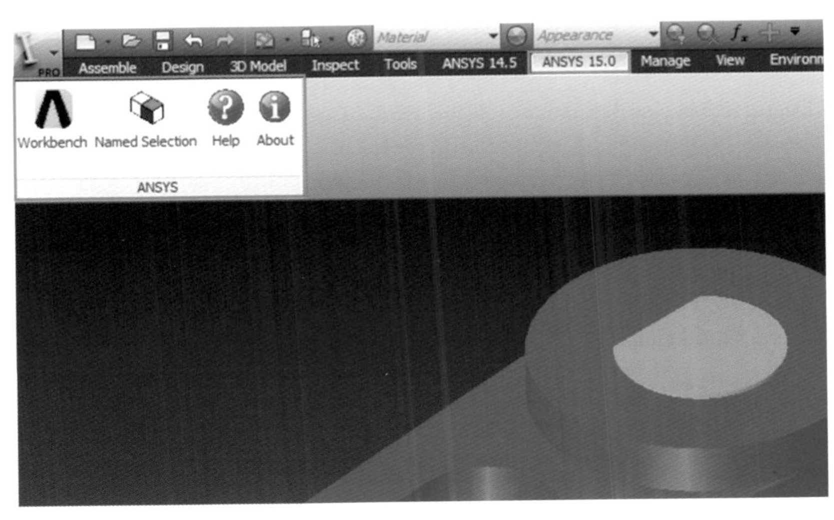

그림 2.2 CAD Program으로부터 실행

2.3 ANSYS Workbench 사용환경

Workbench의 화면구성은 기본적으로 Toolbox 영역, Project Schematic, Toolbar & Menu Bar 세 부분으로 구분할 수 있습니다. Engineering Data(재료 물성 설정),

DesignXplorer(최적화 해석)와 같은 Application은 실행에 따라서 화면구성이 Tab을 통해 변환됩니다. 또한 실행 중인 Application 또는 Workspace에 따라 Tables, Charts와 같은 여러 개의 작업창으로 화면이 구성되며, [Menu Bar > View > 항목]에서 화면 표시 여부를 설정할 수 있습니다.

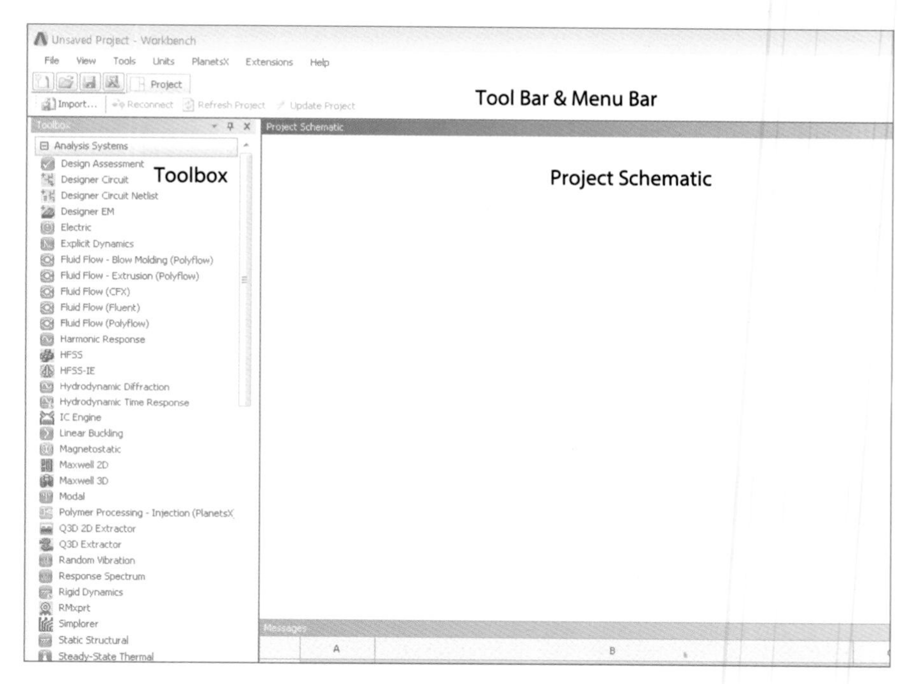

그림 2.3 Workbench의 기본 화면구성

1) Toolbar & Menu Bar

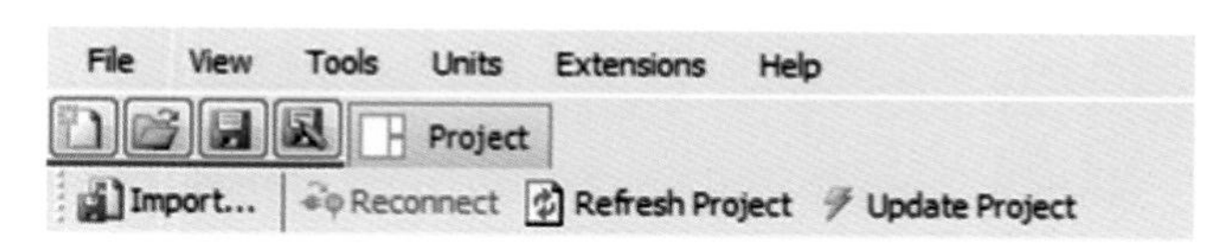

그림 2.4 Toolbar & Menu Bar

Toolbar는 Menu의 주요 기능들이 배치되어 있으며, 버튼을 클릭하면 다음과 같은 기능들이 수행됩니다.

- New & Open : 새로운 프로젝트를 생성하거나 저장된 프로젝트를 불러들입니다.

- Save & Save as : 현재 프로젝트를 저장하거나 새로운 다른 이름으로 저장합니다.
- Refresh Project : 프로젝트의 변경된 내용을 새롭게 적용합니다.
- Update Project : 프로젝트의 변경된 내용을 새롭게 적용하고 모든 항목을 업데이트합니다.
- Import... : 이전 버전의 프로젝트 파일을 불러들이거나 Application이 저장된 파일을 불러들입니다.
- 상단의 Tab을 통해 Workbench의 다른 작업창(Engineering Data, Design Exploration)으로 들어가거나 기존의 Project Schematic 창으로 복귀합니다.

2) Toolbox

Toolbox는 4개의 하위그룹으로 구분되어 있으며, 각각에 대해 살펴보면 다음과 같습니다.

■ Analysis Systems

다양한 종류의 해석 수행을 위한 시스템들을 포함하고 있습니다. 각 시스템은 Pre-Processing부터 Post-Processing에 대한 항목들로 구성되어 있습니다.

■ Component Systems

Pre-Processing 및 Post-Processing의 항목들을 독립적인 설정환경으로 수행할 수 있는 시스템들로 구성되어 있습니다. 그 외에도 다양한 독립된 Application 수행 시스템들을 포함합니다. Geometry 시스템을 예로 설명하면, 별도의 Geometry 시스템에서 모델을 생성하거나 다른 CAD Tool에서 불러들인 모델을 시스템 연결에 따라 여러 Analysis System의 Geometry Source로 사용할 수 있도록 구성할 수 있습니다.

■ Custom Systems

연성해석 수행을 위해 미리 구성된 시스템들을 담고 있으며, 사용자가 임의로 해석 시스템을 정의할 수도 있습니다.

■ Design Exploration

매개변수(Parameter)를 이용한 해석 및 최적화 해석을 수행하기 위한 시스템들을 담고 있습니다.

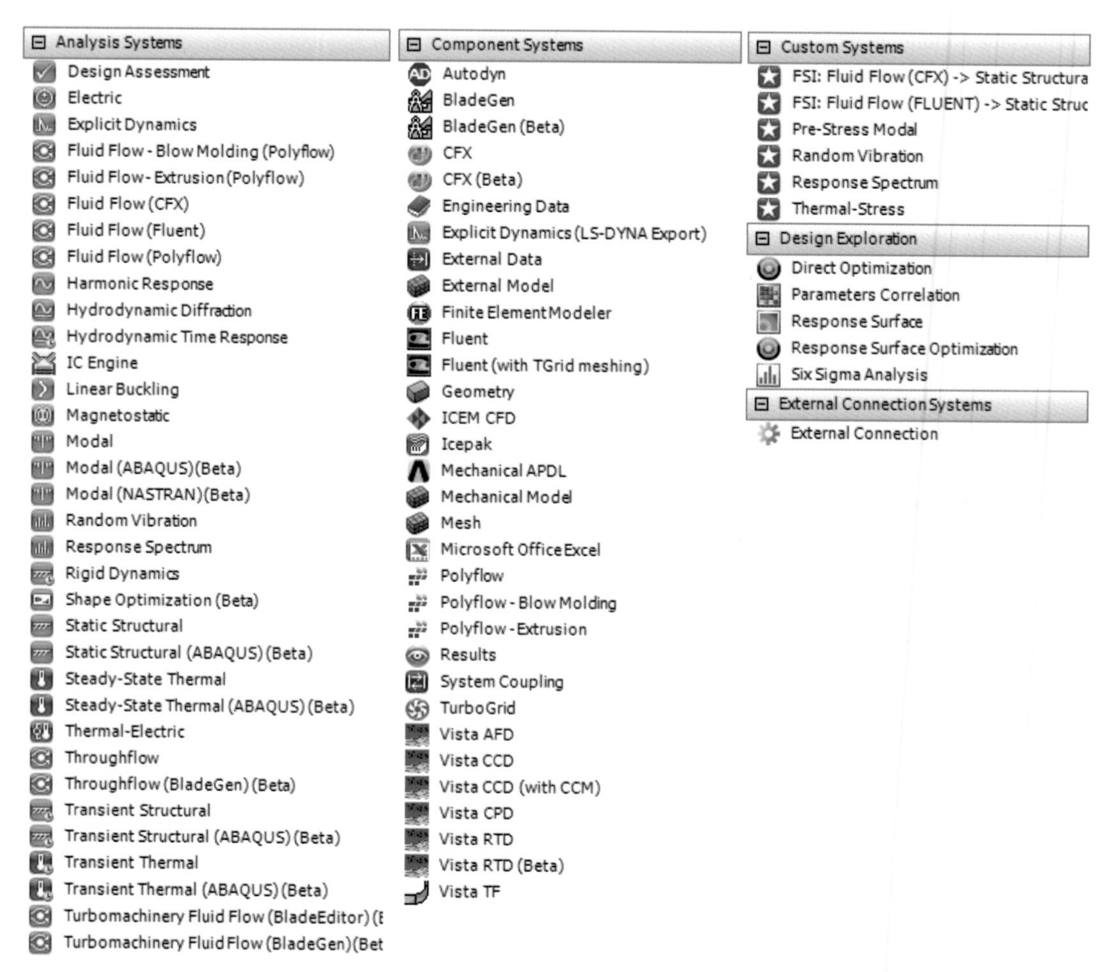

그림 2.5 Toolbox의 구성(라이선스에 따라 달라짐)

Toolbox 하단에 [View All/Customize...] 항목을 클릭하면 Toolbox Customization 창이 나타납니다. Toolbox Customization은 Toolbox Templates 항목에 표시 여부를 설정할 수 있습니다.

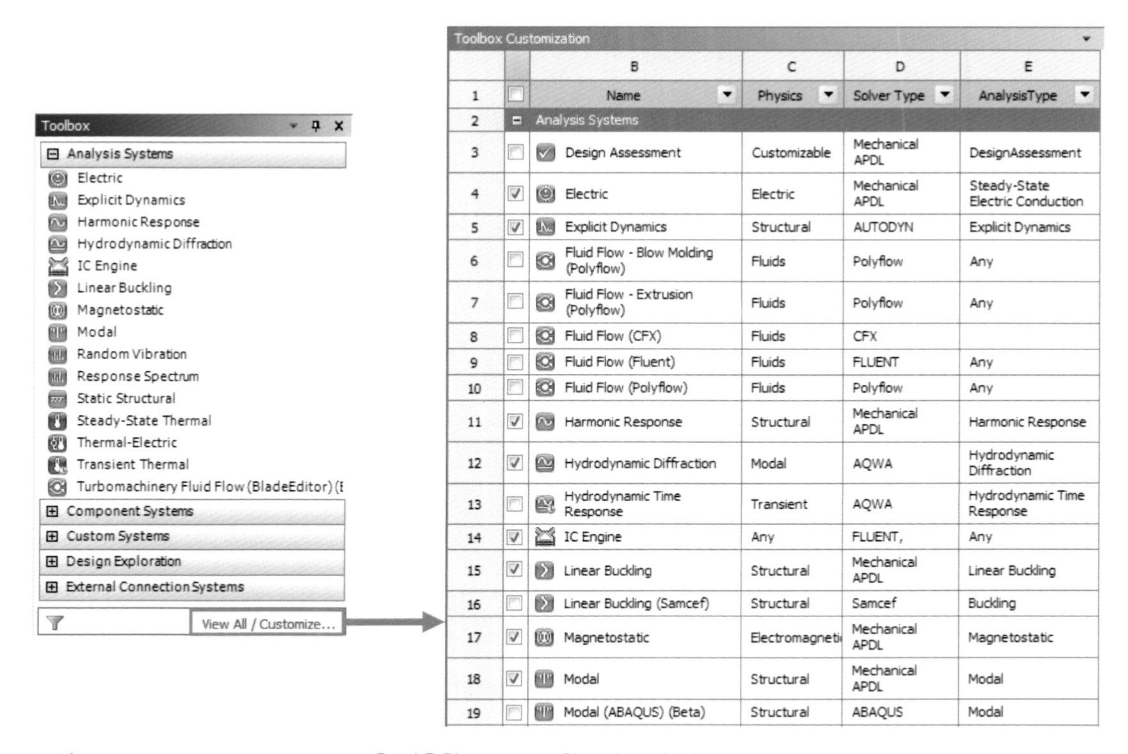

		B	C	D	E
1		Name	Physics	Solver Type	AnalysisType
2		Analysis Systems			
3	☐	Design Assessment	Customizable	Mechanical APDL	DesignAssessment
4	☑	Electric	Electric	Mechanical APDL	Steady-State Electric Conduction
5	☑	Explicit Dynamics	Structural	AUTODYN	Explicit Dynamics
6	☐	Fluid Flow - Blow Molding (Polyflow)	Fluids	Polyflow	Any
7	☐	Fluid Flow - Extrusion (Polyflow)	Fluids	Polyflow	Any
8	☐	Fluid Flow (CFX)	Fluids	CFX	
9	☐	Fluid Flow (Fluent)	Fluids	FLUENT	Any
10	☐	Fluid Flow (Polyflow)	Fluids	Polyflow	Any
11	☑	Harmonic Response	Structural	Mechanical APDL	Harmonic Response
12	☑	Hydrodynamic Diffraction	Modal	AQWA	Hydrodynamic Diffraction
13	☐	Hydrodynamic Time Response	Transient	AQWA	Hydrodynamic Time Response
14	☑	IC Engine	Any	FLUENT,	Any
15	☑	Linear Buckling	Structural	Mechanical APDL	Linear Buckling
16	☐	Linear Buckling (Samcef)	Structural	Samcef	Buckling
17	☑	Magnetostatic	Electromagneti	Mechanical APDL	Magnetostatic
18	☑	Modal	Structural	Mechanical APDL	Modal
19	☐	Modal (ABAQUS) (Beta)	Structural	ABAQUS	Modal

그림 2.6 Toolbox Customization을 사용한 Toolbox 항목에 표시 여부

3) Project Schematic

Project Schematic은 유한요소해석을 진행하기 위해 해석 시스템들을 구성할 수 있는 작업 공간입니다. 구성된 시스템들로 유한요소해석의 작업 흐름을 명확히 볼 수 있으며, 이때 프로젝트 내의 작업 흐름은 항상 왼쪽에서 오른쪽으로 진행됩니다. 그림에 표현된 Links Connecting System은 독립된 두 시스템의 데이터 호환 및 전달에 대한 관계를 보여주고 있습니다.

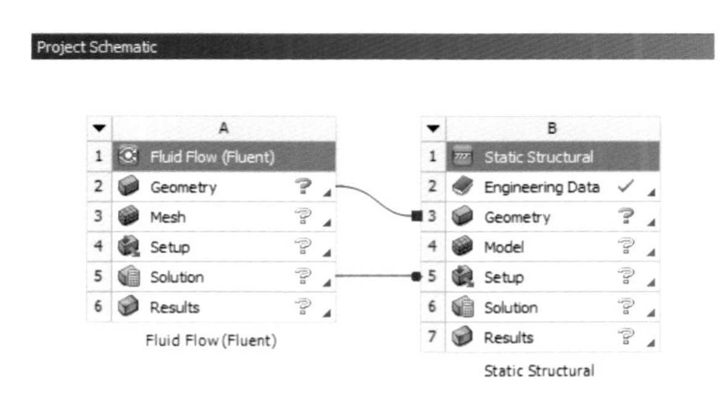

그림 2.7 Links Connecting System

하나의 시스템 블록은 여러 개의 Cell로 구성되어 있으며, 각각의 Cell은 해석의 전처리(Pre-Processing)부터 후처리(Post-Processing)까지 다양한 설정을 위한 항목들로 정의되어 있습니다. Cell Number는 1번부터 시작하여 정의되며, 각 항목들은 해석 작업을 진행하는 흐름의 순서에 따라 배치되어 있습니다. 따라서 이전 과정(Upstream)이 설정되지 않으면 하위 과정(Downstream)의 설정을 진행할 수 없습니다. 위의 그림에서 Static Structural System을 기준으로 Cell의 내용 대해 살펴보면 〈표 2.2〉와 같이 나타낼 수 있습니다.

표 2.2 구조해석 시스템에서의 각 Cell의 작업내용

Cell 번호	Cell 구분	설명
B1	Static Structural	진행하는 해석 시스템의 명칭(해석 분야)
B2	Engineering Data	재료 물성 설정에 관한 항목
B3	Geometry	CAD 모델 설정에 관한 항목
B4	Model	격자(Mesh) 생성에 관한 항목
B5	Setup	해석 조건 설정에 관한 항목
B6	Solution	해석 수행에 관한 항목
B7	Results	해석결과 검토에 관한 항목

Cell 우측에는 시스템 설정 상태를 나타내는 아이콘(Icon)이 위치하고 있어서 현재 시스템 상태를 쉽고 빠르게 확인할 수 있습니다. 〈표 2.3〉은 각각의 아이콘마다 나타내는 Cell의 상태를 설명하고 있습니다.

표 2.3 아이콘 모양에 따른 Cell의 상태 설명

아이콘	Cell 상태	설명
	Up to Data	최신 Data가 정의되어 있음
	Refresh Required	Upstream Data가 변경되어 Cell을 Refresh해야 함
	Update Required	Cell Refresh가 완료되었으며 Update가 필요함
	Unfulfilled	Upstream Data가 정의되지 않은 경우
	Attention Required	선택한 Cell이나 Upstream Cell의 정의가 필요함

표 2.3 아이콘 모양에 따른 Cell의 상태 설명 (계속)

아이콘	Cell 상태	설명
	Update Failed	Cell의 업데이트나 Output 계산과정이 실패하였음
	Input Changes Pending	Cell은 최신 Data로 정의되어 있으나, Upstream의 변화 때문에 다음 Update가 진행되면 내용이 변경될 수 있음

4) Project File List

ANSYS Workbench에서 프로젝트를 저장하게 되면, 해석과 관련된 파일들을 포함하는 폴더와 그 폴더를 관리하는 하나의 프로젝트 파일이 생성됩니다. 프로젝트 파일(.wbpj)은 사용자에 의해 정의된 이름으로 저장되며 폴더는 프로젝트 파일의 이름 뒤에 "_files"를 포함하는 이름으로 저장됩니다. 예를 들어 저장 시에 [MyFile]이란 이름으로 프로젝트를 저장하면, [MyFile.wbpj] 파일과 프로젝트 이름을 사용한 [MyFile_files]라는 폴더가 생성됩니다.

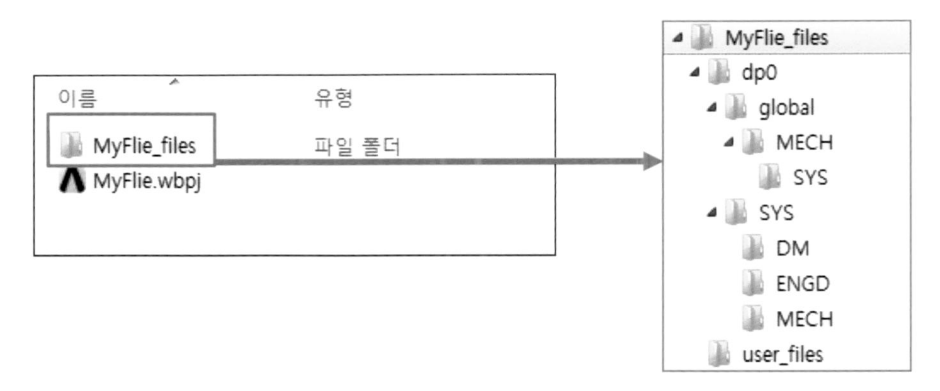

그림 2.8 프로젝트 파일과 프로젝트 폴더

Workbench에서 프로젝트를 저장한 후에는 가능하면 관련 파일과 폴더의 경로를 변경하지 않을 것을 추천합니다. 이는 프로젝트 폴더 내에 포함되어 있는 관련 자료들이 여러 개의 서브 폴더로 이루어져 각각의 단계에 필요한 파일을 포함하고 있기 때문입니다. 저장된 관련 자료를 찾을 때에는 [Main Menu > View > Files]를 선택하여 File View 창에서 파일들의 저장 위치를 확인할 수 있습니다.

Files

	A	B	C	D	E	F
1	Name	Ce...	Size	Type	Date Modified	Location
2	MyFile.wbpj		227 KB	Workbench Project File	2017-07-25 오전 10:53:31	E:₩ANSYS
3	act.dat		259 KB	ACT Database	2017-07-25 오전 10:53:30	dp0
4	SYS.agdb	A3	2 MB	Geometry File	2017-07-25 오전 10:53:04	dp0₩SYS₩DM
5	material.engd	A2	24 KB	Engineering Data File	2017-07-25 오전 10:52:57	dp0₩SYS₩ENGD
6	SYS.engd	A4	24 KB	Engineering Data File	2017-07-25 오전 10:52:57	dp0₩global₩MECH
7	SYS.mechdb	A4	6 MB	Mechanical Database Fi	2017-07-25 오전 10:53:30	dp0₩global₩MECH
8	EngineeringData.xml	A2	23 KB	Engineering Data File	2017-07-25 오전 10:53:30	dp0₩SYS₩ENGD
9	CAERep.xml	A1	13 KB	CAERep File	2017-07-25 오전 10:53:22	dp0₩SYS₩MECH
10	CAERepOutput.xml	A1	849 B	CAERep File	2017-07-25 오전 10:53:28	dp0₩SYS₩MECH
11	ds.dat	A1	1 MB	.dat	2017-07-25 오전 10:53:23	dp0₩SYS₩MECH
12	file.err	A1	308 B	.err	2017-07-25 오전 10:53:27	dp0₩SYS₩MECH
13	file.PCS	A1	2 KB	.pcs	2017-07-25 오전 10:53:26	dp0₩SYS₩MECH
14	file.rst	A1	2 MB	ANSYS Result File	2017-07-25 오전 10:53:26	dp0₩SYS₩MECH
15	MatML.xml	A1	22 KB	CAERep File	2017-07-25 오전 10:53:22	dp0₩SYS₩MECH
16	solve.out	A1	21 KB	.out	2017-07-25 오전 10:53:27	dp0₩SYS₩MECH
17	designPoint.wbdp		85 KB	Workbench Design Poin	2017-07-25 오전 10:53:31	dp0

그림 2.9 Project File list

5) Properties list

Workbench의 프로젝트 창에서 [Main Menu > View > Properties]를 선택하면 Properties List를 확인할 수 있습니다. Properties List에서는 시스템 블록에서 선택한 Cell의 속성 정보를 확인하고 내용을 변경할 수 있습니다. 선택한 Cell에 따라서 다른 항목의 리스트가 나타나며, 그림과 같이 Geometry Cell을 클릭한 경우, DesignModeler 또는 Mechanical/Mesh Applications에서 CAD 모델을 불러들이는 과정에 관한 속성들이 나타납니다. Cell 위에서 [우 클릭 > Properties]를 선택하셔도 Properties List가 활성화됩니다.

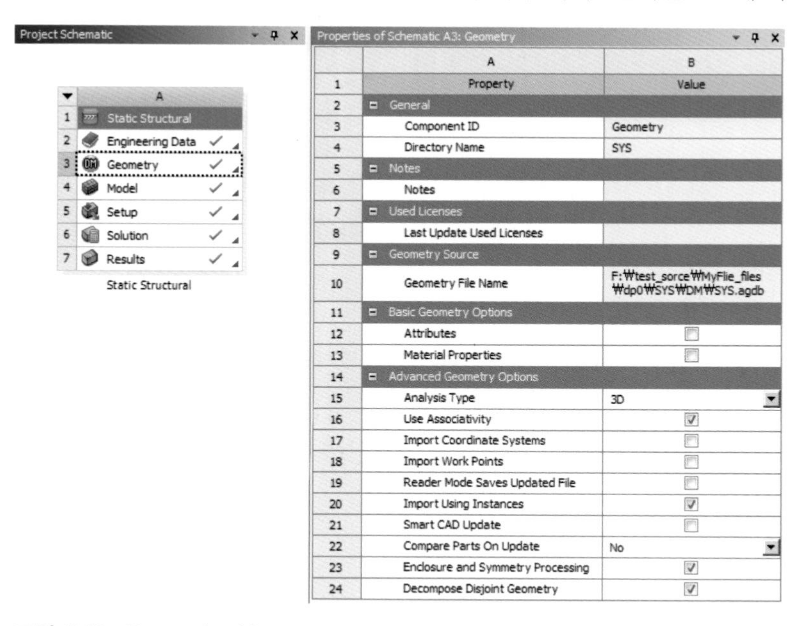

	A	B
1	Property	Value
2	General	
3	Component ID	Geometry
4	Directory Name	SYS
5	Notes	
6	Notes	
7	Used Licenses	
8	Last Update Used Licenses	
9	Geometry Source	
10	Geometry File Name	F:₩test_sorce₩MyFlie_files ₩dp0₩SYS₩DM₩SYS.agdb
11	Basic Geometry Options	
12	Attributes	☐
13	Material Properties	☐
14	Advanced Geometry Options	
15	Analysis Type	3D
16	Use Associativity	☑
17	Import Coordinate Systems	☐
18	Import Work Points	☐
19	Reader Mode Saves Updated File	☐
20	Import Using Instances	☑
21	Smart CAD Update	☐
22	Compare Parts On Update	No
23	Enclosure and Symmetry Processing	☑
24	Decompose Disjoint Geometry	☑

그림 2.10 Properties List

Table 창에서는 표 형식으로 작성된 데이터를 확인할 수 있습니다. 만약 작성된 데이터가 선택한 Cell에 대해 독립적인 데이터라면, 직접 입력하여 데이터를 변경할 수 있습니다. 또한 추가적인 데이터를 입력해야 할 경우에는 데이터 행렬 맨 아래 "*" 표시 부분에 새로운 값을 입력한 후, 키보드 [ENTER] 버튼을 눌러 새로운 행을 생성할 수 있습니다. 작성된 데이터는 행렬 상단(1행)의 Filter Item(▼)을 사용하여 정렬시킬 수 있습니다.

3	20	[illegible]
4	50	1.896E+09
5	100	1.413E+09
6	200	1.069E+09
7	2000	4.41E+08
8	10000	2.62E+08
9	20000	2.14E+08
10	1E+05	1.38E+08
11	2E+05	1.14E+08
12	1E+06	8.62E+07
*		

그림 2.11 물성 데이터 입력 시 Table 사용

7) Chart

Chart 창은 선택된 항목에 대해 Chart로 살펴볼 수 있으며, 그 종류는 〈표 2.4〉에 나열하였습니다. Chart는 Editing Parameters, Engineering Data, Design Exploration Systems 등에서 사용할 수 있습니다.

표 2.4 사용할 수 있는 Chart의 종류

Chart의 종류
XY Plot, XYZ Plot, Pie Chart, Spider Chart, Parallel Coordinate Plot, Correlation Matrix

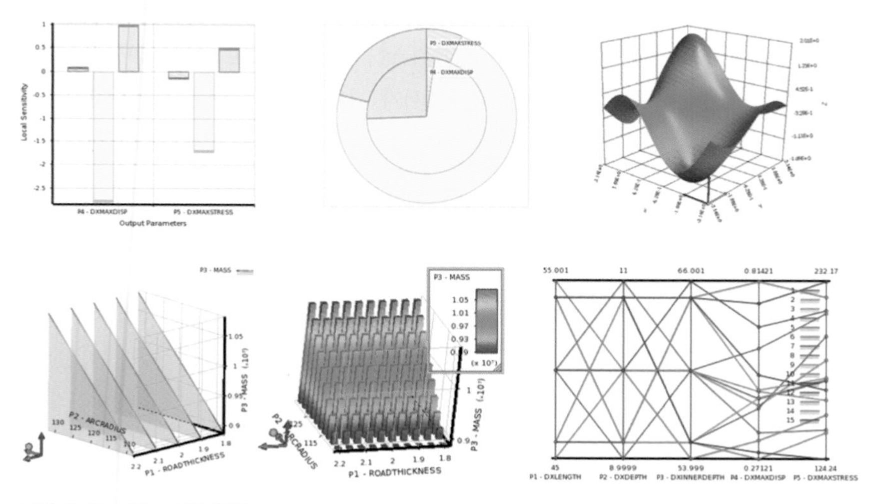

그림 2.12 Chart의 종류

Messages]에서 Messages 창을 활성화 또는 비활성화할 수 있습니다.

9) Progress

Progress 창은 프로젝트 창이 업데이트되는 동안의 진행상태를 보여 줍니다. Workbench 창의 Update Project 버튼을 선택하여 해석을 수행하는 경우, 아래 그림과 같이 하단에 초록색 바를 통해 진행상태를 표시하며, 측면의 버튼을 사용하여 진행을 정지할 수도 있습니다. Progress 창은 Workbench 창 오른쪽 하단에 Progress 버튼을 선택하거나 [Main Menu > View > Progress]에서 활성화 또는 비활성화할 수 있습니다.

Progress

	A	B	C
1	Status	Details	Progress
2	Updating the Solution component in Static Structural		

그림 2.13 Workbench 창에서 Progress 진행 확인

2.4 단위계 설정

ANSYS Workbench에서는 기존에 제공되는 단위계(Unit Systems)를 그대로 사용하거나, 사용자 정의 단위계를 사용할 수 있습니다. [Main Menu > Units > Unit Systems]에서 기존 단위계를 복사, 수정하여 사용자 정의 단위계를 생성할 수 있으며, 생성된 단위계는 내보내기(Export) 또는 불러오기(Import)가 가능합니다. 보통 Workbench 창에서 정의된 단위계는 Engineering Data, Parameters, Charts에 사용되며, Fluid Flow Analysis Systems(CFX, FLUENT, Results, TurboGrid component systems, FSI)에는 설정한 단위 시스템이 적용되지 않습니다.

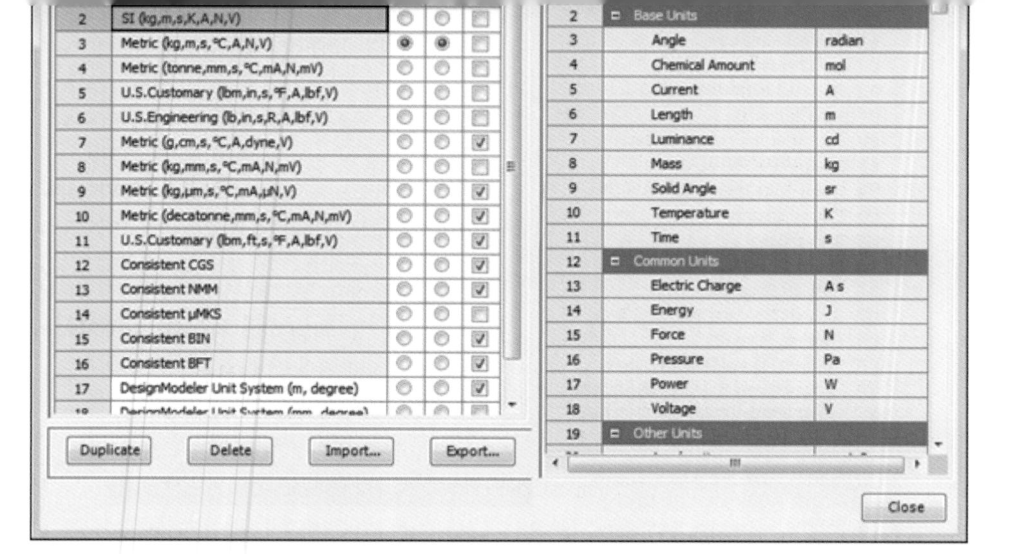

그림 2.14 단위 시스템 설정

2.5 해석 시스템 구성

1) 단일해석 시스템

Toolbox에서 선택한 각각의 시스템을 Drag & Drop-Down 또는 더블 클릭으로 Project Schematic 영역에 시스템 블록을 생성시킬 수 있습니다.

① **단일 시스템 블록 생성** : Toolbox에서 생성시키고 싶은 시스템 블록을 클릭한 상태로 있으면 Project Schematic 영역 안에 녹색 점선의 Box 표시가 나타납니다. 녹색 점선 영역 안으로 Drag & Drop-Down하여 해석 시스템을 생성합니다.

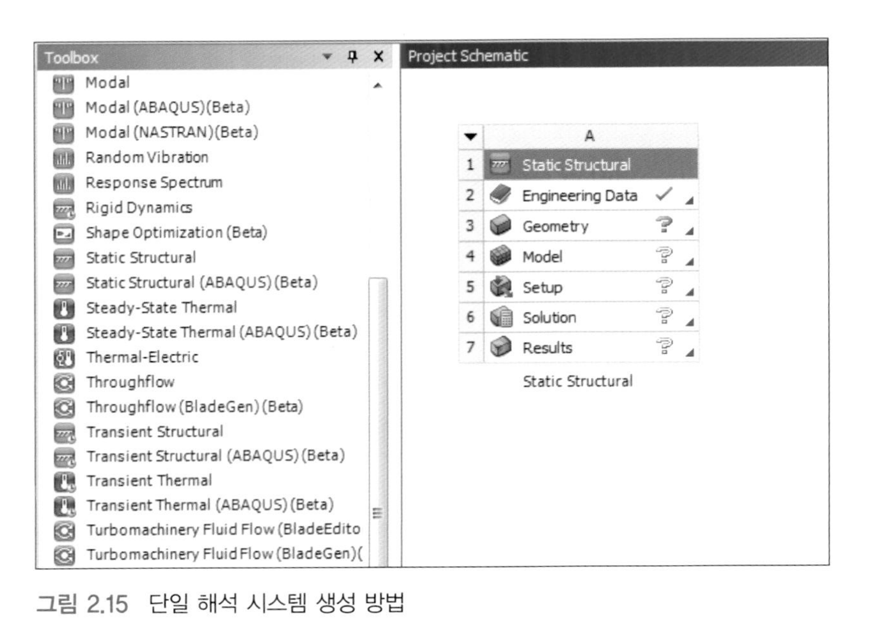

그림 2.15 단일 해석 시스템 생성 방법

② **Geometry System과 연결된 단일 시스템 블록 구성** : Component Systems에서 Geometry System을 선택하여 CAD Model을 Source로 사용한 독립된 단일 시스템들을 생성할 수 있습니다. 먼저 앞서 설명한 ①번과 동일한 방법으로 Geometry System 블록을 생성한 후, 새롭게 연결할 해석 시스템 블록을 Geometry System 블록의

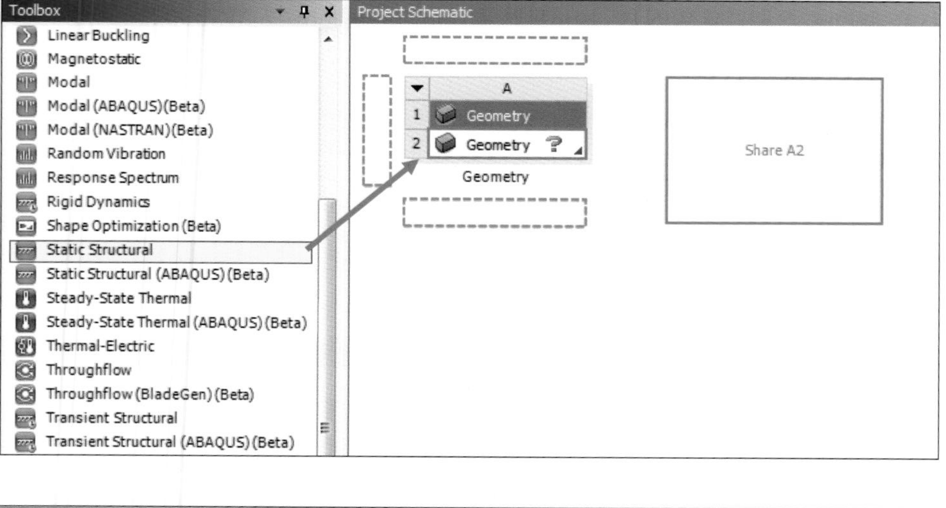

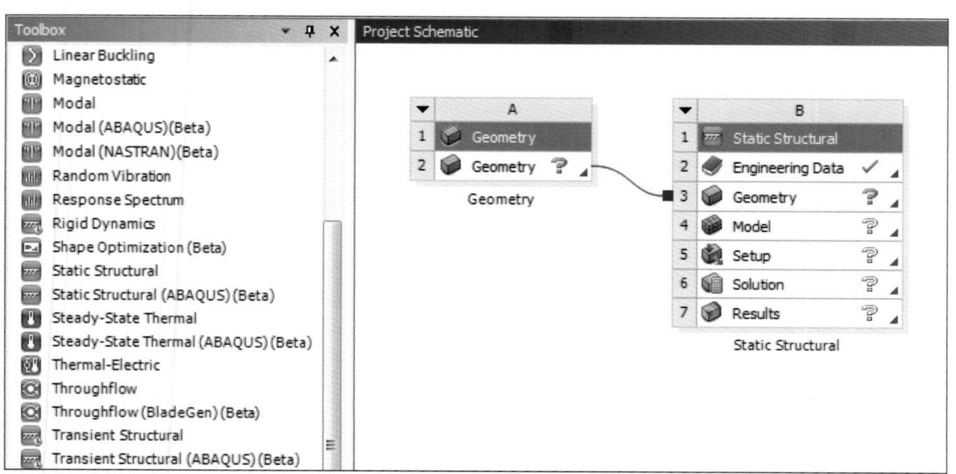

그림 2.16 Geometry System과 Static Structural 시스템 연결하기

또는 반대로 Geometry System 내의 Geometry Cell을 선택하여 다른 해석 시스템 블록의 Geometry Cell에 Drag & Drop하면 독립적인 시스템들을 연결할 수 있습니다.

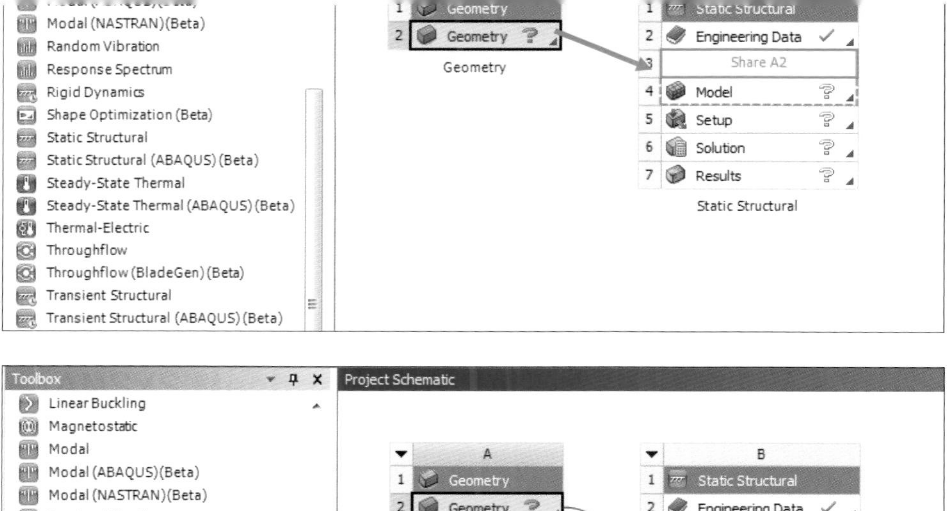

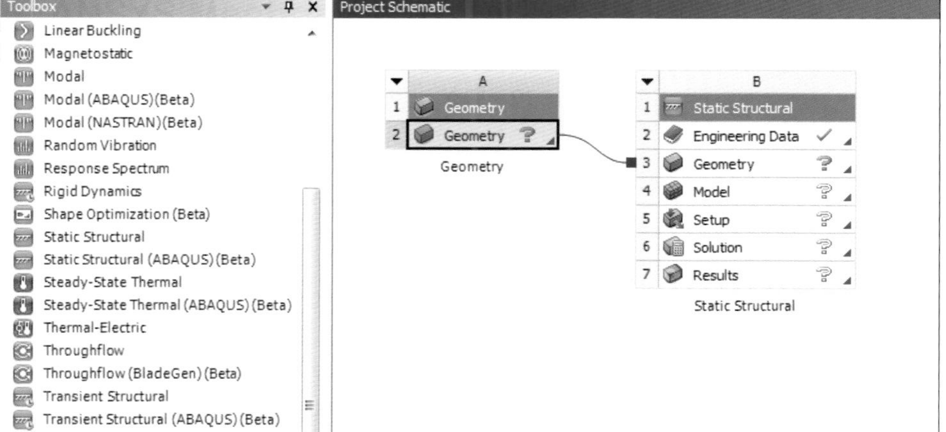

그림 2.17 Geometry Cell을 Drag & Drop해서 독립적인 시스템을 연결

2) 연성해석 시스템

연성해석은 서로 다른 물리계의 해석 시스템을 연결하여 상호작용하는 조건들을 고려하면서 해석을 수행하는 것을 의미합니다. 열 전달 · 구조 연성해석을 예로 들면, 해석 모델에 가해지는 열 하중에 대한 열 전달 해석을 수행하고 결과값인 열 분포상태를 구조 해석의 초기 조건으로 전송합니다. 결과적으로 해석 모델에 적용된 열 분포 하중에 대한 열 변형을 해석할 수 있습니다.

① 정상 상태 열 전달 해석을 위한 Steady-State Thermal System을 생성한 후, Static Structural System을 Thermal System의 Solution Cell에 Drag & Drop-Down합니다.

그림의 6번 항목인 Solution Cell과 연결 시스템의 5번 항목인 Setup Cell의 연결은 서로 다른 물리계 간의 상호작용이 가능하도록 데이터 전송이 가능합니다.

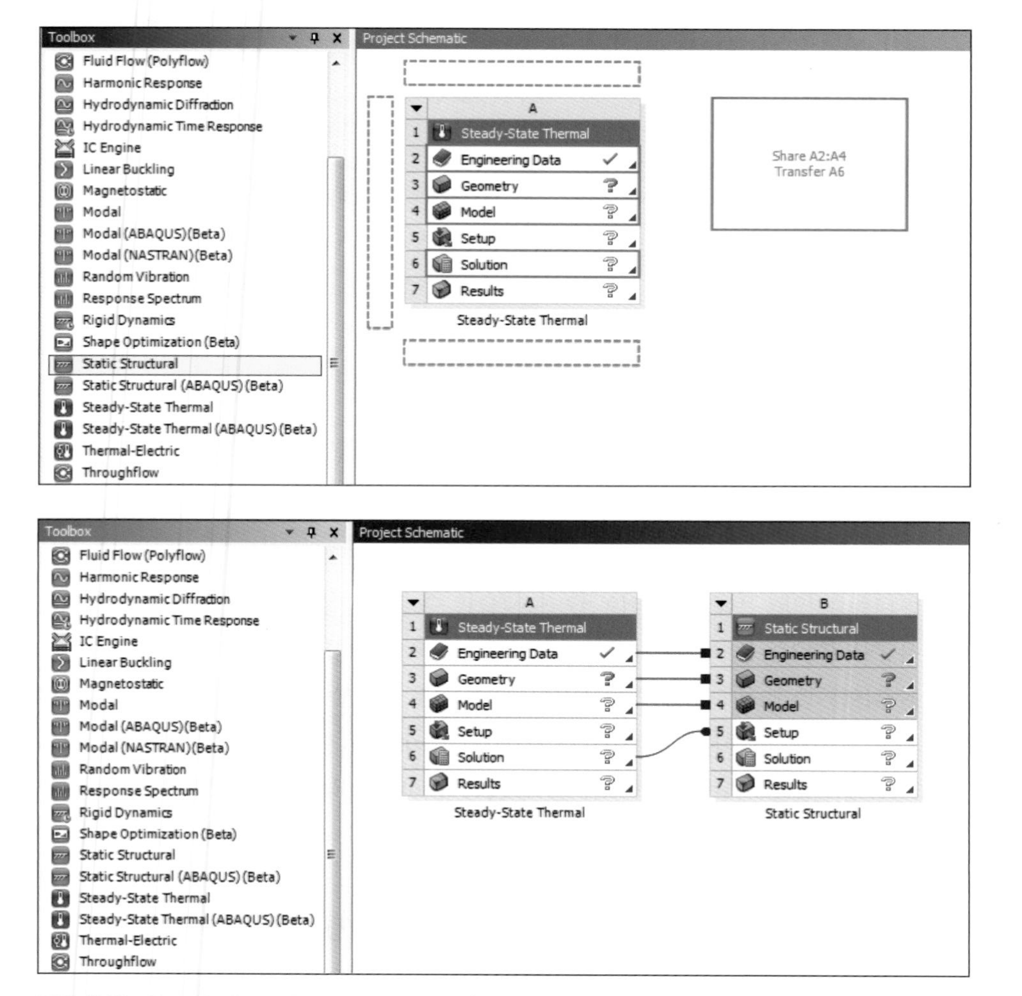

그림 2.18 Steady-State Thermal System과 Static Structural System 연성해석

② 또한 Solution Cell에서 마우스 오른쪽 버튼을 클릭하여 "Transfer Data to New" 기능 사용으로 연성해석 시스템을 구성할 수 있습니다.

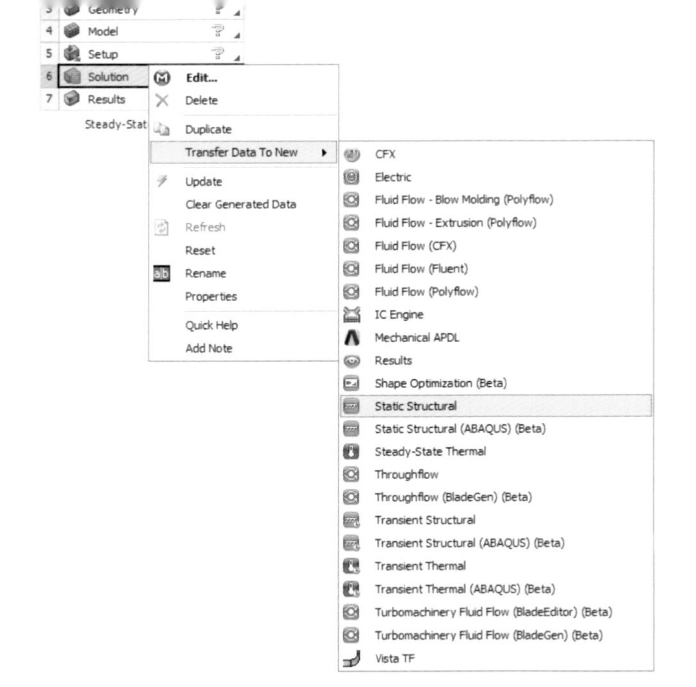

그림 2.19 Steady-State Thermal System과 연성해석이 가능한 시스템

③ Toolbox의 Custom Systems에는 연성 해석에 대한 시스템이 미리 설계되어 있습니다. 원하는 시스템을 더블 클릭하여 Project Schematic 영역에 생성할 수 있습니다. Project Schematic에서 마우스 오른쪽 클릭하여 Context Menu의 "Add to Custom"을 선택하면 사용자가 구성한 시스템을 Custom Systems Group에 저장할 수 있습니다.

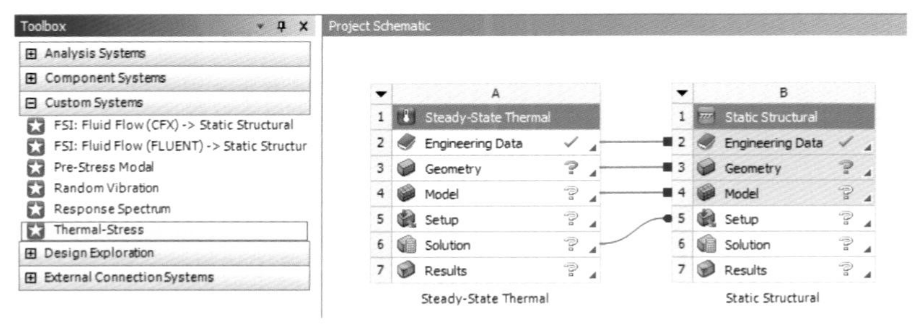

그림 2.20 Custom Systems를 사용하여 연성해석 설계

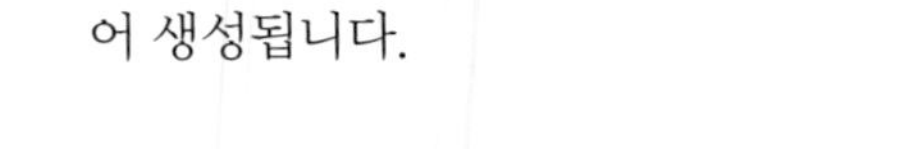

복사하여 사용하면 여러 조건에 대해 빠르고 쉽게 진행할 수 있습니다. 해석 시스템을 복사하여 또 다른 시스템 블록을 생성하는 방법은 시스템 블록 상단 1번 Cell에서 마우스 오른쪽 버튼으로 Duplicate를 실행하면 독립된 상태의 시스템 블록이 복사되어 생성됩니다.

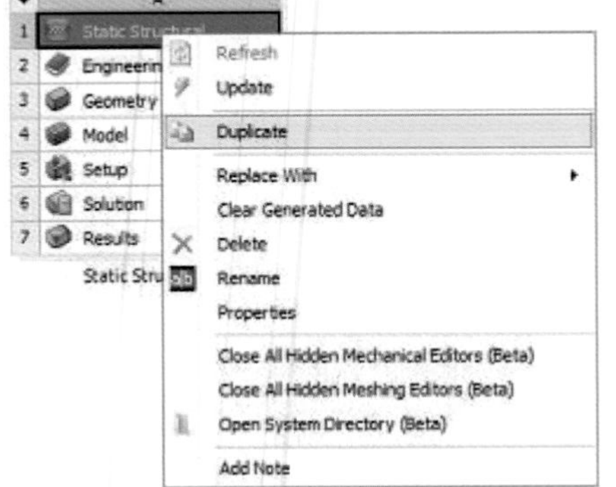

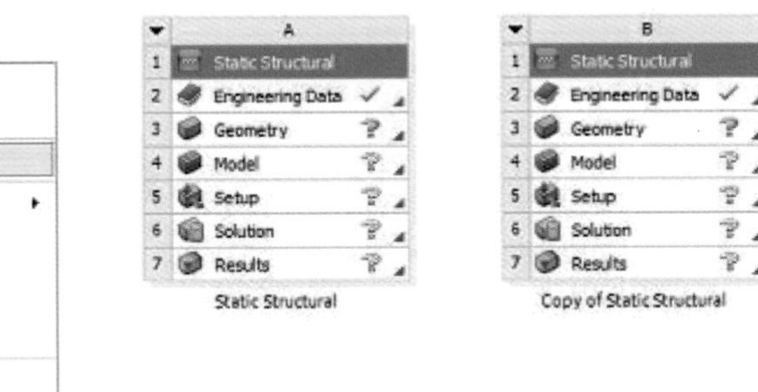

그림 2.21 시스템 복사하기

② **초기 조건을 공유하는 해석 시스템 복사하기** : 해석 시스템에서 설정된 조건을 공유하여 복사하려면 시스템 블록의 각 Cell에서 Duplicate를 실행해야 합니다. Geometry Cell에서 Duplicate를 실행하면 Geometry Cell 이전까지의 Cell이 공유되어 복사됩니다. Setup Cell에서 Duplicate를 실행하면 다음과 같이 재료 물성(Engineering Data)과 CAD 모델(Geometry), 격자(Model)를 Source로 연결하여 공유하는 해석 시스템이 생성됩니다. 격자가 공유되는 시스템 구성에서는 Solution Combination 기능으로 두 해석 결과를 합쳐서 하나의 결과로 살펴볼 수 있는 기능을 제공하고 있습니다.

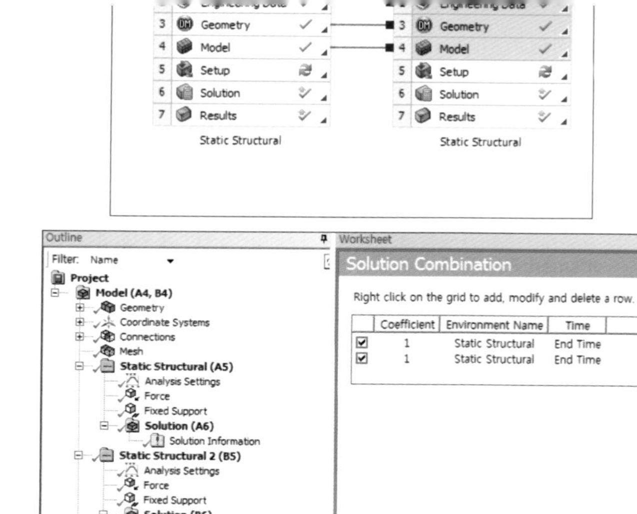

그림 2.22 Solution Combination 기능

③ **해석 시스템 변경** : 이미 구성된 해석 시스템의 종류를 변경하려면 Replace 기능으로 변경할 수 있습니다.

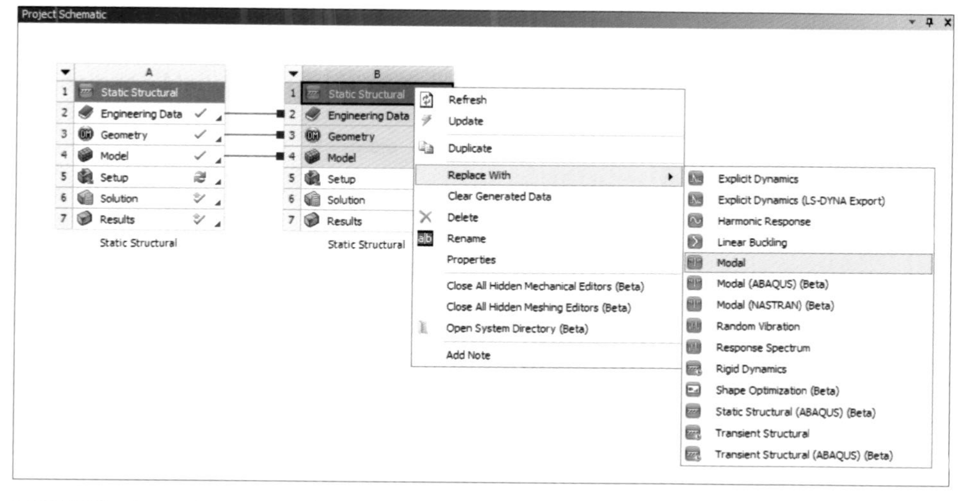

그림 2.23 Static Structural 시스템에서 교체 가능한 해석 시스템

하는 위치에 옮겨 놓습니다. 단, 시스템을 이동하려면 시스템 간의 연결관계가 없어야 합니다. 연결되어 있다면 링크를 삭제한 이후에 진행하여야 합니다.

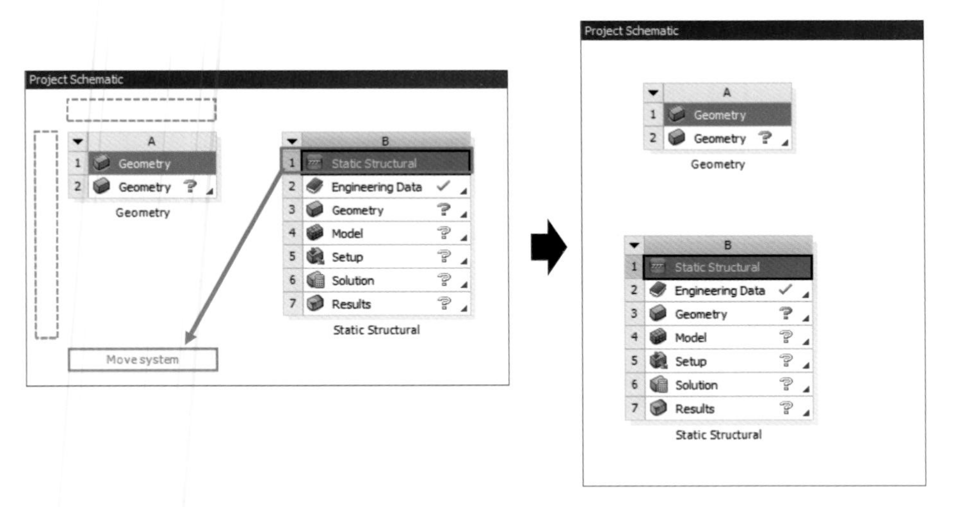

그림 2.24 시스템 구성 재배치 방법

2.6 시스템 소개

1) Analysis System

ANSYS Workbench에서 해석을 시작하려면 Toolbox로부터 Analysis System을 선택해야 합니다. 해석 종류를 선택할 때는 경우에 따라 필수적인 Component System을 같이 구성해야 합니다.

■ Electric

직류 전기 해석을 지원합니다. Voltage 또는 Current Loads에 대하여 도체에 작용하는 전류, 전압, 발열 분포를 구할 수 있습니다.

■ Explicit Dynamics

Stress Wave의 전달, Impact 또는 빠른 변형에 대한 구조물의 거동 반응 해석을 지원합

ANSYS CFX를 이용하여 압축성, 비압축성 유체의 유동과 복잡한 형상에서의 열 전달에 대한 유체 유동을 해석할 수 있습니다. Geometry와 Mesh를 불러올 수 있으며, 물성과 경계조건, Solution Parameters를 정의하고, 해석하고, 결과를 확인하며, 보고서 작성기능까지 수행할 수 있습니다.

■ Fluid Flow(FLUENT)

압축성, 비압축성 유체의 유동과 열 전달 해석 등을 할 수 있습니다. 사용자는 Model, Material, Boundary Condition, Solution Parameter를 정의하여 해석할 수 있습니다. FLUENT는 Workbench로부터 Mesh와 Geometry를 정의할 수 있습니다. 그리고 적절한 Mathematical Model(예 : Low-Speed, High-Speed, Laminar, Turbulent 등)과 물성, 경계조건을 정의하고, 해석을 수행하기 위하여 Solution Control을 정의할 수 있습니다. 해석을 수행하고 FLUENT 또는 CFD-Post에서 결과를 확인할 수 있습니다.

■ Harmonic Response

구조물에 Sine 형태의 주기적인 하중이 작용할 때 적용되는 해석 방법입니다. 구조물의 공진 특성을 분석할 수 있으며, 피로 해석을 기본 데이터로 사용할 수도 있습니다.

■ IC Engine

엔진 내부의 유동을 설정하고 해석하는 데 사용합니다.

■ Eigenvalue Buckling

고유치 좌굴은 이상적인 탄성 구조물의 이론 좌굴 분석에 사용됩니다. 좌굴이 발생하는 시점에서의 좌굴 하중과 좌굴 형상을 분석할 수 있습니다.

■ Magnetostatic

전기기기의 전자기적 특성을 파악할 수 있습니다. DC 모터, 솔레노이드, 액추에이터, 변압기, 차단기 등의 해석에 유용합니다.

■ Modal

구조물의 고유 진동수 분석에 사용합니다. 각 차수별 고유 진동 주파수와 그때의 모드 형상을 파악할 수 있습니다.

■ Response Spectrum

구조물의 스펙트럼 분석에 사용됩니다. 과도 하중이 시간 이력에 대해서는 변동이 있으나 측정시마다 달라지지는 않는다는 가정하에 적용합니다. 시간 영역의 과도 해석을 하지 않고 구조물의 최대 응답 특성을 구할 수 있습니다.

■ Shape Optimization

무게를 최소화하면서도 강성의 저하를 막을 수 있는 재료의 분포를 구해 줍니다. 초기 형상을 선정하는 과정에서 유용합니다(Beta Option 활성화 설정 시 사용 가능).

■ Static Structural

정하중 조건에서의 변위(Displacement), 응력(Stress), 변형률(Strain) 등을 구할 수 있습니다. 단, 관성(Significant Inertia), 감쇠 효과(Damping Effects) 등은 고려되지 않습니다.

■ Steady-State Thermal

정상상태의 온도 분포를 계산합니다. Transient Thermal Analysis를 수행하기에 앞서서 Steady-State Analysis의 결과를 초기 조건으로 적용할 수도 있습니다.

■ Transient Structural

시간 이력을 가지는 과도 구조 해석을 수행합니다. 과도 하중에 대한 구조물의 시간에 따른 변위(Displacement), 응력(Stress), 변형률(Strain) 등을 구할 수 있으며, 관성(Inertia), 감쇠 효과(Damping Effects)를 고려할 수 있습니다.

■ Rigid Dynamics

ANSYS Rigid Dynamics Solver를 이용하여 강체 동역학 해석을 수행할 수 있습니다. 이 해석은 Joint와 Spring들로 연결된 강체(Rigid Bodies)의 조립체에 대한 동적 거동을 구하는 데 사용합니다.

■ Transient Thermal

시간에 따른 열 분포 외에도 다른 상세한 열 관련 항목들에 대해 해석을 수행합니다. 시간에 따른 열 분포의 변화는 열처리의 풀림 효과에 대한 해석 또는 전자장비의 냉각과

2) Component System

Component System은 프로젝트를 구성할 경우 독립적으로 단일 Application을 구동할 수 있게 도와줍니다. 예를 들면, Geometry System을 사용하여 사용자의 Geometry를 정의할 수 있으며, 생성된 System은 여러 Downstream System과 연결되어 Geometry Source로 사용됩니다.

■ AUTODYN

AUTODYN Application을 독립적으로 실행하여 사용할 수 있습니다. 이 Application은 AUTODYN의 Explicit Eulerian Solver, Meshfree SPH Solver와 Explicit Solver Coupling(FSI)과 같은 모든 기능을 사용할 수 있습니다.

■ BladeGen

ANSYS의 Blade Modeler입니다. BladeModeler는 Pumps, Compressors, Fans, Blowers, Turbines, Expanders, Turbochargers와 같은 회전기계의 Radial Blade Components에 대한 3차원 설계를 빠르고 쉽게 할 수 있도록 도와줍니다.

■ CFX

Analysis System에서 설명한 내용과 동일합니다.

■ Engineering Data

Mechanical Application Systems의 Cell 항목에서 또는 Engineering Data Component System을 생성하여 재료 물성을 사용하거나 정의할 수 있습니다. Engineering Data System을 추가한 후에 Engineering Data Cell을 더블 클릭하거나 또는 마우스 오른쪽 버튼을 클릭하고 Context Menu에서 Edit를 선택하면 Engineering Data Workspace가 표시됩니다. 여기에서 재료 물성을 추가하거나 수정할 수 있습니다.

■ Explicit Dynamics(LS-DYNA Export)

Mechanical 환경에서 LS-DYNA Pre-Processor를 진행할 수 있는 Application으로써 LS-DYNA Input 파일인 .K파일을 생성해 줍니다.

수 있습니다.

■ FLUENT

Analysis System에서 설명한 내용과 동일합니다.

■ Geometry

불러들인 모델을 유한요소 모델에 적합하도록 수정할 수 있으며 설계도면에 맞게 2D 혹은 3D 모델로 제작할 수 있습니다.

■ Mechanical APDL

Mechanical APDL Application(MAPDL 버전)의 생성을 관리할 수 있습니다.

■ Mechanical Model

Engineering Data, Geometry, Model(mesh) cell들로 구성되어 있으며, 일반적인 Mechanical application에서 Model만 존재하는 System과 동일합니다. 사용자는 Mechanical Model System을 사용하여 Single Model에 Multiple System을 생성할 수 있습니다.

■ Mesh

Mesh를 생성하거나 Geometry 또는 Mesh Files을 불러올 수 있습니다.

■ Results

CFD 후처리 과정을 진행하는 것으로, ANSYS CFX-Solver 또는 ANSYS FLUENT로부터 CFD Simulations 결과를 불러들여 결과 표시와 측정을 쉽게 할 수 있습니다.

■ TurboGrid

TurboGrid는 Rotating Machinery의 설계자와 해석자에게 높은 수준의 격자 품질을 제공해 줍니다.

3) Custom system

ANSYS Workbench는 사용자가 구성한 해석 시스템을 Custom Template로 등록할

Drop 방식과 Cell에서 마우스 오른쪽 버튼으로 Context Menu 이용하는 방식, 개별적으로 Cell을 연결하는 방식을 통해서 사용자가 직접 해석 시스템을 구성하고 등록할 수 있습니다. 이로써 사용자가 자주 이용하는 프로젝트의 해석 시스템을 쉽게 구성할 수 있습니다. 이렇게 등록된 Templates의 사용방법은 더블 클릭으로 구성할 수 있으며, Drag & Drop으로는 구성되지 않습니다.

- Pre-Stress Modal
- Random Vibration
- Response Spectrum
- Thermal-Stress

4) Design Exploration

제품의 성능과 기능 분석 및 최적화를 위한 도구입니다. Design Exploration은 실험계획법(DOE)에 기반한 결정론적 방법 및 여러 가지 최적화 방법들을 사용할 수 있습니다.

ANSYS의 제품군 또는 라이선스별로 수행 가능한 상세 내용은 아래의 링크를 참조하기 바랍니다.

http://www.ansys.com/products/structures > "Brochures" > "Capabilities - brochure"

2.7 Engineering Data

1) 사용환경

해석에 사용될 재료 물성 라이브러리(Libraries)를 제공하며, 회사 또는 부서에서 사용하는 재질 데이터를 관리할 수도 있습니다. 재료 물성의 생성, 저장, 불러오기를 지원하며, 다른 프로젝트에서 사용되었거나 저장된 재료 물성 데이터의 라이브러리를 별도로 저장할 수 있습니다. Engineering Data는 Component Systems Group과 모든 Analysis System의 Cell 안에 위치하고 있으며 독립적으로 실행된 Component System에서도 기본적으로 Engineering Data의 재료 물성과 속성을 설정할 수 있습니다. 물성을 정의하거나 수정하기 위해서는 Engineering Data Cell에서 Context Menu 또는 Cell을 더블 클릭하여

Engineering Data Tab을 열어 진행합니다.

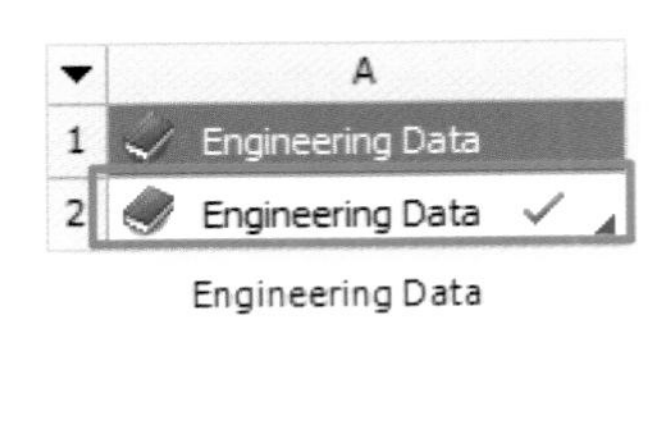

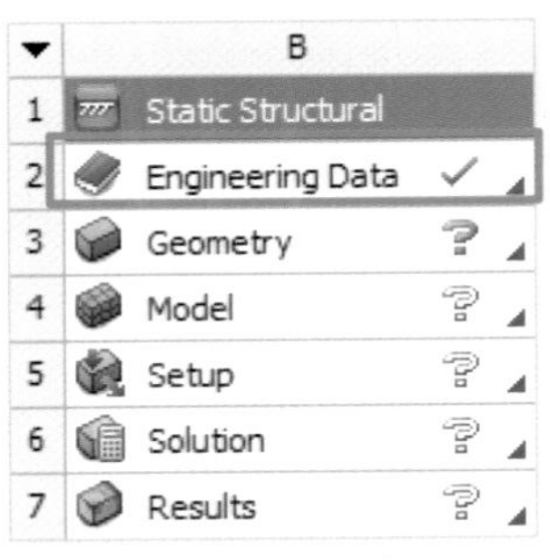

그림 2.25 Engineering Data Cell을 클릭하여 재료 물성 정의

〈그림 2.25〉에 보이는 Engineering Data를 더블 클릭하면 상단에 Project Tab 옆으로 Engineering Data Tab이 생성되는 것을 확인할 수 있습니다. Tab을 사용하여 Workbench Project 창과 Engineering Data 창을 쉽게 이동할 수 있습니다.

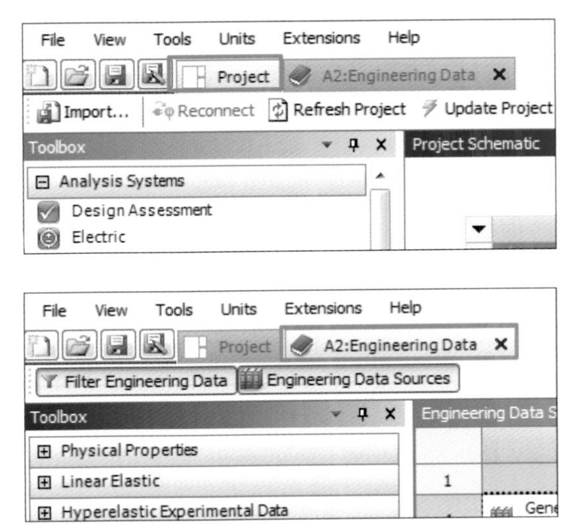

그림 2.26 Workbench Project 창과 Engineering Data 창 전환 Tab

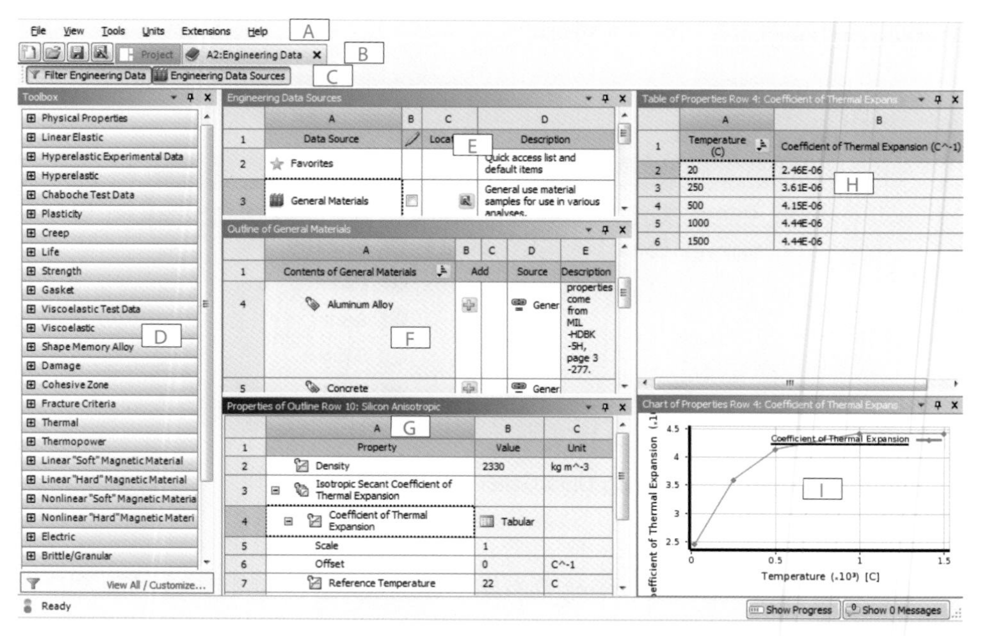

그림 2.27 Engineering Data 구성 화면

표 2.5 Engineering Data Tab의 구성도

영역	명칭	설명
A	Menu Bar	Engineering Data와 Project에 대한 작업 도구
B	Toolbar & Tab	새 창, 불러오기, 저장, 다른 이름으로 저장, Project 창과 Engineering Data 창을 전환할 수 있는 Tab 버튼으로 구성
C	Filter& Data Source Toggle Key	현재 해석 시스템에 관한 물성만 표시하거나 Data Source 창을 활성화하여 표시
D	Toolbox Pane	재료 물성으로 사용할 세부 항목들의 모음
E	Data Source Pane	Toggle Key를 사용하여 활성화할 수 있으며 자주 사용하는 물성이나 기본적으로 제공하는 물성을 Library List로 표시
F	Outline Pane	Data Source 창이 활성화되어 있는 경우 Data Source 창에서 선택한 Library의 항목들을 표시, 비활성화되면 현재 프로젝트에 적용된 물성 항목들을 표시
G	Properties Pane	Outline Pane에서 선택한 물성의 속성을 표시
H	Table Pane	Properties Pane에서 선택한 속성 정보를 표 형식으로 표시
I	Chart Pane	Properties Pane에서 선택한 속성 정보를 그래프 형식으로 표시

2) 재료 물성 설정

Data Source/Project Toggle 버튼을 클릭하여 라이브러리 창에 들어오면 ANSYS가 제공하는 라이브러리를 통해 쉽게 재료 물성을 정의할 수 있습니다. 아래 그림에 재료 물성을 정의하는 과정을 도식화하였습니다. Data Source Pane에서 사용하고자 하는 물성 라이브러리를 선택한 다음, Outline Pane에서 재질을 선택하면 해당하는 재질의 속성 값을 Properties 창을 통해 확인하거나 수정할 수 있습니다.

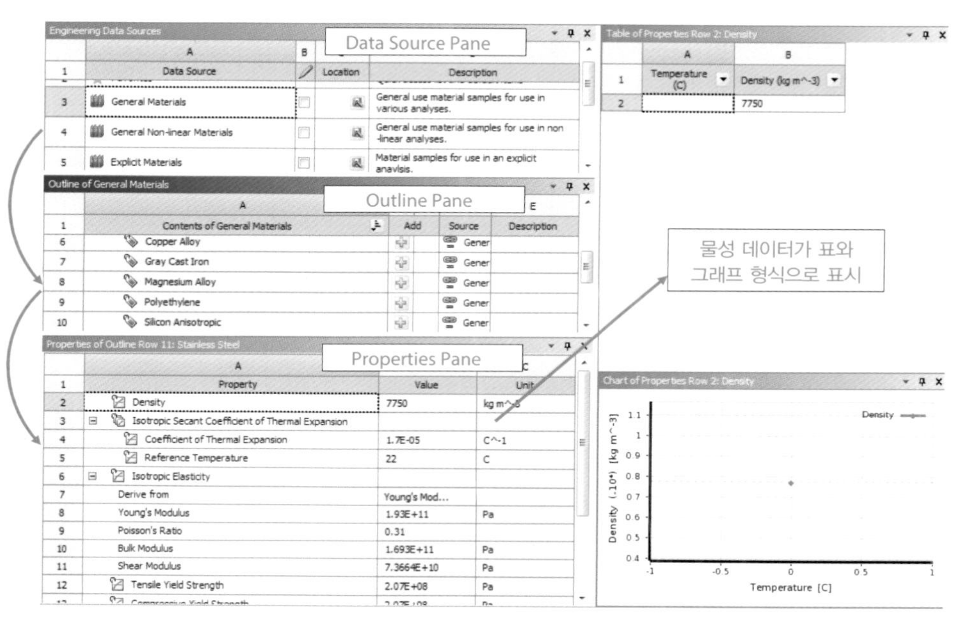

그림 2.28 Library에서 필요한 물성 데이터를 순차적으로 선택하는 방법

■ Data Source Pane

Data Source Pane은 재료 물성 라이브러리(Library)를 관리하고 라이브러리는 〈그림 2.29〉와 같이 Favorites 항목(I)과 Materials 항목(II)으로 구분할 수 있습니다.

- Favorites : 자주 사용하는 물성을 즐겨찾기로 등록했을 경우 그 목록을 표시합니다.
- Materials : 기본 제공하는 물성 또는 사용자가 정의한 물성 목록을 표시합니다.

재료 라이브러리(Materials Library)로부터 해석에 필요한 재질을 선택하면 Engineering Data에 등록되며, 등록된 물성은 쉽게 수정할 수 있습니다. 수정은 〈그림 2.29〉의 (III) 영역(B Column)을 선택한 후 Outline Pane에서 진행할 수 있습니다. (V)영역을 선택해서 수정된 라이브러리는 저장이 가능하며 라이브러리(Library)에 저장된 내용들은 자동 저장되므로 주의해야 합니다. 한편, 아래(IV) 부분의 “Click here to add a new library”를 통해서 새로운 라이브러리를 생성할 수 있습니다.

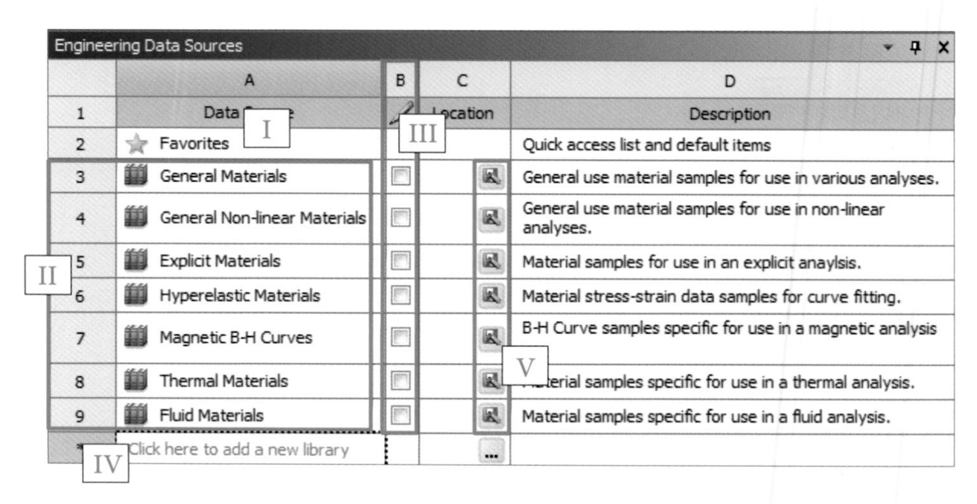

그림 2.29 Data Source Pane을 구성하고 있는 항목

■ Outline Pane

(VI)영역(B Column)의 “+” 버튼을 클릭하면 우측 칸에 책 마크가 생성됩니다. Analysis System에서 선택한 물성 데이터를 사용할 수 있다는 의미입니다. 이때 물성을 선택하고 마우스 오른쪽 클릭하여 [즐겨찾기]에 등록할 수 있습니다.

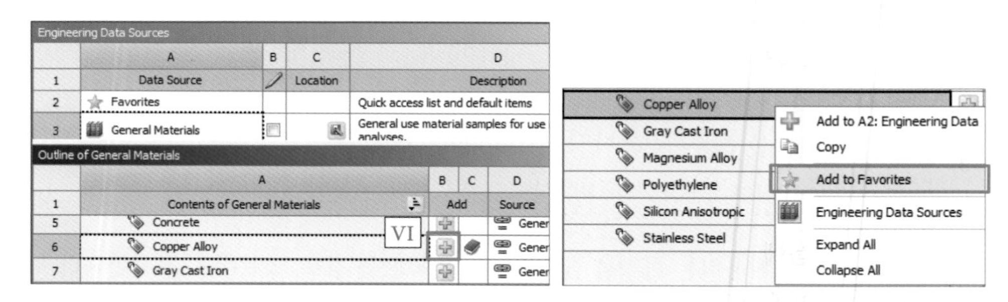

그림 2.30 현재 해석 시스템에 사용할 물성 선택 및 즐겨찾기 추가

■ Properties Pane

Data Source Pane에서 라이브러리 수정을 선택하면 물성 데이터를 변경하거나, Toolbox로부터 필요한 항목을 추가할 수 있습니다. 단, Analysis System Block의 1번 Cell인

Engineering Data에서는 현재 Analysis System에 따라 추가할 수 있는 물성이 제한됩니다. 예를 들어, Static Structural System에서는 열 해석에 관한 물성을 입력할 수 없습니다. 재료 물성의 전체 항목을 입력하려면 Component System에서 Engineering Data를 독립적으로 생성하거나 Filter Toggle Key를 비활성화하여 진행해야 합니다.

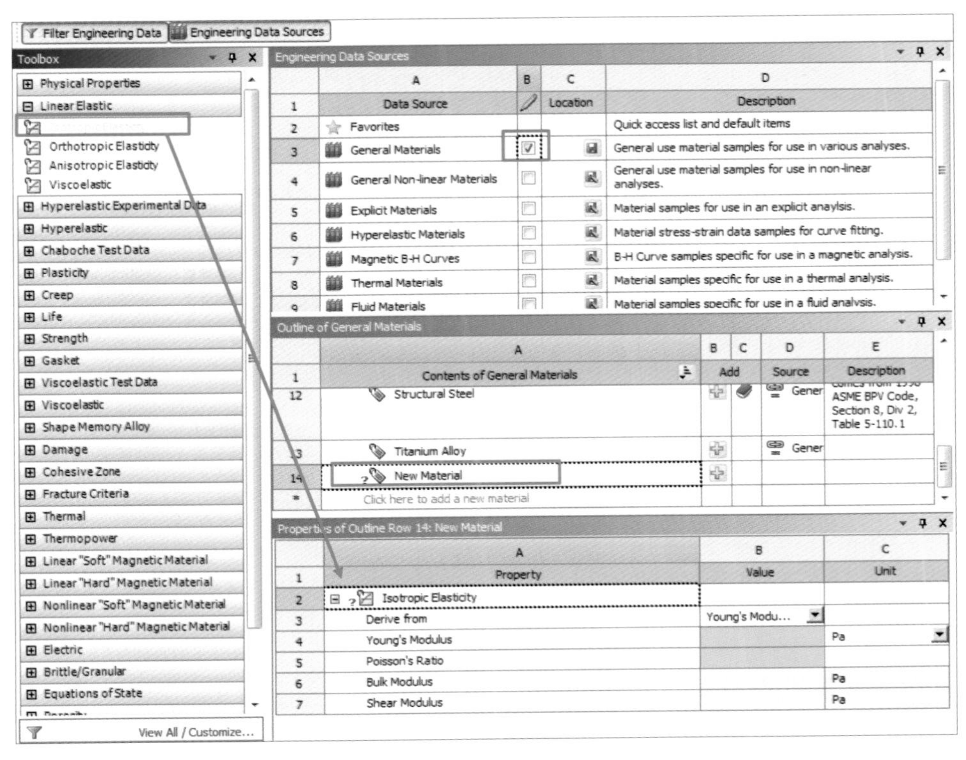

그림 2.31 라이브러리를 수정하여 물성을 추가하는 방법

3) 새로운 재료 물성 생성

사용자가 직접 새로운 재료의 물성을 생성할 때에는 상단의 Engineering Data Source Toggle을 끈 다음에 나타나는 Outline 창 하단 부분 "Click here to add a new material" 항목을 이용하여 진행할 수 있습니다.

① 물성 이름(예 : "New Mat")을 입력하여 물성 목록을 생성시킵니다.
② Toolbox로부터 원하는 속성을 Properties 창에 추가합니다.
③ 알맞은 단위계를 선택하여 데이터를 입력합니다.

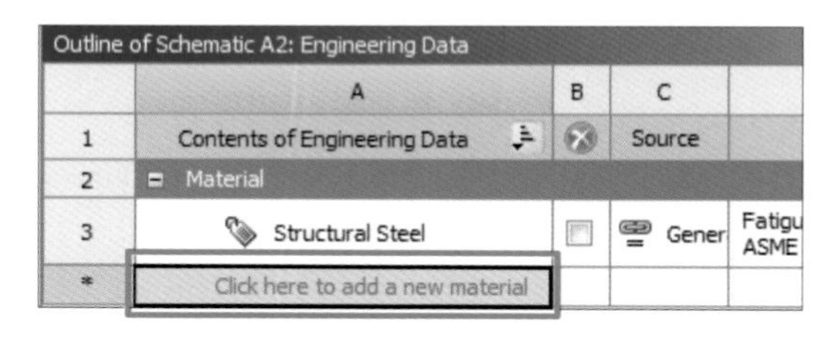

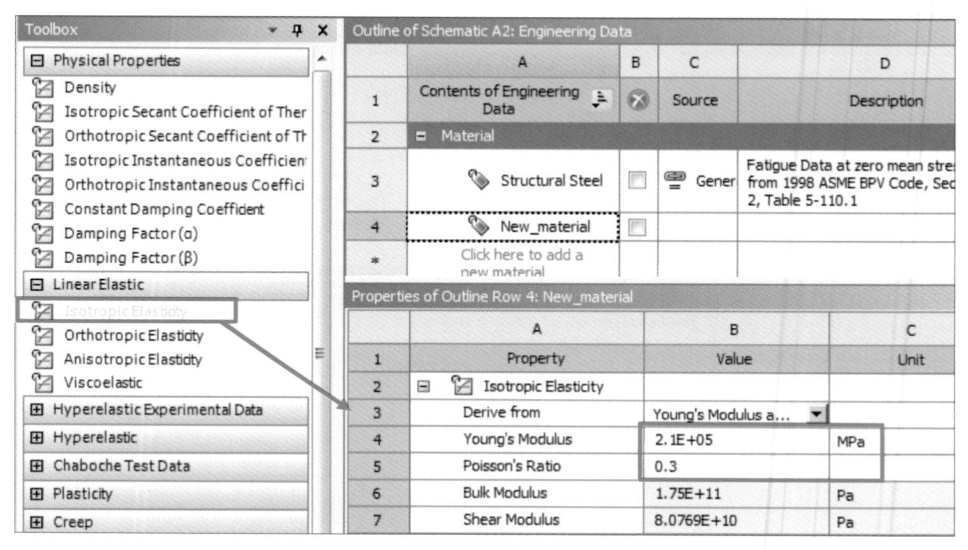

그림 2.32 새로운 재료 물성 입력

4) 재료 물성 내보내기

[Menu Bar > File > Import Engineering Data] 또는 [Exporting] 기능을 이용하여, 다음과 같은 데이터를 불러오거나 내보내기할 수 있습니다.

- Engineering Data Libraries Exported from Workbench
- Material(s) File Following the MatML 3.1 Schema
- Material(s) File Generated by AUTODYN

5) 재료 물성 세부 항목 설명

재료 물성의 세부 항목에 대한 상세한 설명은 다음의 표를 참조하십시오.

표 2.6 세부 물성 항목 설명

물성 항목	설명
Young's Modulus(탄성계수)	응력과 변형률 사이의 관계를 나타내는 계수이고 재료의 강성을 의미
Poisson's Ratio(포아송 비)	작용력의 방향으로 변형이 일어나는 동시에 생기는 횡방향의 수축 또는 신장 비율(포아송 비=횡방향 변형률/축방향 변형률)
Density(밀도)	단위 부피당 질량의 비(밀도=질량/부피)
Thermal Conductivity(열 전도율)	열 전달을 나타내는 수치
Thermal Expansion(열 팽창계수)	온도변화에 따른 재료의 열 변형 관계를 나타내 주는 상수
Specific Heat(비열)	물체의 온도를 높이는 데 필요한 열량
Alternating Stress (교번하중 혹은 수명 선도) Strain-Life Parameters (변형률-수명 데이터)	피로해석에 필요한 재료의 고유 특성
Tensile-Yield(인장항복강도) Compressive Yield(압축항복강도) Tensile Ultimate(인장극한강도) Compressive Ultimate(압축극한강도)	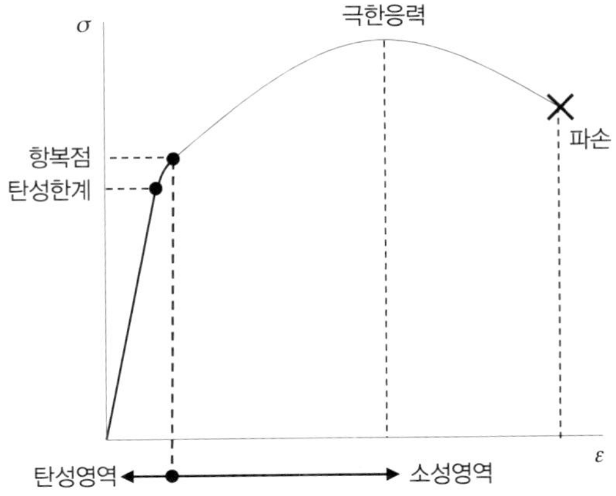 σ 극한응력 파손 항복점 탄성한계 ε 탄성영역 소성영역 항복이 일어나는 지점이 인장(압축)항복강도, 그다음이 재료의 파단 여부를 판단할 수 있는 인장(압축)극한강도임. 일반적으로 금속은 탄성구간에서 인장항복강도와 압축항복강도의 값이 거의 동일함
Relative Permeability(투자율)	재료가 자기를 통과시키는 정도
Resistivity(저항률)	어떤 물질의 단위 전기 저항치

03

ANSYS Mesh 시작하기

3.1 해석모델 고려사항

설계자는 제품의 디자인 및 성능 등을 모두 고려하여 설계를 하게 됩니다. 이 설계 데이터를 가지고 제품을 생산하기 전 검증하는 단계로 해석(Simulation)을 진행합니다. 이때 해석을 위한 제품의 형상은 실제 형상과 동일해야 하지만, '해석 결과에 크게 영향을 미치지 않는' 작은 구멍(Hole) 및 라운드(Round), 모따기(Chamfer) 등은 해석의 효율성을 향상시키기 위해서 단순화하는 전처리 과정이 필요하기도 합니다. 또한 3D 솔리드 모델을 2D, 1D의 형태로 변환시키기도 합니다.

1) 얼마나 세부적인 부분까지 포함할 것인가?

해석에 크게 영향을 끼치지 않는 세부적인 부분들은 해석 모델에 포함시키지 않는 것이 좋습니다. 그러나 일부 구조물에서는 필렛(fillet) 혹은 틈(Hole)과 같은 세부적인 부분에서 최대 응력이 발생하여 해석에 큰 영향을 끼칠 수도 있기 때문에 주의해야 합니다.

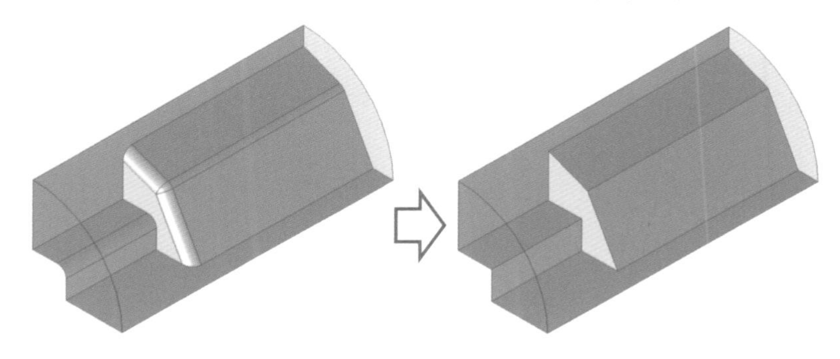

그림 3.1 Fillet 제거

2) 대칭조건을 적용할 것인가?

대칭조건을 적용하기 위해서는 형상(Geometry), 물성치(Material Properties), 하중조건(Loading Conditions)이 모두 대칭이어야 가능합니다. 대칭 모델에는 축 대칭(Axisymmetry), 회전 대칭(Rotational), 평면 혹은 투영 대칭(Planar or Reflective), 반복 혹은 병진 대칭(Repetitive or Translational) 등의 형태가 있습니다.

■ 축 대칭(Axisymmetry)

백열전구, 곧은 파이프, 원뿔, 원형 접시, 둥근 지붕과 같이 중심 축에 대하여 대칭일 때 축 대칭 조건을 사용합니다. 대칭 면은 구조물의 어느 부분에서든 동일한 단면을 갖습니다. 2D 모델을 360° 회전시키면 실제 형상과 동일한 형태를 갖게 됩니다. 대부분의 경우, 하중도 축 대칭이라고 가정합니다. 그러나 일부 해석에서는 선형 비대칭 하중으로 중첩시켜 독립적으로 해석하여 조화요소로 분리할 수 있습니다.

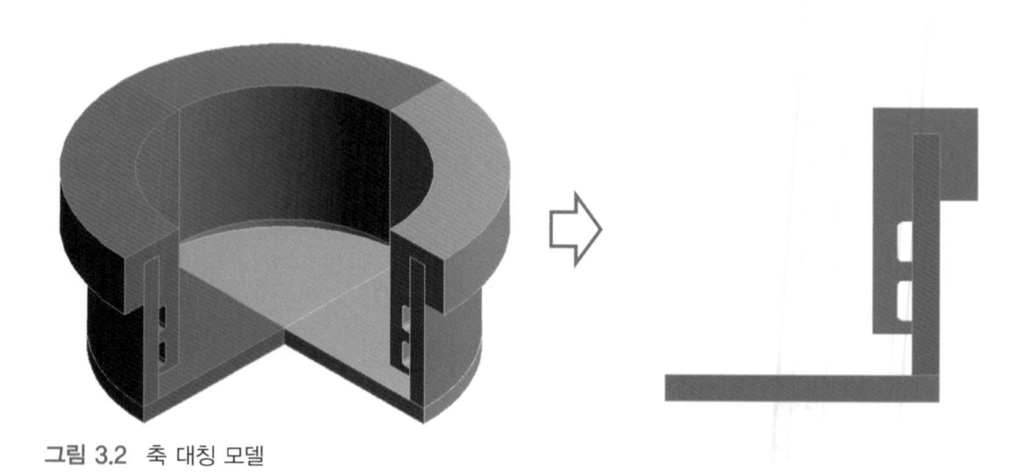

그림 3.2 축 대칭 모델

■ 회전 대칭(Rotational)

터빈 축자(Turbine Rotor)와 같이, 중심 축에 대하여 한 구획이 반복되는 형상일 때 회전 대칭 조건을 사용합니다. 구조물의 한 구획이 모델을 생성할 때 필요합니다. 하중 또한 축에 대칭이라고 가정합니다.

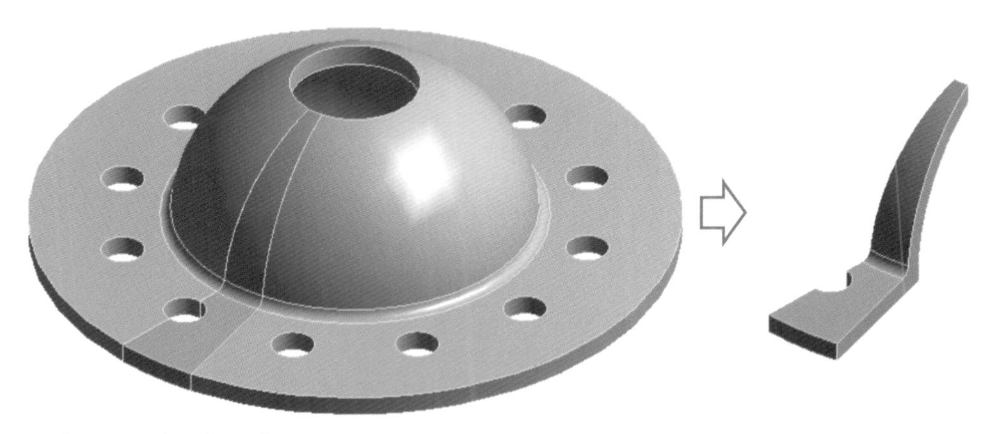

그림 3.3 회전 대칭 모델

■ 평면 혹은 투영 대칭(Planar or Reflective)

구조물의 1/2이 다른 1/2 형태에 대해 대칭되는 형태라면 이 조건을 사용합니다. 하중은 대칭(Symmetric) 혹은 반대칭(Anti-symmetric) 조건을 줄 수 있습니다.

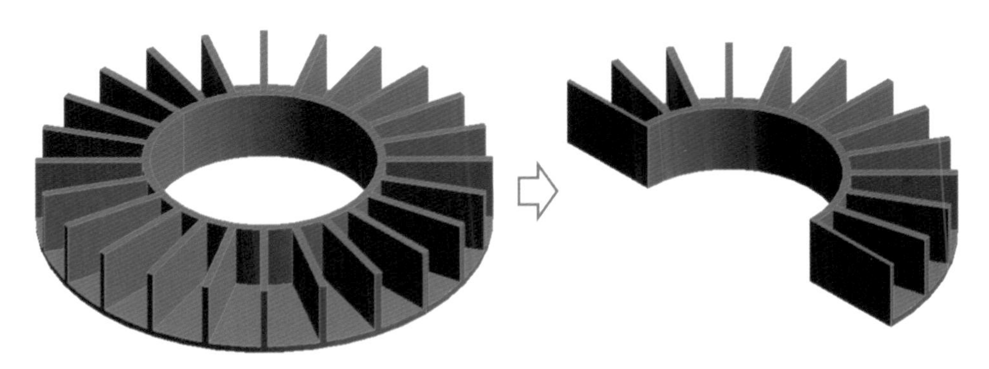

그림 3.4 평면 혹은 투영 대칭 모델

■ 반복 혹은 병진 대칭(Repetitive or Translational)

고르게 놓인 냉각핀을 가진 긴 파이프와 같이, 반복된 구획이 길게 뻗은 선을 따라 배열된 모델인 경우 이 조건을 사용합니다. 하중 또한 모델의 길이 방향으로 반복된 값을 갖는다고 가정합니다.

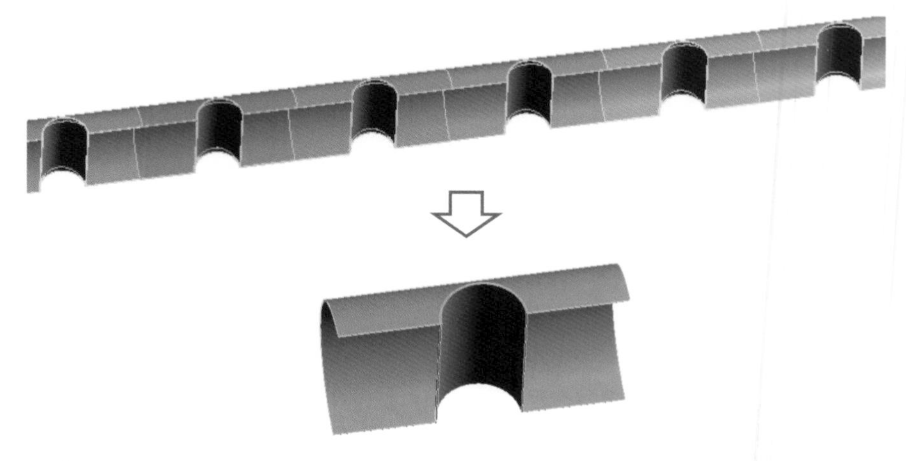

그림 3.5 반복 혹은 병진 대칭 모델

3) 응력 특이 해를 포함하는 모델인가?

응력 특이점은 유한요소 모델 내의 한 위치에서의 응력이 무한의 값을 갖는 곳을 말합니다. 응력 특이점에서는 격자 밀도가 조정되더라도 응력 값이 무한히 증가하기 때문에 수렴되지 않습니다. 주로 선형 탄성 모델에서 발생할 수 있습니다.

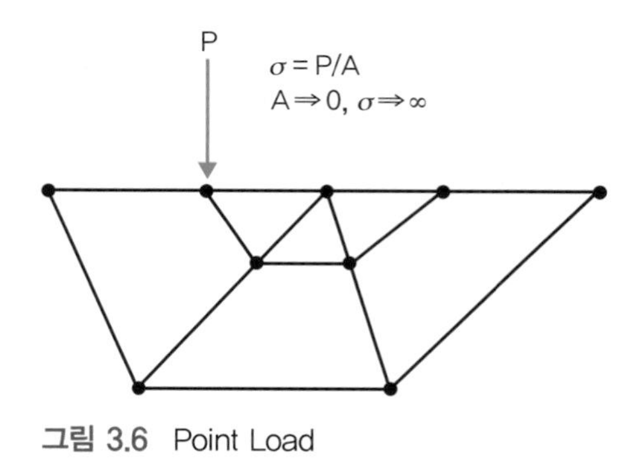

그림 3.6 Point Load

- 한 점에 힘 또는 모멘트가 집중되어 적용된 점 하중(Point Load)
- 반력이 점 하중과 같은 거동을 나타내는 고립된 구속점
- 필렛 반경이 0인 날카로운 불연속 모퉁이

3.2 Body의 종류

1) Solid Body

하위 객체인 점(Point), 모서리(Edge), 면(Face)으로 구성되어 있고 체적(Volume)을 가지고 있습니다. 유한요소 해석 시 3D Solid 요소로 격자가 생성됩니다. Hexahedral 및 Tetrahedral 요소를 사용할 수 있으며, 격자의 밀도와 요소의 품질이 좋을 경우 가장 정확한 결과를 얻을 수 있습니다.

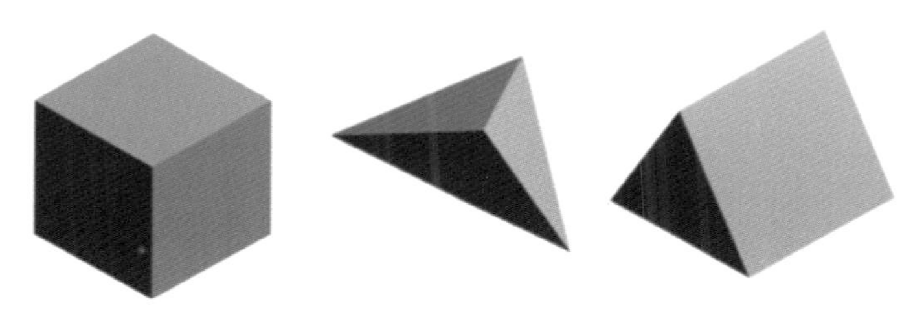

그림 3.7 Solid Body

2) Surface Body

하위 객체인 점(Point), 모서리(Edge)로 구성되어 있고 면적(Surface area)을 가지고 있습니다. 유한요소 해석 시 3D Shell 요소 또는 2D Solid 요소가 됩니다. 만일 세 직교 축 방향의 기하학적 치수 중 하나가 상대적으로 작은 경우(얇을 경우) Shell 요소를 사용합니다. Quadrilateral 또는 Triangular 요소를 사용하며, 모델의 굽힘 및 막(Membrane) 변형이 가능하며, 두께는 매개변수입니다. Shell 요소의 주요 적용 분야로는 자동차, 선박, 항공기에서의 박판 부분 등이 있습니다.

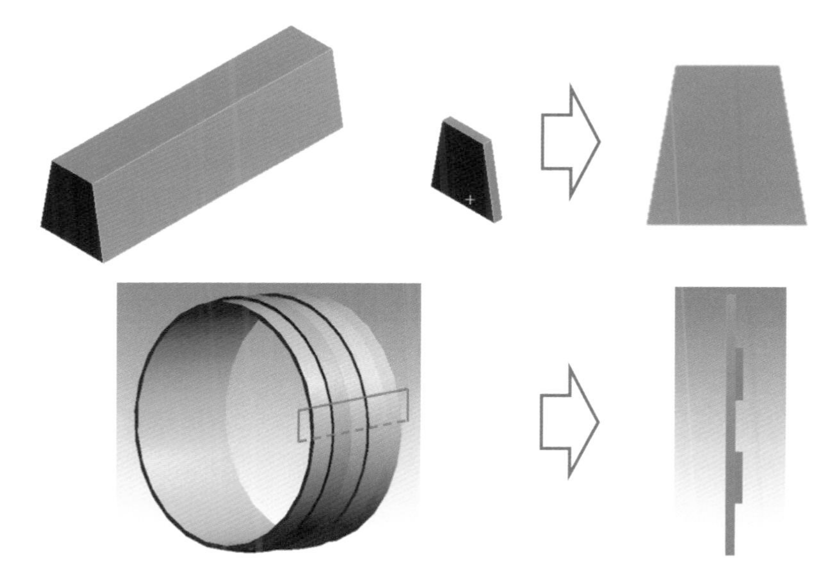

그림 3.8 Surface Body

3) Line Body

점(Point)으로 구성되어 있으며 길이(length)를 가지고 있습니다. (Area, Volume은 없습니다.) 유한요소 해석 시 2D/3D Beam 요소가 됩니다. 세 직교 축 방향의 기하학적 치수 중 하나가 상대적으로 큰 경우 Beam 요소를 사용합니다. Beam 요소는 모델의 굽힘 및 축 변형이 가능하며, 단면 치수가 매개변수입니다. Beam 요소의 적용 분야는 Building Construction, Bridge and Roadway, Vehicle 등입니다.

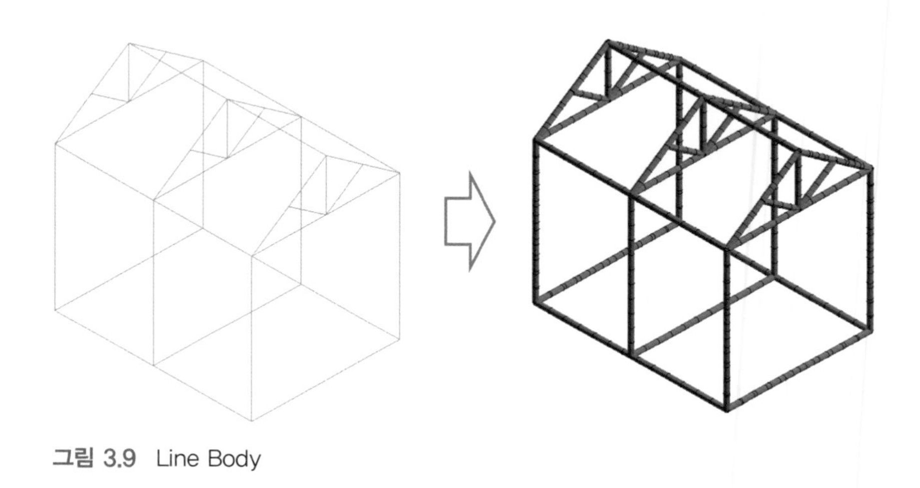

그림 3.9 Line Body

3.3 Mesh Application 소개

격자(Mesh) 생성이란 유한요소 해석을 하기 위해 CAD 형상을 절점(Node)과 요소(element)로 구성되어 있는 유한 개의 격자(Mesh)로 분할하는 것을 의미합니다. 좋은 품질의 격자(Mesh) 생성은 보다 정확한 해석 결과를 얻는 데 있어서 매우 중요한 과정이며, 생성된 격자(Mesh) 품질이 불량하면 부정확한 결과를 얻게 됩니다. ANSYS Workbench의 Mesh Application은 좋은 품질의 격자를 쉽게 생성할 수 있도록 개발되었습니다. Mesh Application은 모델의 형상을 자동으로 인식하여 최적화된 Mesh를 생성할 수 있도록 도와줍니다. 또한 Mesh 미리보기 기능을 제공하여 Mesh 생성을 미리 확인할 수 있습니다.

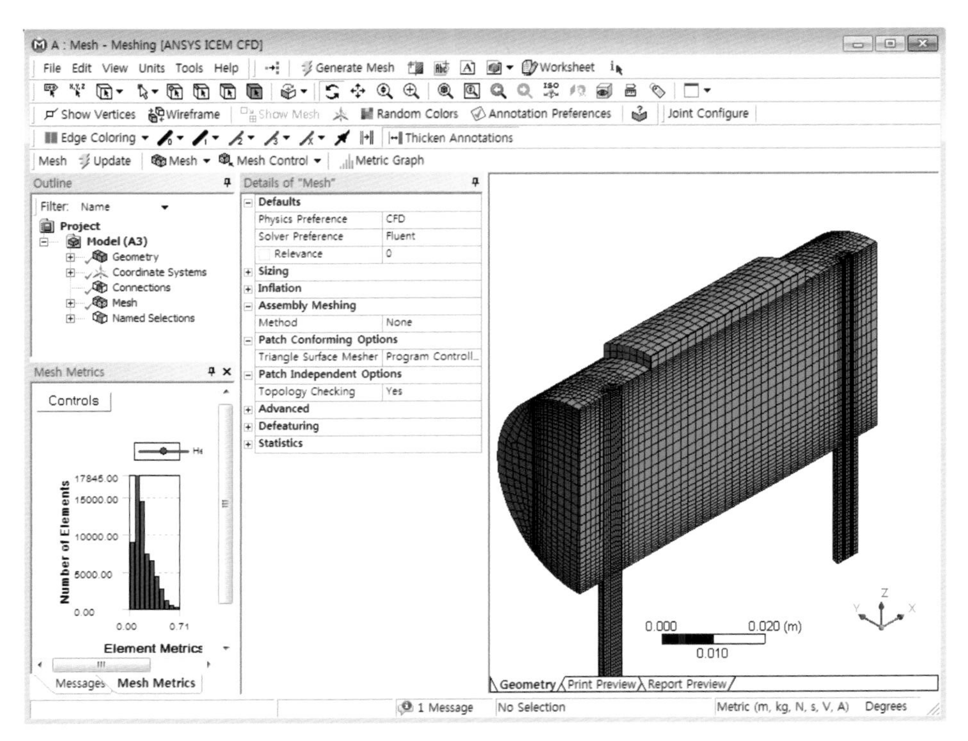

그림 3.10 ANSYS Mesh Application

3.4 시작하기

1) 실행방법

- Toolbox의 Component System으로부터 Mesh Application 생성(그림 3.11의 좌측 A)
- Analysis System(그림 3.11의 우측 B)에 포함된 Mechanical Application에서 Mesh 진행

해석을 위한 격자 생성은 〈그림 3.11〉과 같은 시스템 블록의 Model Cell에서 가능하며, Geometry Cell에서 CAD 모델이 설정되지 않으면 격자(Mesh)를 생성할 수 없습니다. 각 시스템의 Model Cell을 더블 클릭하여 Mesh Application을 실행합니다.

〈그림 3.11〉의 좌측 Mechanical Model 시스템에서 생성된 유한요소 모델을 그림과 같이 다른 해석시스템으로 연결하여 공유할 수도 있습니다. 격자(Mesh)를 수정하거나 다시 작업할 때는 선 작업(Upstream)인 Mechanical Model을 실행하여 수정합니다.

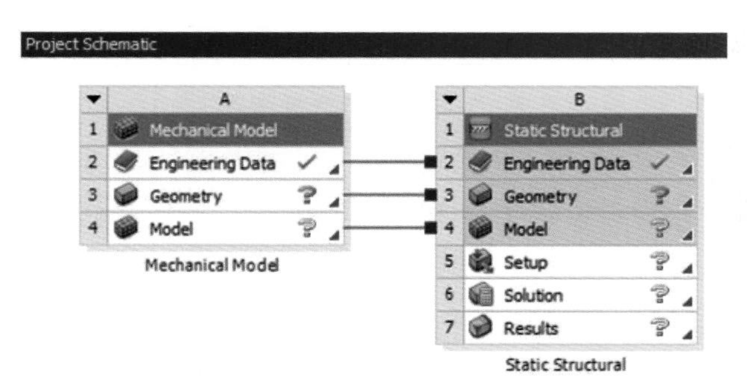

그림 3.11 Mechanical Model 시스템을 통해 Structural 시스템과 Mesh 공유

2) 표면 격자 미리보기 및 생성

모델의 전체 격자를 생성하기 전에 Preview 기능을 사용하여 모델의 표면에 대한 격자를 확인할 수 있습니다. Outline에서 Mesh 항목을 선택한 다음 마우스 오른쪽 버튼을 클릭하여 [Preview > Surface Mesh]를 선택하면 표면 격자 생성만 완료하게 됩니다. 해석은 표면뿐 아니라 내부까지 모두 격자가 생성되어야 진행할 수 있으므로 격자 생성을 위해 [Generate Mesh]를 선택하여 격자 생성을 수행합니다.

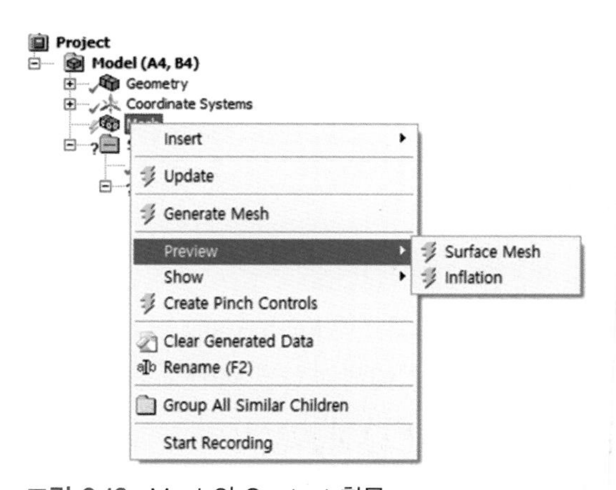

그림 3.12 Mesh의 Context 항목

① Insert : 격자 생성 시 상세 옵션을 적용할 수 있습니다.
② Update : 격자 생성 완료 후에 경계 조건 및 격자 생성 옵션이 바뀌었을 때 사용합니다. 조건 및 옵션이 바뀐 부분만 다시 격자를 생성합니다.
③ Generate Mesh : 모델 전체에 격자(Mesh) 생성을 진행합니다.
④ Preview Mesh(Surface/inflation) : 격자(Mesh)가 어떻게 생성될 것인지에 대한 경향

을 보기 위해 사용합니다. 모델의 표면격자(Mesh)를 확인하면 전체 격자를 생성하는 것보다 짧은 시간에 격자 경향을 파악할 수 있기 때문에 격자 수정 단계의 시간을 단축시켜 줍니다.

⑤ Show(Sweepable Bodies/Mappable Faces) : Sweep Mesh 또는 Mapped Face Mesh가 생성될 수 있는 바디/파트(Body/Part)를 표시해 줍니다.

⑥ Create Pinch Control : 질 좋은 격자를 생성하기 위해 해석에 영향을 주지 않는 작은 형상들을 제거해 줍니다. 제거 형상에 대한 기준 값은 상세 창(Details View)의 Pinch Tolerance 값으로 설정합니다.

⑦ Clear Generated Data : 생성된 격자(Mesh)를 삭제합니다.

⑧ Group All Similar Children : 동일한 격자 옵션을 그룹화합니다.

3.5 Global Mesh

Outline의 Mesh 항목을 선택하고, 상세 창(Details View)에서 Mesh 항목의 다양한 설정 값을 변경할 수 있습니다. 이 항목에서 변경하는 값은 모델 전체에 작용됩니다.

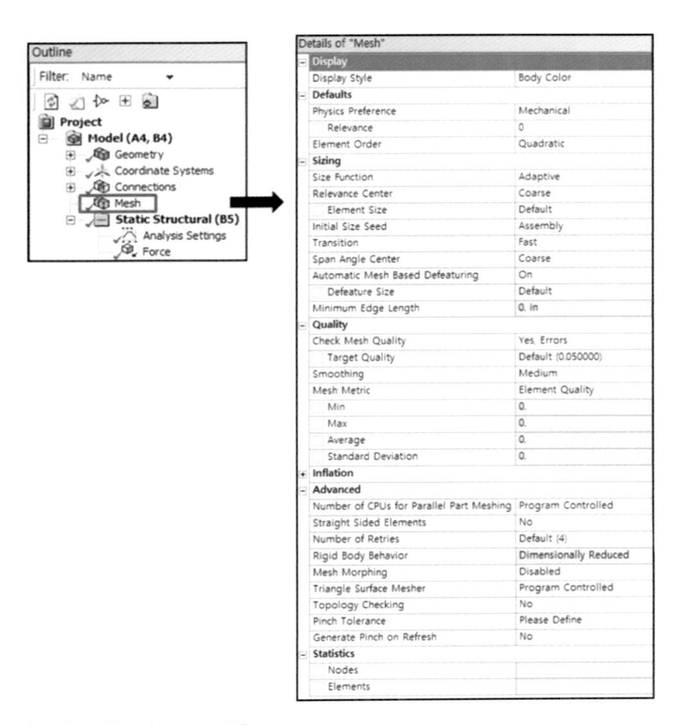

그림 3.13 상세 설정 옵션

1) Display

■ Display Style

Display Style을 Body Color, Element Quality, Aspect Ratio, Jacobian Ratio(MAPDL, Corner Nodes, Gauss Points), Warping Factor, Parallel Deviation, Maximum Corner Angle, Skewness, Orthogonal Quality, Characteristic Length 등의 정보를 Graphic 창에 표현해 줍니다.

2) Defaults

■ Physics Preference

Mechanical, non-linear Mechanical, Electromagnetics, CFD, Explicit, Hydrodynamics Mesh로 설정이 가능하며, 선택에 따라서 하위 항목들의 기준 값이 조절됩니다.

■ Relevance

격자(Mesh)의 밀도를 조절합니다. −100에서 +100까지 가능합니다. −100으로 갈수록 격자의 요소 편차가 크며 형상도 전체적으로 크게 생성되고 +100으로 갈수록 격자의 요소 편차가 작고, 형상도 전체적으로 작게 생성됩니다.

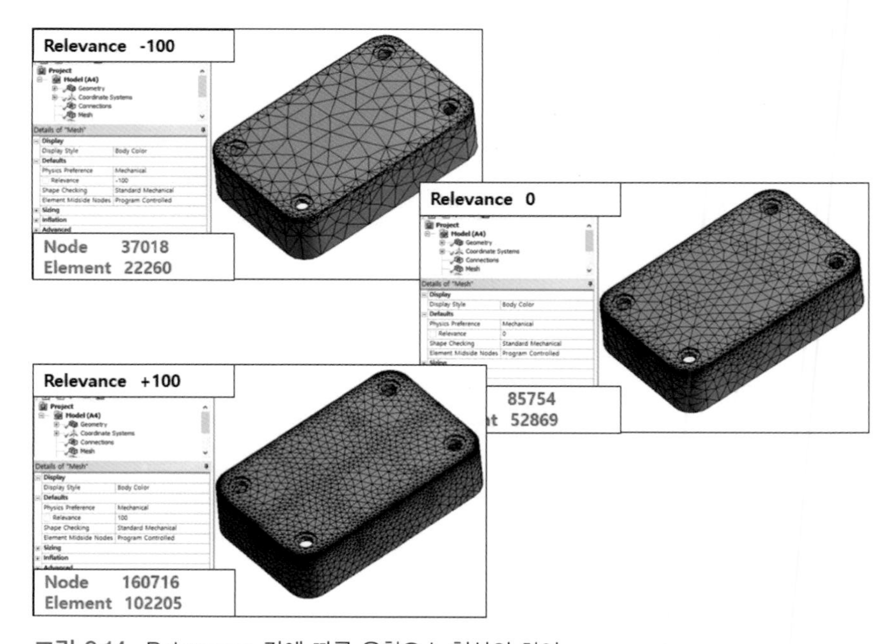

그림 3.14 Relevance 값에 따른 유한요소 형상의 차이

■ Element Order

격자를 생성할 때 2차요소(Midside Node)를 생성할 것인지에 관한 여부를 제어하는 항목입니다. 기본값은 2차요소(Midside Node)를 유지(Quadratic)하는 설정이며 Linear는 1차요소를 생성합니다. Global Mesh Control 옵션에서뿐 아니라 Local Mesh Control 항목인 Method에서도 각각의 파트에 설정이 가능합니다.

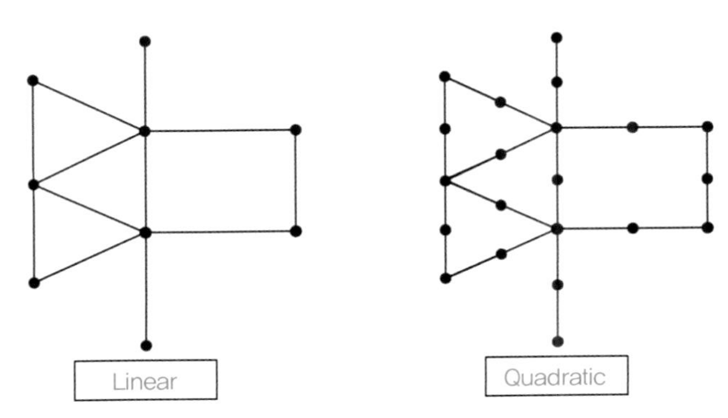

그림 3.15 2차요소 설정에 따라 달라지는 격자의 절점 수

3) Sizing

■ Size Function

Size Function은 곡률의 변화에 따라 자동으로 격자(Mesh) 밀도를 조절하는 기능으로 다섯 가지 옵션 선택이 가능합니다.

① Adaptive : Curvature 옵션과 Proximity 옵션이 Off된 조건으로 초기 정해진 Size 옵션으로 격자를 생성합니다.
② Proximity & Curvature : Curvature 옵션과 Proximity 옵션을 같이 사용하여 격자를 생성합니다.
③ Curvature : 모델의 곡률에 의해서 격자를 조절합니다.
④ Proximity : 가까이 위치한 형상에 따라 격자 밀도를 제어합니다. 좁은 틈새에 지정된 수만큼 요소를 생성할 수 있습니다. Number of Cells Across Gap이 높은 값일수록 밀도 높은 격자를 생성합니다.
⑤ Uniform : 요소 크기의 최댓값과 최솟값을 설정하여 격자를 조절합니다.

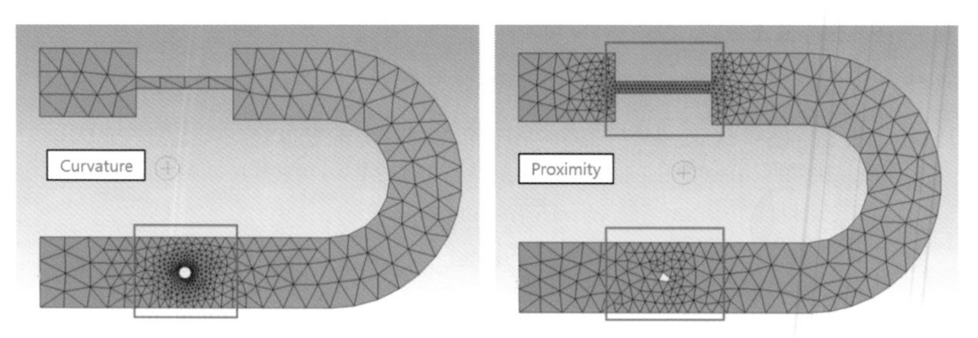

그림 3.16 Size Function 옵션에 따른 격자 형상

■ Relevance Center

Mesh 밀도조정 값으로 3단계가 있으며, Fine은 가장 조밀하게 되고 Coarse는 엉성하게 생성됩니다.

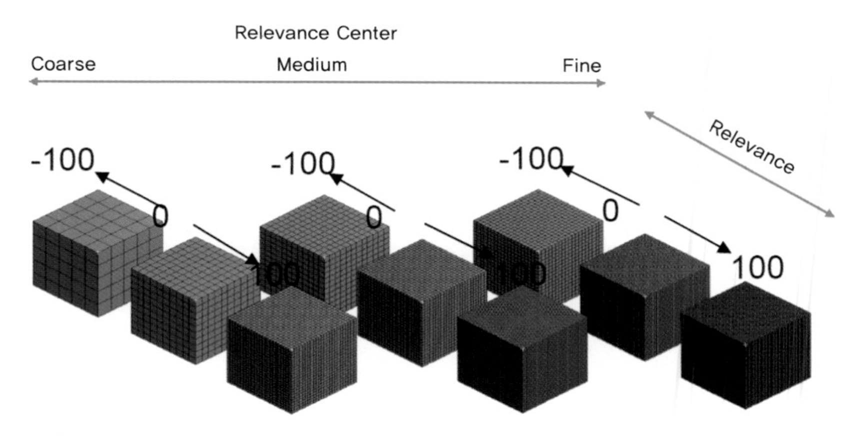

그림 3.17 Relevance Center와 Relevance 값의 조화로 발생하는 경우의 수

■ Element Size

요소(Element)의 평균 크기 값을 전체 모델에 적용합니다.

■ Initial Size Seed

각 파트(Part)의 초기 요소 크기를 제어하는 방법입니다.

① Assembly : 초기 요소 크기를 결정할 때 Suppress가 된 파트는 고려하지 않은 채 결정됩니다.

② Part : 초기 요소 크기를 개별 파트마다 다르게 적용합니다.

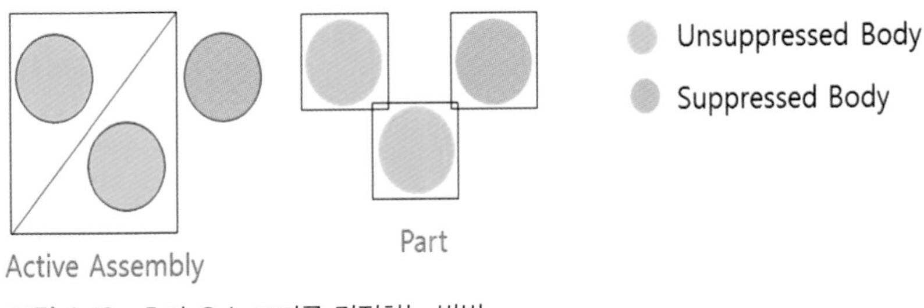

그림 3.18 초기 요소 크기를 결정하는 방법

4) Quality

■ Check Mesh Quality

Mesh Error 및 Warning을 Check할 것인지를 선택합니다.

■ Error Limits

① Standard Mechanical : ANSYS Workbench의 격자 형상을 검사하는 기본 설정입니다. 선형(linear), 모달(modal), 응력(stress), 열(thermal)에 관한 문제에 효과적으로 사용됩니다.

② Aggressive Mechanical : Jacobian Ratio을 기준으로 하여 Standard Mechanical 옵션보다 높은 격자 품질을 만들어 줍니다. 생성 시간이 오래 걸리고 요소 수가 많아지며 격자 생성에 실패할 확률이 높습니다. 대신 이 옵션을 사용하면 재료 비선형(Material nonlinear analysis) 또는 대변형 해석(Large deformation analysis)에 효과적입니다.

■ Mesh Metric

요소(Element)의 정보와 격자의 품질(Mesh Quality)에 대한 정보를 볼 수 있습니다. 자세한 내용은 3.8절에서 설명합니다.

5) Advanced

■ Number of CPU Cores for Parallel Part Meshing

여러 파트(Part)로 구성되어 있는 모델에서 병렬로 격자를 생성하기 위해 사용되는 프로세서의 수를 설정하는 기능입니다. 기본값은 0으로 설정되어 있으며, 이는 가능한 모든 CPU코어를 격자 생성에 사용하는 것을 의미합니다. 이때 1 CPU에 할당되는 메모리는 최대 2GB입니다.

- Serial : 구성된 파트들을 순차적으로 Mesh 생성
- Parallel : 구성된 파트들을 동시에 Mesh 생성

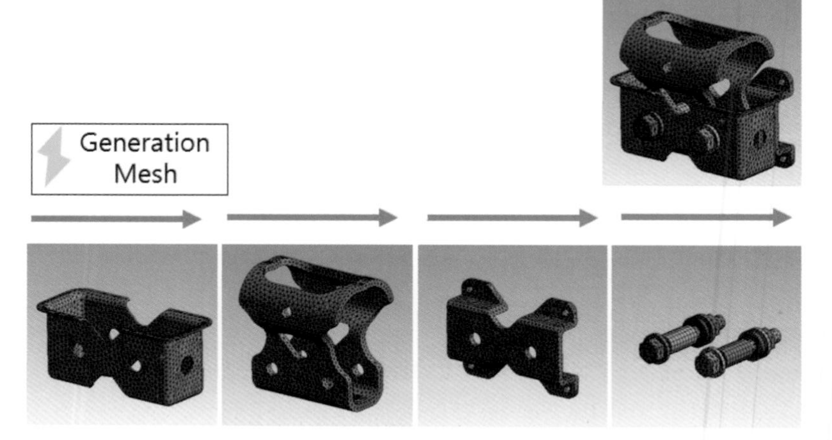

그림 3.19 Serial Meshing 방법으로 격자 생성

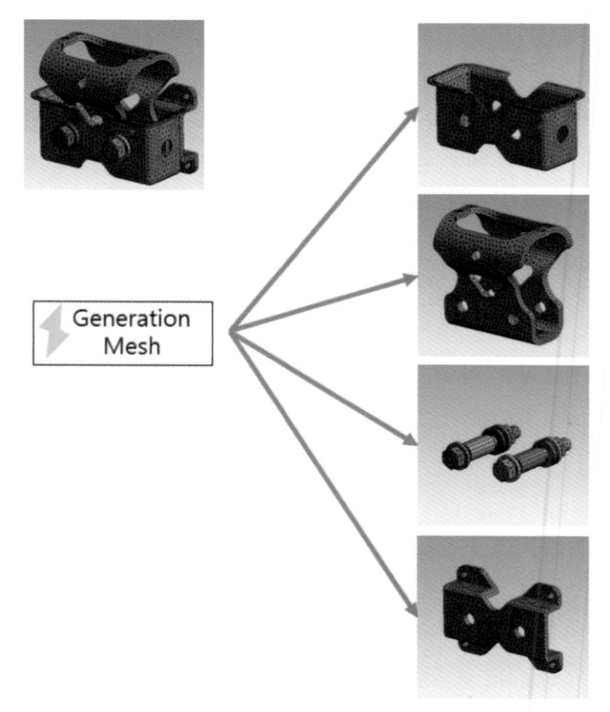

그림 3.20 Parallel Meshing 방법으로 격자 생성

6) Statistics

■ Node/Element

모델 전체의 요소와 절점의 수를 보여 줍니다. 각 모델에 대한 요소와 절점의 수를 보려면, Mesh를 선택하고 Worksheet 항목에서 확인할 수 있습니다.

Statistics	
Nodes	61670
Elements	40743

그림 3.21 격자 생성 후에 절점과 요소 수 표시

3.6 Local Mesh

ANSYS Workbench는 국부적으로 격자 크기를 조절하는 기능을 제공하고 있습니다. Outline 창에서 [Mesh] 항목을 선택한 다음 [Context Toolbar]에서 적용할 항목을 선택하거나, 마우스 오른쪽 버튼을 클릭한 후 원하는 항목을 선택하면 [Mesh]의 하위 트리에 세부 옵션들이 추가됩니다. 적용할 객체를 선택할 경우 [Ctrl] 키를 이용하면 여러 영역을 동시에 선택하여 부분적(Local)으로 제어할 수 있습니다.

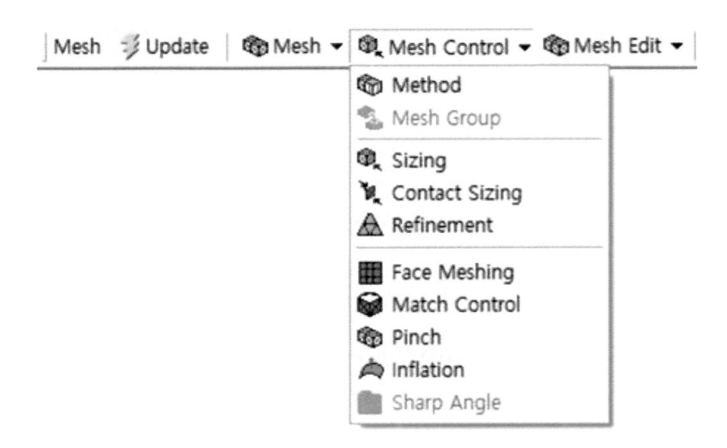

그림 3.22 Local Mesh 항목

1) Method

Method에서는 격자의 형상을 결정해 주며 유한요소 해석에서 사용하는 격자 형상은 3D의 경우 육면체와 사면체를 지원합니다. Method 설정은 각각의 Body를 기준으로 적용할 수 있으며 기본값은 Automatic으로 정의되어 육면체를 생성할 수 있는 조건의 형상일 경우 Hexahedron 형상의 격자(Mesh)를 생성해 주고 조건이 만족하지 못할 경우에는 Patch Conforming 방법을 통한 Tetrahedron Mesh로 자동 변환되어 격자를 생성합니다.

■ Tetrahedrons

Tetrahedron Mesh는 3D 모델에서 사면체로 구성된 유한요소 모델을 의미합니다. Workbench에서는 사면체 요소를 생성할 때 생성 알고리즘에 따라 Patch conforming 방법과 Patch independent 방법으로 구분하여 생성할 수 있습니다.

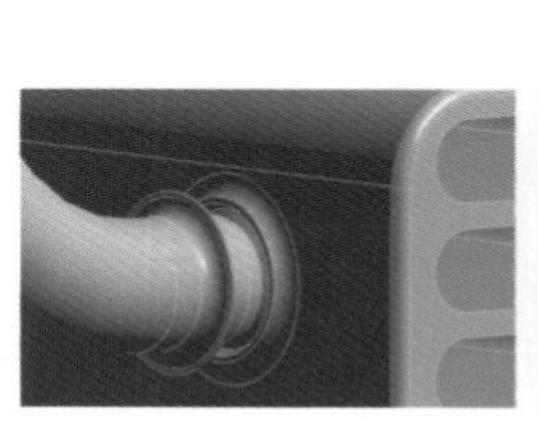

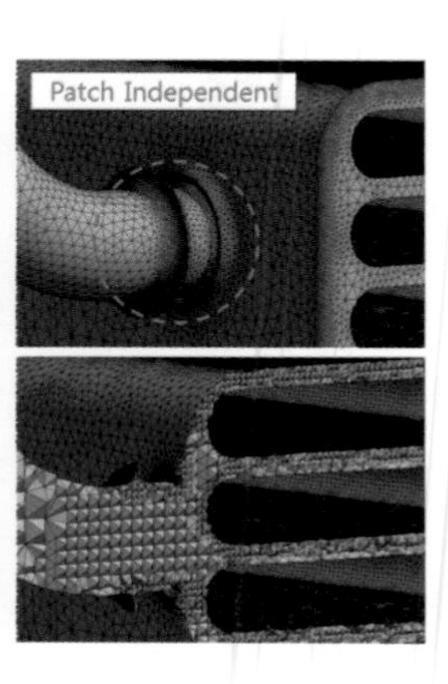

그림 3.23 알고리즘에 따른 격자 형상 비교

① Patch Conforming : Patch Conforming 기법은 일반적인 격자(Mesh) 생성 과정과 같이 CAD 모델의 모서리(Edge)에서부터 생성되어 면(Face)과 체적(Volume)을 채워 가며 격자를 생성하는 방법입니다. 이 경우에는 외부 형상을 기반으로 격자가 생성되기 때문에 형상정보와 최대한 동일하게 격자 모델을 구축할 수 있다는 장점이 있습니다. 하지만 복잡하거나 지저분한 모서리에 대해서도 Mesh를 생성하려는 과정을 수행하므로 CAD 모델에 형상오류가 없어야 합니다.

② Patch Independent : Patch Independent 기법은 CAD 모델을 둘러싸는 균일한 크기의 격자(Mesh)를 생성한 후, CAD 모델의 면을 경계로 바깥부분의 격자를 지우고 경계면 부근의 격자만 크기와 형상을 재정렬하여 격자를 생성하는 순서를 따릅니다. 경계 조건이 적용된 부분은 면이나 모서리의 형상을 그대로 유지해 주지만, 그렇지 않은 부분에는 그 형상이 보존되지 않을 수 있습니다. 모델의 형상이 매우 복잡하여 Patch Confirming으로 격자의 생성이 어려운 모델이나, 외각의 형상이 해석에 큰 영향을 주지 않는 모델의 경우에 사용하면 유용합니다.

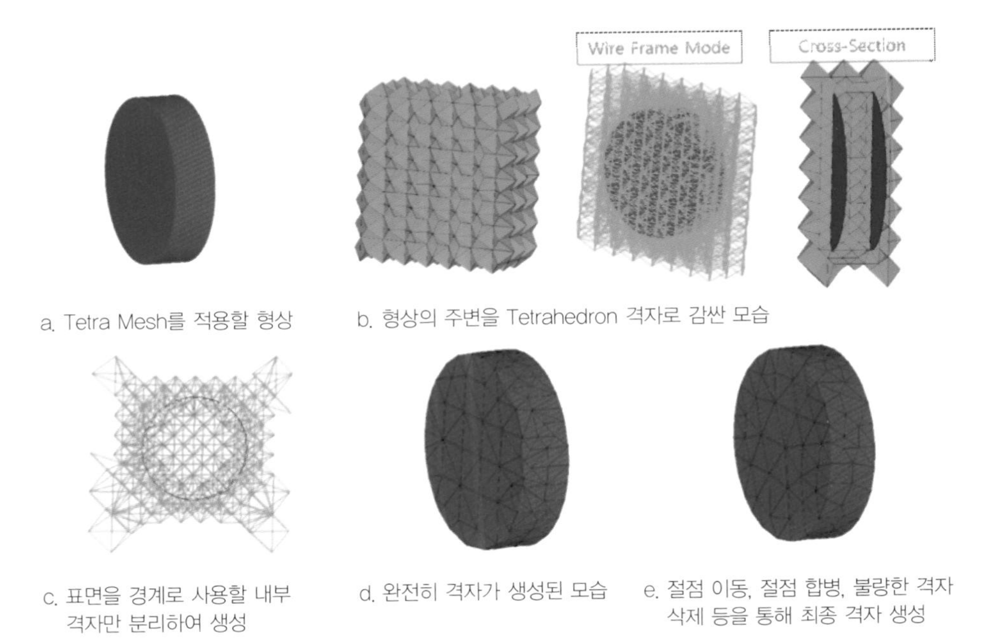
Wire Frame Mode
Cross-Section
a. Tetra Mesh를 적용할 형상
b. 형상의 주변을 Tetrahedron 격자로 감싼 모습
c. 표면을 경계로 사용할 내부 격자만 분리하여 생성
d. 완전히 격자가 생성된 모습
e. 절점 이동, 절점 합병, 불량한 격자 삭제 등을 통해 최종 격자 생성

그림 3.24 Patch Independent 알고리즘 설명

■ Hex Dominant

Hex Dominant 방법을 선택하면 육면체 격자가 생성됩니다. 이 옵션은 육면체 격자가 필요하지만 Sweep Mesh 방법이 적용되지 않는 모델에 적용할 수 있는 옵션입니다. 내부 부피가 큰 모델에 주로 사용하며 얇거나 복잡한 형상에는 거의 사용되지 않습니다.

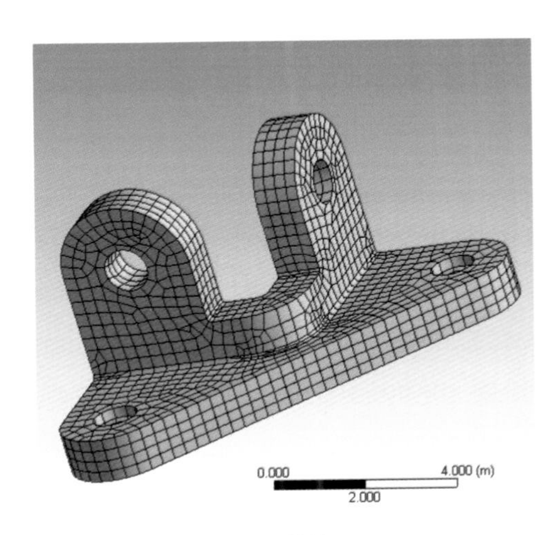
0.000
4.000 (m)
2.000

그림 3.25 Hex Mesh 형상

이때 면에 구성된 격자 형상을 확인해 보면 육면체 격자뿐만 아니라 사면체 격자가 포함되어 있는 것을 확인할 수 있습니다. 이 경우 상세창의 [Free Face Mesh Type] 옵션 변경을 통해 구성되는 격자 형상을 조절할 수 있습니다.

표 3.1 Hex Mesh를 구성하고 있는 격자 형상(예)

격자 형상	비율
Tetrahedrons	443(9.8%)
Hexahedron	2801(62.5%)
Wedge	124(2.7%)
Pyramid	1107(24.7%)

■ Sweep

Sweep Mesh는 육면체(Hex) 또는 웨지(Wedge) 격자를 생성합니다. 평면 또는 곡면 위에 생성된 표면격자(Surface Mesh)를 특정 경로를 따라 이동시킴으로써 3차원 격자를 생성합니다. 이러한 경우 시작되는 표면(Source Face)부터 끝나는 표면(Target Face)까지 모든 영역에 걸쳐 균일한 격자를 생성할 수 있다는 장점을 가집니다. Sweep이 가능한 Body라면 Source면과 Target면이 자동으로 지정되지만, 사용자의 의도와 다르게 생성된다면 그림과 같은 방법으로 직접 Source면과 Target면을 정의할 수 있습니다.

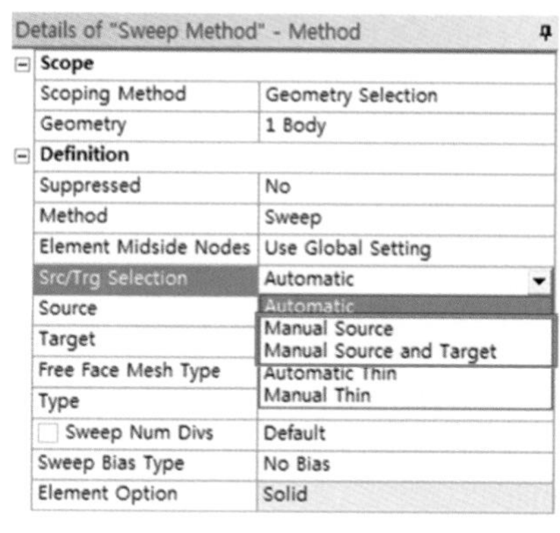

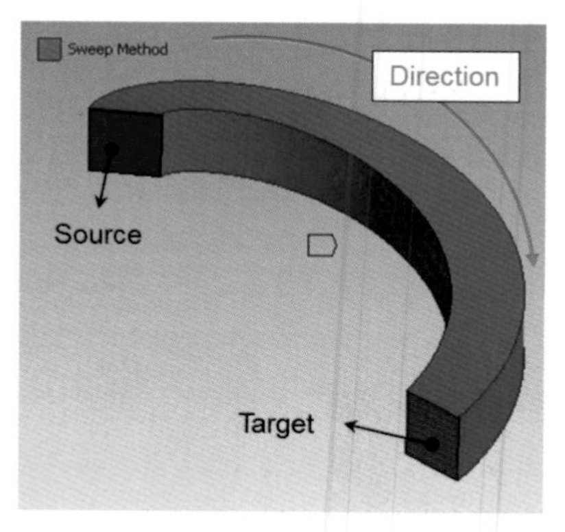

그림 3.26 Manual 옵션을 사용하여 Source면과 Target면 설정하기

Sweep Mesh는 Source면을 기준으로 경로를 따라 Target면까지 동일한 격자를 생성하는 방법이기 때문에 복잡한 기하모델에서는 사용할 수 없는 격자 생성 방법입니다.

Sweep Mesh의 사용 가능성 여부 확인을 〈그림 3.27〉에서 설명한 격자 미리보기 항목을 통해 확인하실 수 있습니다. Outline 항목에서 오른쪽 버튼을 클릭하여 [Sweepable Bodies] 항목을 선택하면 Sweep Mesh를 적용할 수 있는 Body가 선택되어 초록색으로 표시됩니다.

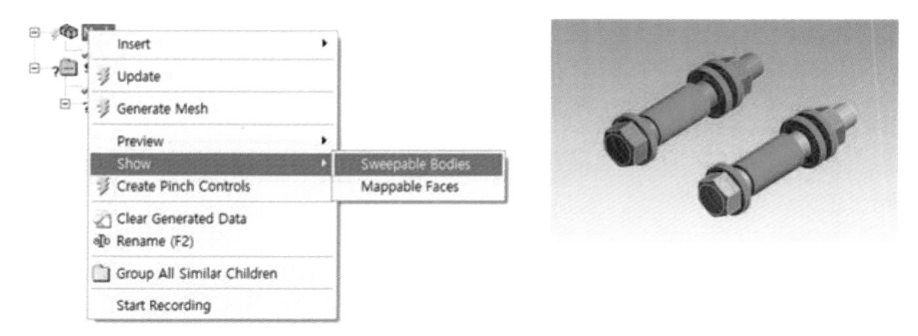

그림 3.27 Sweepable Bodies 항목을 통해 Sweep Mesh가 가능한 Body 확인하기

한편 Patch Conforming Method와 같이 외곽 면부터 Mesh를 생성하여 내부를 채우는 방법의 경우 단면을 살펴보면, 외곽 면 모든 방향으로부터 내부 중앙으로 Mesh의 성장 방향이 집중되므로 내부에서 서로 만나게 되는 어느 한 지점에서는 Mesh의 품질이 나쁘게 생성되는 문제가 발생합니다. 이런 경우 아래 오른쪽 그림과 같이 Sweep Mesh 생성이 가능한 형상으로 분할하는 작업(1/2 또는 1/4 모델로 분할)을 수행하면 내부까지 균일한 Mesh를 생성할 수 있습니다. 또한 Sweep Mesh로 격자를 생성하면 Tetra Mesh로 생성된 경우보다 절점 수와 요소 수를 줄일 수 있습니다.

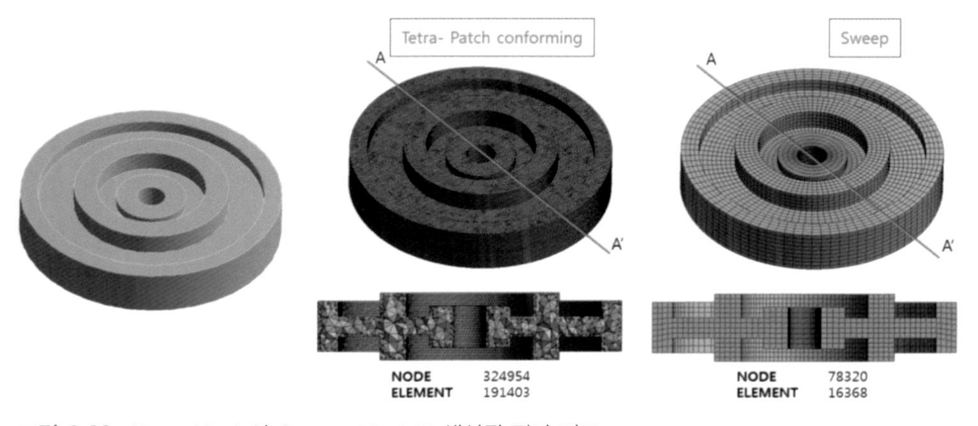

그림 3.28 Tetra Mesh와 Sweep Mesh로 생성된 격자 비교

■ MultiZone

MultiZone 방법은 Sweep Mesh처럼 내부까지 균일한 격자를 생성할 수 있는 기능입니다. 하지만 Sweep Method와 달리 Mesh를 생성하기 위해 형상을 분할하지 않아도 됩니다. 예를 들어 Sweep Mesh의 경우에는 〈그림 3.29〉처럼 Body를 여러 개의 Part로 분할하는 작업이 필요하지만, MultiZone Method는 Surface를 기준으로 Sweep 방향을 설정하고 Blocking 기법에 의한 가상의 Part 분할을 내부적으로 자동 수행하여 Sweep 형태의 격자를 생성해 줍니다.

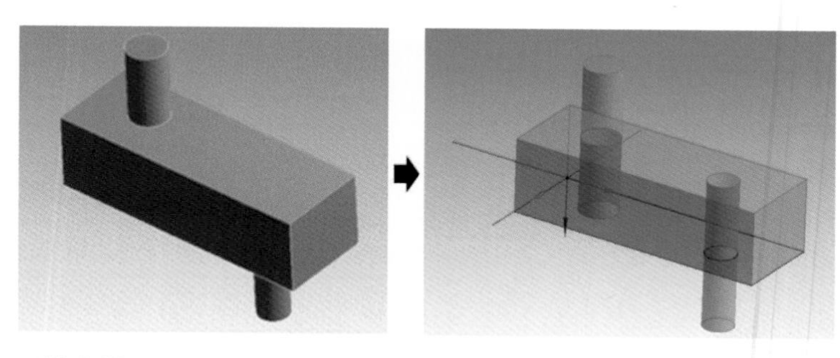

그림 3.29 Hex Mesh를 생성하기 위해 형상에 Slice 적용

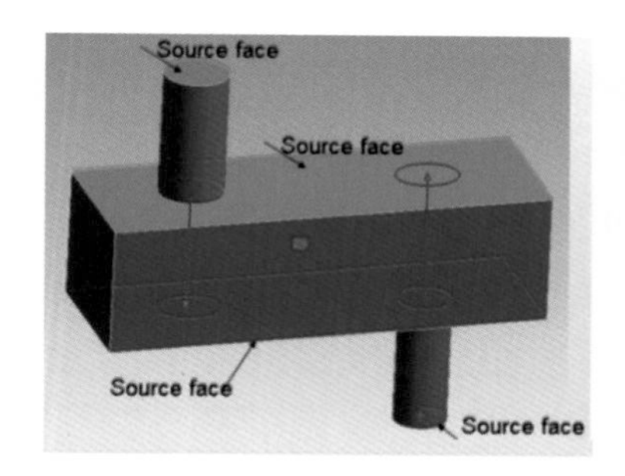

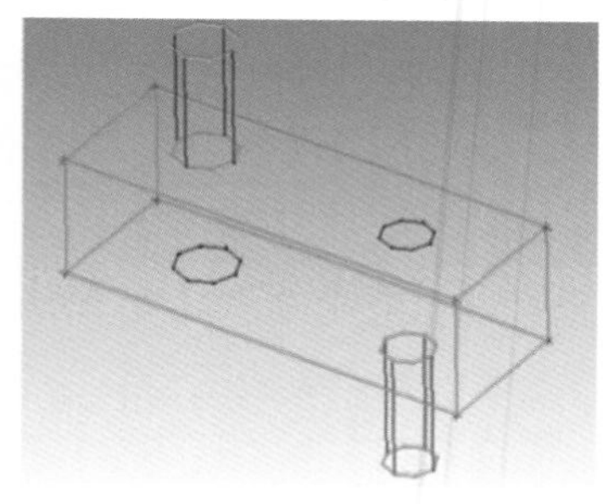

a. 표면을 분석하여 2D Blocking을 생성

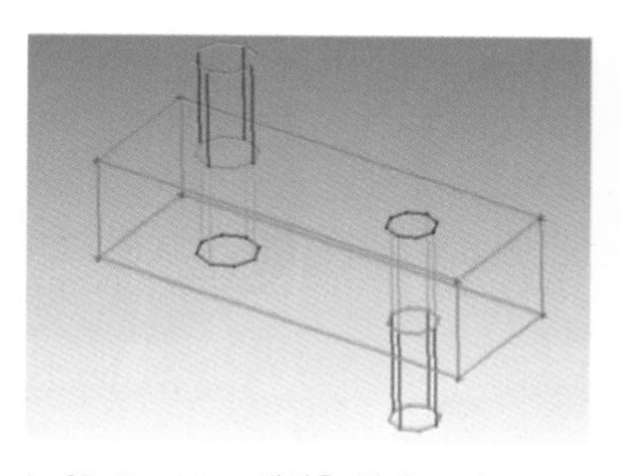

b. 3D Blocking 생성을 위해 표면 블록을 연결

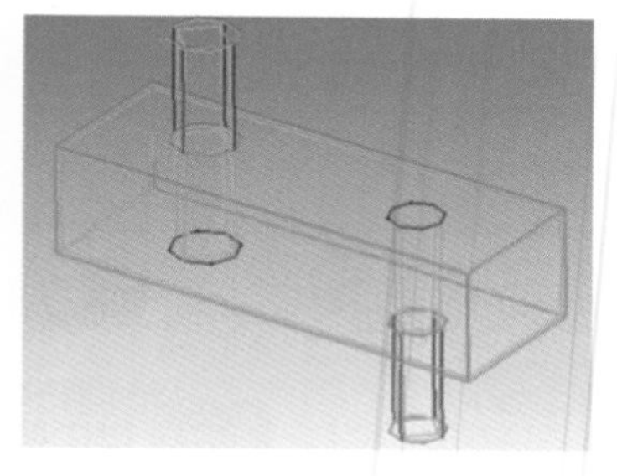

c. Source면 조합에 수행되는 인플레이션을 생성하기 위해 O-Gride로 경계블록을 생성

그림 3.30 MultiZone Method 알고리즘 순서

여러 개의 Source면과 Target면을 설정할 수 있으며, Free Mesh의 유형은 세부 설정 옵션을 통해 변경할 수 있습니다. 유형은 Tetra, Tetra/pyramid, Hexa dominant, Hexa core가 있으며 Not allowed 옵션을 통해 Hexa Mesh 또는 Hexa/Prism Mesh만 생성하도록 설정할 수 있습니다.

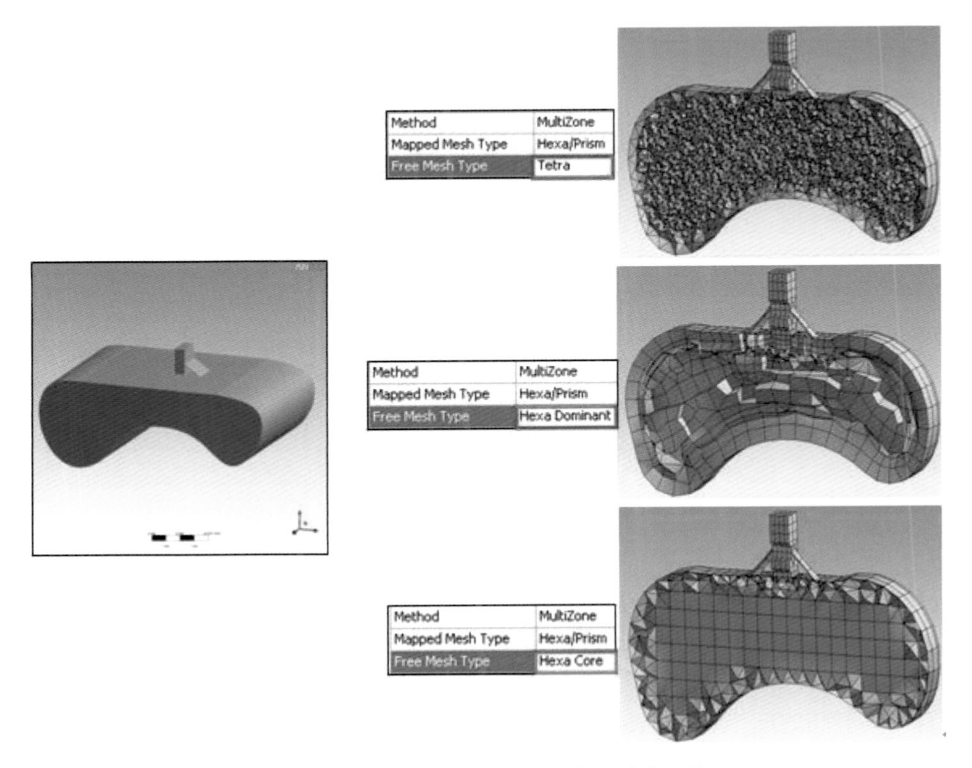

그림 3.31 MultiZone에서의 Free Mesh Type 옵션에 따른 격자 유형

또한 MultiZone을 통해 격자를 생성할 때에 외곽 형상의 고려 여부를 상세 창의 옵션에서 간단하게 설정할 수 있습니다. 따라서 이전 버전과 같이 Named Selection 또는 경계조건으로 정의하지 않아도 옵션을 통해서 원하는 격자를 생성할 수 있습니다.

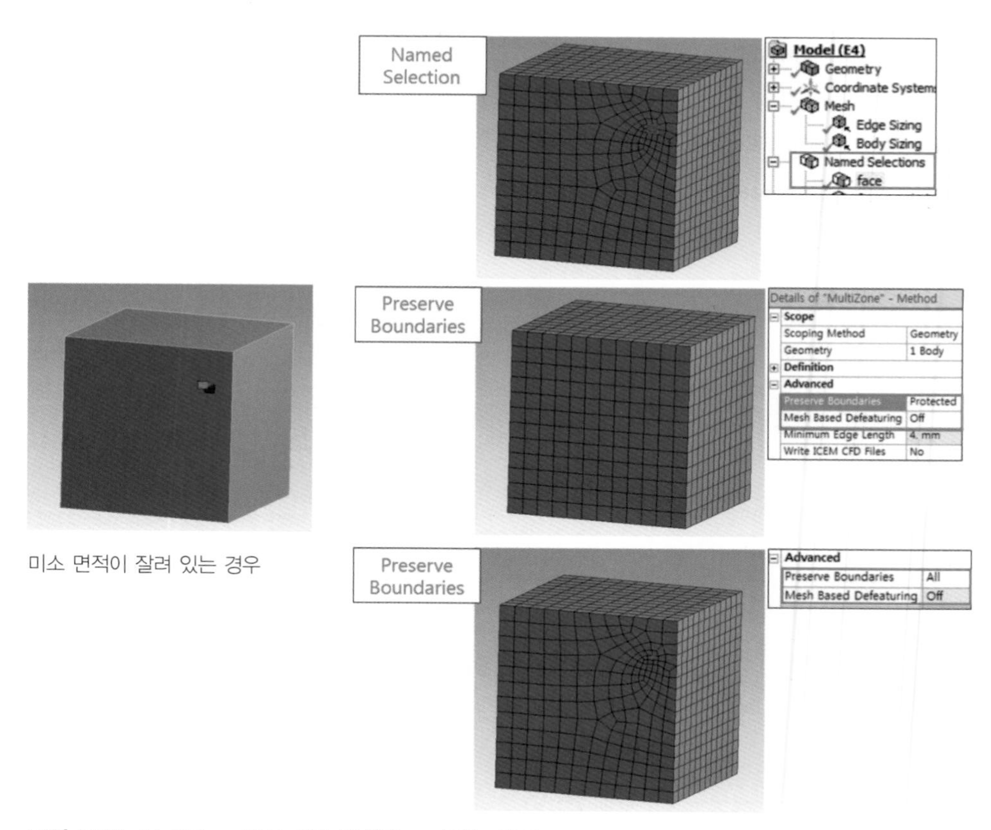

그림 3.32 MultiZone에서 외곽 형상을 고려하는 방법

2) Sizing

각각의 객체(Body, Face, Edge, Vertex)를 선택하여 격자의 크기를 조절할 수 있습니다. 이때 각각의 객체 유형에 따라 크기 값을 입력할 수 있으며 다음과 같은 옵션 항목을 통해 정의할 수 있습니다.

- Element Size : 모서리(Edge), 면(Face), 몸체(Body) 부분에 대한 요소(element) 평균 길이를 정의합니다.
- Number of Division : 모서리(Edge)에서만 설정할 수 있으며 선택한 모서리에 만들어질 요소 개수를 정의합니다.

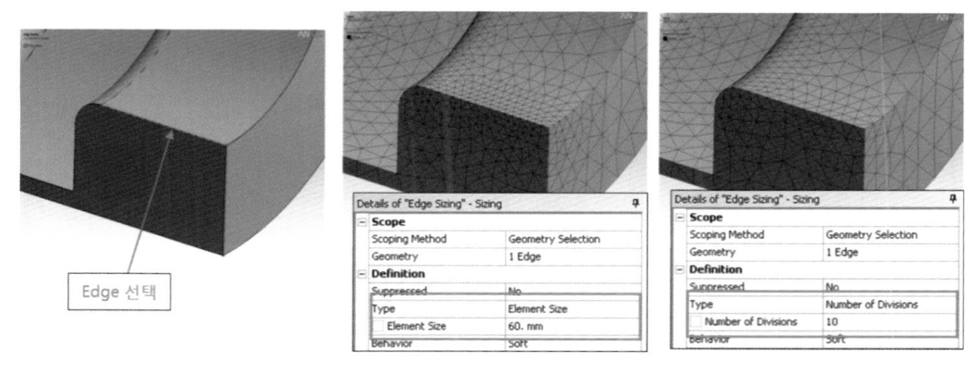

그림 3.33 요소 사이즈와 분할 개수로 다르게 생성한 Mesh 비교

- Sphere of Influence(SOI) : 생성된 구(Sphere)의 범위 내에서 지정된 크기로 격자를 개선할 수 있습니다. 이때 구는 구의 반지름 값(Sphere radius)과 요소 크기를 정의한 다음, 형상의 점(vertex)이나 좌표계의 원점을 기준으로 생성됩니다.

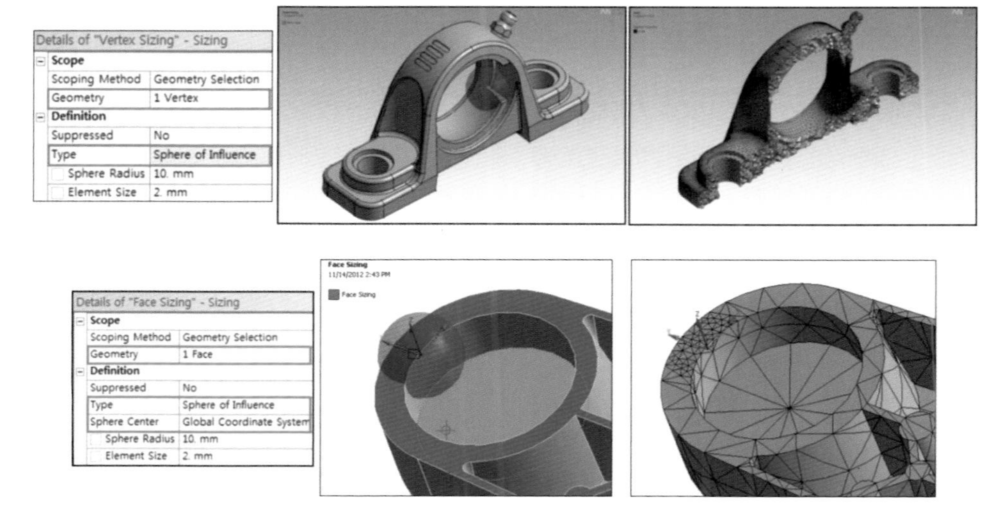

그림 3.34 Type에 따른 설정 방법

- Body of Influence(BOI) : Sphere of Influence 기능과 동일하며 구(Sphere) 대신에 모서리(Edge), 면(Surface), 몸체(Body)를 선택하여 객체가 겹치는 범위 안의 격자를 개선합니다. 이때 개선에 사용된 객체는 자동으로 [Suppress]가 적용됩니다. 단, 이 옵션은 Mesh 항목의 상세 창에서 [Sizing > Size Function]이 Adaptive 외에 다른 설정으로 되어 있어야 활성화됩니다.

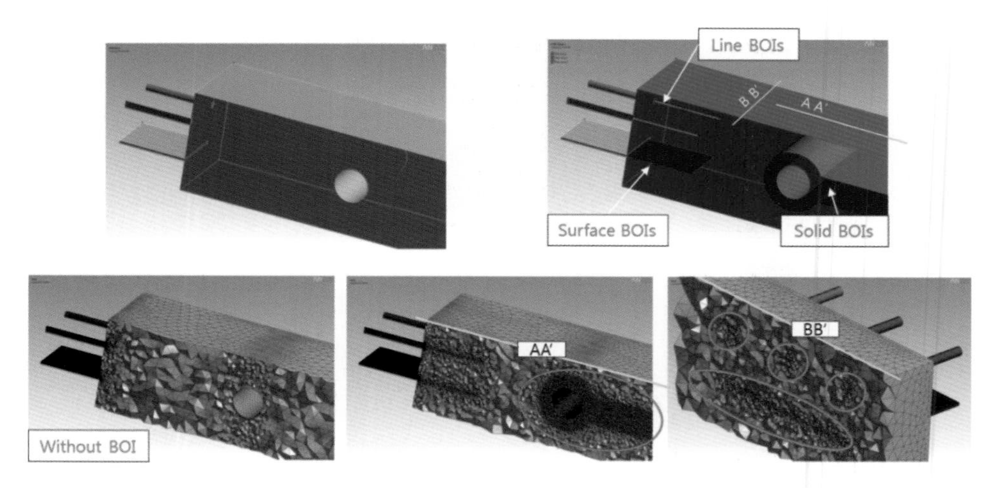

그림 3.35 Body of Influence를 사용한 격자 생성

■ Local Min Size Control

Global Mesh Control에서 정의한 Min Size를 무시하고 객체마다의 Local Min Size를 정의할 수 있습니다. 다만 Size Function이 Adaptive 외에 다른 설정으로 되어 있어야 활성화됩니다.

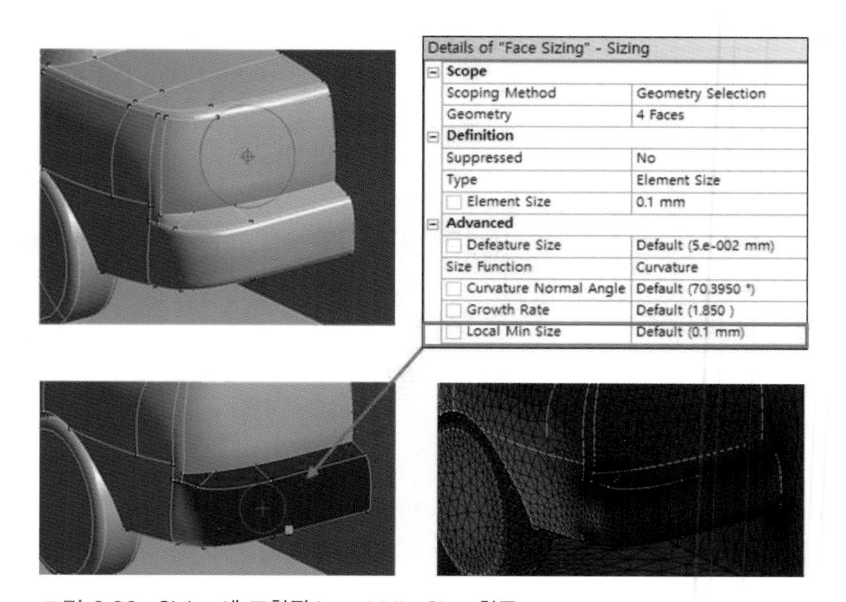

그림 3.36 Sizing에 포함된 Local Min Size 항목

Sizing Option의 Size Function이 Uniform일 때만 Soft와 Hard로 지정 가능합니다.

① Soft : 요소 크기가 Size Function(proximity/curvature)과 같은 Global Sizing의 영향뿐 아니라 Local Remesh 기능에 의해 영향을 받아 변경될 수 있습니다.

② Hard : 요소 크기가 고정됩니다.

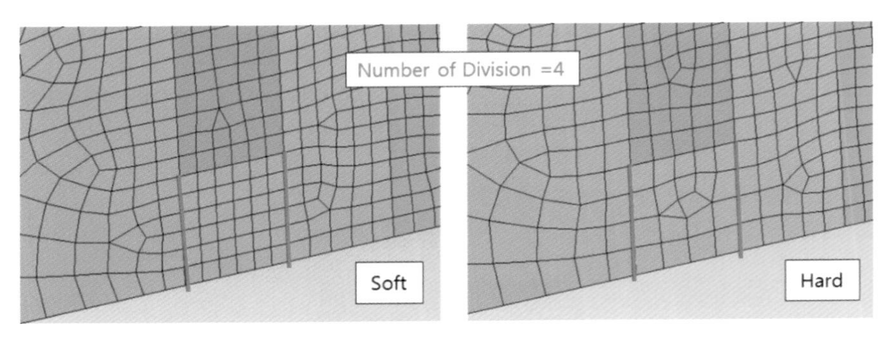

그림 3.37 옵션에 따라서 모서리에 4분할 적용

선택한 객체 유형에 따라 Sizing Option의 적용가능 범위가 정해집니다. 다음 표에 옵션에 따라 선택할 수 있는 객체 유형을 표기하였습니다.

표 3.2 객체에 따라 사용 가능한 Sizing 옵션

Option/Entity	Vertices	Edges	Faces	Bodies
Element Size		○	○	○
Number of Divisions		○		
Body of Influence				○
Sphere of Influence	○	○	○	○

모서리(Edge)에 Sizing을 지정할 경우, 유일하게 요소 분할 개수를 정의할 수 있으며 Bias Type을 적용할 수 있습니다. Bias Type은 요소의 크기의 변화를 정의하는 방법입니다. 이때 Bias Factor 값을 통해 변화 비율을 정의할 수 있으며, Reverse Bias 기능을 사용하여 방향을 재설정할 수 있습니다.

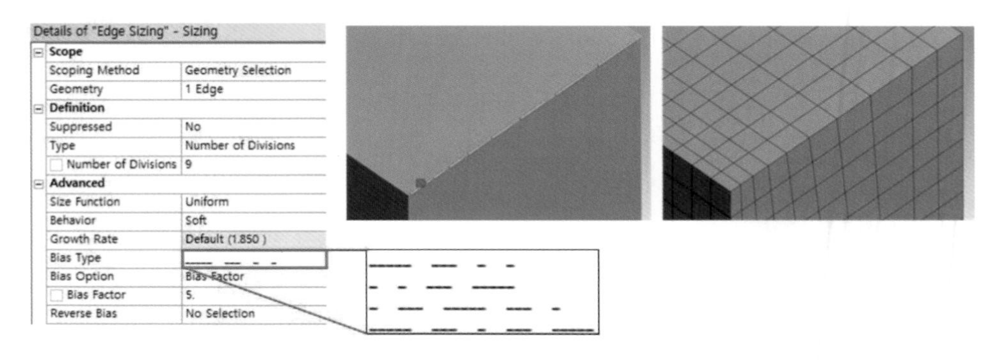

그림 3.38 Bias Type에 따른 요소 크기 변화 설정

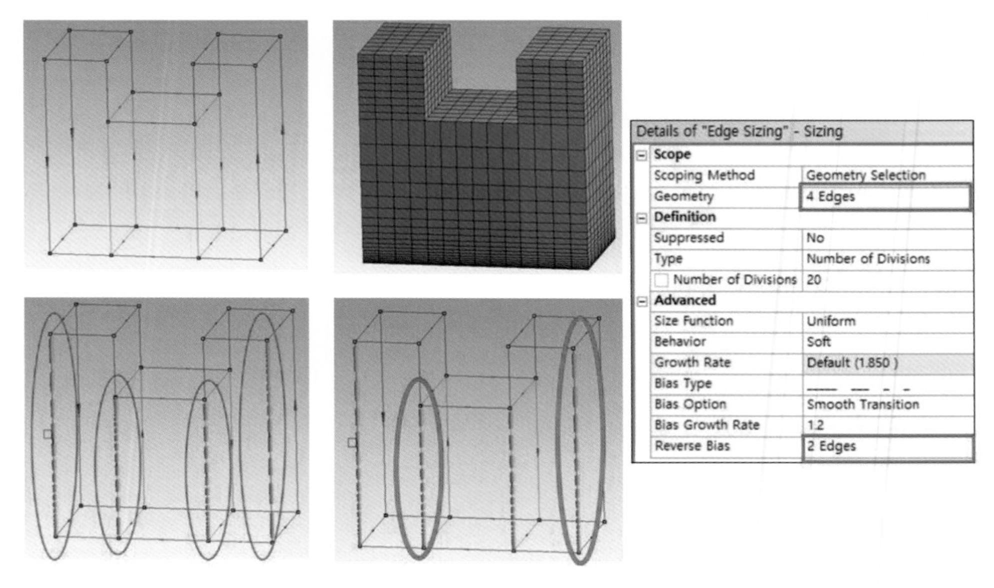

그림 3.39 Bias 방향 조절 옵션

3) Contact Sizing

해석 모델(Assembly Model)에 접촉(Contact) 조건이 있다면 Contact 부분을 선택하여 격자를 조절할 수 있습니다. 예를 들어 기어의 구조해석을 진행할 때 접촉부가 중요하기 때문에 접촉 부분의 격자 밀도가 중요할 수 있습니다. 이렇게 접촉면에서 요소 크기를 조절하면 파트(Part)와 파트(Part) 사이의 접촉을 보다 자세히 해석할 수 있습니다.

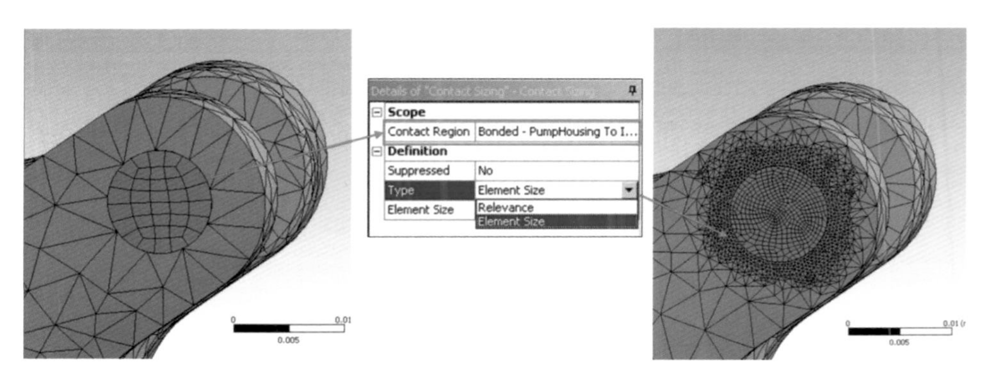

그림 3.40 Contact 영역에 요소 크기 설정

4) Refinement

이미 생성된 격자의 일부를 보다 조밀하게 재생성하는 기능입니다. 이 기능은 관심영역의 격자 밀도를 증가시키는 가장 쉬운 방법으로 Refinement의 수는 1~3값으로 정의할 수 있습니다. Refinement의 수에 따라 1/2, 1/4, 1/8로 격자를 재생성합니다. Refinement는 Mesh가 한 번 수행된 이후에 이용할 수 있습니다.

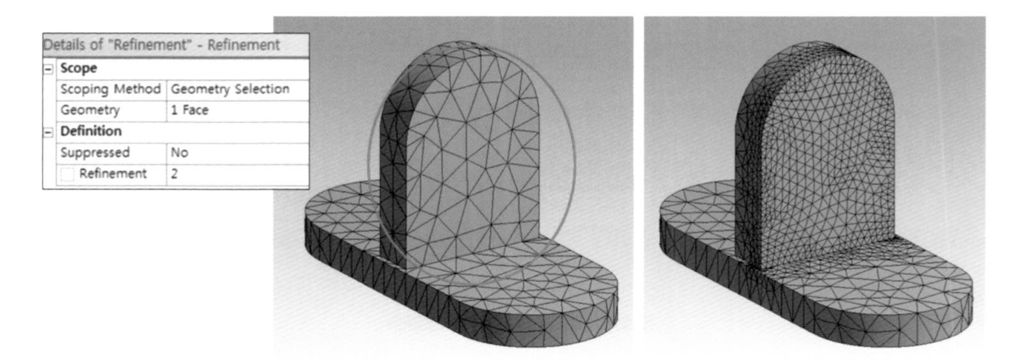

그림 3.41 Refinement를 사용하여 격자 재생성

5) Face Meshing

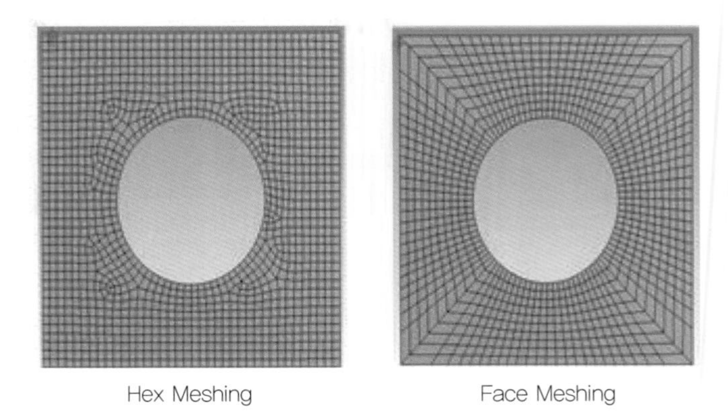

그림 3.42 Hex Mesh와 Face Mesh 비교

표면에 균일한 격자를 생성하도록 설정합니다. 이때 분명한 패턴을 기준으로 Face Mesh가 생성되며 그렇지 않은 경우는 실패하게 됩니다. 자동설정이 실패하였을 때, 사용자가 직접 측면(Side)점, 코너(Corner)점, 끝(End)점을 정의해서 균일한 Sweep Mesh를 생성할 수도 있습니다.

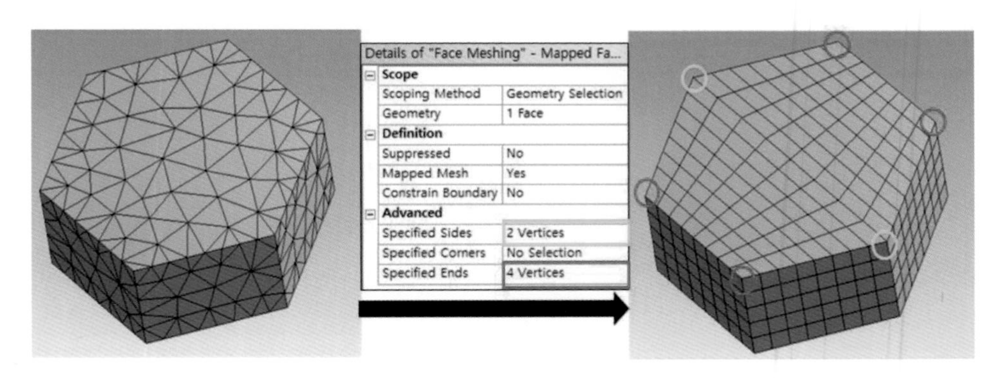

그림 3.43 Face Meshing에 실패한 경우 사용자가 직접 설정

〈그림 3.44〉와 같이 측면(side) 모서리 없이 루프로 구성된 경우 축 방향, 반경 방향으로 모두 분할 개수를 적용하여 내부 분할 수를 정의할 수 있습니다. 이때 격자 생성 방법은 Multizone/Sweep을 적용하여 육면체(Hex) 격자만 생성할 수 있습니다.

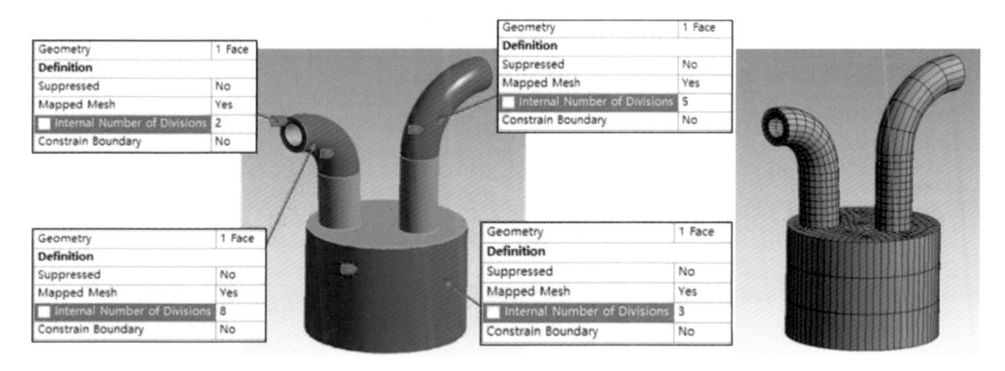

그림 3.44 축 방향, 반경 방향의 내부 분할 개수를 적용

6) Match Control

기하학적으로 회전축으로 주기적인 대칭을 이루는 형상에서 두 개의 면(Face)이나 모서리(Edge)의 격자를 동일하게 정의할 수 있습니다. Patch Independent Tetrahedrons 격자는 지원되지 않습니다.

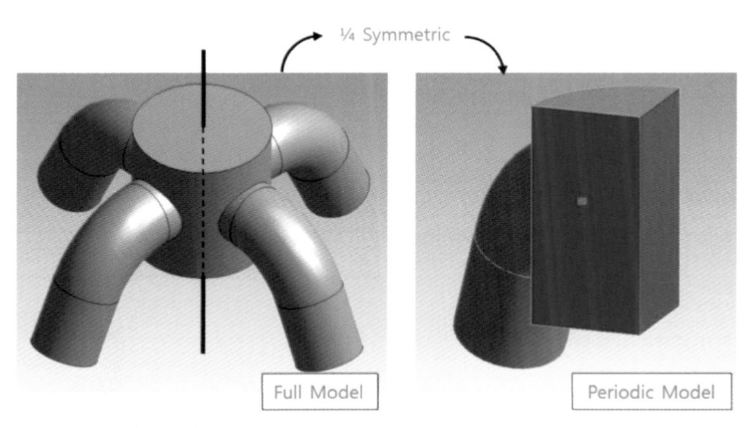

그림 3.45 회전주기를 가진 대칭 모델

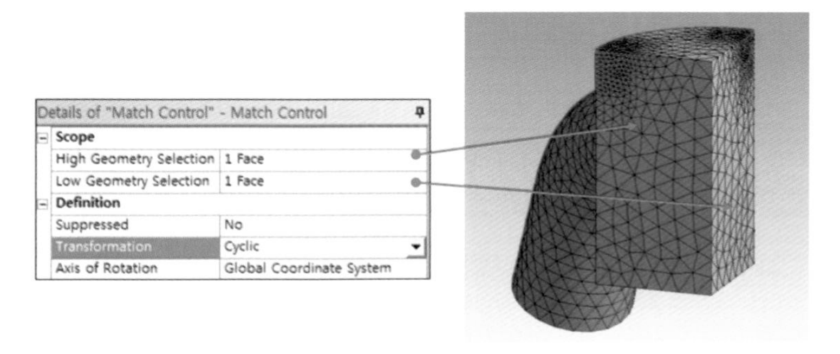

그림 3.46 동일한 객체 형상에 동일한 격자 생성

7) Pinch control

짧은 모서리, 불필요한 점과 같은 작은 형상들을 무시하고 Mesh를 진행하는 것을 의미합니다. 이 기능을 사용할 때는 Master와 Slave로 나누어 객체를 설정할 수 있습니다. 〈그림 3.47〉은 Slave의 형상을 Master의 형상이 있는 곳으로 이동시키는 개념으로 요철이 있는 부분을 무시하고 격자를 나눈 예입니다.

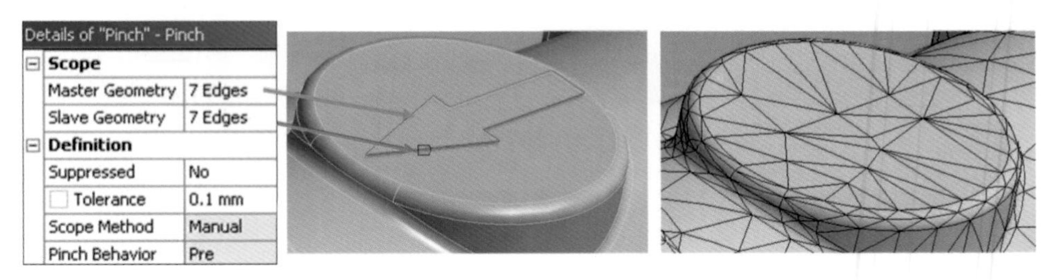

그림 3.47 Master와 Slave를 구분하여 설정

3.7 Element shape

격자로 생성되는 요소(Element)의 형상은 적용되는 Body의 종류에 따라서 다르게 적용됩니다. 이때 Body의 종류는 Solid와 Surface로 구분할 수 있습니다.

표 3.3 Body 종류에 따른 요소 구분

Solid(3D)	Surface(2D)
Patch Conforming Tetrahedron Patch Independent Tetrahedron MultiZone Sweep Hex Dominant	Quadrilateral Dominant Triangles MultiZone Quad/Tri

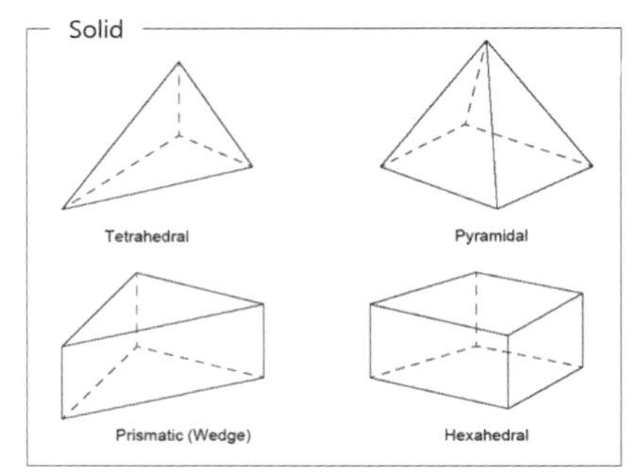

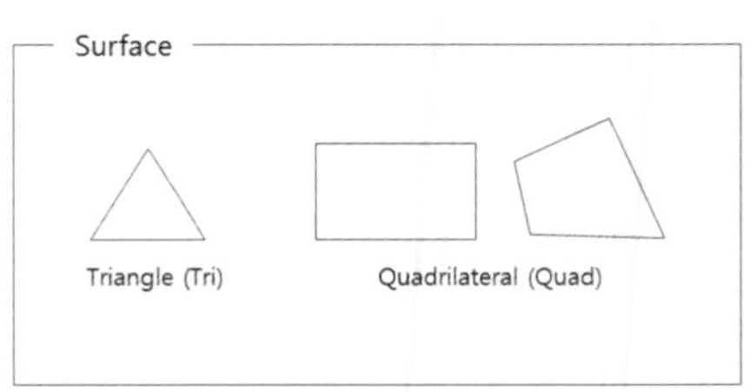

그림 3.48 Body 종류에 따른 요소형상

요소(Element)의 형상에 따라서 적용할 수 있는 설정조건들은 다음과 같이 구분되어 사용됩니다.

표 3.4 요소(Element)의 형상에 따른 설정조건

Element shape	Mesh Method
Tet Meshing	Patch Conforming Tetrahedron Mesher Patch Independent Tetrahedron Mesher Tetrahedrons algorithm (assembly level)
Hex Meshing	Swept Mesher Hex Dominant Mesher Thin Solid Mesher
Quad Meshing	Quad Dominant MultiZone Quad/Tri
Triangle Meshing	All Triangles
Hex/Prism/Tet Hybrid Meshing	MultiZone Mesher

3.8 Mesh Metric

요소(Element)의 정보와 격자의 품질(Mesh Quality)에 대한 정보를 볼 수 있습니다. Mesh를 생성한 다음 살펴볼 수 있는 내용으로는 Element Quality, Aspect Ratio for triangles or quadrilaterals, Jacobian Ratio(MAPDL, Corner Nodes, Gauss Points), Warping Factor, Parallel Deviation, Maximum Corner Angle, Skewness, Orthogonal Quality, Characteristic Length 항목이 있습니다. 이때 상세 창(Details View)을 통해 Min, Max, Average, Standard Deviation 값을 살펴볼 수 있습니다.

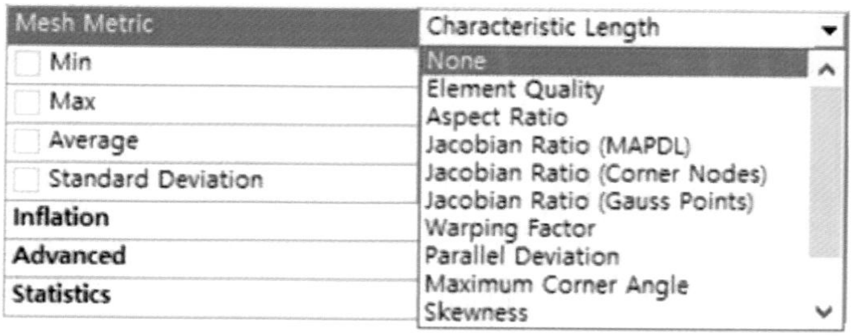

Mesh Metric | Characteristic Length
Min
Max
Average
Standard Deviation
Inflation
Advanced
Statistics

None
Element Quality
Aspect Ratio
Jacobian Ratio (MAPDL)
Jacobian Ratio (Corner Nodes)
Jacobian Ratio (Gauss Points)
Warping Factor
Parallel Deviation
Maximum Corner Angle
Skewness

그림 3.49 Mesh 평가 항목

〈그림 3.50〉과 같이 Mesh Metric 그래프에서는 요소의 품질(Element Quality)을 살펴볼 수 있으며, 색상의 바를 클릭하여 Element Type별로 확인할 수도 있습니다. 이때 〈그림 3.51〉과 같이 그래프에서 선택한 바에 포함된 요소가 그래픽 창에 활성화되어 나타나기 때문에 격자 위치를 쉽게 확인할 수 있습니다.

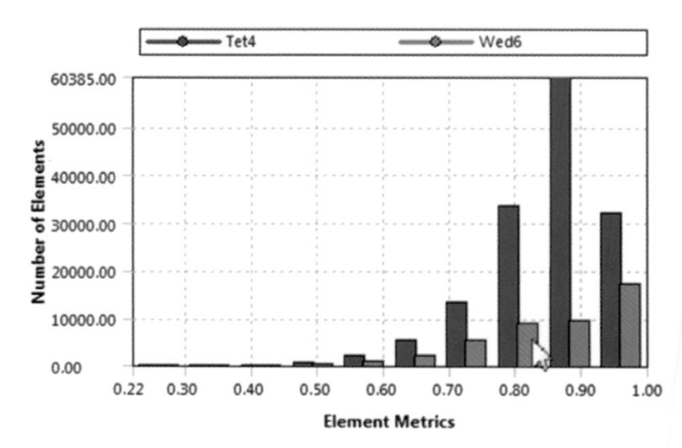

그림 3.50 Element Quality 그래프

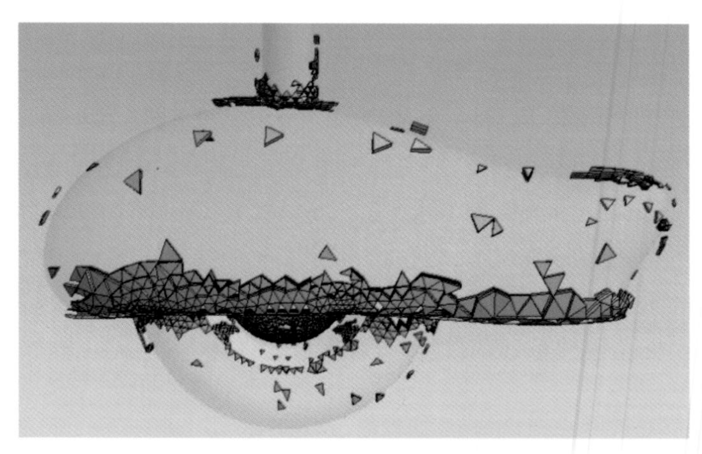

그림 3.51 Element Quality에 따라 그래픽 창에 활성화되는 격자 표시

- Element Quality : 선택된 요소의 부피에 대한 Edge 길이의 비(0 : Bad, 1 : Perfect)
- Aspect Ratio : 요소의 늘어진 비율

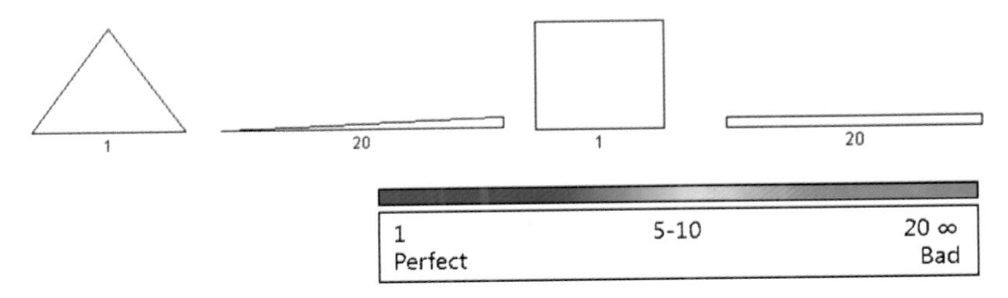

그림 3.52 Aspect Ratio의 요소 기준 비율

- Jacobian Ratio

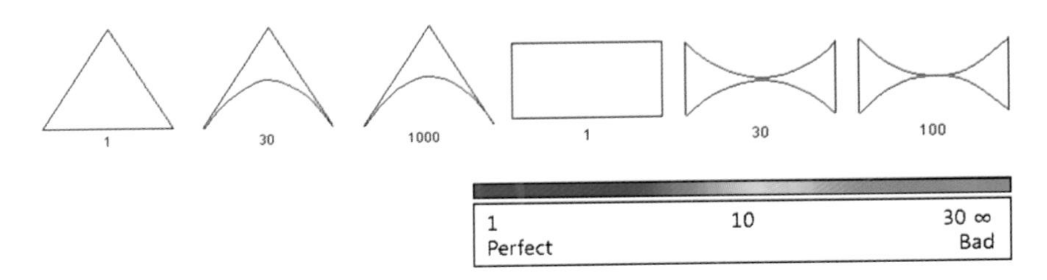

그림 3.53 Jacobian Ratio의 요소 기준 비율

- Warping Factor

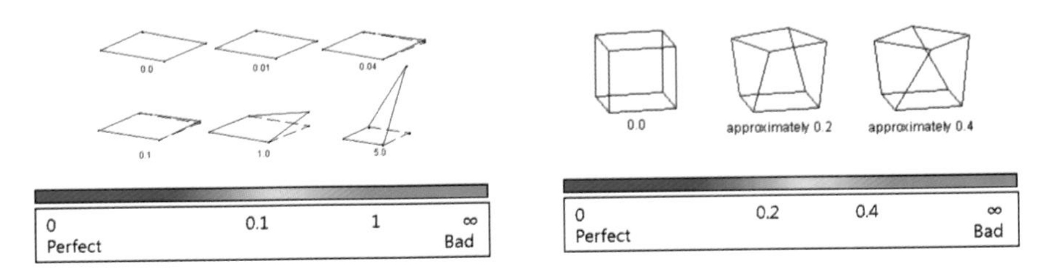

그림 3.54 Warping Factor의 요소 기준 비율

- Parallel Deviation

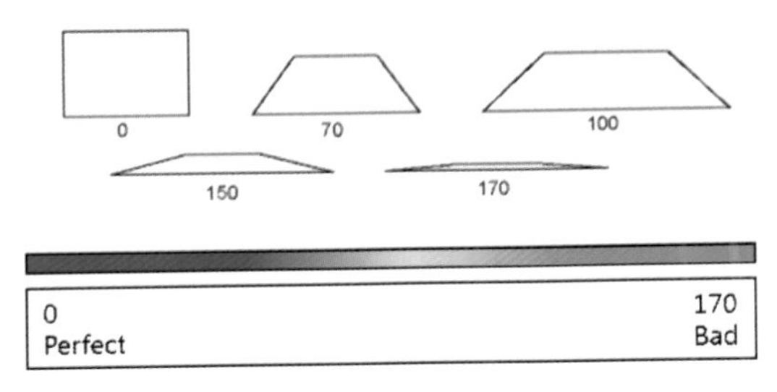

그림 3.55 Parallel Deviation의 요소 기준 비율

3.9 Node/Element Selection

1) Selection Filter

Selection Filter 기능을 사용하면 마우스를 사용하여 직접 절점(Node)과 요소(Element)를 선택할 수 있고 Selection Information을 통해서 Element ID, Type, Node List를 확인할 수 있습니다.

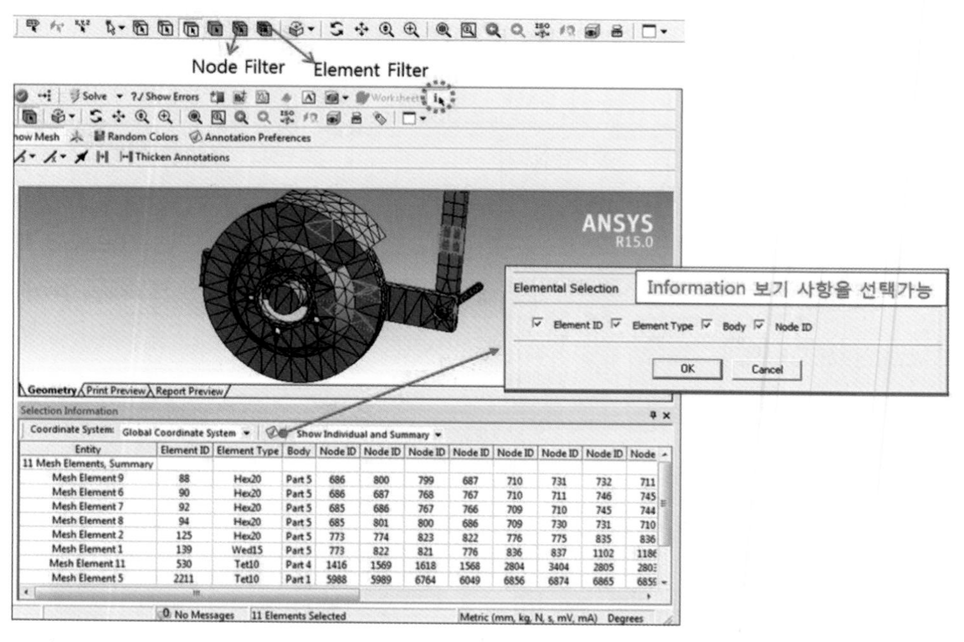

그림 3.56 Selection Information을 통한 정보 확인

2) Named selection

Named Selection은 기하모델 또는 유한요소 객체를 그룹화하여 묶는 기능입니다. 일반적으로 데이터 정의(접촉, 하중, 경계조건 등)를 위한 사전 단계에서 사용하며, 유사한 기하형상, 유한요소 객체를 그룹화하여 객체를 선택하는 시간을 단축시킬 수 있습니다. Worksheet 방법을 사용하면 사용자가 특정 기준을 정의하여 기하형상 및 형상에 연결된 절점(Node)과 요소(Element)를 쉽게 선택할 수 있습니다. 이때 Worksheet에서 Mesh를 정의하는 선택기준은 ID, Type(Hex20, Tet10, Quad4, etc), Location(Local or Global), Distance(From a Coordinate System), Size(Volume for Solids, Area for Shells/2D) 등 다양한 항목이 있습니다. Named Selection에 대한 좀 더 자세한 내용은 제4장에서 다룹니다.

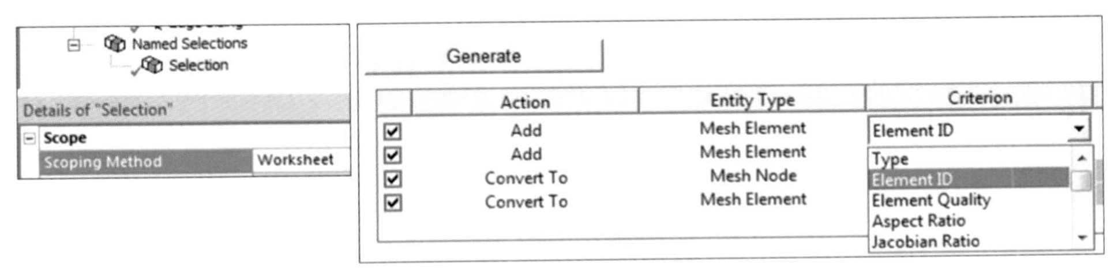

그림 3.57 Worksheet를 사용한 절점(Node)과 요소(Element) 선택

3.10 Virtual Topology

Meshing 과정에서 요소 개수를 줄이거나 개선하기 위해서 CAD 모델의 일부 면 또는 모서리를 하나의 객체로 묶어서 단순화할 수 있습니다. 또는 반대로 Mesh의 품질을 향상하기 위해서 모서리를 분할하여 가상의 모서리를 생성하거나 면을 분할하여 2개의 면을 생성할 수 있습니다.

이러한 Virtual Topology 항목은 Outline Tree의 Model 항목에서 추가할 수 있습니다. Outline Tree에 Virtual Topology 항목이 추가되면 선택하여 상단의 Toolbar에서 관련 기능을 수행할 수 있습니다. 또한 Virtual Topology 항목 위에서 마우스 오른쪽 버튼을 눌러 [Generate Virtual Cells]을 선택하면 전체 모델에서 병합 가능한 객체를 자동으로 탐색하여 기능을 수행할 수 있습니다.

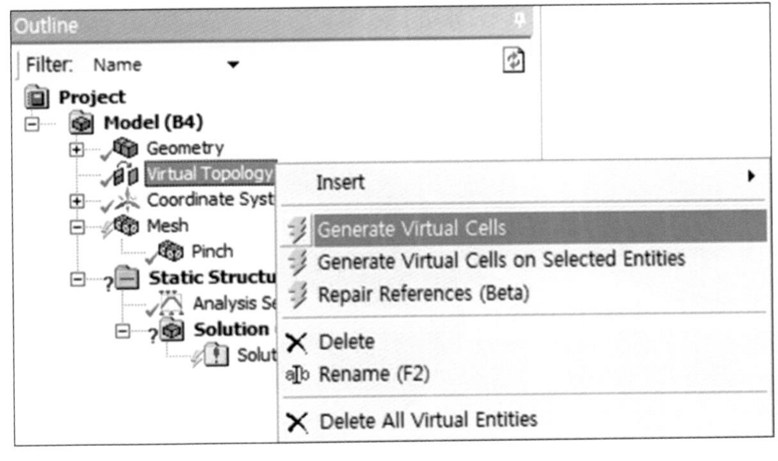

그림 3.58 자동으로 면 병합을 진행

다음 〈그림 3.59, 3.60〉과 같이 Virtual Topology에서 면을 병합하거나 특정 위치의 모서리를 분할하여 Mesh를 향상시킬 수 있습니다.

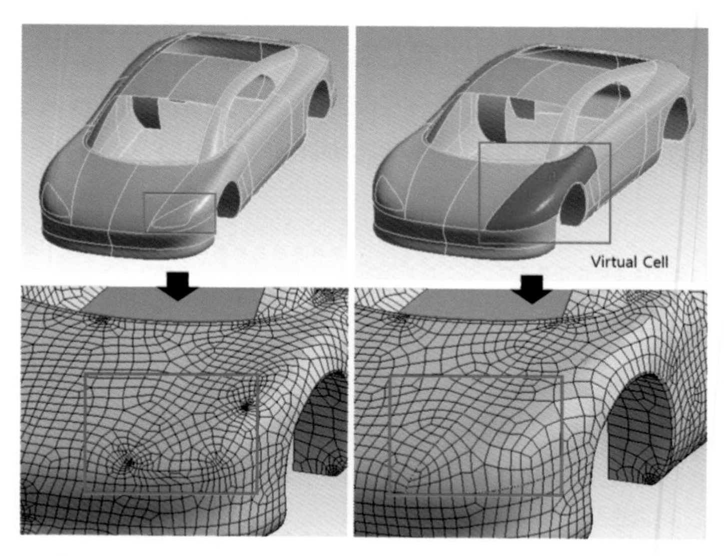

그림 3.59 면 병합을 진행 후 격자 향상

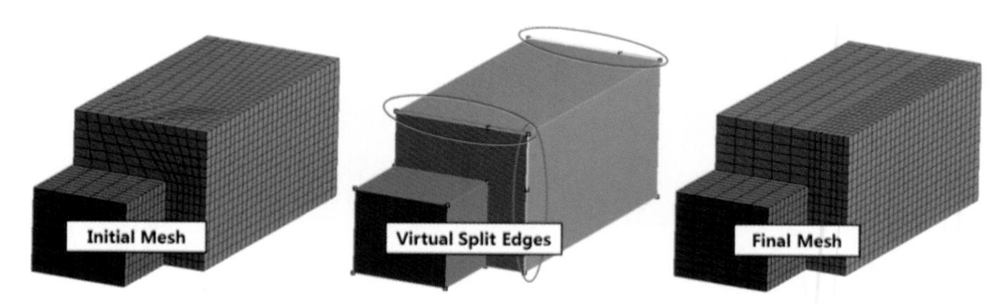

그림 3.60 모서리 분할로 격자 향상

■ Merge Cells(RMB > Insert > Virtual Cell)

Merge Cells는 면이나 선을 병합하는 기능입니다. Virtual Cell에 포함되는 객체를 선택한 다음 Context Menu에서 Merge Cells를 선택합니다.

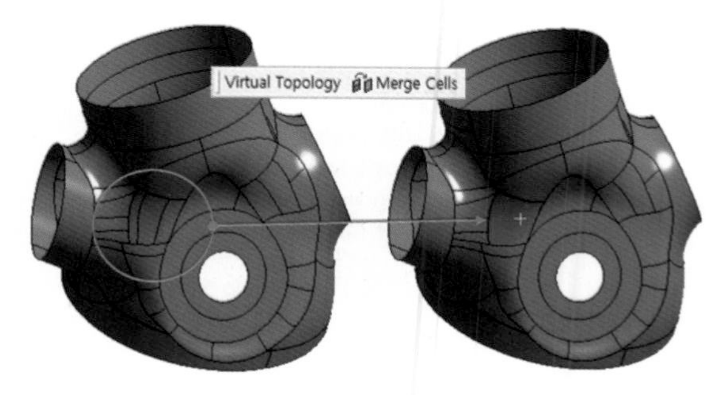

그림 3.61 Merge Cells 기능을 사용한 면 결합

■ Virtual Split Edge at+/Virtual Split Edge

[Virtual Split Edge at+] 항목은 모서리 위의 선택 지점을 기준으로 모서리가 분할되는 기능이며 [Virtual Split Edge] 항목은 분할 비율 값을 입력하여 모서리를 분할하는 기능입니다. 이때 분할 비율은 기본적으로 동일한 길이로 분할되는 0.5값이 적용되며 [Edit] 기능을 통해서 수정이 가능합니다.

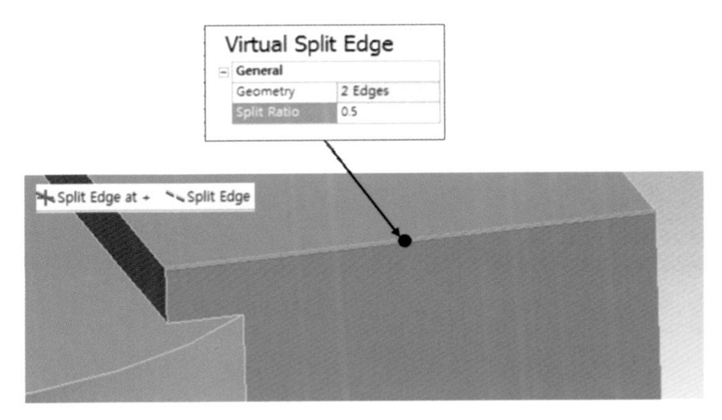

그림 3.62 Virtual Split Edge 기능을 사용하여 모서리 분할

■ Split Face at Vertices

2개의 점을 기준으로 면이 분할되며, 점을 선택하면 Split Face at Vertices 항목이 활성화되어 나타납니다.

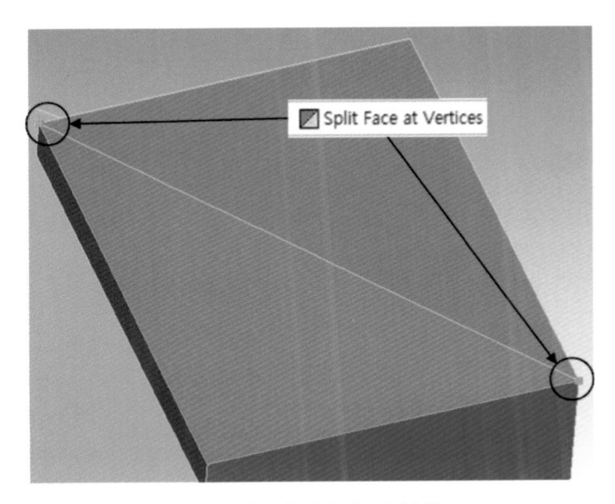

그림 3.63 2개의 점을 선택하여 면 분할

■ Hard Vertex at + (RMB > Insert > Virtual Hard Vertex at +)

면 분할을 위해 가상의 점을 생성하는 기능입니다. 점이 위치할 면을 선택한 후 마우스로 찍으면 임의의 가상 점이 생성됩니다.

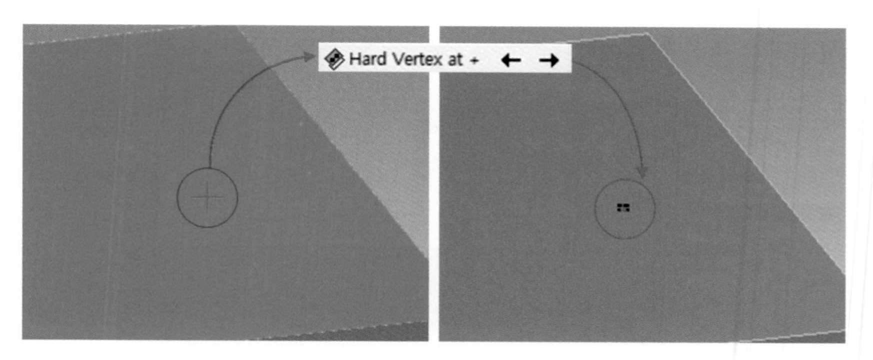

그림 3.64 면을 선택할 때 표시되는 위치에 임의의 점을 생성

3.11 유한요소 모델 내보내기

생성된 유한요소 모델을 외부환경에서 해석을 수행하기 위해서 다양한 파일 유형으로 저장할 수 있습니다. 격자를 생성한 다음, Main Menu에서 File > Export를 선택하여 Save As Dialog Box가 나타나면 저장할 파일 유형과 경로, 파일명을 지정하고 저장합니다.

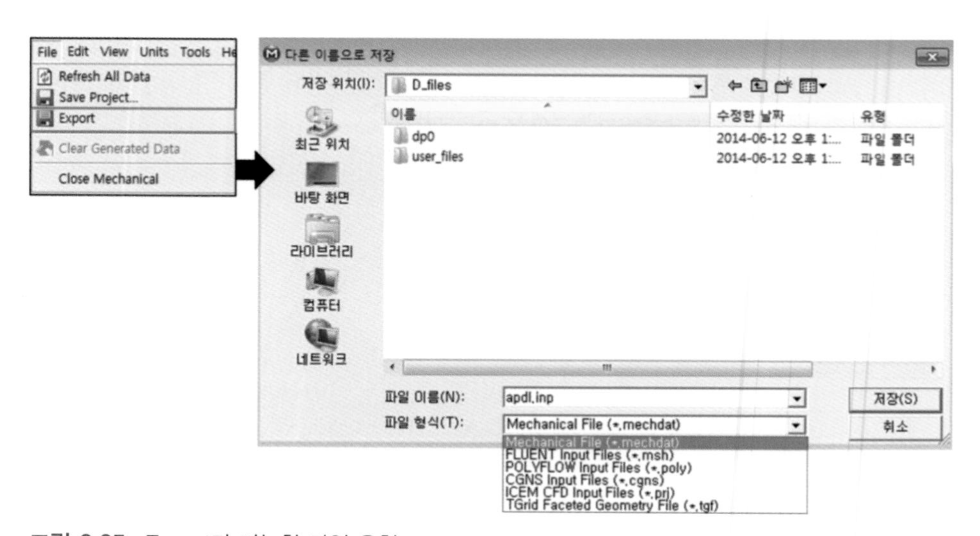

그림 3.65 Export가 가능한 파일 유형

이때 저장할 수 있는 파일 유형은 다음과 같습니다.

- ANSYS Workbench에 시스템으로 불러들일 수 있는 Meshing File format(*.meshdat)
- ANSYS FLUENT, TGrid에서 불러올 수 있는 ANSYS FLUENT mesh format(*.msh)
- POLYFLOW에서 불러올 수 있는 POLYFLOW format(*.poly)
- CGNS-compatible application에서 불러올 수 있는 CGNS format(*.cgns)
- ANSYS ICEM CFD에서 불러올 수 있는 ICEM CFD format(*.prj)
- TGrid에서 불러올 수 있는 TGrid format(*.tgf)

3.12 Meshing 예제

Shaft Model에 Mesh 생성하기

 https://edu.tsne.co.kr/ > 기술자료 > MBU > 왕초보_6판_예제.ZIP > shaft.agdb와 shaft_1.agdb

다음과 같은 회전 축 모델에 여러 가지 Mesh를 생성하여 비교합니다.

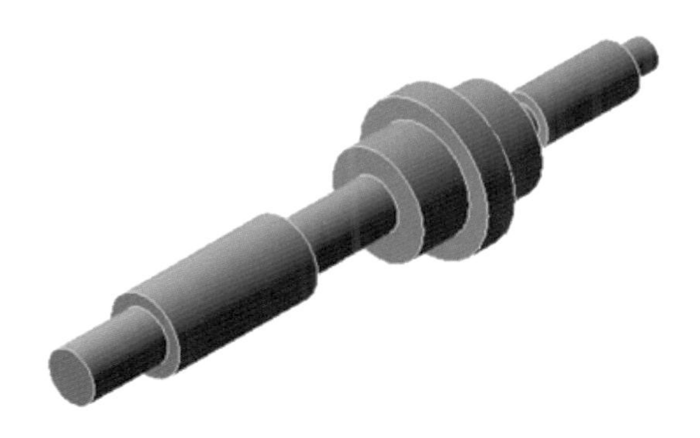

01 Workbench를 실행하고 Project Schematic에 Mechanical Model Component System을 생성합니다.

02 Mechanical Model System의 Geometry 부분에서 마우스 오른쪽 버튼 클릭하여 Import Geometry에서 모델링된 Shaft.agdb 파일을 불러옵니다.

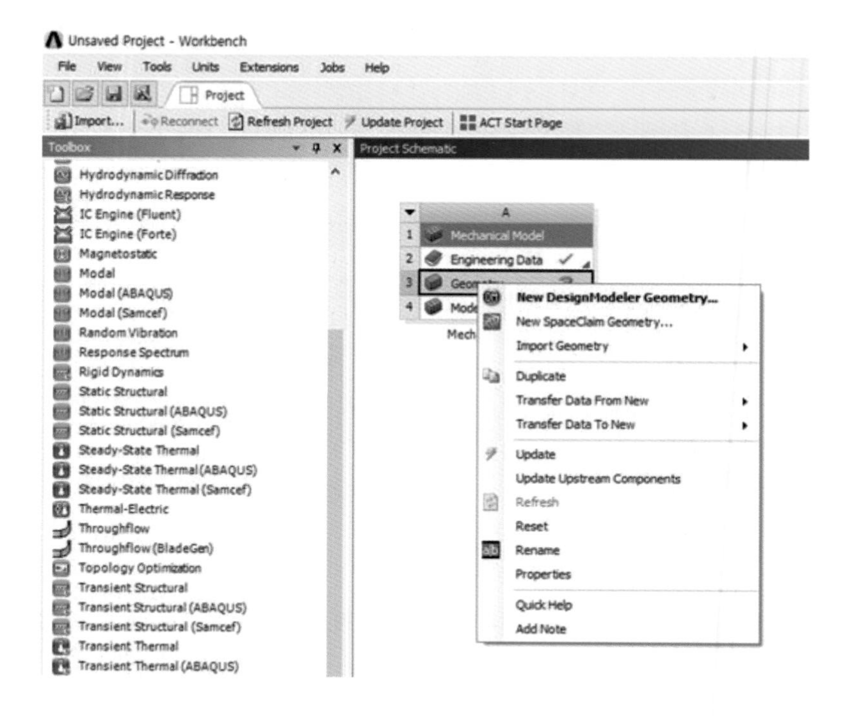

03 Workbench의 Project Schematic에 생성된 Mechanical Model Component System의 4번 Cell 'Model'을 더블 클릭하여 Model Application을 실행합니다.

04 Detail View의 Sizing > Relevance를 Medium으로 설정하고 Mesh를 생성합니다.

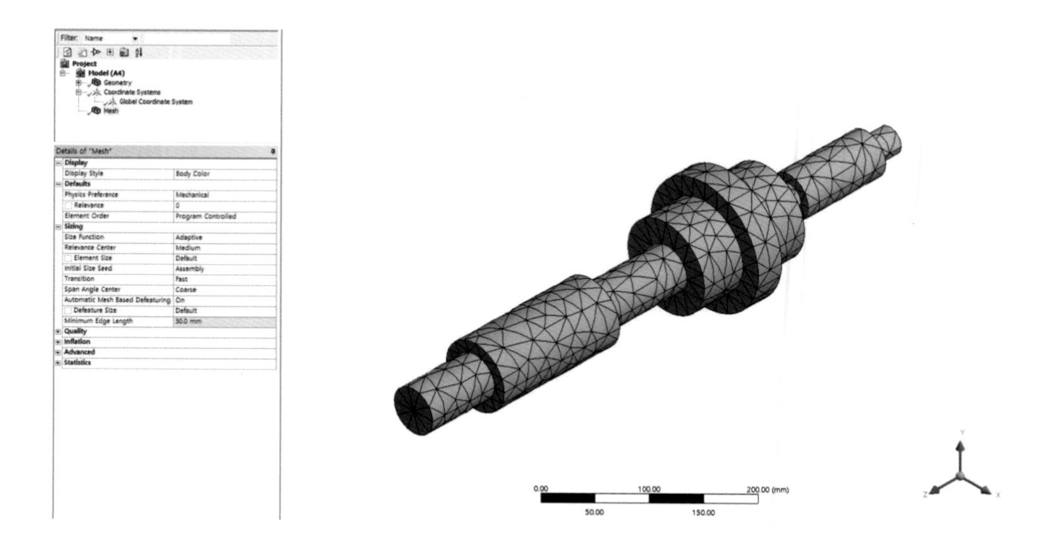

05 Detail View의 Sizing > Size Function을 Curvature로 변경하여 Mesh를 생성합니다. 아래 표시된 곡면 부분의 Mesh가 변경된 것을 확인할 수 있습니다.

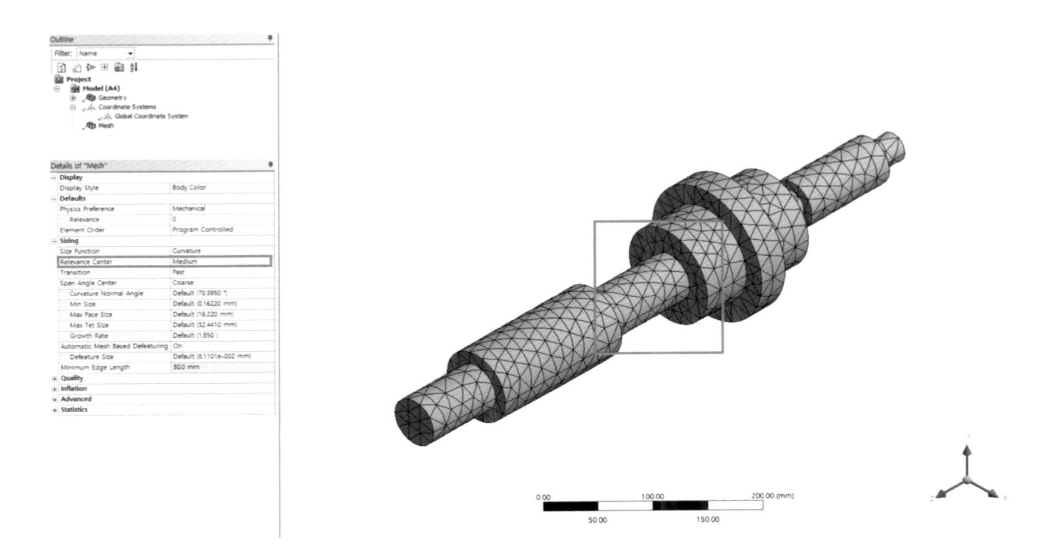

06 Detail View의 Sizing > Size Function을 Proximity and Curvature로 변경하여 Mesh를 생성합니다. 아래 표시된 Edge 쪽 Mesh가 변경된 것을 확인할 수 있습니다.

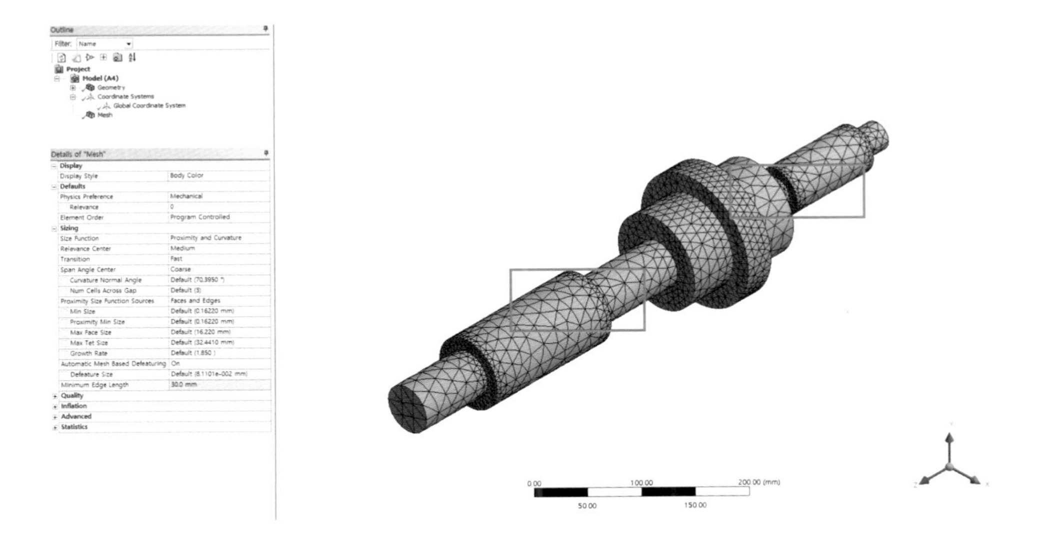

07 Outline Tree의 Mesh에서 RMB > Insert > Method를 추가합니다.

08 Detail View의 Method에서 Hex Dominant로 변경 후 Mesh를 다시 생성합니다.

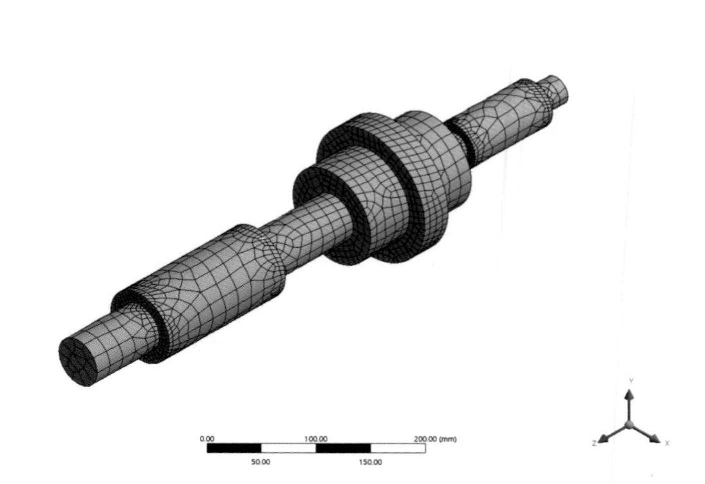

09 Detail View의 Method에서 Hex Dominant를 Multizone으로 변경하여 Hex Dominant와 비교해 봅니다.

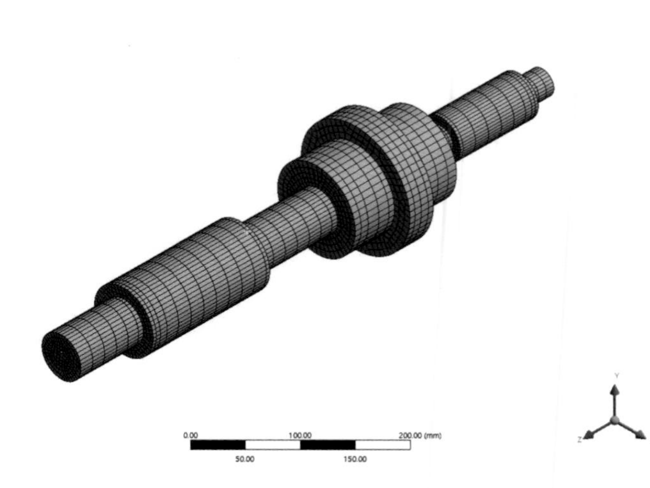

10 이번에는 Sweep Mesh를 생성하기 위해서 새로운 Mechanical Model을 만들어 Shaft_1.agdb(Shaft 모델을 4등분) 파일을 불러온 후 Model Application을 실행합니다.

11 Outline Tree의 Mesh에서 RMB > Insert > Method를 추가합니다.

12 Detail View의 Method에서 Sweep으로 변경합니다.

13 Detail View의 Src/Trg Selection을 Manual Source and Target으로 지정하고 각각 Source와 Target에 절단된 면(그림에서 빨간색 부분, 하늘색 부분)을 지정합니다.

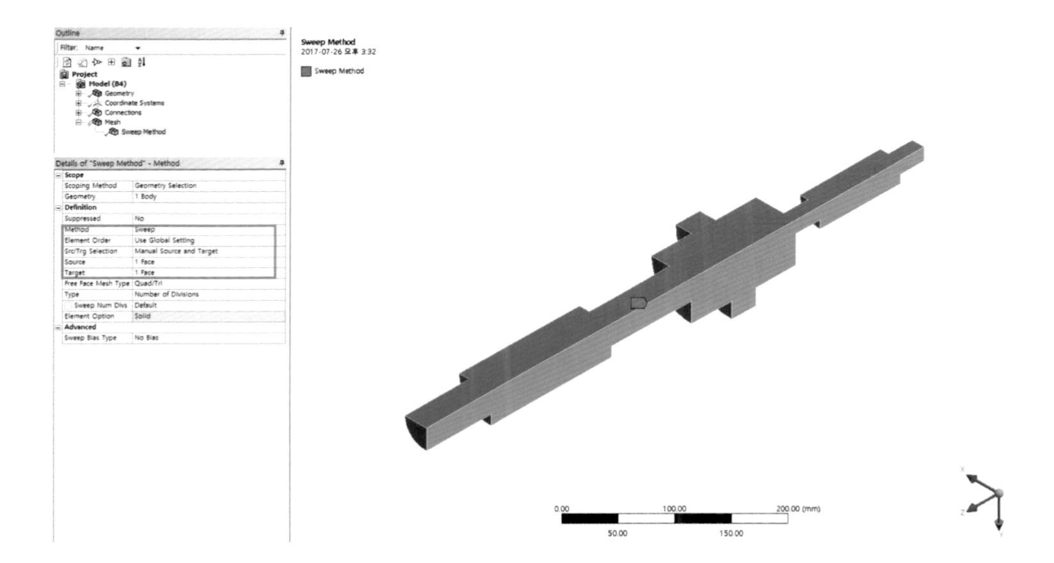

14 다른 3개의 Body들도 동일한 설정을 부여하고 Generate Mesh를 실행합니다. 다음과 같이 균일한 Sweep Mesh를 생성할 수 있습니다.

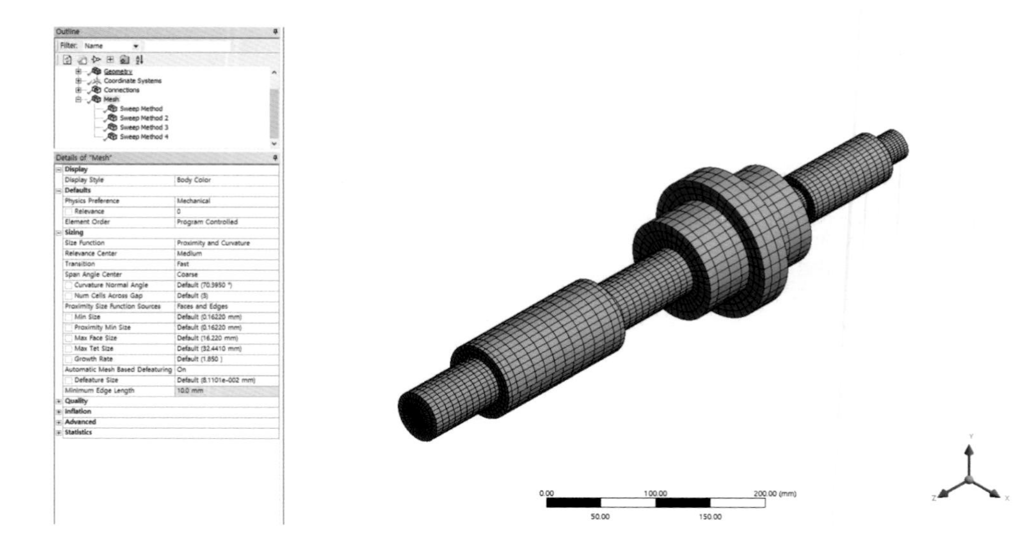

15 Method를 통하여 생성된 Mesh를 비교해 봅니다.

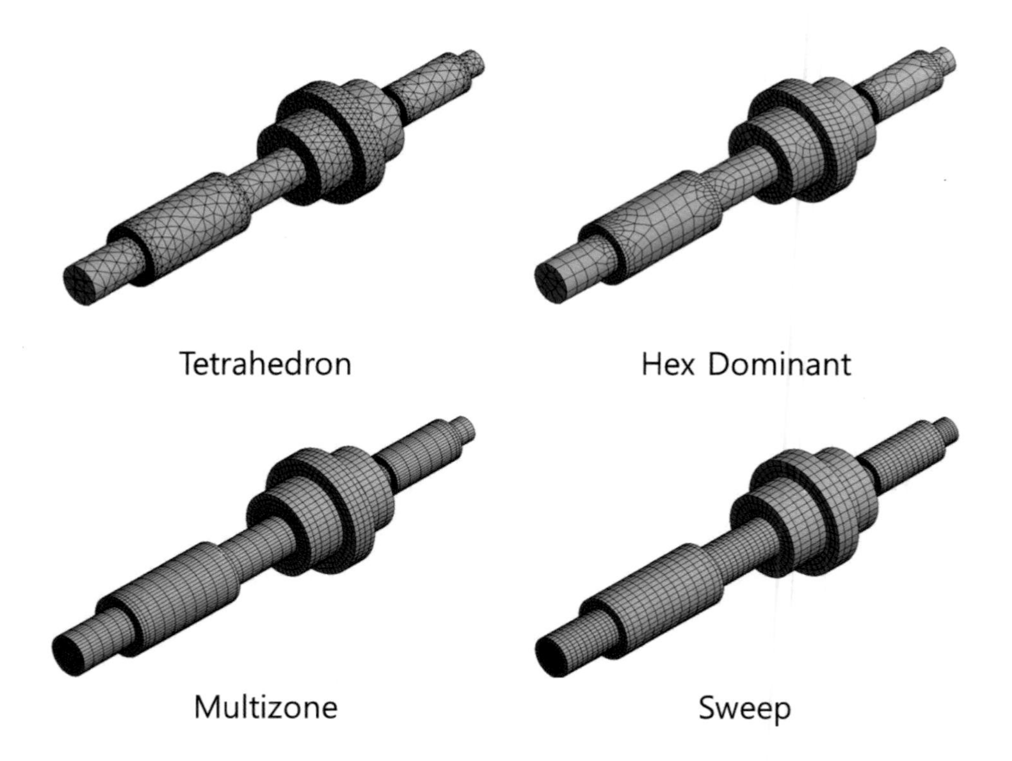

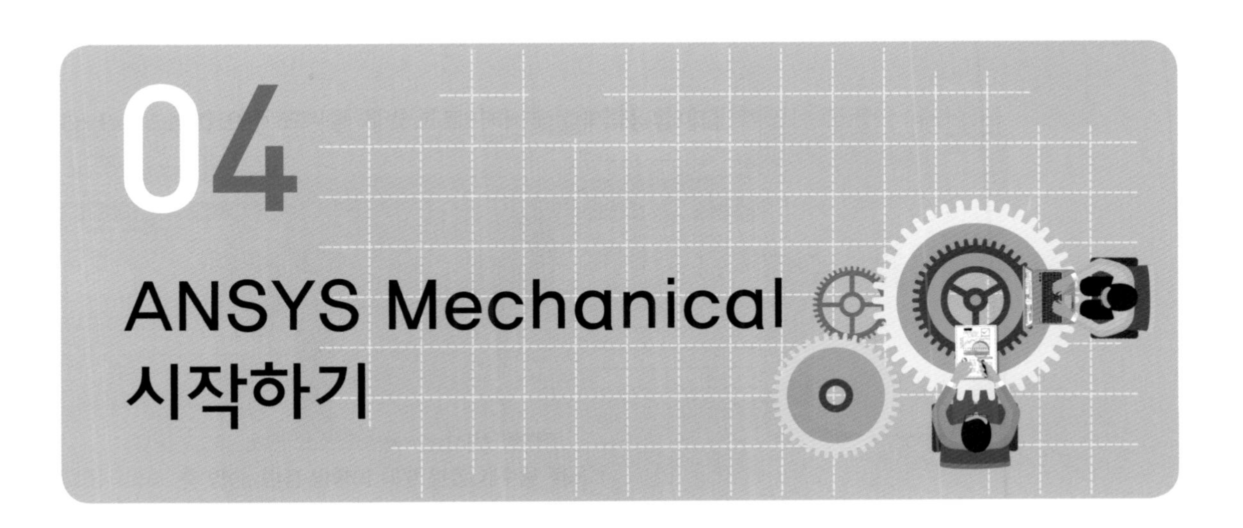

04 ANSYS Mechanical 시작하기

4.1 ANSYS Mechanical Application 소개

ANSYS Mechanical Application은 정하중 구조해석(Structural), 동하중 진동해석(Vibration), 열전달해석(Thermal), 전기-열해석(Thermal-Electric), 연성해석(Coupled-Field) 등 다양한 영역의 해석을 지원합니다.

4.2 ANSYS Mechanical 환경의 구분

1) Mechanical APDL(MAPDL)과 Workbench Mechanical 환경

ANSYS에서 Mechanical 환경은 MAPDL 환경(그림 4.1)과 Workbench Mechanical 환경(그림 4.2)으로 구분됩니다. ANSYS는 1963년 초기 개발 이후 5.0버전(1994년)에 처음으로 GUI(Graphical User Interface)를 구현하였습니다. 이후 약간의 변형을 거쳤지만 현재까지 거의 동일한 모습의 MAPDL 환경(혹은 Classic 환경)을 제공하고 있습니다. MAPDL 환경은 APDL(ANSYS Parametric Design Language)을 사용하여 Batch 해석을 진행하거나 좀 더 다양한 후처리가 필요한 분들에게 적합한 환경이라고 할 수 있습니다. 본 내용에서 Mechanical APDL은 다루지 않습니다.

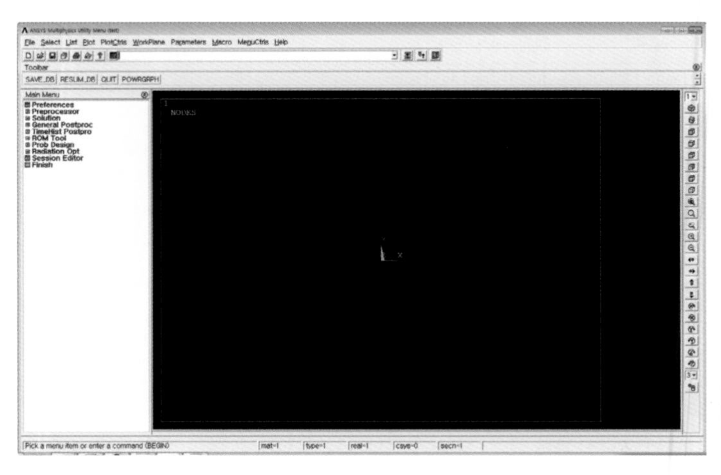

그림 4.1 MAPDL 환경

Workbench Mechanical 환경은 일반 3D CAD S/W들과 유사한 GUI로 구성되어 있으며, 유한요소해석을 처음 접하더라도 다양한 물리계 해석(예 : 열-구조 변형)을 쉽게 구현할 수 있도록 만들어졌습니다. Workbench Mechanical 환경에서는 3D CAD System과 연동하여 변경된 모델을 빠르게 업데이트할 수 있고, ANSYS Solver들 간의 강력한 연성해석을 제공합니다.

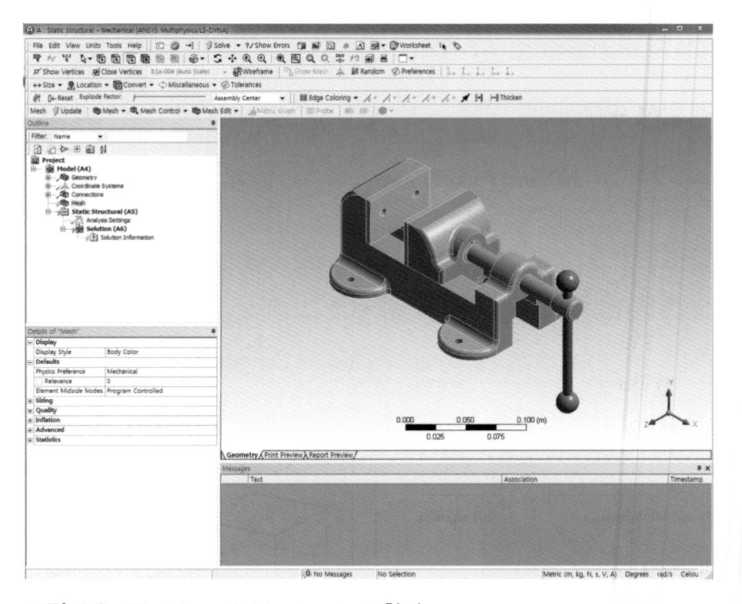

그림 4.2 Workbench Mechanical 환경

4.3 유한요소해석 진행 과정

1) 해석 시스템 생성

해석자는 해석을 고려하고 있는 대상에 대해 어떤 종류의 해석을 수행할 것인지, 연성해석이라면 어떤 과정으로 진행할 것인지 결정해야 합니다. 각각의 해석 종류들은 Geometry와 Model Cell에 연결된 것처럼 해석에 필요한 개별적인 항목들을 포함하고 있는 해석 시스템에 의해 제공됩니다. 대부분의 해석 종류들은 하나의 독립적인 해석 시스템에 의해 제공됩니다. 또한 현재의 해석 시스템에서 얻은 결과를 연성해석을 위해 다른 해석 시스템에서 초기조건으로 사용할 수 있도록 해석 시스템 간에 데이터 전송이 가능합니다. 해석 시스템의 생성에 대한 자세한 내용은 앞서 설명한 2장 내용을 참고하기 바랍니다.

2) 재료 물성 정의

사용자는 해석 대상에 적용해야 할 재료 물성의 값을 명확히 알고 있어야 합니다. 재료물성이 선형 또는 비선형 특성을 가지는지, 온도에 따라 물성이 변경되는지, 등방성 또는 이방성으로 구성되어 있는지를 확인해야 하고 소성변형과 같은 비선형 해석에 필요한 물성일 경우에는 그 데이터가 Stress-Strain Curve 생성에 충분한지를 살펴봐야 합니다. 물성 값에 따라 해석 결과가 많이 다를 수 있으므로 물성 값을 결정할 때는 주의하여 선택합니다.

3) 해석 모델 생성 또는 입력

해석 모델은 Workbench의 Geometry System을 이용하여 생성하거나, 다른 CAD 시스템에서 이미 생성된 모델을 불러와서 사용할 수 있습니다.

4) 해석 모델 환경 설정

CAD 모델을 입력한 다음에 해석 환경을 설정합니다. 모델의 강성을 유연체 또는 강체로 할 것인지, 전역좌표계 또는 국부좌표계를 이용할 것인지, 모델의 주변 환경 온도상태가 해석에 영향을 끼치는지, 대변형 효과 등을 고려할 것인지에 대한 환경 설정이 필요합니다.

5) 연결관계 정의

CAD 모델이 부품단위로 조립되어 유기적인 연결관계를 이루고 있다면, 상대 부품 간에

Contact regions, Joints, Springs, Beams와 같은 연결관계를 정의할 수 있으며, Explicit analysis에서는 Body Interaction을 사용합니다. Workbench의 Mechanical System은 CAD 시스템으로부터 조립된 모델을 불러올 때 부품 간에 연결 상태 또는 접촉 상태를 자동으로 생성시켜 주며 사용자가 직접 연결관계를 정의할 수도 있습니다.

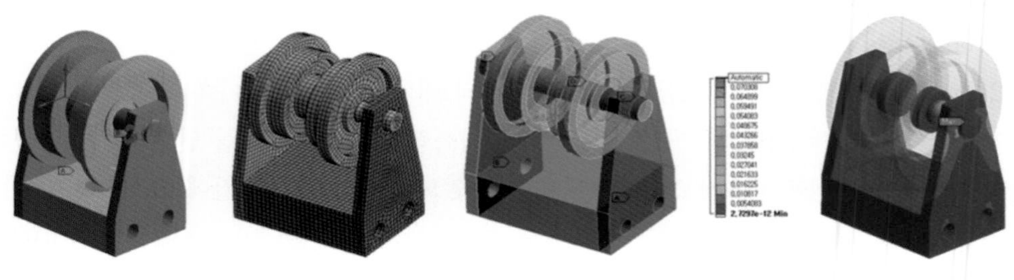

그림 4.3 CAD 모델의 유기적 연결관계

6) 격자 모델 생성

기하학적 형상에 절점과 요소를 정의하는 과정을 유한요소 모델링이라고 합니다. 이 부분 역시 유한요소해석에서 많은 시간이 소요되는 부분이지만, ANSYS Workbench는 기하학적 형상에 대해 자동으로 절점과 요소를 생성해 줍니다. 또한 사용자는 모델 중에서 원하는 부분만 선택하여 격자의 밀도를 조절할 수도 있습니다.

Preview Surface Mesh를 하여 모델의 외곽 격자를 확인할 수 있습니다. 이를 활용하면 Generate Mesh를 진행하기 전 격자에 대한 옵션들을 설정하고 외곽면에만 격자를 나눠 빠른 시간에 격자 품질을 파악할 수 있습니다. 또한 특정 모델(들)만을 선택하여 Generate 및 Surface Mesh를 확인할 수도 있습니다.

7) 해석 설정 정의

ANSYS Workbench는 해석에 필요한 기본 설정들이 미리 정의되어 있으며, 이를 원하는 해석에 맞게 변경하여 사용할 수 있습니다. 대변형을 일으키는 응력해석과 같은 경우, 수렴성을 향상시키기 위해 Analysis setting 항목에 사용자가 직접 다양한 상세 옵션들을 정의하거나, ANSYS가 자체적으로 설정을 정의하는 'Program Controlled'를 선택하여 해석을 수행할 수도 있습니다.

8) 초기 조건 정의

전체 해석 과정에서 제품의 초기 상태를 정의하는 것으로서 외부에서 해석된 결과 값,

환경 조건, 초기 온도, 잔류 응력 등과 같은 조건들을 설정합니다.

9) 하중 조건 및 구속 조건 정의

제품을 실험할 때 실험법이 있는 것과 같이, 해석을 수행하기 위해 모델에 가해지는 외력이나 구속 등의 조건을 정의하는 것을 말합니다. ANSYS Workbench는 다양한 하중 및 구속 조건 항목을 제공하고 있으며, 하중의 크기나 방향도 쉽게 정의할 수 있습니다. 하중 조건을 입력할 때는 입력 지점과 하중의 크기, 방향을 실제 상황에 맞도록 정의하는 것이 매우 중요합니다. 구속 조건은 기하학적 형상에 구속을 부여하며, 이때 내부적으로 절점의 6개 자유도 성분에 구속이 가해집니다. 여기서 자유도란 움직일 수 있는 성분 또는 자유로운 정도라고 생각할 수 있습니다. 지구상의 모든 운동은 직교좌표계에서 6개 방향 성분으로 분해가 됩니다. x, y, z방향의 선형 운동과 x, y, z방향의 회전 운동입니다. 아무런 구속이 없다면 하나의 절점은 6개의 자유도를 가진다는 뜻입니다. ANSYS Workbench에서는 정의한 하중, 구속 조건이 화면에 표시되어 쉽게 사용할 수 있습니다.

10) 해석 수행

앞 단계에서 생성한 모델과 해석 조건은 ANSYS Workbench에서 수학식으로 바뀌게 됩니다. 해석은 이러한 수학식을 풀어 가는 일련의 과정입니다. ANSYS Workbench는 ANSYS Solver를 이용하여 해석을 실행하며 ANSYS Solver의 신뢰성은 이미 세계적으로 입증되었습니다. 또한 ANSYS Workbench는 해석의 정확도를 설정하여 정확한 결과가 나올 때까지 반복해석을 수행하는 수렴 해석(H-Adaptive Mesh Refinement) 기능도 제공하고 있습니다.

11) 결과 확인

모델링에서 해석까지 일련의 과정을 통해 유한요소해석을 하고 나면 사용자는 반드시 해석을 통해 계산된 결과들을 분석해야 합니다. 사용자의 정확한 결과 분석이 없다면 그 해석은 무의미하기 때문에 해석결과에 대한 분석은 매우 중요합니다. 또한 사용자는 모델링 단계에서부터 자신이 어떤 결과를 필요로 하는지를 명확히 해 두어야만 정확한 해석이 가능하기 때문에 어떤 해석결과를 어떻게 이용할 것인가를 깊이 생각한 후 해석을 시작해야 합니다.

모든 해석의 결과는 숫자로 계산되지만 구조물 전체에 걸친 응력이나 변위 등을 일정한 색상으로 표현하여 시각적으로 분석할 수 있습니다. 이때 응력 등의 분포도(Contour)를 관찰해서 분포도가 갑작스러운 변화를 보이는 곳이나 연속적이지 않은 곳이 있는지 확인해야 합니다. 만일 갑작스러운 변화나 불연속 부분이 있다면 그 부분이 Edge이거나 모델이 평형방정식을 만족하지 않는다는 강력한 증거이므로 모델을 재검토하고 요소의 수를 늘려서 세밀하게 다시 모델링을 하여 해석을 수행해야 합니다. 그리고 전반적인 응력 분포와 최댓값이 나타나는 위치가 합리적인가를 검토해야 합니다.

12) 보고서 생성

ANSYS Workbench는 사용자의 모든 해석 과정에 기반하여 자동으로 보고서를 생성하는 기능을 제공합니다. 문서는 HTML 형식으로 생성되며, E-mail을 통해 바로 전달할 수 있습니다. 또한 MS-Word, MS-PowerPoint로도 생성할 수 있습니다.

4.4 Mechanical 실행하기

Mechanical Application의 실행 방법은 다음과 같습니다.

① Workbench를 실행하여 Project Schematic에 해석 시스템을 생성합니다.
② 해석 시스템에서 재료 물성과 해석 모델을 설정합니다.
③ Model(4번) Cell부터 Results(7번) Cell 중 어느 하나의 Cell을 더블 클릭 또는 마우스 오른쪽 버튼 메뉴의 Edit를 실행합니다.

이때 2~3번 Cell이 정의되지 않았다면 4~7번 Cell을 더블 클릭하여도 Mechanical Application은 실행되지 않는다는 점을 유의하시기 바랍니다.

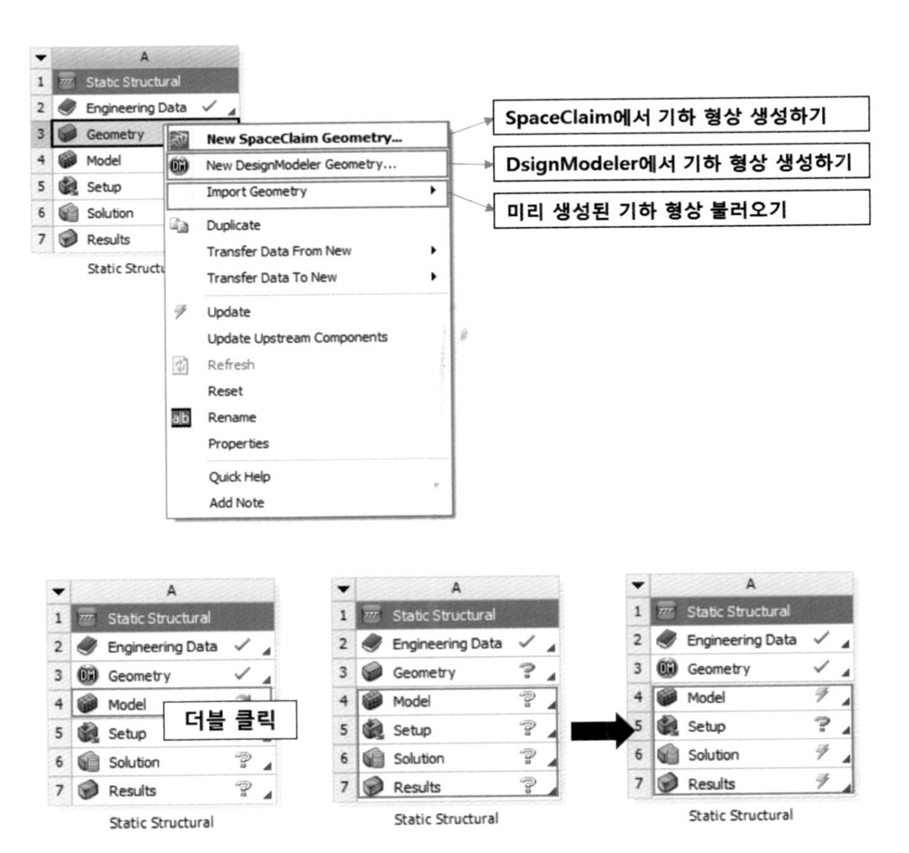

그림 4.4 Mechanical 실행방법

4.5 화면 구성

Mechanical Application의 인터페이스(Interface)는 다음의 그림과 같이 구성되어 있습니다.

각 항목의 기능은 〈표 4.1〉에 설명해 두었습니다.

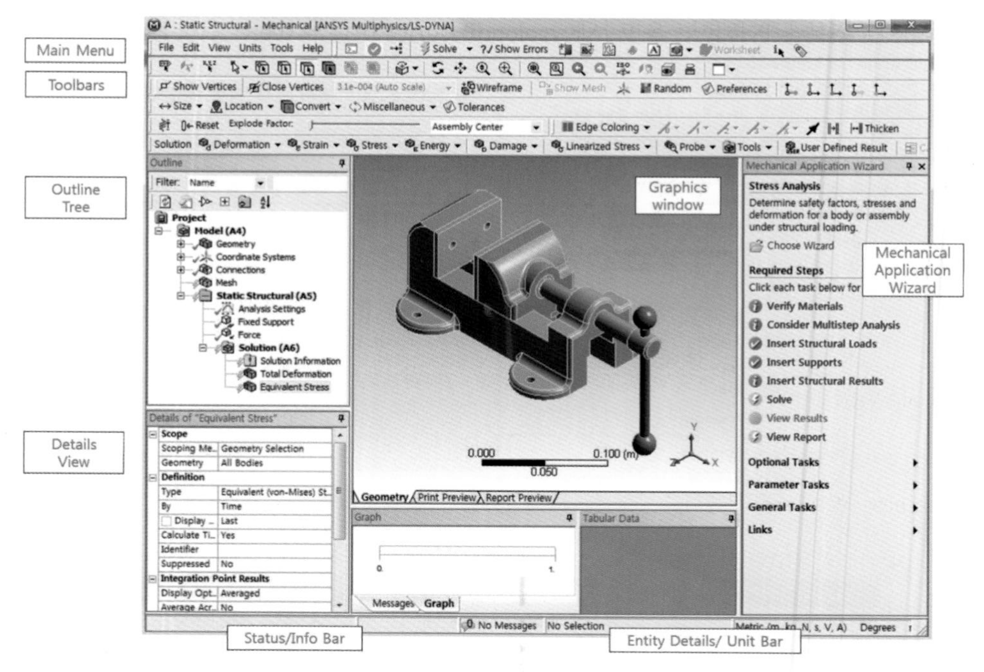

그림 4.5 Mechanical 구성 요소

표 4.1 Mechanical을 구성하고 있는 요소들의 기능

Window 구분	설명
Main Menu	File, Edit와 같은 기본 Menu를 담고 있습니다.
Standard Toolbar	해석 실행, Capture와 같이 일반적으로 사용하는 기능들을 표시합니다.
Graphics Toolbar	Select Mode 또는 Model Control 기능들을 표시합니다.
Edge Graphics Options	Mesh의 연결을 구별하는 것과 같이 Edge의 그래픽 기능들을 표시합니다.
Graphics Options Toolbar	Wireframe, 격자 보기와 같이 Graphics Window에서 나타나는 모델의 일반적인 Display Option을 빠르게 변경, 표시합니다.
Context Toolbar	Tree Outline에서 각각의 항목을 선택할 때마다 관련된 기능을 포함한 Toolbar 기능들을 표시합니다.
Unit Conversion Toolbar	다양한 종류의 단위계로 수치를 자동 변경하는 기능을 포함합니다. 기본적으로 화면에 표시되지 않는 Toolbar입니다. 사용하려면 Menu > View > Toolbars > Unit Conversion을 선택해야 합니다.

표 4.1 Mechanical을 구성하고 있는 요소들의 기능 (계속)

Window 구분	설명
Named Selection Toolbar	Named Selection 관리 기능을 표시합니다. 기본적으로 화면에 표시되지 않는 Toolbar입니다. 사용하려면 Menu > View > Toolbars > Named Selections을 선택해야 합니다.
Tree Outline	Tree 구조로 되어 있고, 해석의 모든 진행 상황을 한눈에 확인할 수 있으며, 수정과 삭제가 용이합니다. 해석과 관련된 모든 작업을 마우스 오른쪽 버튼을 이용하여 바로 수행할 수 있습니다.
Details View	Outline 창에서 선택한 항목에 따라 Details View가 바뀌게 되며, 각 항목의 설정 값을 입력 및 확인하고 변경할 수 있습니다.
Geometry Windows	해석에 필요한 모든 작업을 수행하는 화면으로 Geometry(디자인 보기), Worksheet(작업 내용 및 결과 표로 보기), Print Preview(인쇄 미리보기), Report Preview(보고서 미리보기)로 구성되어 있습니다.
Reference Help	Tree Outline에서 선택한 항목의 도움말을 표시합니다. (F1 키 눌렀을 경우)
Tabs	작업 창을 전환하여 인쇄 상태, 보고서를 미리 볼 수 있습니다.
Status Bar	현재 사용 중인 단위계와 진행 상황, 모델의 치수 등을 표시합니다.

- Massages Window : 해석 시 발생하는 Warning 및 Error에 관련한 사항을 표시해 줍니다. 또한 Massage 관련 Feature를 찾아주며, Animation(동작 보기)을 수행할 수 있습니다.
- Mechanical Wizard : 마법사를 따라가면서 쉽게 해석을 수행하고 배울 수 있습니다. 각 항목을 클릭할 때마다 상세한 풍선 도움말이 나타나 작업을 안내합니다.

1) Main Menu

File Edit View Units Tools Help

Main Menu는 다음과 같은 내용을 담고 있습니다.

File에서는 파일을 저장 및 관리하며 Edit에서는 각각의 실행한 명령에 대하여 복사, 붙여 넣기, 지우기 등을 할 수 있습니다. View에서는 모델의 그래픽 Display Shape 상태를 수정하고 Toolbar 항목의 On/Off 등을 체크할 수 있습니다. 또한 Units에서는 단위계를 설정할 수 있으며, Tools에서는 Workbench에 대한 설정, Classic 결과 파일 불러오기 등을 할 수 있습니다. 마지막으로 Help에서는 각 기능에 대한 상세한 설명을 확인할 수 있습니다.

표 4.2 File Menu의 기능

기능	설명
Refresh All Data	Geometry, Materials 및 Import된 모든 조건에 대하여 Update를 수행합니다.
Save Project	현재 프로젝트를 저장합니다.
Export	현재 프로젝트 외부로 내보내는 기능을 수행합니다. Mechanical Application의 Export된 "*.mechdat" 파일은 새 프로젝트에 불러들여 적용할 수 있습니다.
Clear Generated Data	Mesh나 해석결과 데이터를 삭제하여 파일의 크기를 줄여 줍니다. (조건을 삭제하는 것이 아닌 Solve시키지 않은 상태로 만들어 주는 것입니다.)
Close Mechanical	Mechanical Application을 종료합니다.

표 4.3 Edit Menu의 기능

기능	설명
Duplicate	Tree Outline에서 선택한 항목을 중복으로 생성합니다. User Defined Result에는 이용할 수 없습니다.
Duplicate Without Results	Tree Outline에서 선택된 항목을 중복으로 생성하되, 내용 정보는 제외하므로 빠르게 생성됩니다. User Defined Result에는 이용할 수 없습니다.
Copy	Outline 창에서 선택한 항목을 클립보드로 복사합니다. (하위항목이 없어야 함)
Cut	붙여 넣기를 위해 대상을 잘라내어 보관합니다.
Paste	클립보드로 복사하거나 잘라낸 내용을 Outline 창에서 선택한 곳에 붙여 넣기합니다.
Delete	선택한 항목과 그 하위항목을 삭제합니다. (되돌릴 수 없으므로 주의하십시오!)
Select All	현재 Selection Filter Type에 해당하는 요소들을 모두 선택합니다.
Find in tree	Tree에서 찾고자 하는 개체의 이름이나 개체의 이름이 포함된 문자열을 대화 상자에 입력하여 검색합니다.

표 4.4 View Menu의 기능

기능	설명
Shaded Exterior and Edges	모델을 솔리드 상태로, 모델의 외곽선과 함께 보여 줍니다.
Shaded Exterior	모델을 솔리드 상태로 보여 줍니다.
Wireframe	모델을 외곽선 형태로 보여 줍니다.
Graphics Options	모델의 Edge 색상을 제어하거나 연결된 면의 수를 기반으로 Display Option을 제공, 선택한 면의 Normal 방향이 표시되는 것을 변경할 수 있습니다.
Cross Section Solid	Geometry에서 정의한 Line Body의 Cross Section을 그래픽으로 표시합니다.
Thick Shells and Beams	Mesh 확인 시 Shell과 Beam 모델의 두께 및 단면을 고려하여 보여 줍니다.
Visual Expansion	Cyclic Symmetry 모델 또는 Full Symmetry 모델의 결과를 가시적으로 나타낼 수 있는 표시 여부를 설정합니다.
Annotation Preferences	주석 기본 설정을 위한 창을 보여 줍니다.
Annotations	작업화면에서 사용자가 정의한 주석의 표시 여부를 설정합니다.
Ruler	작업화면에서 하단부분에 위치한 측정도구(자)의 표시 여부를 설정합니다.
Legend	해석결과 범위가 해석 후 작업화면 창 왼쪽 상단에 Default로 위치하게 하는데, 이를 선택/해지함으로써 Show/Hide합니다.
Triad	그래픽 창의 오른쪽 하단에 좌표축을 표시합니다. (마우스를 좌표축에 대면 방향을 보여 줍니다.)
Eroded Nodes	Explicit Dynamics 해석 중 파괴되어 분산된 Node의 표시 여부를 설정합니다.
Large Vertex Contours	Node에서 결과를 나타낼 때 표시되는 점의 크기를 전환하는 데 사용합니다.
Display Edge Direction	모델의 Edge 방향을 표시합니다.
Outline	Expand All : Tree 구조를 모두 확장하여 표시합니다.
	Collapse Environments : Tree 구조를 Environment 수준까지 축소합니다.
	Collapse Models : Tree 구조를 Model 수준까지 축소합니다.

표 4.4 View Menu의 기능 (계속)

기능	설명
Toolbars	Named Selections : Named Selection Toolbar를 화면에 표시합니다.
	Unit Conversion : Unit Conversion Toolbar를 화면에 표시합니다.
	Graphics Options : Graphics Option Toolbar를 화면에 표시합니다.
	Edge Graphics Options : Edge Graphics Options를 화면에 표시합니다.
	Tree Filter : Tree Filter를 화면에 표시합니다.
	Joint Configure : Joint Configure를 화면에 표시합니다.
Windows	Messages : Messages 창을 화면에 표시합니다.
	Mechanical Wizard : 해석 마법사를 작업화면 우측에 표시합니다.
	Graphics Annotations : Annotations 창을 화면에 표시합니다.
	Section Planes : Section Plane 창을 화면에 표시합니다.
	Selection Information : Selection Information 창을 화면에 표시합니다.
	Manage Views : Display 창을 표시하거나 숨깁니다.
	Tags : 태그 창을 표시하거나 숨깁니다.
	Reset Layout : 작업환경의 창들을 기본 배치 상태로 복구합니다.

표 4.5 Tools Menu의 기능

기능	설명
Write Input File...	Mechanical APDL Application의 Input File(*.inp)로 저장합니다.
Read Result File...	Mechanical APDL Application의 Result Files(.rst, solve.out, and so on)을 활성화된 Solution Branch의 Directory로 불러오거나 File을 복사할 수 있습니다.
Solve Process Settings	Solving 시에 필요한 CPU 및 메모리 크기를 설정할 수 있습니다.
Addins	Addins Manager를 실행합니다.
Options	ANSYS Workbench를 사용하는 데 필요한 모든 기본값을 설정할 수 있습니다.
Variable Manager	ANSYS Workbench의 응용프로그램에서 활용할 변수를 입력할 수 있습니다.
Run Macro...	사용자가 정의한 매크로 파일을 실행할 수 있습니다(.vbs, .js).

표 4.6 Help Menu의 기능

기능	설명
Mechanical Help	설치 방법과 라이선스에 관해 다른 창을 띄워 Help를 보여 줍니다.
About Mechanical	시스템과 프로그램 정보에 관해 보여 줍니다.

2) Toolbar

Workbench는 총 8개의 Toolbar로 구성되어 있습니다. 각각의 Toolbar는 작업 상황에 따라 비활성화되고 일부 Toolbar는 Outline 창에서 선택한 항목에 따라 관련 Toolbar로 변경됩니다. 이때 Toolbar에 대한 제어는 Menus의 View 항목에서 설정합니다.

■ Standard Toolbar

Standard Toolbar는 중요한 일반적인 명령들이 배치되어 있으며, 각 아이콘 버튼에 대한 설명은 아래와 같습니다.

표 4.7 Standard Toolbar의 구성 아이콘

아이콘 버튼	Application-level 명령어	설명
	View ACT Console	ACT Console을 엽니다.
	Mechanical Wizard	해석 마법사 창을 열거나 닫습니다.
	View Object Generator	개체 생성기 창을 활성화합니다.
Solve My Computer My Computer, Background	Solve Process Setting	해석 과정에 대한 설정을 선택합니다. (Background = Batch Mode)
?✓ Show Errors	Show Errors	제대로 정의되지 않은 객체에 대한 Error 메시지를 표시합니다.
	New Section Plane	Geometry, Mesh, Results 등 보고 싶은 항목의 단면을 잘라서 봅니다.

표 4.7 Standard Toolbar의 구성 아이콘 (계속)

아이콘 버튼	Application-level 명령어	설명
	New Graphics Annotation	Geometry window에서 각각의 Item에 Text Comment를 추가합니다.
	New Chart and Table	결과 값을 Chart와 Table로 표시합니다.
	New Simplorer Pin	Rigid Dynamic 모델과 Simplorer 모델의 연결을 정의하는 데 사용합니다.
	Comment	Tree Outline에서 선택한 항목에 Comment를 추가합니다.
Figure Image Image from File... Image to File...	Figure	Geometry Window에 표시된 대상을 Capture합니다.
	Image	Tree Outline에서 선택한 항목에 Image를 추가합니다.
	Image from File	외부의 Graphics Image를 불러들입니다.
	Image to File	현재 Image를 File로 저장합니다 (.png, .jpg, .tif, .bmp, .eps)
Worksheet	Show/Hide Worksheet Window	정의한 항목에 대해 Worksheet Window를 활성화하여 표시합니다.
	Selection Information	Selection Information 창을 활성화합니다.

■ Graphics Toolbar

Graphics Toolbar는 선택방법을 변경하거나 또는 화면 표시방향을 변경하는 명령어들을 제공합니다. 각 Icon Button에 대한 설명은 다음과 같습니다.

표 4.8 Graphics Toolbar의 기능

아이콘 버튼	명시된 Tool Tip Name	설명
	Label	하중이 적용된 곳에 생성된 Label 또는 Probe 명령으로 생성된 Label을 이동 및 삭제할 수 있습니다.
	Direction	하중 조건의 방향을 Vector로 입력할 때 Single Face, Two Vertices, Single Edge를 사용하여 방향을 결정합니다.
X,Y,Z	Hit Point Coordinates	모델 위로 마우스 포인터를 이동할 때 좌표 정보를 표시하는 기능으로 좌표계를 생성할 때 미리 위치를 확인할 수 있도록 사용할 수 있습니다.
Single Select Box Select Box Volume Select Lasso Select Lasso Volume Select	Select Mode	객체를 선택하거나 절점을 선택하는 방법으로 표면의 객체/절점 선택뿐 아니라 유한요소 모델 내부의 절점/요소를 선택할 수 있습니다.
	Rescale Annotation	생성된 Annotation Symbols의 크기를 화면의 줌인 정도에 따라 재조정합니다.
	Viewports	작업 화면을 수직 또는 수평으로 나누어 활용할 수 있도록 해 줍니다.
	Entity Selection	사용자가 선택하길 원하는 객체에 맞게 점, 선, 면, 몸체로 속성을 변경합니다.
Extend to Adjacent (Shift+ F1) Extend to Limits (Shift+ F2) Extend to Connection (Shift+ F3) Extend to Instances (Shift+ F4)	Extend Selection	• Extend to Adjacent : 곡률각도가 허용범위에 있는 인접한 첫 번째 면까지 확장 선택합니다. • Extend to Limits : 곡률각도가 허용범위에 있는 인접한 면들을 최대한 확장 선택합니다. • Extend to Connection : 접촉, Joint, Mesh Connection으로 설정된 경계까지 면 선택을 확장합니다. • Extend to Instances : CAD Model에서 Pattern으로 반복 생성된 요소들(Vertices, Edges, Faces, Bodies)을 찾아 확장 선택합니다.
	Rotate, Pan, Zoom, Box Zoom	마우스 커서를 위치시키고 회전, 이동, 확대 및 축소 등 그래픽 창에 표현합니다.

표 4.8 Graphics Toolbar의 기능 (계속)

아이콘 버튼	명시된 Tool Tip Name	설명
	Look at	현재 선택한 면이나 평면을 기준으로 화면이 배치됩니다.
	Manage Views	그래픽 보기 화면을 저장했다가 동일 화면을 사용할 수 있도록 관리 창을 표시합니다.
	Previous View, Next View	그래픽 창의 View에 변화가 발생하면 이전 View 버튼을 클릭하여 마지막 View 이전으로 돌아가거나, 다음 View 버튼을 통해서 커서를 움직였던 마지막 View로 화면 보기가 됩니다.

■ Graphics Options Toolbar

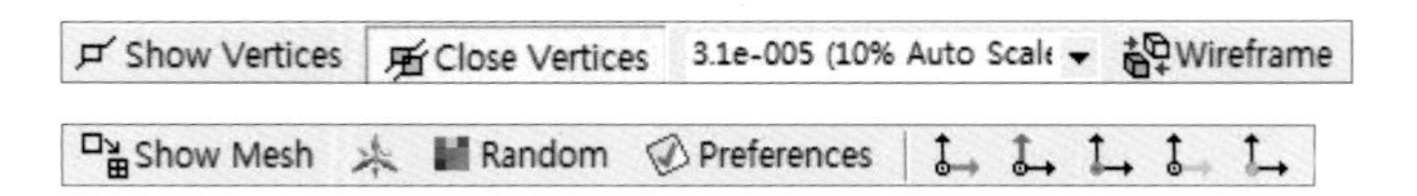

Graphics Options Toolbar는 Graphics Window 안에서 나타나는 모델의 일반적인 디스플레이 옵션을 빠르게 변경, 표시할 수 있습니다. 각 아이콘 버튼에 대한 설명은 아래와 같습니다.

표 4.9 Graphics Options Toolbar

아이콘 버튼	명시된 Tool Tip Name	설명
Show Vertices	Toggle Show Vertices On or Off	모델의 점을 부각시켜 쉽게 식별이 가능하게 해 줍니다.
Close Vertices 1.7e-004 (Auto Scale) 1.7e-005 (10% Auto Scale) 8.4e-005 (50% Auto Scale) 1.7e-004 (Auto Scale) 8.4e-004 (5x Auto Scale) 1.7e-003 (10x Auto Scale) 1.e-004 (custom value)	Toggle Close Vertices Option On or Off	Scale 범위를 기준으로 기하 형상에 인접하고 있는 점을 화면에서 표시해 줍니다.
Wireframe	Wireframe Mode On or Off	Solid View와 Wireframe View를 전환할 수 있습니다.
	Show Coordinate Systems	설정한 좌표계를 Geometry Window에 표시합니다.

표 4.9 Graphics Options Toolbar (계속)

아이콘 버튼	명시된 Tool Tip Name	설명
Show Mesh	Show Mesh	Mesh 항목 이외의 메뉴에서 Mesh를 활성화하여 표시합니다.
Preferences	Preferences	모든 주석 표시를 시각적으로 설정하는 창으로 좌표계, 크랙(Crack), 질량 포인트(Point Masses) 등의 Display 환경을 설정합니다.
Random Colors	Random Colors	모든 하중과 경계 조건, Named Selection 등이 표시되는 색상을 임의로 설정해 줍니다.

■ Context Toolbar

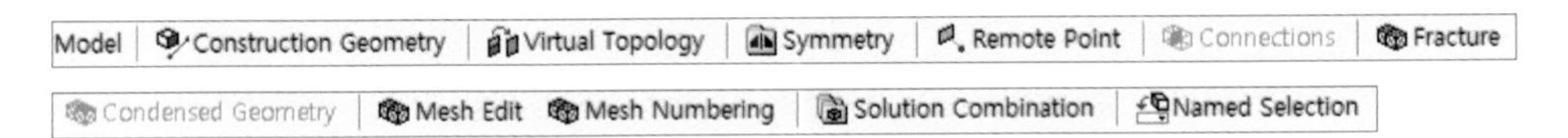

Context Toolbar는 Tree Outline의 선택한 항목에서 사용할 수 있는 명령들을 모아 놓은 Toolbar입니다. 따라서 Outline에서 선택한 항목에 따라(예 : Model, Solution, …) Toolbar의 구성이 변경됩니다. 위 그림은 Model 항목을 선택하였을 때의 상태입니다.

■ Unit Conversion Toolbar

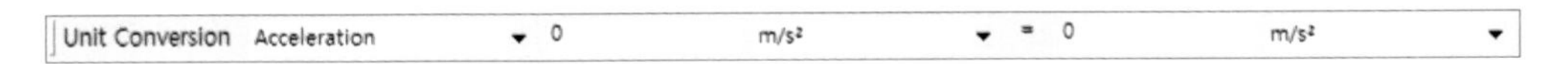

Unit Conversion Toolbar는 단위 변환을 수행합니다.

■ Named Selection Toolbar

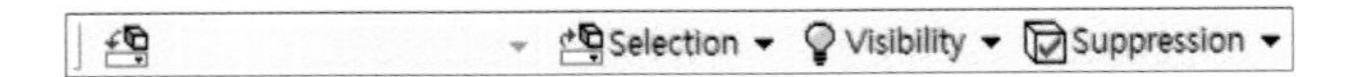

Named Selection Toolbar는 자주 사용하는 형상들을 그룹으로 정의해 다시 사용할 수 있는 기능을 지원합니다. 불러온 모델의 원하는 부분만을 보여 주거나 숨길 수 있으며, 원하는 모델만 해석에 사용하도록 활성화/비활성화하는 기능도 있습니다.

Named Selection을 설정할 때에는 두 가지 방법을 사용할 수 있습니다. 첫 번째 방법은 〈그림 4.6〉과 같이 Toolbar에서 Create Named Selection 아이콘을 클릭하여 개체를 선택하거나, 원하는 개체를 선택하고 RMB > Create Named Selection으로도 지정하는 방법입니다. 다만, Named Selection은 오직 같은 개체로만 그룹을 생성할 수 있습니다(모델의 점, 선, 면, 절점 등).

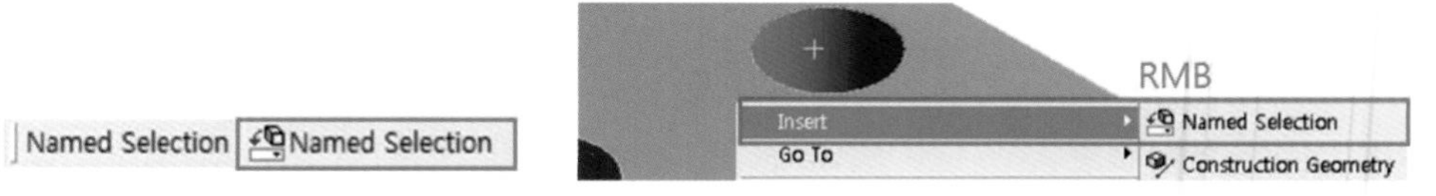

그림 4.6 직접 객체 선택을 통한 Named Selection 정의 방법

두 번째 방법은 Worksheet를 사용하여 새로운 Named Selection을 생성하는 방법입니다. 먼저 Scoping Method를 "Worksheet"로 변경하고 Worksheet 창에서 다양한 기준으로 개체들을 선택하여 그룹을 생성합니다. 선택이 복잡해질 경우 Add, Remove, Filter 기능을 사용하여 개체를 선택한 후에 "Generate"를 선택하여 완료합니다.

Details of "Selection"

Scope	
Scoping Method	Worksheet
Geometry	1 Face
Definition	
Send to Solver	Yes
Visible	Yes
Program Controlled Inflation	Exclude
Statistics	
Type	Manual
Total Selection	1 Face
Surface Area	3.0141e-003 m²
Suppressed	0
Used by Mesh Worksheet	No
Tolerance	
Tolerance Type	Program Controlled
Zero Tolerance	1.e-008
Relative Tolerance	1.e-003

Worksheet

Selection

Generate

Note: Comparisons of values with unit are done in the CAD Unit System: Metric (m, kg, N, s, V, A). Current Unit System: Metric (mm, kg, N, s, mV, mA)

	Action	Entity Type	Criterion	Operator	Units	Value	Lower Bound	Upper Bound	Coordinate Sy...
☑	Add	Body	Size	Equal	mm³	10.	N/A	N/A	N/A
☑	Filter	Body	Location X	Range	mm	N/A	10.	10.	Global Coordi...

그림 4.7 Worksheet를 사용한 Named Selection 정의 방법

■ Tree Outline Conventions

① Tree Outline : Outline에서는 해석의 모든 진행 상황을 한눈에 확인할 수 있으며, 해석과 관련된 모든 작업을 마우스 오른쪽 버튼을 이용하여 바로 수행할 수 있습니다. 〈그림 4.8〉은 설정된 내용을 쉽게 확인할 수 있는 Tree 구조를 보여 주고 있으며 필요한 기능을 추가하고 해석을 진행할 수 있습니다.

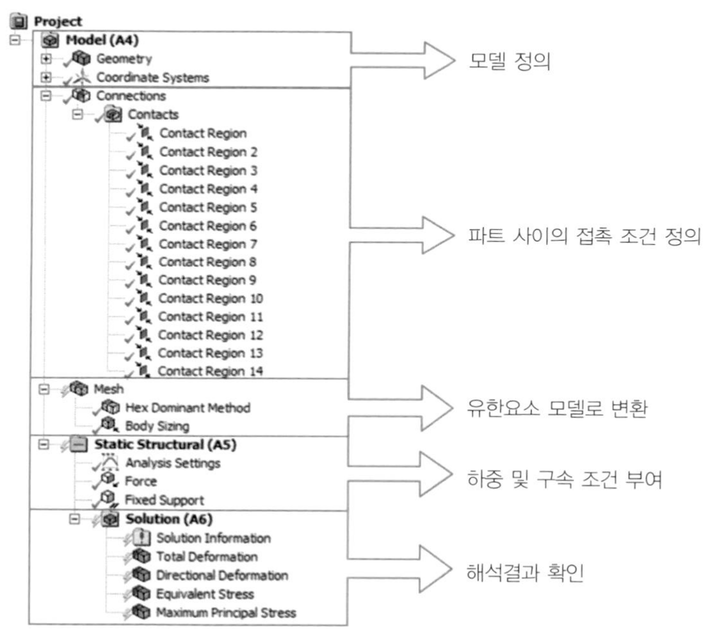

그림 4.8 Outline Tree 구성 내용

② Status Symbols : 〈표 4.10〉은 Tree Outline에서 보여 주는 각종 기호에 대한 설명입니다. 현재 설정 조건 및 해석 상태를 쉽게 확인할 수 있습니다.

표 4.10 Status Symbols

Status Symbol 이름	기호	예
Undefined		물음표는 데이터 입력이 부족한 상태를 나타냅니다. (입력 필요)
Error		느낌표는 현재 설정에 문제가 있음을 알려 줍니다.
Mapped Face 또는 Match Control 실패		Mapped Face Meshing 또는 Match Control이 실패했다는 의미입니다.

표 4.10 Status Symbols (계속)

Status Symbol 이름	기호	예
Hidden		Body 또는 파트가 숨겨져 있는 상태를 나타냅니다. (해석에 참여함)
Ok		모든 조건이 만족하게 입력된 상태를 나타냅니다.
Meshed		모델에 Mesh가 생성되었음을 나타냅니다.
Suppress		"X"표시는 모델이 Suppress된 상태를 나타냅니다. (해석에 참여 안 함)
Solve		Yellow 번개 : 아직 해석이 실행되지 않은 상태를 나타냅니다. Red 번개 : 해석이 실패한 상태를 나타냅니다. Green 번개 : 해석이 진행 중인 상태를 나타냅니다. Green 체크 : 해석이 완료된 상태를 나타냅니다.

3) Status Bar

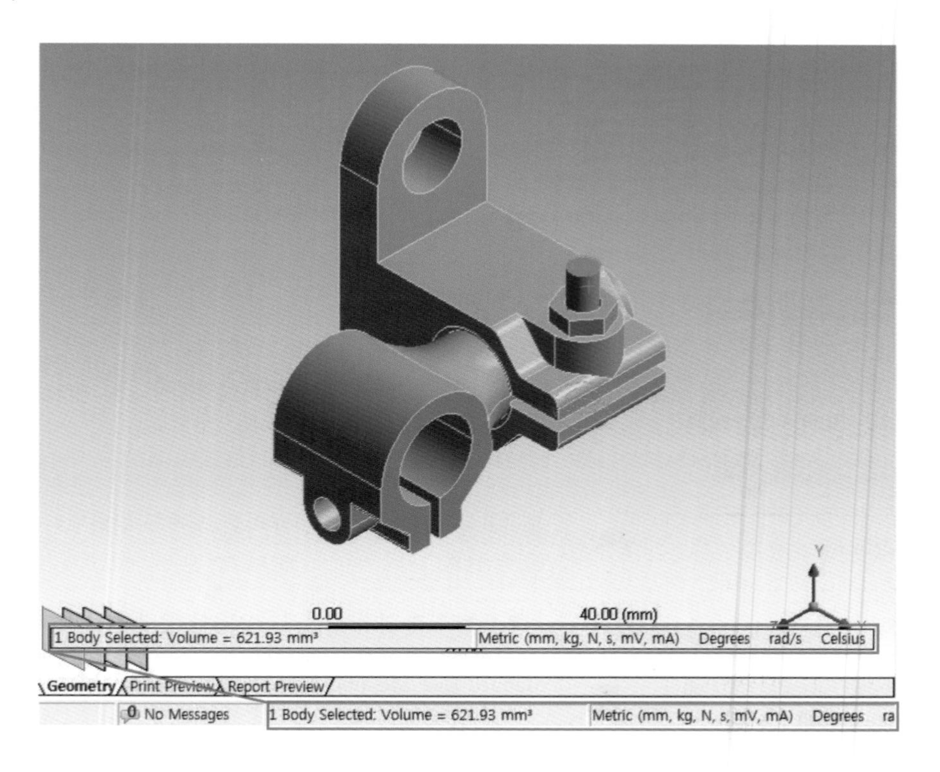

상태 표시줄은 현재 작업 중인 상황과 사용 중인 단위계, 그리고 모델에서 선택된 면이나 모서리의 면적 또는 길이를 표시해 줍니다. 이를 통해서 사용자는 현재의 작업 상황을 쉽게 확인할 수 있습니다.

4) Details view

좌측 하단에 위치한 Details View는 Outline에서 선택한 항목에 따라 자동으로 변하면서 상세한 정보를 보여 줍니다. 또한 Details View에서 사용자가 원하는 항목을 선택하여 설정 값을 변경할 수 있습니다. Details View의 구성은 Outline에서 선택된 항목에 따라 다르게 나타나며 일반적으로 다음과 같습니다.

① Header : Details View의 Header는 Outline에서 선택한 항목을 설정할 때 항목의 이름이 표시됩니다. Category 영역은 확장 표시를 선택하여 상세 설정을 진행할 수 있습니다.

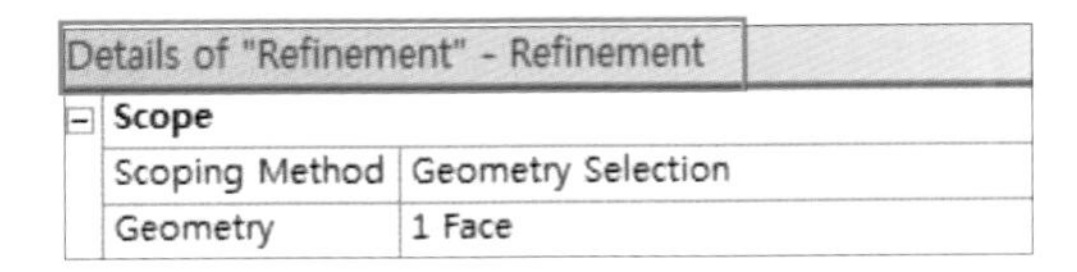

Details of "Refinement" - Refinement	
⊟ Scope	
Scoping Method	Geometry Selection
Geometry	1 Face

② Undefined : 설정 값을 입력하지 않았거나 내용이 불충분한 경우에는 노란색으로 표시됩니다.

Details of "Pressure"	
⊟ Scope	
Scoping Method	Geometry Selection
Geometry	No Selection
⊟ Definition	
Type	Pressure
Define By	Normal To
Magnitude	0. MPa (ramped)
Suppressed	No

③ Geometry : Geometry 영역은 모델에 설정 값을 적용할 위치를 지정하는 곳입니다. 다음 그림은 Bearing Load를 1개 면에 적용하는 과정입니다. 모델에서 적용 위치를 선택한 후 Geometry 영역과 Direction 영역에서 Apply를 클릭합니다. Apply를 클릭하지 않으면 선택한 적용 위치가 저장되지 않습니다.

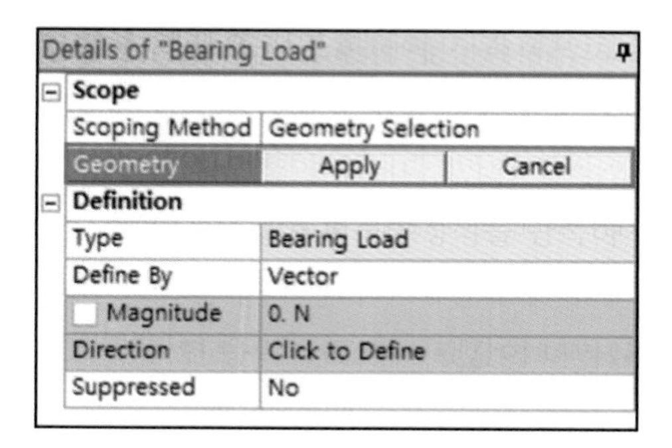

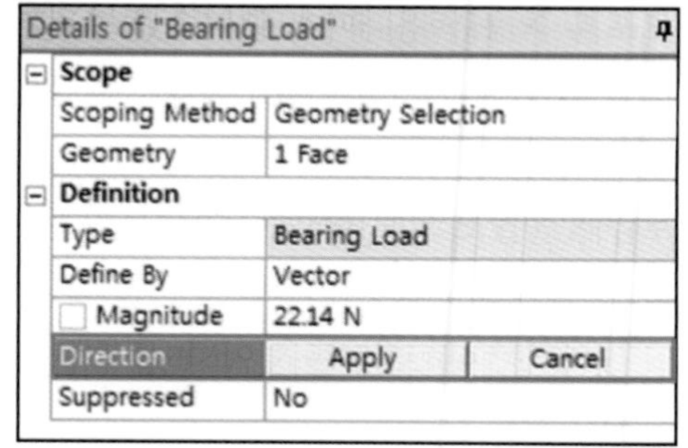

④ Decisions : 설정 값을 입력할 경우에는 Vector 또는 Component로 방향을 지정할 수 있습니다.

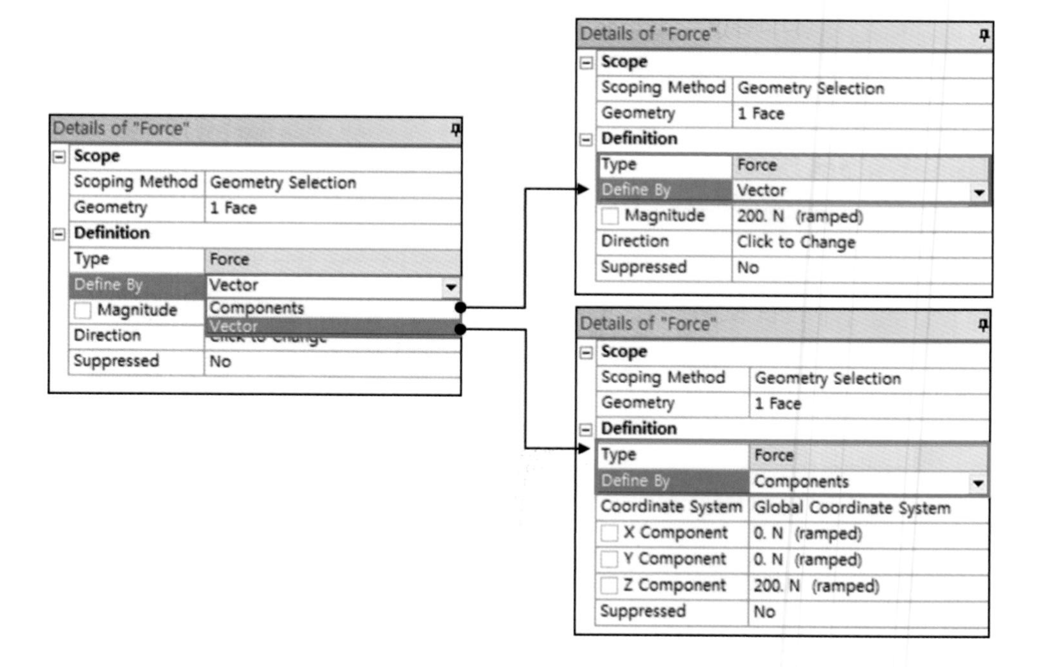

⑤ Text Entry : 텍스트 입력은 문자열, 숫자, 정수로 규정되어 있으며 값의 수정이 용이합니다.

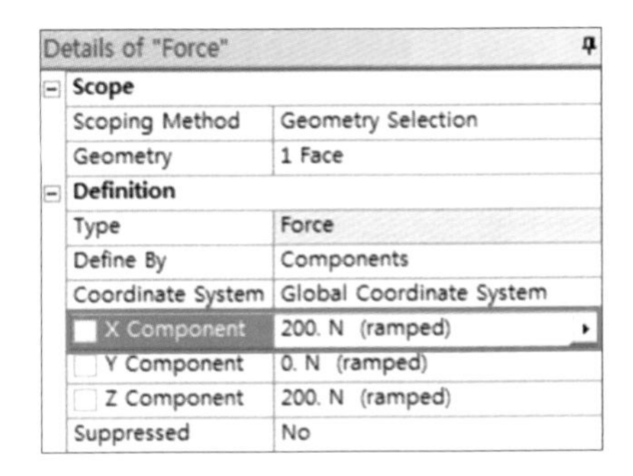

⑥ Numeric Values : 설정 값에 상수 값이나 식, 표 형식의 데이터와 함수 형태의 식을 입력할 수 있습니다. 이때 입력된 수식은 자동 계산되어 적용됩니다. 예를 들면, 아래와 같이 [=2 + (3 * 5) + pow(2,3)] 수식을 영문표기로 입력하였을 경우 값이 계산되어 25로 입력됩니다. 수식으로 정의하려면 수식 앞에 Equal sign [=]을 반드시 입력해야 합니다. ANSYS Workbench에서 지원하는 함수는 ANSYS Help Viewer를 참고하기 바랍니다.

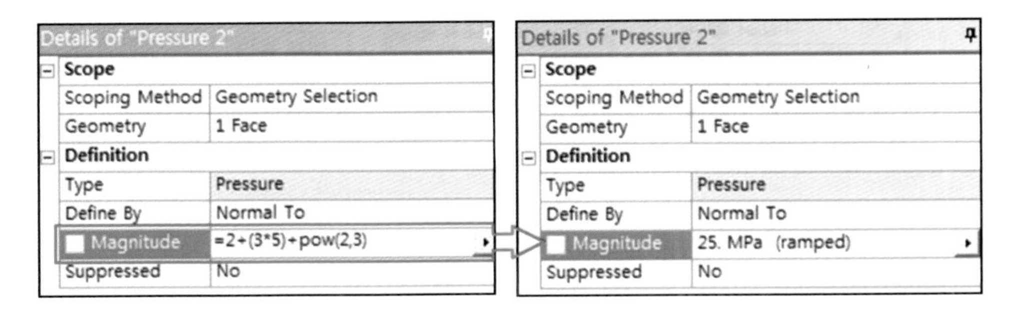

⑦ Ranges : 설정 값에 정해진 범위가 있다면, 설정 값 우측에 Slider를 사용하여 정의할 수 있습니다.

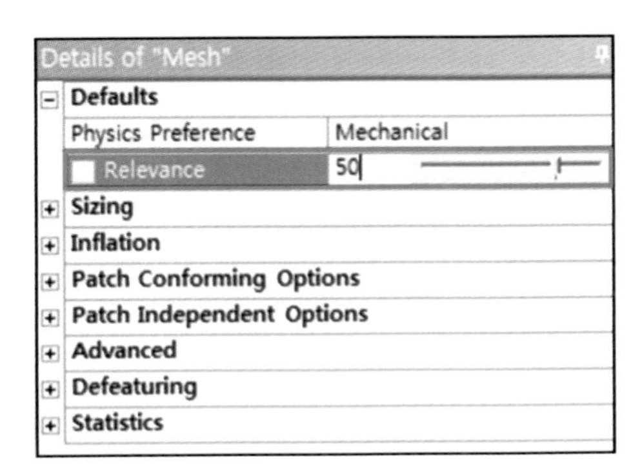

⑧ Increment : 설정 값이 증가하는 범위를 가진다면, 설정 값 우측에 수평으로 위치한 Up/Down Control 버튼을 사용하여 정의할 수 있습니다.

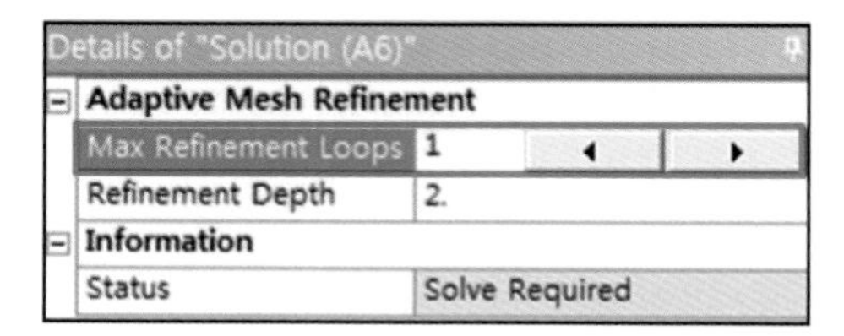

⑨ Exposing Fields as Parameters : 매개변수로 설정 가능한 항목은 옆에 네모상자가 나타나게 되며, 이를 클릭하여 P라는 글자가 표시 되면 Parameter로 사용 가능합니다.

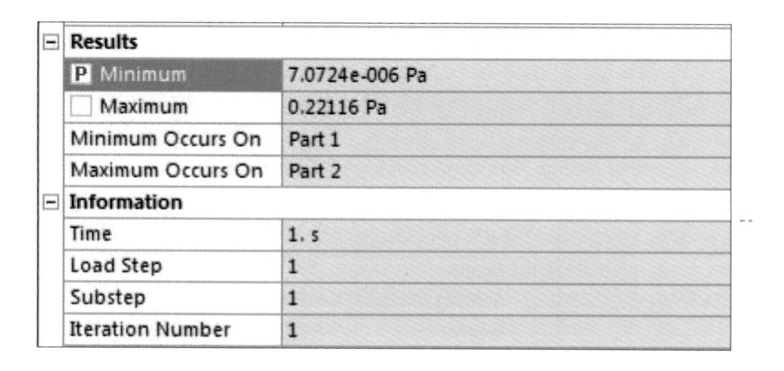

5) Graphics window

작업화면은 "Geometry", "Print Preview", "Report Preview" Tab과 "Worksheet Window"로 구성되어 있습니다.

① Geometry : 불러들인 모델을 확인하고 조명 상태, 투명도, 배경색 등의 설정을 할 수 있으며, 격자 생성 작업 결과, 해석결과 및 애니메이션을 확인할 수 있습니다.

② Print Preview : Outline에서 선택한 항목의 표시 상태를 인쇄할 경우 인쇄 상태를 미리 확인할 수 있습니다.

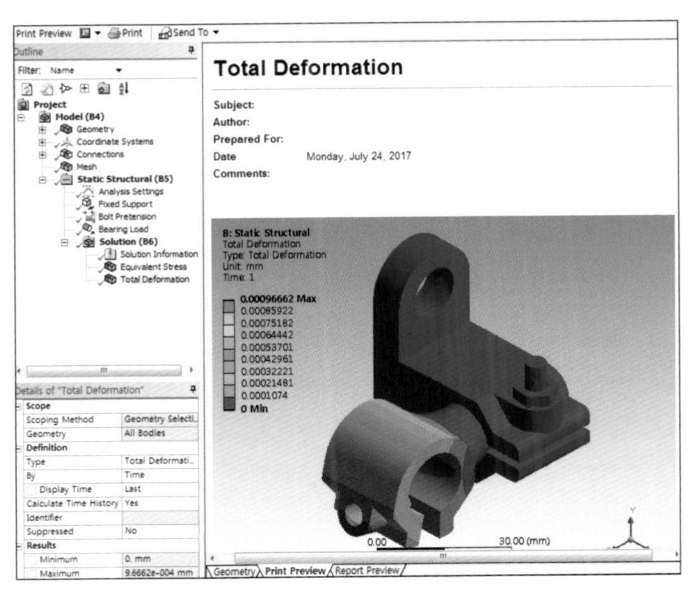

그림 4.9 Window Tab를 사용하여 Print Preview로 그래픽 창 전환

③ Report Preview : ANSYS Workbench에서 자동으로 생성해 주는 보고서를 미리 확인할 수 있습니다. Report Preview는 보고서를 생성하는 시간이 필요하므로 해석 작업을 완료한 후에 최종적으로 보고서를 작성할 때에만 사용하도록 합니다.

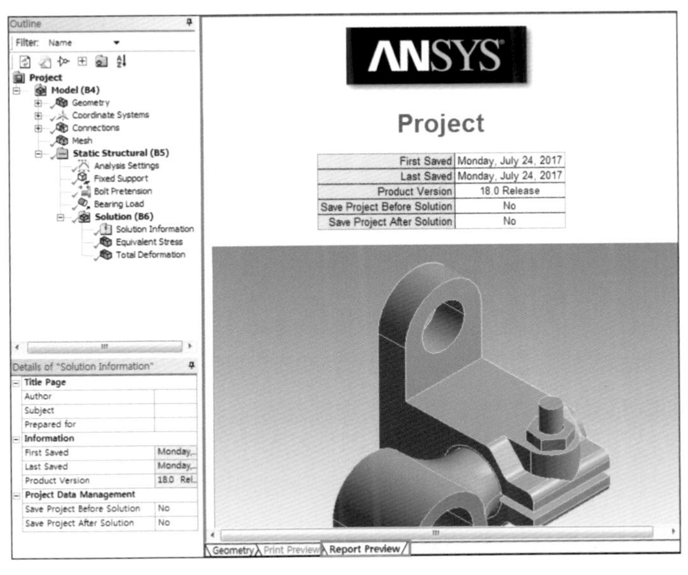

그림 4.10 Window Tab을 사용하여 Report Preview로 그래픽 창 전환

Outline의 탭에서 보고서에 넣고자 하는 그림들을 Toolbar의 Figure 항목을 통해 미리 첨부(Capture)합니다. 또한 New Comment라는 항목을 통하여 주석을 삽입할 수도 있습니다. 미리 그림과 주석을 Outline 아래에 첨부해 놓으면, Report Preview를 선택했을 때 자동으로 Outline의 상위 항목에서부터 모든 정보를 첨부하여 보고서를 생성합니다. 생성된 보고서는 폴더, 웹 서버, 메일, MS워드, 파워포인트로 저장할 수 있으며 수정도 가능합니다.

④ Worksheet : Outline 항목 내용을 상세히 살펴봐야 할 경우, 해당 항목을 선택하고 Standard Toolbar에 있는 Worksheet를 Click하면 시트(Sheet) 형식으로 정보를 확인할 수 있습니다. 이때 Worksheet의 내용은 각각의 선택 항목마다 다르게 나타나며, Worksheet를 독립된 Window로 표시할 수 있게 되어 있어 Geometry window와 같이 표시하여 볼 수도 있습니다. 여러 Window를 개별적으로 이동하는 과정에서 불규칙하게 배치되거나 사라지는 경우에는 Menu > View > Windows > Reset Layout을 선택하여 초기 상태로 되돌릴 수 있습니다.

6) Graph & Tabular data

Outline에서 Analysis Settings, Loads, Contour Results, Probes, Charts 항목들을 선택하면 Geometry 창 하단에 Graph와 Tabular Data 창이 활성화되어 데이터를 표시합니다. Graph와 Tabular Data는 Analysis Setting 관리, Load 설정, Result 표시에 대한 과정을 좀 더 쉽게 접근할 수 있도록 도와줍니다.

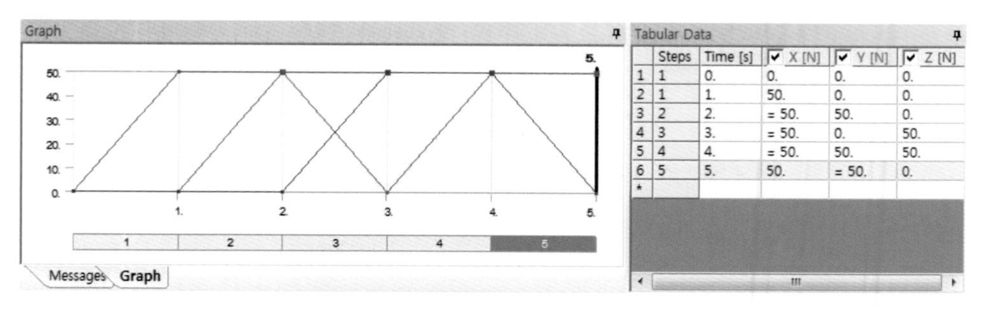

	Steps	Time [s]	X [N]	Y [N]	Z [N]
1	1	0.	0.	0.	0.
2	1	1.	50.	0.	0.
3	2	2.	= 50.	50.	0.
4	3	3.	= 50.	0.	50.
5	4	4.	= 50.	50.	50.
6	5	5.	50.	= 50.	0.
*					

그림 4.11 Tabular Data 창의 입력 값을 그래프 창에 표시

7) Massages

Messages Window는 Mechanical Application에서 사용자가 작업한 결과에 대한 정보를 신속하게 표시해 줍니다. 예를 들면, Database, Mesh, Model을 불러올 때, 또는 처음 해

석을 수행할 때 Error, Warning, Information에 대한 Message를 표시합니다. 해석이 진행되지 않는 경우 Error, Warning Messages에서 문제점을 찾아볼 수 있습니다.

기본적으로 Messages Window는 숨김 상태로 되어 있으나 Mechanical Application이 구동되는 동안 불안정한 결과에 대해서는 자동으로 Message를 표시합니다. 사용자가 직접 Messages Window를 표시하려면 View > Windows > Messages를 선택하시기 바랍니다.

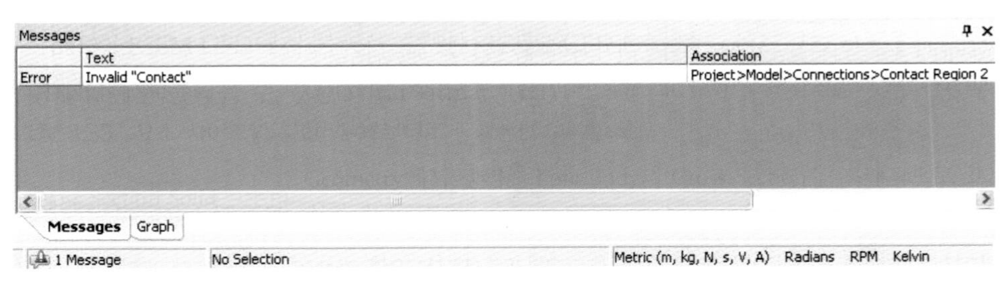

그림 4.12 Error 메시지 창 활성화

4.6 Wizards

초보자라도 해석 마법사를 이용하면 쉽게 해석 설정을 수행할 수 있습니다. 마법사의 각 항목을 클릭하면 작업할 메뉴가 위치한 곳에 풍선 도움말이 나타나고 해야 할 작업과 의미를 설명해 줍니다. 해석 마법사는 해석 기능에 따라 다음과 같이 나타나며, 옵션 작업이나 고급 작업에 대한 해석 마법사도 제공하고 있습니다.

1) Simulation Wizard 사용방법

먼저, 진행할 Analysis System을 선택하여 실행시킵니다. 실행 후 Standard Toolbar에 위치한 Mechanical Wizard 아이콘( )을 Click하면 Graphic Window 우측에 Mechanical Application Wizard가 활성화됩니다. Wizard 창에는 해석 순서가 나열됩니다. 이 순서에 맞추어 해석을 진행하면 됩니다.

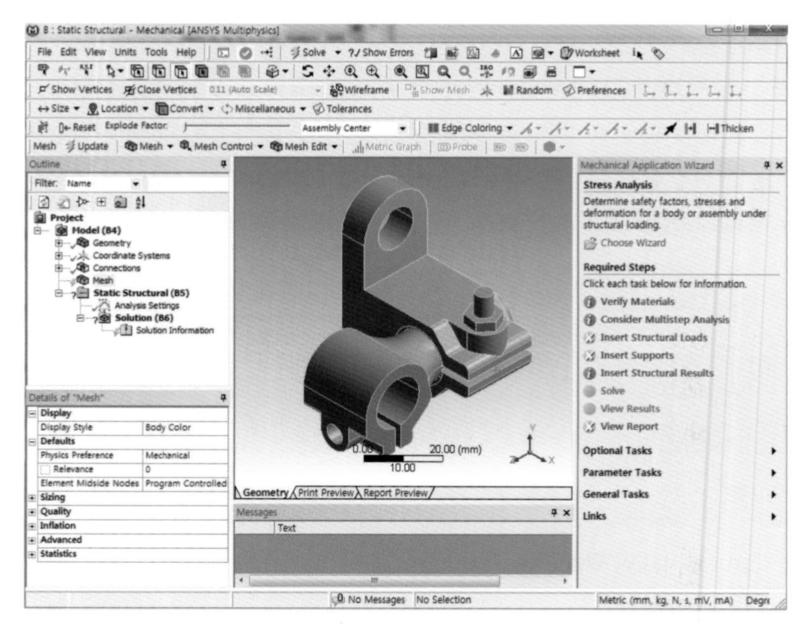

그림 4.13 Simulation Wizard 창의 활성화

2) 해석 마법사 용어(Required Steps)

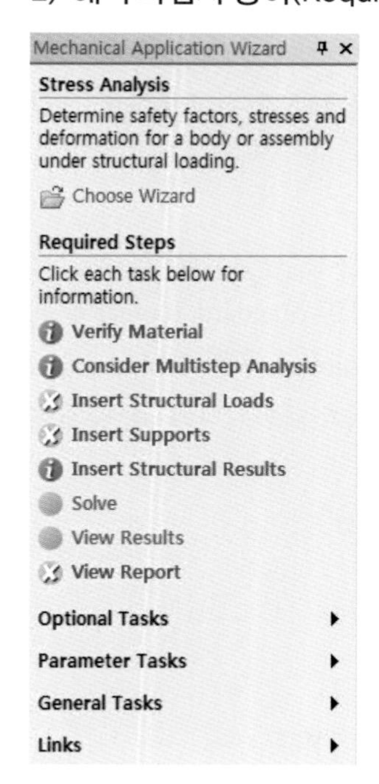

① Verify Material : 모델에 물성치를 부여합니다.

② Consider Multistep Analysis : 하중에 대한 스텝을 정의합니다.

③ Insert Structural Loads : 하중 조건을 입력합니다.

④ Insert Supports : 구속 조건을 입력합니다.

⑤ Insert Structural Results : 확인할 해석 결과 항목을 삽입합니다.

⑥ Solve : 해석을 실행합니다.

⑦ View Result : 해석 결과를 확인합니다.

⑧ View Report : 보고서를 생성합니다.

그림 4.14 Wizard를 사용한 구조 해석 순서

3) 풍선 도움말

Required Steps에서 진행하고자 하는 항목을 선택하면 사용자가 어느 위치에서 입력 또는 설정해야 하는지 풍선 도움말이 나타납니다.

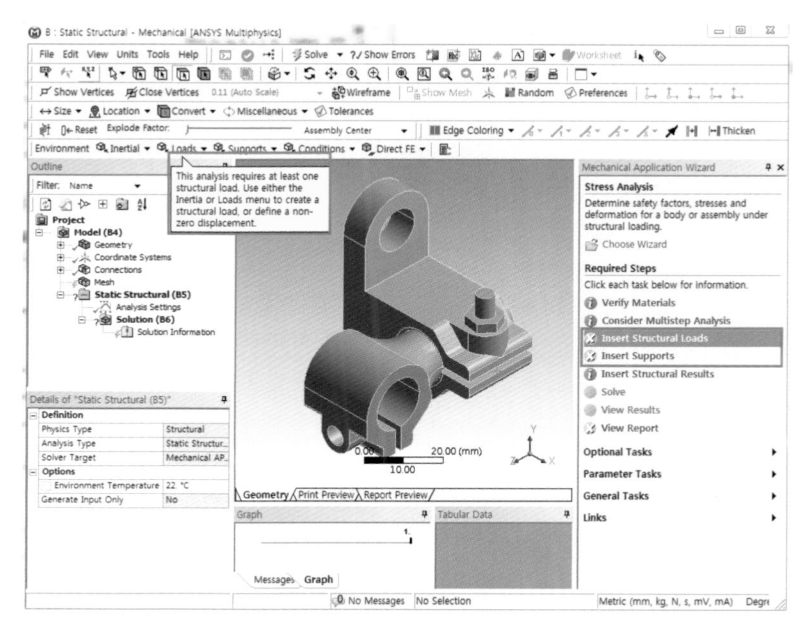

그림 4.15 Wizard의 단계 선택을 통한 말풍선 활성화

4) 아이콘 설명

Simulation Wizard의 Required Steps에 있는 항목들을 순서대로 실행하면 원하는 해석을 쉽게 수행할 수 있습니다. 각 항목은 작업이 완료되면 항목 왼쪽의 아이콘처럼 아이콘의 형태가 바뀌게 됩니다. 아이콘의 형태에 따른 설명은 아래 〈표 4.11〉과 같습니다.

표 4.11 아이콘의 의미

아이콘	설명
	설정한 내용에 문제 없이 적용되었음을 나타냅니다.
	설정에 관한 정보를 제공합니다.
	해석을 수행할 준비가 되었습니다.
	전 단계가 완료될 때까지 설정이 불가능함을 나타냅니다.
	설정이 변경되어 해석(Solving)을 다시 수행해야 함을 나타냅니다.
	아직 수행되지 않았습니다.

4.7 Mechanical Hotkeys

신속한 작업 수행 및 조작을 위해서 단축키를 사용합니다.

표 4.12 Mechanical Hotkeys

구분	단축키	작업
Tree Outline Actions	F1	Mechanical User's Guide가 열립니다.
	F2	선택한 Tree 항목의 명칭을 변경합니다
	Ctrl+S	Project를 저장합니다.
	Shift+Ctrl+G	그룹을 해제합니다.
	Ctrl+G	Tree에서 선택한 항목들을 그룹으로 묶습니다.
Graphics Actions	I	Selection Information 창을 활성화합니다.
	M	Selection Mesh By ID 창을 활성화합니다.
	N	Named Selection 창을 활성화합니다.
	F6	모델 보기(View) 방법을 전환해 줍니다. (Shaded Exterior and Edges, Shaded Exterior, Wireframe)
	F7	화면 창에 맞추어 확대/축소를 진행합니다.
	F8	선택한 면을 숨깁니다.
	F9	선택한 바디를 숨깁니다.
	Ctrl+A	활성화된 선택 필터를 기반으로 객체를 모두 선택합니다.
	Ctrl+F9	선택한 바디 외의 바디는 숨깁니다.
	Shift+F9	전체 바디를 보여 줍니다.
Selection Filters	Ctrl+B	Body 선택을 활성화합니다.
	Ctrl+E	Edge 선택을 활성화합니다.
	Ctrl+F	Face 선택을 활성화합니다.
	Ctrl+P	Vertex 선택을 활성화합니다.
	Ctrl+N	Node 선택을 활성화합니다.
	Ctrl+L	Element 선택을 활성화합니다.
	Ctrl+M	Virtual Topologies 항목에서 2개 이상의 면을 선택하여 면 병합을 수행합니다.
	Shift+F1	Extend to Adjacent 선택을 수행합니다.
	Shift+F2	Extend to Limits 선택을 수행합니다.
	Shift+F3	Extend to Connection 선택을 수행합니다.
	Shift+F4	Extend to Instances 선택을 수행합니다.

4.8 Pre-process

해석 작업은 크게 전처리(Pre-process) > 해석(Solve) > 후처리(Post-process) 과정으로 구분할 수 있습니다. 그중에서도 전처리(Pre-process) 영역은 해석하려는 모델에 격자(Mesh)를 생성하여 유한요소 모델을 만들고 재료 물성을 정의하며, 해석에 필요한 경계조건을 설정하는 과정입니다. 이 절에서는 ANSYS Workbench의 Mechanical Application에서 제공하는 전처리 기능을 설명하겠습니다.

1) Geometry 정의

■ 모델 불러오기

해석을 위한 모델을 ANSYS Workbench DesignModeler 또는 SpaceClaim에서 모델링하거나 다른 CAD 프로그램과 Plug-in으로 작업하여 모델을 불러올 수 있습니다.

■ 업데이트

ANSYS Workbench를 CAD 프로그램과 Plug-in으로 작업하는 경우, 업데이트 기능을 이용하면 효율적으로 해석 과정을 진행할 수 있습니다. 모델을 해석한 후 취약점이나 문제점이 분석되면 그 문제점을 개선하는 방향으로 설계를 변경하게 됩니다. 그리고 설계가 변경된 모델을 검증하기 위해 다시 해석을 수행해야 합니다. 이때 ANSYS Workbench의 업데이트 기능을 이용하면 수정한 모델을 효율적으로 다시 해석할 수 있습니다. 아래의 〈표 4.13〉은 업데이트 사용 시 해석 과정의 단축 정도를 보여 줍니다.

표 4.13 업데이트 사용 시 해석 과정 비교

구분	수정된 모델의 재해석 과정
일반적인 과정	초기 해석 > 결과 분석 > 모델 수정 > 모델 불러오기 > 물성 설정 > 접촉 설정 > Mesh 생성 > 해석 조건 설정(하중, 구속 조건) > 솔루션 설정 > 재해석 실행
업데이트 사용 시	초기 해석 > 결과 분석 > 모델 수정 > 업데이트 > 재해석 실행

① 3D CAD 프로그램의 메뉴에 있는 ANSYS 18.0의 Workbench를 선택합니다. ANSYS Workbench가 실행되고, Project Schematic 영역에 Geometry System이 생성되며 이를 Analysis System과 연결하여 실행합니다.

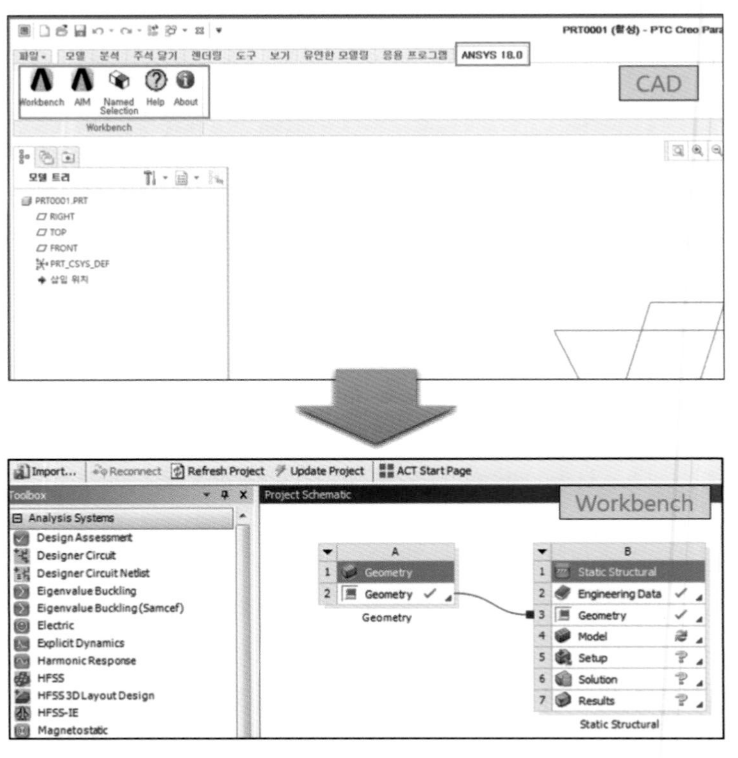

그림 4.16 3D CAD에서의 Workbench 실행

② 구속 조건 및 하중 조건을 부여하고, 해석을 수행하여 결과를 분석합니다.

③ 현재 열려 있는 3D CAD 프로그램에서 형상을 수정합니다. 해석 환경(Mechanical)의 Outline > Project > Model에서 Context Menu 항목 중 Update Geometry from Source를 실행합니다. 수정된 형상이 반영되면 재해석을 수행하고 결과를 분석합니다.

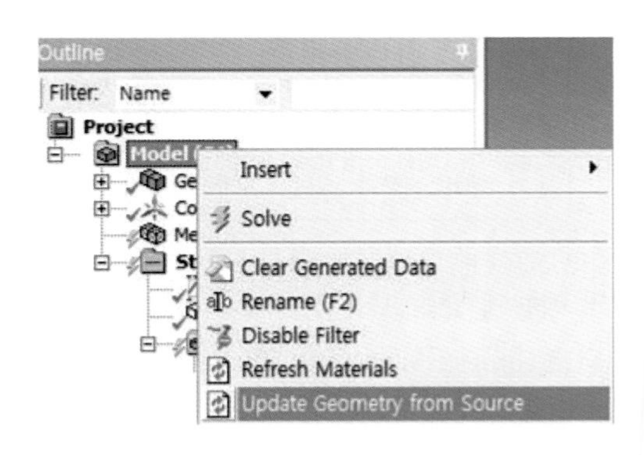

그림 4.17 형상 수정 정보를 해석 환경에서 업데이트

■ 상세 정보

ANSYS Workbench에서 모델을 불러온 후, 작업을 편리하게 하고 결과를 정확히 판단할 수 있도록 작업 환경을 설정할 수 있습니다. 작업 환경은 Outline 창의 Model, Geometry, 각 Part 항목을 선택하고 Details View를 통해서 설정할 수 있습니다.

① Details of Model

Details of "Model (A4)"	
+ Filter Options	
− Lighting	
Ambient	0.1
Diffuse	0.6
Specular	1
Color	

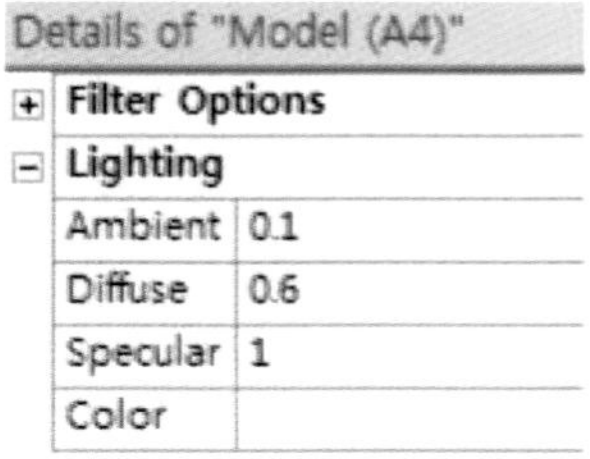

그림 4.18 Outline의 Model 항목의 상세 설정 창

해석하기 위한 전체 모델의 그래픽 상태를 설정할 수 있습니다.

표 4.14 그래픽 항목 설명

항목	설명
Ambient Light	모델을 향하는 전체 조명의 밝기를 설정합니다.
Diffuse Light	확산조명으로 모델의 명암을 설정합니다.
Specular Light	모델에 반사되는 조명의 정도를 설정합니다.
Light Color	조명의 색상을 설정합니다.

② Details of Geometry : Geometry의 Details View에는 모델 전체에 대한 상세 정보와 변경 가능한 설정 항목을 표시합니다. 하지만 Properties 카테고리인 Basic Geometry Options 항목과 Advanced Geometry Options 항목은 수정이 불가능합니다. Properties 카테고리 항목들은 모델의 기본 정보를 나타내는 것으로서 이를 수정하기 위해서는 Geometry에서 모델의 형상을 수정하거나 Engineering Data의 재료 물성을 변경해야 합니다.

Details of "Geometry"	
Definition	
Source	D:₩Work₩Education₩2. material₩Wor...
Type	Iges
Length Unit	Meters
Element Control	Program Controlled
Display Style	Body Color
Bounding Box	
Length X	10. mm
Length Y	61.527 mm
Length Z	50. mm
Properties	
Volume	11095 mm^3
Mass	8.7094e-002 kg
Scale Factor Value	1.
Statistics	
Bodies	4
Active Bodies	4
Nodes	5113
Elements	867
Mesh Metric	None
Basic Geometry Options	
Advanced Geometry Options	

그림 4.19 Geometry의 상세 설정 창의 구성 항목

표 4.15 Geometry의 상세 설정 창

항목	설명
Source	불러온 모델 파일이 저장된 위치를 알려 줍니다.
Type	모델 파일의 종류를 보여 줍니다.
Length Unit	해석에 사용할 길이 단위계를 설정합니다. MDT, CATIA, ACIS 모델에 한하여 길이 단위 설정을 통해 Workbench에서 모델 크기의 변경이 가능합니다.
Element Control	요소의 적분점 개수를 설정합니다. 예를 들어 Element Control을 Manual로 바꾸면 Part를 선택하였을 때 Brick Integration Scheme 항목이 활성화되어, Full/ Reduced를 선택할 수 있습니다.
Display Style	작업창에서 모델을 표시하는 타입을 설정할 수 있습니다. 기본은 Part Color로 되어 있고, 각 파트마다 다른 색으로 표현해 줍니다.
Length X	모델 전체의 X축에 대한 길이를 표시합니다. (수정 불가)
Length Y	모델 전체의 Y축에 대한 길이를 표시합니다. (수정 불가)
Length Z	모델 전체의 Z축에 대한 길이를 표시합니다. (수정 불가)

표 4.15 Geometry의 상세 설정 창 (계속)

항목	설명
Volume	모델 전체의 체적을 표시합니다.
Mass	모델 전체의 중량을 표시합니다.
Scale Factor Value	모델 확대/축적을 설정 합니다.
Bodies	전체 모델을 구성하고 있는 단품의 수량을 표시합니다.
Active Bodies	전체 모델 중 해석에 활성화된 단품의 수량을 표시합니다.
Nodes	Mesh 구성 시 생성된 전체 모델의 Node 개수를 표시합니다.
Elements	Mesh 구성 시 생성된 전체 모델의 Element 개수를 표시합니다.
Mesh Metric	생성된 격자의 품질을 평가할 수 있습니다. Mesh 항목에서 Mesh Metric을 설정해야 표시됩니다.

③ Details of Part : Part의 Detail View에서는 선택한 Part의 정보를 보여 줍니다. Surface 모델인 경우에는 두께 설정 항목이 추가되며 두께를 설정해야만 해석을 수행할 수 있습니다.

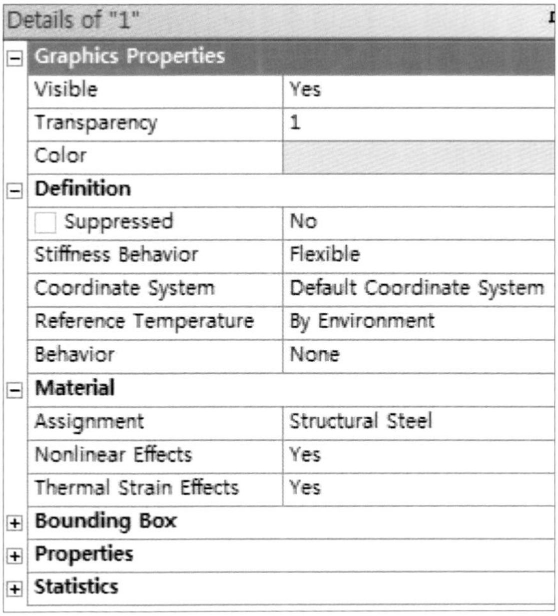

Details of "1"	
Graphics Properties	
Visible	Yes
Transparency	1
Color	
Definition	
Suppressed	No
Stiffness Behavior	Flexible
Coordinate System	Default Coordinate System
Reference Temperature	By Environment
Behavior	None
Material	
Assignment	Structural Steel
Nonlinear Effects	Yes
Thermal Strain Effects	Yes
Bounding Box	
Properties	
Statistics	

그림 4.20 Part의 상세 설정 창의 구성 항목

표 4.16 Part의 상세 설정 창

항목	설명
Graphics Properties	Graphics Properties 카테고리에는 각각의 Part마다 표시여부, 밝기, 투명도, 색상 등을 설정 합니다.
Suppressed	선택한 part를 해석 모델에서 제외시킬 수 있도록 설정 합니다.
Stiffness Behavior	해석 모델을 강체 또는 유연체로 설정합니다.
Coordinate System	Part의 기준 좌표계를 설정합니다.
Reference Temperature	해석에서의 Part의 기준 온도 값을 설정합니다. 기본값은 환경온도(By environment)값으로 설정되어 있으며 Part마다 다른 온도를 입력할 때에는 By Body로 변경 후 값을 입력합니다
Assignment	Engineering Data에서 정의한 재질을 Part에 설정합니다.
Nonlinear Effects	재료 비선형 효과 부여를 설정합니다.
Thermal Strain Effects	재료 열 변형 효과 부여를 설정합니다.
Bounding Box	Part의 크기를 표시합니다.
Properties	Part의 체적, 질량 등을 표시합니다.
Statistics	Mesh를 생성한 후 현재 Part에 존재하는 Mesh 정보를 표시합니다.

■ 단위계

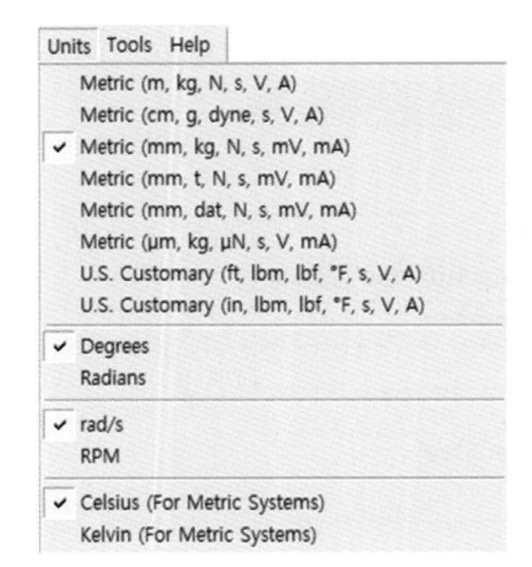

그림 4.21 Unit Menu를 구성하는 항목

ANSYS Workbench에서 사용할 단위계를 설정합니다. 단위 설정 시에는 그림과 같이 Menu > Unit에서 원하는 단위계를 선택합니다. 단위가 변경되면 입력 값들이 자동으로 단위 환산됩니다.

■ Suppress 기능

ANSYS Workbench는 여러 Part가 조립된 모델을 해석할 때 불필요한 Part를 해석에서 제외하는 Suppress 기능을 제공합니다. Suppress 기능을 이용하면 CAD 프로그램에서 모델을 수정하지 않아도 불필요한 Part를 해석에서 제외할 수 있습니다. Suppress하는 방법은 아래와 같이 세 가지가 있습니다. 이때 Suppress된 Part들을 다시 해석에 참여시키려면 Unsuppress Body를 선택합니다.

① Outline 창에서 원하는 단품을 선택하고 하단부의 Details of Part 창에서 Suppress 항목을 Yes로 설정하면 됩니다.

② Outline 창에서 Project > Model > Geometry > 원하는 Part들을 선택한 후 마우스 오른쪽 버튼을 클릭하고 Context Menu에서 Suppress Body를 선택하면 됩니다.

③ Geometry Window에서 직접 Part를 선택하고 마우스 오른쪽 버튼을 클릭하고 Context Menu에서 Suppress Body를 클릭하면 됩니다.

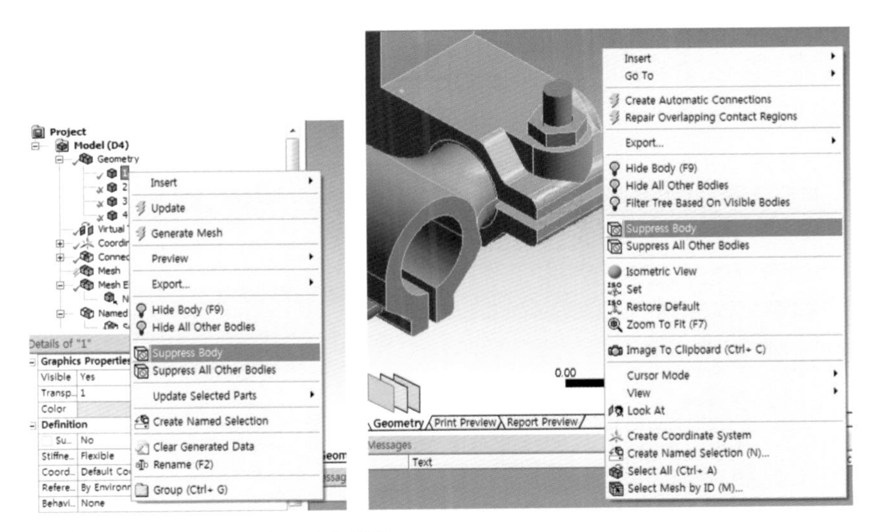

그림 4.22 Suppress 기능 사용 방법

2) 재료 물성 정의

■ 재료 물성

재료 물성이란 사용하는 재료의 다양한 물리적 성질을 수치적으로 나타낸 것을 총칭하는 말입니다. 신뢰도 높은 해석 결과를 얻으려면 재료에 대한 물리적 성질을 정확히 알고 올바르게 설정해 주어야 합니다. ANSYS Workbench는 많이 사용하는 기본적인 재료 물성을 제공하고 있고, 물성 데이터베이스 파일은 확장자 .xml 파일 형식으로 되어 있으며 물성의 추가, 수정 등의 관리가 매우 편리합니다. ANSYS Workbench에서 제공하는 물성 파일은 다음과 같은 위치에 있습니다.

```
C:\Program Files\ANSYS Inc₩v180₩Addins₩EngineeringData₩Samples
```

■ 재료 물성 적용

해석에 사용할 재료 물성을 정의하는 방법은 2장에서 언급하였습니다. 개략적인 과정만 다시 살펴보겠습니다.

A. 해석에 적용할 재질이 있는 General Materials Library를 선택합니다.
B. +표시를 클릭하여 필요한 재질들을 선택합니다.
C. Toggle 버튼을 사용하여 Data Source 창을 비활성화시킨 후 Engineering Data에서 선택한 재료를 확인합니다.
D. Engineering Data의 목록들만 해석에 적용하게 됩니다.
E. 재료 물성을 수정하거나 재질을 정의한 후에는 Refresh 기능으로 변경된 사항을 적용합니다.

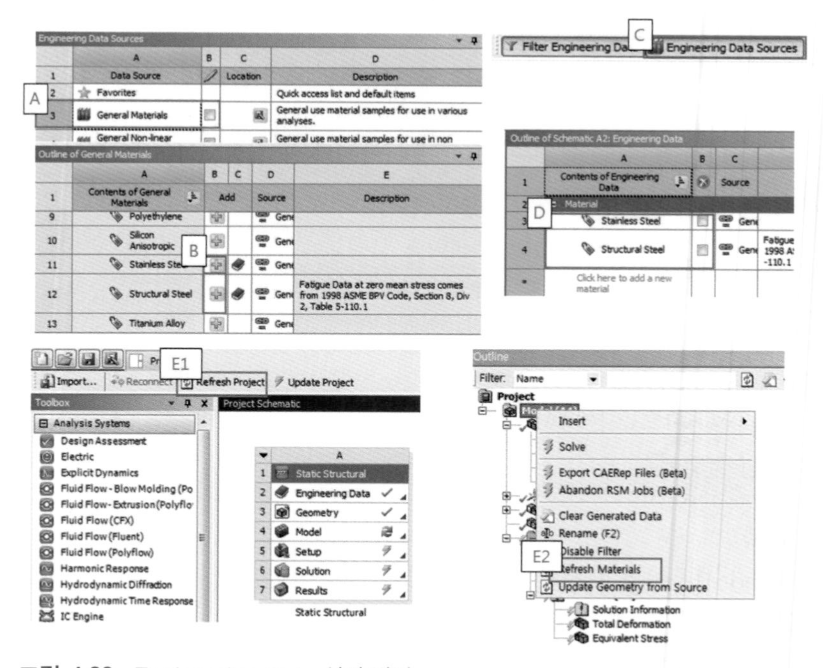

그림 4.23 Engineering Data 설정 방법

F. ANSYS Workbench에서 물성을 적용하려는 Part를 선택합니다.

G. Detail View에서 Assignment를 선택합니다.

H. 미리 정의한 재질을 Part에 적용합니다.

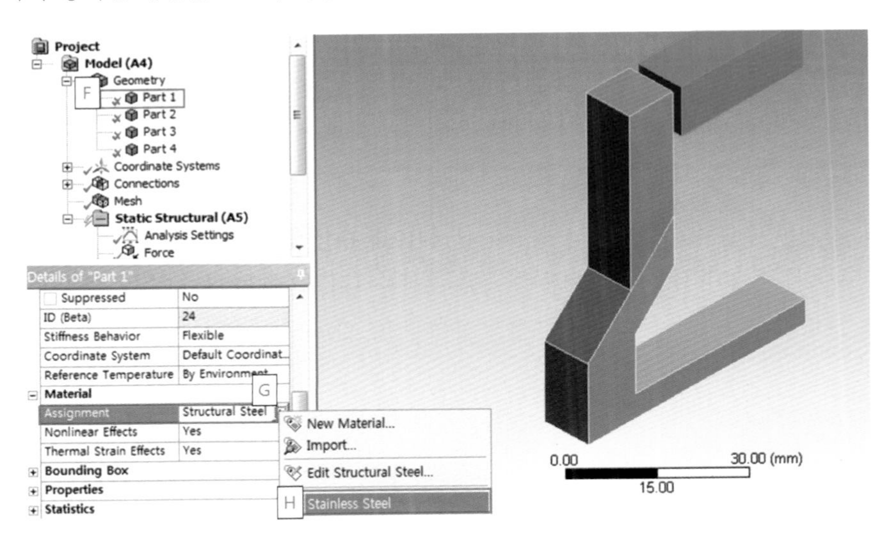

그림 4.24 해석 모델에 물성 데이터를 적용하는 방법

3) Connection 정의

ANSYS Workbench는 조립품 모델의 부품 사이에 Connection을 자동 생성하며 별도의 허용 오차 값을 설정하여 이를 제어할 수 있습니다. 지원되는 Connection 타입에는 Contact, Joint, Mesh Connection, Springs, Bearings, Beam Connections, End Releases, Spot Welds가 있습니다.

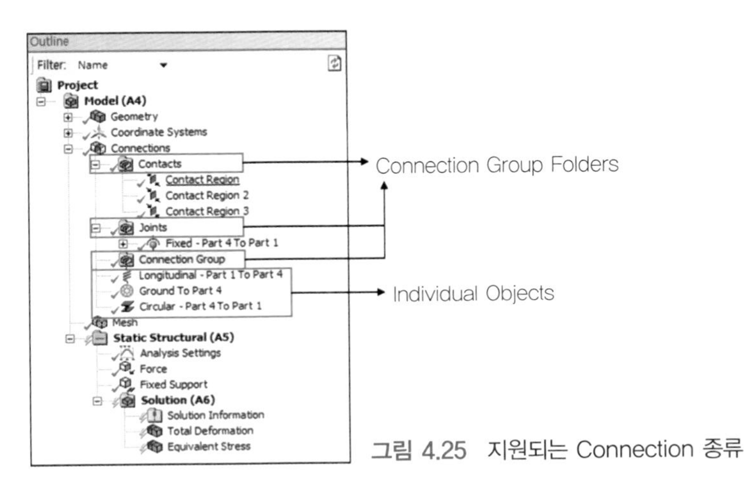

그림 4.25 지원되는 Connection 종류

Mechanical에서 Connection의 생성 방법은 다음과 같습니다.

① 먼저 Tree에 Connections 항목이 보이지 않을 경우 Tree의 Model 항목을 선택하여 Toolbar에서 Connections를 클릭하거나 또는 마우스 오른쪽 클릭하여 Connections 항목을 추가합니다.

② Connections 항목에서 관련 Connections 타입을 삽입합니다. (Toolbar에서 선택하거나 마우스 오른쪽 클릭하여 생성)

③ Details View에서 원하는 연결 형식을 선택합니다.

④ 관련 항목에 맞는 모델의 영역을 지정할 수 있으며, 해당되는 경우에 연결을 자동으로 탐색하여 생성할 수 있습니다.

⑤ Connections 항목에서 마우스 오른쪽 클릭하여 Create Automatic Connections를 선택하면 자동으로 Connection을 탐색하고 생성합니다.

■ Contact Region

ANSYS Workbench는 다음 그림과 같이 조립품 모델에 대하여 자동으로 부품과 부품 사이의 접촉을 인식하여 정의해 주므로 사용이 매우 편리합니다. 이때 Tools > Options > Mechanical > Connections 항목을 클릭하여 접촉 상태 정의에 대한 기본값을 설정할 수 있습니다.

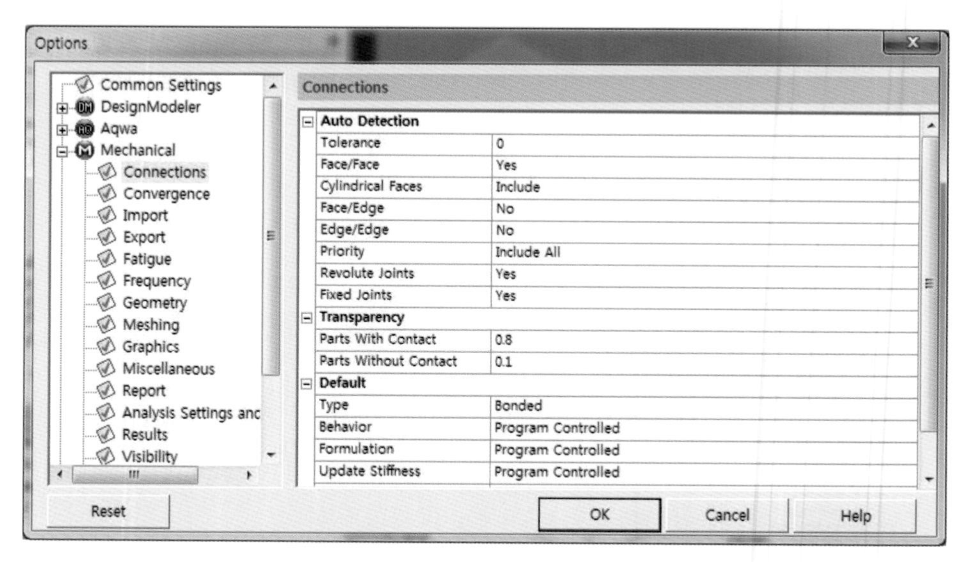

그림 4.26 접촉 상태 정의 기본값 설정

표 4.17 Option창의 Connections 세부 항목

항목	설명
Tolerance	자동으로 접촉 상태를 정의할 때 접촉 정의에 대한 허용 공차를 설정합니다. −100~+100 범위에서 설정할 수 있으며, +100의 경우는 두 단품이 완전히 붙거나 겹쳐진 상태만 접촉으로 인식하고, −100의 경우는 두 단품 사이에 미세한 간격이 있더라도 접촉으로 인식하게 됩니다.
Face/Face	면과 면 접촉의 허용 여부를 선택합니다.
Transparency	접촉이 되지 않는 파트의 투명도를 설정합니다.
Type	기본으로 적용되는 Contact 타입을 설정합니다.
Formulation	접촉 해석 시 사용되는 기본 Formulation을 설정합니다.

ANSYS Workbench는 자동으로 접촉 상태를 정의하지만 사용자가 실제 상황에 맞도록 설정을 변경할 수 있습니다. Outline 창에서 접촉 항목을 선택하면 디자인 보기 창에서 모델의 접촉 영역이 표시되므로 쉽게 접촉 영역을 확인할 수 있습니다.

Details of "Contacts"

Definition	
Connection Type	Contact
Scope	
Scoping Method	Geometry Selection
Geometry	All Bodies
Auto Detection	
Tolerance Type	Slider
Tolerance Slider	0.
Tolerance Value	0.19978 mm
Use Range	No
Face/Face	Yes
Face/Edge	No
Edge/Edge	No
Priority	Include All
Group By	Bodies
Search Across	Bodies

그림 4.27 자동 접촉 영역 설정

표 4.18 Details of Contacts 설명

Item	Description
Tolerance Type	허용 오차를 Slider Bar로 조절할 것인지 값으로 지정할 것인지 선택합니다.
Tolerance Slider (Type에서 Slider로 선택 시)	접촉 정의에 대한 허용 오차를 설정합니다. +100의 경우는 두 Part가 완전히 붙거나 겹쳐진 상태만 접촉으로 인식하고, −100의 경우는 두 Part 사이에 미세한 간격이 있어도 접촉으로 인식하게 됩니다.
Face/Face	면과 면 접촉의 허용 여부를 선택합니다.

Details of "Contact Region"	
Scope	
Scoping Method	Geometry Selection
Contact	1 Face
Target	1 Face
Contact Bodies	Part 1
Target Bodies	Part 3
Definition	
Type	Bonded
Scope Mode	Automatic
Behavior	Program Controlled
Trim Contact	Program Controlled
Trim Tolerance	0.19978 mm
Suppressed	No
Advanced	
Formulation	Program Controlled
Detection Method	Program Controlled
Penetration Tolerance	Program Controlled
Elastic Slip Tolerance	Program Controlled
Normal Stiffness	Program Controlled
Update Stiffness	Program Controlled
Pinball Region	Program Controlled
Geometric Modification	

그림 4.28 Contact Region의 상세 설정

표 4.19 Details of Contact Region 설명

항목	설명
Scoping Method	Contact를 설정할 때 Part의 면을 직접 선택하거나 미리 정의해 놓은 Named Selection을 선택할 것인지를 정의합니다.
Contact Bodies	접촉 영역에서 해당 Part의 이름을 표시합니다.
Target Bodies	접촉 영역에서 해당 Part의 이름을 표시합니다.

표 4.19 Details of Contact Region 설명 (계속)

항목	설명
Type(접촉정의)	• Bonded : 접촉면이 떨어지지 않고 미끄러짐도 불가능(용접과 같음) • No Separation : 접촉면이 떨어지지 않고 미끄러짐만 가능 • Frictionless : 접촉면이 붙거나 떨어질 수 있고 미끄러짐도 허용 • Rough : 접촉면이 붙거나 떨어질 수 있고 접촉 후 접촉면의 마찰계수가 무한대로 적용되어 미끄러짐이 불가능 • Frictional : Frictionless와 동일하며 미끄러짐 현상에 마찰계수를 고려할 수 있음
Behavior	Contact와 Target의 침투에 대한 정의를 할 수 있습니다. Symmetric은 Contact와 Target Surface는 서로를 침투할 수 없는 조건이며, Asymmetric/Auto Asymmetric은 Contact Surface만 Target Surface에 침투할 수 없는 조건입니다.
Suppressed	설정한 조건을 사용하지 못하게 제한합니다.

■ Joint

Joint는 Rigid Dynamics, Static, Modal, Harmonic, Random Vibration, Response Spectrum, Transient Structural 등의 구조해석 분야에서 지원됩니다. 일반적으로 파트가 결합되는 교차 지점에 주로 사용되어 병진과 회전 자유도를 조정합니다. Joint의 종류와 더 자세한 내용은 9장 다물체 동역학 해석에서 설명합니다.

■ Mesh Connection

ANSYS Workbench는 Mesh Connection을 사용하여 연결되어있지 않은 Surface 모델을 서로 연결하여 격자를 결합할 수 있습니다. Mesh Connection은 선과 선 또는 선과 면을 연결할 수 있으며 Mesh를 생성하는 과정에서 설정한 면과 면을 서로 연결합니다. 이전에는 이와 같이 연결 과정을 진행하기 위해서는 기하학적 응용 프로그램(DesignModeler 또는 SpaceClaim)이 필요했지만 현재는 Mesh Connection을 사용하여 쉽게 격자를 연결할 수 있습니다. Mesh Connection 기능은 자동으로 Pinch Control이 적용되며 두 모서리가 Tolerance 내에 있을 때 하나의 면으로 인식시켜 격자를 생성하기 때문입니다.

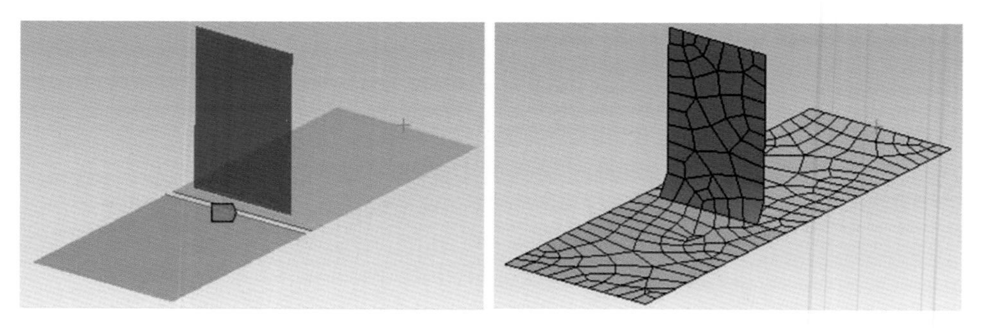

그림 4.29 Mesh Connection을 사용한 Surface 모델 연결

Mechanical에서 Mesh Connection의 사용 방법은 다음과 같습니다.

① Mesh Connection 기능을 사용하려면 수동 또는 자동으로 Mesh Connection 항목을 Connections에 추가합니다.
② Details View에서 Master와 Slave의 요소를 지정합니다.
③ Master 요소는 선 또는 면으로 지정할 수 있지만 Slave는 오직 선으로만 지정이 가능합니다.
④ Details View에서 Tolerance를 지정합니다. Tolerance를 지정하는 방법은 여러 가지가 있으며 Geometry 창에서 투명한 구 형태로 그 크기를 확인할 수 있습니다.
⑤ Mesh 항목을 선택하고 마우스 오른쪽 버튼을 사용하여 격자를 생성하면 Surface 모델들이 연결된 것을 확인할 수 있습니다.

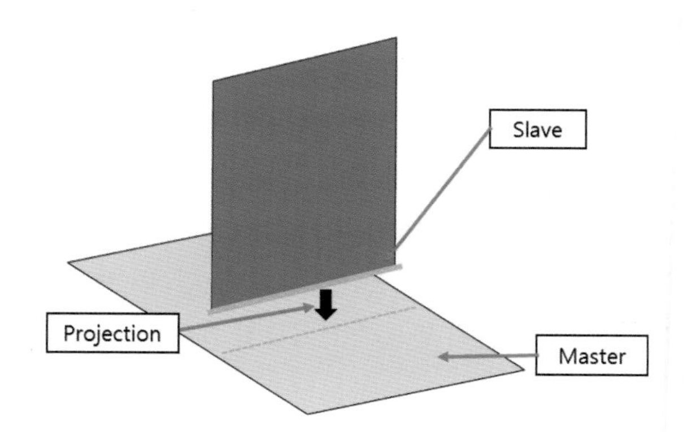

그림 4.30 Mesh Connection에서의 Master와 Slave 관계

Snap to Boundary와 Snap Type은 선과 면을 연결할 때만 Details View에서 지정할 수

있습니다. Snap to Boundary를 Yes로 설정하고(Default로 Yes가 설정되어 있습니다) 설정된 Snap Tolerance 범위 내에 Slave 요소와 가장 가까운 Master 면의 가장자리가 포함되면 Slave 요소가 Master 면 위로 투영된 형태로 연결되지 않고 Master 면의 경계와 연결됩니다.

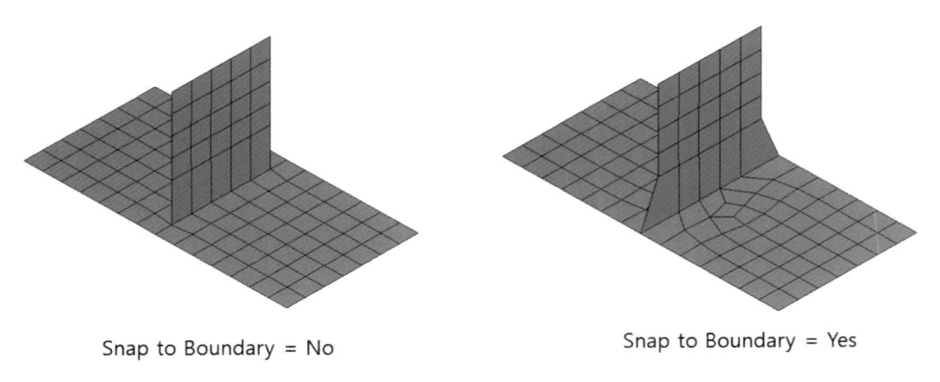

그림 4.31 Snap to Boundary 설정에 따른 격자 생성 차이

4) 경계 조건 정의

경계 조건의 정의는 해석을 수행할 모델에 대해 외부에서 가해지는 물리적인 힘이나 압력, 모멘트, 고정 위치 등의 하중 조건 및 구속 조건을 설정하는 것입니다. 사용자는 해석 모델에 적용되는 하중 조건 및 구속 조건의 설정에 주의를 기울여야 하며, 실제 현상에 대한 올바른 이해를 바탕으로 설정이 되어야만 정확한 해석 결과를 얻을 수 있습니다.

■ 경계 조건 설정

경계 조건을 적용하는 방법에는 두 가지가 있으며, 추가적으로 여러 가지 조건을 부여할 수 있습니다. 예를 들어 Pressure 조건을 설정하는 과정을 살펴보면 다음과 같습니다.

① Outline에서 해석 시스템 선택 > Environment Toolbar > Load > Pressure를 선택하거나 Outline에서 해석 시스템 선택 > 마우스 오른쪽 버튼 > Insert > Pressure를 선택합니다.

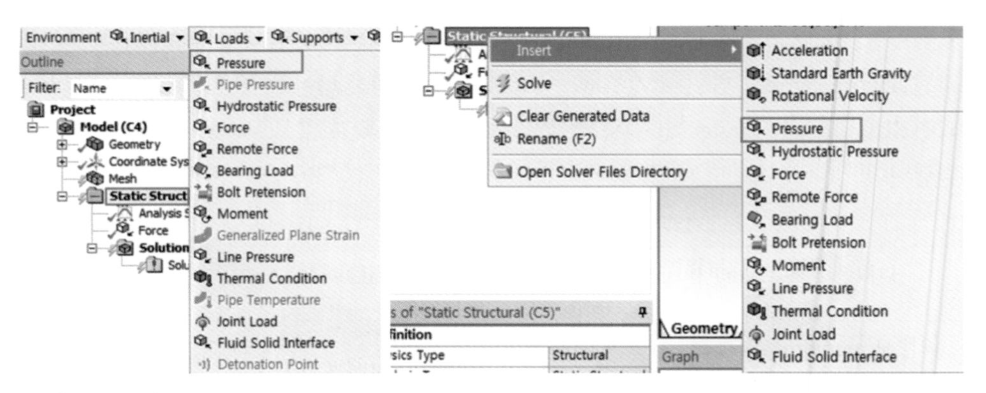

그림 4.32 압력 하중 입력

② Graphics Toolbar의 Selection Filter( )에는 하중 조건의 종류에 따라 사용 가능한 아이콘만 활성화됩니다. 다른 속성을 선택하려면 이 중에서 변경하면 됩니다.

③ Geometry(작업 창)에서 Pressure 하중을 부여할 면을 선택합니다. Ctrl 키를 누른 상태에서 동시에 여러 개의 면을 선택할 수도 있습니다. (모델 전체의 면을 선택하려면 Menu Bar > Edit > Select All 선택)

④ 왼쪽 하단의 Details of Pressure 창에서 Apply를 선택합니다. Apply가 활성화되어 있을 경우 반드시 Apply를 클릭해야만 선택 요소가 저장됩니다.

⑤ 〈그림 4.33〉과 같이 적용 면에 Pressure의 Label과 방향이 표시됩니다. 적용 하중이 Pressure이므로 하중의 방향은 면에 수직으로 작용합니다. Force와 같은 다른 하중을 적용하였을 경우 Define By 항목에서 방향 설정 옵션을 사용할 수 있습니다.

⑥ Magnitude에는 값을 입력합니다. 이때 단위에 유의해야 합니다. 단위는 Menu > Unit에서 변경합니다.

Details of "Pressure"

Scope		
Scoping Method	Geometry Selection	
Geometry	Apply	Cancel
Definition		
ID (Beta)	28	
Type	Pressure	
Define By	Normal To	
Magnitude	0. MPa (ramped)	
Suppressed	No	

그림 4.33 압력 하중 입력

■ Inertial Load

Inertial Load는 관성에 영향을 받는 하중 조건이며, 재료 물성에 밀도가 반드시 입력되어 있어야 사용할 수 있습니다. 아래 표에 명시된 네 가지의 Inertial Load 조건은 기본적으로 해석 환경 전체(All Bodies)에 적용되는 조건이며, Rotational Velocity와 Rotational Acceleration은 선택한 Body에도 지정할 수 있습니다.

표 4.20 Inertial Load 종류

항목	모습	설명
Acceleration		일정한 가속도를 정의하며 방향별 성분 또는 벡터로 방향을 지정할 수 있습니다.
Standard Earth Gravity		자중에 의한 처짐을 고려할 때 사용하며, Direction 항목에서 중력의 방향을 설정할 수 있습니다.
Rotational Velocity		일정한 회전 속도를 정의합니다. 방향별 성분 또는 벡터로 회전축을 부여하고 회전 속도를 설정할 수 있습니다.
Rotational Acceleration		일정한 회전 가속도를 정의합니다. 방향별 성분 또는 벡터로 회전축을 부여하고 회전 속도를 설정할 수 있습니다.

■ Supports

구속 조건은 요소 절점의 자유도를 구속하는 설정입니다. 사용자는 해석 모델의 구속 상태를 정확히 이해하고 적절한 구속 조건을 선택하여 적용해야 합니다. Ctrl 키를 누른 상태에서 여러 개의 영역을 동시에 적용할 수 있습니다.

표 4.21 Support의 종류

항목	모습	설명
Fixed Support		모델의 표면, 모서리, 점에 대해 적용되는 구속이며, 모든 방향에 대하여 완전 구속입니다.
Displacement Support		모델의 표면, 모서리, 점에 대하여 적용되며 X, Y, Z축 방향에 대하여 설정한 거리만큼 강제 변위(이동)를 부여합니다. 설정 값이 "0"이면 해당 축 방향에 대해 완전 고정이고, 값을 설정하지 않으면 해당 축 방향에 대해 구속 없이 자유로운 상태임을 의미합니다.
Remote Displacement		임의의 거리만큼 떨어진 곳의 강제 변위(이동, 회전)를 모델의 선택한 면에 작용하도록 합니다. (점 또는 좌표를 이용할 수 있습니다.)
Velocity		모델의 면, 선, 점에 Velocity를 적용합니다.
Frictionless Support		모델 표면에 적용하며, 선택 표면과 평행한 방향으로는 이동과 회전이 자유로우나 수직 방향으로는 고정입니다.
Compression Only Support		적용 면의 한쪽 수직 방향을 구속합니다. 압축으로는 고정되고, 인장 방향으로는 풀리게 됩니다. (비선형 해석입니다.)
Cylindrical Support		원통 면에 적용되며, 사용자는 반경 방향, 원주 방향, 축 방향의 자유도를 구속할 수 있습니다.
Simply Supported		Shell 및 Beam 모델에서 모서리와 점에만 적용되는 구속입니다. 해당 요소의 병진 자유도는 모두 고정되며, 회전은 자유롭습니다.
Fixed Rotation		Shell 및 Beam 모델에서 모서리와 점에만 적용되는 구속입니다. 해당 요소의 회전은 구속되나 병진은 자유롭습니다.
Elastic Support		하나 또는 여러 개의 면과 모서리를 스프링 거동과 일치되게 이동 또는 거동하도록 설정합니다.

■ Structural Load

Structural Load는 모델의 외부에서 가해지는 물리적인 힘이나 압력, 모멘트 등의 하중

조건을 적용할 수 있습니다. Ctrl 키를 누른 상태에서 여러 개의 영역을 동시에 적용할 수 있으며, 설정한 하중의 크기가 선택 영역들에 분배되어 단위 영역 당 하중이 감소합니다(Pressure 항목은 예외).

표 4.22 Structural Load의 종류

항목	모습	설명
Pressure		모델의 표면에 대해 적용되는 압력이며, 압력의 방향은 항상 선택한 표면에 수직한 방향으로 작용합니다. 여기서 설정하는 하중의 크기는 단위 면적당 가해지는 힘으로, 표면의 면적이 커지면 전체적으로 가해지는 압력 크기도 증가하게 됩니다.
Pipe Pressure		모델의 타입이 Pipe로 설정되어있는 Line Body에 압력을 설정할 수 있습니다.
Hydrostatic Pressure		정수압 조건으로, 물이 담겨 있는 부분에 대한 압력을 자동으로 계산하여 적용해 줍니다.
Force		모델의 면, 모서리, 점에 대해 적용할 수 있으며, 힘의 크기와 방향을 설정할 수 있습니다. 가해지는 힘이 일정한 상태에서 적용 영역이 커지는 경우, 전체 영역에 가해지는 힘은 변함이 없으나 단위 면적당 가해지는 힘은 감소합니다. 특히, 한 점에 힘을 가할 때는 응력 집중이 발생하므로 주의해야 합니다.
Remote Force		임의의 거리만큼 떨어진 곳의 하중을 선택한 모델에 작용하도록 합니다. (위치는 점 또는 좌표를 이용할 수 있습니다.) 하중은 면 전체에 분포되나, 하중이 작용된 거리만큼의 모멘트 팔 증가 효과를 포함하게 됩니다.
Bearing Load		베어링 하중은 오직 실린더 면에만 적용할 수 있습니다. 투영면에 반지름 방향으로 압축력이 분포하게 되며, 완벽한 형태의 실린더 표면에만 설정할 수 있습니다.
Bolt Pretension		볼트의 조임 현상인 Pretension Load를 적용하여 해석하는 경우에 사용합니다. 실린더 면에만 적용할 수 있으며, Pretension Load(Force)로 적용하거나 Adjustment(Length)로 적용할 수 있습니다.
Moment		모델의 표면에 대해 적용되는 모멘트이며, 오른손법칙을 이용한 방향과 모멘트의 크기를 설정할 수 있습니다. 적용 면적이 커질 경우, 전체 면적에 가해지는 모멘트는 변함이 없으나 단위 면적당 가해지는 모멘트는 감소합니다.

표 4.22 Structural Load의 종류 (계속)

항목	모습	설명
Line Pressure		1개의 Edge에 힘을 나누어 적용합니다. 단위는 단위 길이 당 힘(Force/Unit Length)입니다.
Thermal Condition		구조물에 온도를 부여할 수 있으며, Solid Body에만 적용 가능합니다.
Pipe Temperature		모델 타입이 Pipe로 설정되어 있는 Line Body에 온도를 설정할 수 있습니다.
Joint Load		해석에 설정된 Joint 조건들 중 구속되지 않은 자유도에 운동 조건을 부여할 수 있습니다.

■ Thermal Load

모든 물질은 쉬지 않고 움직이는 원자나 분자로 이루어져 있습니다. 또한 분자의 진동으로 물질 내의 원자나 분자가 운동에너지를 얻게 되고 우리는 이것을 뜨겁다고 느끼게 됩니다. 이런 에너지는 더운 곳에서 차가운 곳으로 이동합니다. 이렇게 온도 차이에 의해 전달되는 에너지가 열 입니다. 열 하중에 대한 설명은 다음과 같습니다.

표 4.23 Thermal Load의 종류

항목	모습	설명
Temperature		모델의 표면, 모서리, 점에 대해 적용되며 일정한 온도를 선택 영역에 부여합니다. 다중 선택 시 선택된 모든 영역에 대하여 설정 값이 각각 적용됩니다.
Convection		모델의 표면에 대해 적용되며 모델에서 주변 환경으로 전달되는 열의 대류를 설정합니다. 모델 온도가 주변 온도보다 높으면 주변으로 에너지를 빼앗기고 반대 상황이면 에너지를 얻게 됩니다. 모델 주변의 온도와 Film Coefficient를 설정할 수 있으며 선택된 모든 면에 대하여 설정 값이 각각 적용됩니다.
Radiation		모델의 표면 사이에서 작용하는 복사 현상 또는 표면에서 외부 환경 사이에 작용하는 Ambient Radiation을 고려합니다.

표 4.23 Thermal Load의 종류 (계속)

항목	모습	설명
Heat Flow		모델의 표면에 적용되며 선택된 표면을 통해 에너지를 공급합니다. Heat Flow는 단위 시간당 에너지로 정의합니다. 다중 표면을 선택하면 입력한 설정 값이 선택된 모든 표면에 분배되어 적용됩니다. 표면의 크기와 상관없이 에너지의 값은 일정합니다.
Heat Flux		모델의 표면에 적용되며 선택된 표면을 통해 에너지를 공급합니다. Heat Flux는 단위 면적에 대한 단위 시간의 에너지로 정의합니다. 표면의 크기가 커지면 생성 에너지의 값도 증가합니다.
Perfectly Insulated		모델의 표면에 단열 조건을 적용합니다. 단열 조건인 면에 수직한 방향으로의 열 흐름이 차단됩니다. ANSYS Workbench는 아무런 조건을 부여하지 않은 상태도 단열 상태로 인식합니다.
Internal Heat Generation		단품에 대해 적용되며 내부에서 열에너지를 발생시킵니다. Heat Generation은 단위 체적에 대한 단위 시간의 에너지로 정의합니다. 단품의 크기가 커지면 생성 에너지의 값도 증가하며, 선택된 모든 단품에 대하여 설정 값이 각각 적용됩니다.

■ Electric-Magnetostatic Load

표 4.24 Electric-Magnetostatic Load의 종류

항목	모습	설명
Voltage		모델의 표면, 모서리, 점에 대해 전압 조건을 부여하며, $V = V_o\cos(\omega t + \phi)$와 같이 설정 값의 크기와 Frequency, Phase Angle에 의해 적용됩니다. Static Analysis에서 $\omega t = 0$ 이며, 테이블 또는 수식을 이용하여 입력할 수 있습니다.
Current		모델의 표면, 모서리, 점에 대해 전류 조건을 부여하며, $I = I_o\cos(\omega t + \phi)$와 같이 설정 값의 크기와 Frequency, Phase Angle에 의해 적용됩니다. Static Analysis에서 $\omega t = 0$ 이며, 테이블과 수식을 이용하여 입력할 수 있습니다.
Magnetic Flux Parallel		지정한 면에서 자속이 면에 평행인 방향으로 생성되는 조건입니다. 이 조건을 적용하지 않으면 수직 자속 조건이 자동으로 적용됩니다.
Solid Source Conductor Body		컨덕터 모델에 전류와 전압을 설정합니다. 전류는 단면에 작용하는 총전류입니다. 전류와 전압이 부가되는 면은 Enclosure 영역 바깥에 있어야 하며, Workbench는 DC 정상상태 해석만 가능합니다.

■ Conditions

표 4.25 Conditions의 종류

항목	모습	설명
Coupling	Conditions ▾ Coupling Constraint Equation Pipe Idealization	접촉 조건이나 붙어 있는 모델의 서로 다른 자유도 사이를 연관성 있게 묶어 주는 설정을 합니다.
Constraint Equation		구속 조건을 정의할 때 다른 부분의 움직임에 기반하여 수식으로 움직임을 구성할 수 있습니다.
Pipe Idealization		Line Body에 적용하며, Pipe 모델의 하중 조건을 정의하는 기능입니다. 주로 파랑 하중이 적용되고 있는 해양 구조물 또는 파이프 내/외부 압력 하중을 고려할 때 사용됩니다.

■ Direct FE

Direct FE는 앞에서 Geometry에 경계 조건을 적용하듯이 절점에 경계 조건을 설정하는 것입니다. 절점에 직접 경계 조건을 설정하기 위해서는 Named Selections로 절점들이 먼저 정의되어 있어야 합니다.

표 4.26 Direct FE의 종류

항목	모습	설명
Nodal Orientation	Direct FE ▾ Nodal Orientation Nodal Force Nodal Pressure Nodal Displacement Nodal Rotation EM Transducer	참조되는 좌표계의 방향으로 Nodal Coordinate System을 설정합니다.
Nodal Force		MAPDL의 "F" 명령어를 사용하는 것과 동일하게 절점에 직접 힘을 적용합니다. 힘을 정의할 때 힘을 절점에 각각 동일하게 적용하거나 정의된 힘을 절점 수로 나누어 적용할 수 있습니다.
Nodal Pressure		요소 표면에 압력이 적용되는 조건이며 관련된 절점들을 모두 선택해야 합니다.
Nodal Displacement		Nodal Coordinate Systems를 참조하여 절점에 직접 변위 조건을 정의합니다.
Nodal Rotation		Coordinate Systems를 참조하여 절점에 직접 회전 조건을 정의합니다.
EM(Electro-Mechanical) Transducer		Micro-Electro-Mechanical(MEMS)을 구성할 때 Transducer 조건을 정의합니다.

4.9 Solve

Toolbar에서 Solve 버튼을 클릭하면 ANSYS Workbench는 격자와 입력된 경계 조건을 바탕으로 연립방정식을 구성하고, 구하고자 하는 미지수에 대해 방정식을 풀어 나가게 됩니다. 이 과정이 Solve 과정이며, Solution 내의 항목들을 이용하여 다양한 해석 결과를 얻을 수 있습니다.

Outline 탭에서 Solution > Solve를 선택하거나 Solution 항목에서 오른쪽 마우스 버튼을 클릭 후 Solve를 선택할 수도 있습니다. 또한 단축키 F5로도 적용할 수 있습니다.

Solve ▾ ?✓ Show Errors Worksheet

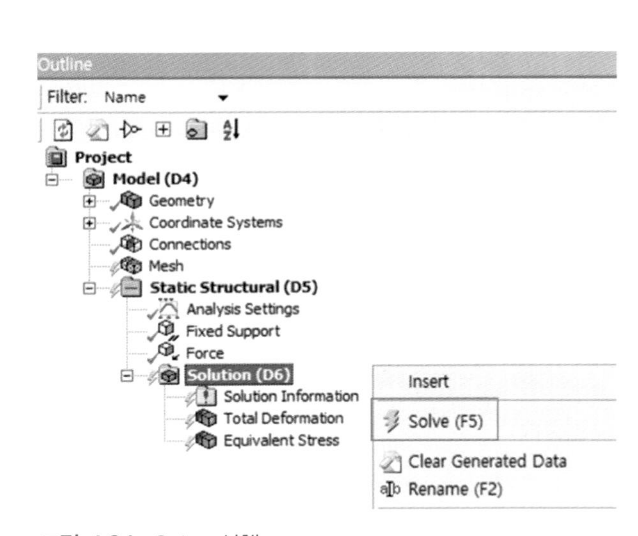

그림 4.34 Solve 실행

Solve를 실행하면 Solution Status 창이 나타나며 해석 진행 정도를 알 수 있습니다.

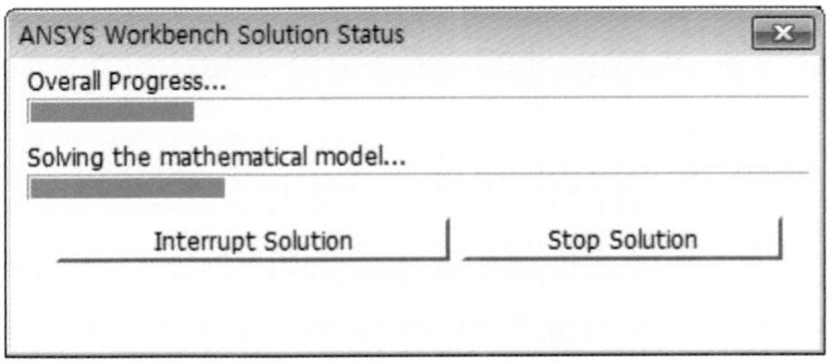

ANSYS Workbench Solution Status
Overall Progress...
Solving the mathematical model...
Interrupt Solution
Stop Solution

그림 4.35 Solve 진행 정도 확인

4.10 Post-Process

해석이 완료되면 Solution Toolbar의 결과 항목들을 이용하여 다양한 해석 결과를 얻을 수 있습니다.

1) 결과 항목 검토

사용한 해석 시스템에 따라 확인할 수 있는 결과 항목이 서로 다르게 활성화됩니다.

■ 구조 해석 결과 항목

다음은 Solution의 각 항목에 대한 설명과 해석 결과 그림입니다. 그림과 같이 양 끝 단이 모든 방향에 대해 완전히 구속되고 선택한 면에 힘을 부여하여 구조 해석을 수행한 다음 각 항목들에 대한 해석 결과를 비교해 보도록 하겠습니다.

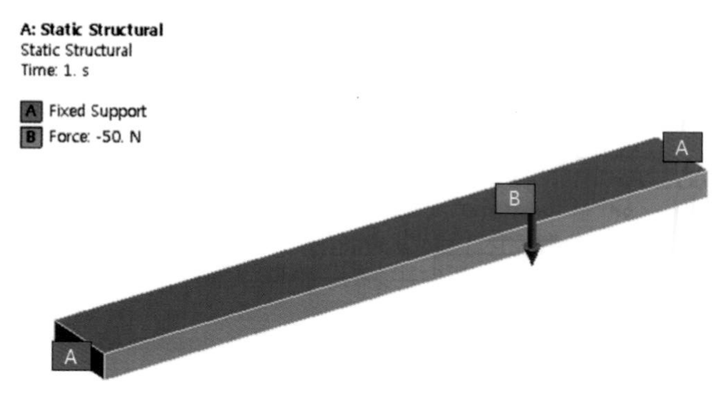

그림 4.36 하중(Force) 입력

Stress(응력)

물체는 외부에서 힘을 받으면 외부 하중과 힘의 평형을 이룰 때까지 물체 내부에 힘(내력)이 발생하면서 변형이 일어나고 힘의 평형이 이루어지면 변형을 멈추게 됩니다. 선형 응력 해석에서는 물체의 여러 부분에서 발생하는 내력의 세기를 구하는 것이 중요합니다. 이때 단위 면적당 작용하는 힘의 세기를 응력이라고 합니다. 길이 단위가 m라면 응력의 단위는 N/m^2입니다.

응력은 크게 수직 응력과 전단 응력으로 나뉩니다. 수직 응력은 단위 면적에 수직 방향으로 작용하는 힘을 말하며 인장 응력과 압축 응력이 있습니다. 또한 전단 응력은 단위 면적에 평행하게 작용하는 힘을 말합니다. 수직 응력과 전단 응력은 대개의 경우 동시에 발생하게 됩니다. 다음은 ANSYS Workbench에서 해석하여 결과를 확인할 수 있는

응력과 관련된 항목들입니다.

- **Equivalent Stress = Von-Mises Stress(등가 응력)** : 주응력이 벡터로서 크기와 방향을 가진다면 등가 응력은 Scalar로서 크기만 가집니다. 복잡한 3차원 모델에서는 주응력으로 항복이나 파단을 판단하기 힘들므로 등가 응력을 가지고 판단하게 됩니다. Von-Mises 응력이라고도 하며, 하중에 대한 구조물의 안전 여부를 판단하는 데 중요한 역할을 합니다. 등가 응력의 최댓값이 재료의 항복 강도(Tensile Yield 또는 Compress Yield)보다 작으면 이 모델은 하중 조건에 대해 안전하다고 볼 수 있습니다. 그러나 등가 응력이 재료의 항복 강도(Tensile Yield 또는 Compress Yield)보다 크면 소성변형이 일어나게 됩니다.

- **Principal Stress(주응력) – Maximum, Middle, Minimum Principal** : 주응력은 전단 응력이 0이 되는 평면에 수직 방향으로 작용하는 응력입니다. 수직 응력이 최대와 최소가 되는 면을 찾고 그때의 응력을 구한 것입니다. 일반적으로 모델이 외부의 힘을 받을 때 주응력 방향으로 파단이 일어나게 되므로 파단의 직접적인 원인이 된다고 볼 수 있습니다. 주응력은 Mohr Circle을 이용하여 그 크기와 방향을 구할 수 있고, 주응력 값이 (–)인 경우 압축으로 작용하며, (+)인 경우는 인장으로 작용합니다.

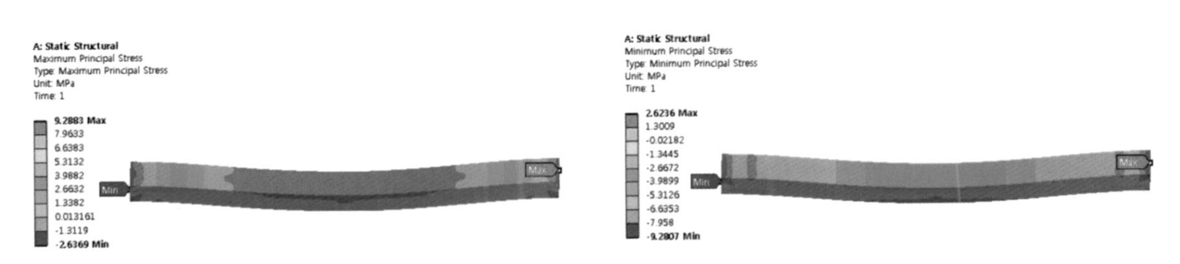

- **Maximum Shear Stress(최대 전단 응력)** : 전단 응력 중 최댓값을 의미합니다. 모델은

주로 주응력에 의해 파단되지만 전단 응력에 의해 파단되는 경우도 있습니다. 최대 전단 응력은 Mohr Circle을 이용하여 쉽게 구할 수 있고, 안전 계수를 판단하는 기준으로 사용되기도 합니다.

- **Stress Intensity(응력 강도)** : 각 주응력 값의 차이의 절댓값 중에서 가장 큰 값을 의미합니다. 피로해석 시에 사용되며, ASME Code에서는 이 값을 파손의 기준으로 사용합니다.

- **Normal Stress(수직 응력)** : 단위 면적에 대해 수직 방향으로 작용하는 힘을 수직 응력이라고 하는데, 인장 응력과 압축 응력이 있고 응력 값이 (−)인 경우 압축으로 작용하며, (+)인 경우는 인장으로 작용합니다. 수직 응력의 Details View 창에서 Orientation 항목을 원하는 좌표축으로 선택하여 결과를 확인할 수 있습니다.

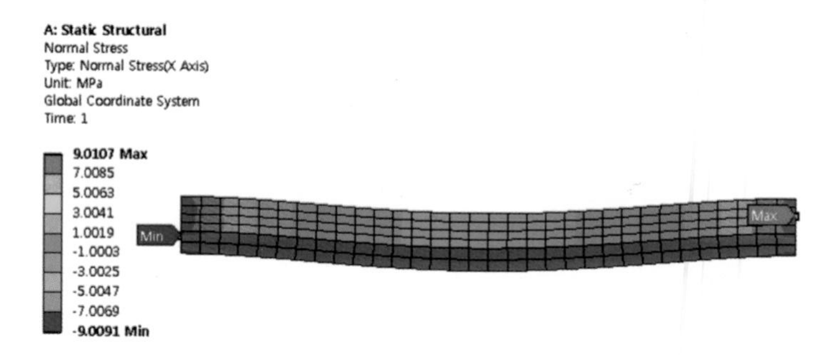

- **Shear Stress(전단 응력)** : 단위 면적에 대해 작용하는 전단력을 전단 응력이라고 하며 여기서 전단력은 단면에 평행한 방향으로 작용하는 내력입니다. 전단 응력은 Details View 창에서 Orientation 항목을 원하는 좌표면을 선택하여 확인할 수 있습니다.

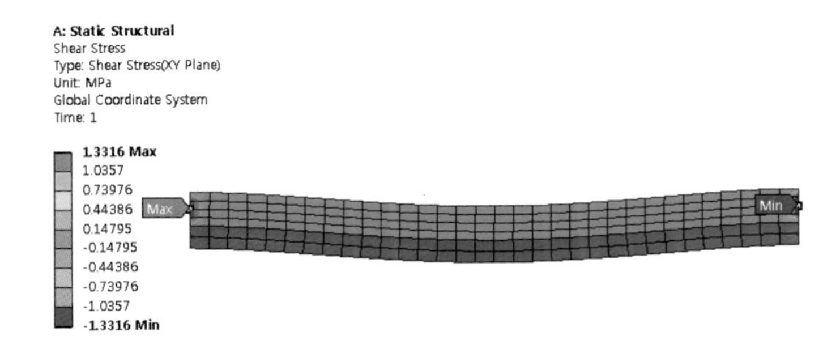

Strain(변형률)

고체 형태의 물체는 외부의 구조 하중이나 열 하중에 의해 변형이 이루어집니다. 이때 외부의 하중에 의한 변형 비율을 변형률이라고 합니다[변형률 = (변형 후 크기−변형 전 크기)/변형 전 크기)].

- **Equivalent Strain = Von Mises Strain(등가 변형률)**

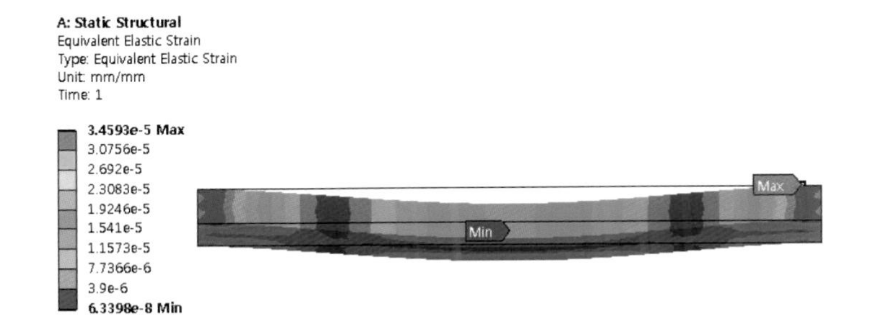

- **Principal Strain(주변형률) − Maximum, Middle, Minimum Principal** : 3차원 방정식에 의해 각 변형률 요소를 계산하여 나온 값입니다. 주변형률이 최대, 중간, 최소가 되는 값을 찾고 그때의 변형률을 구한 것입니다.

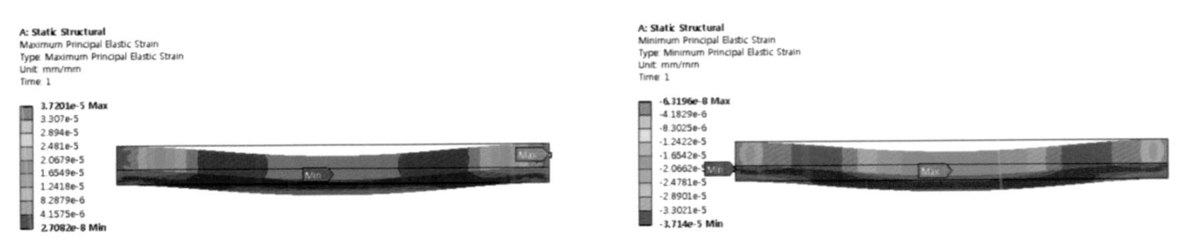

Maximum Shear Strain(최대 전단 변형률)

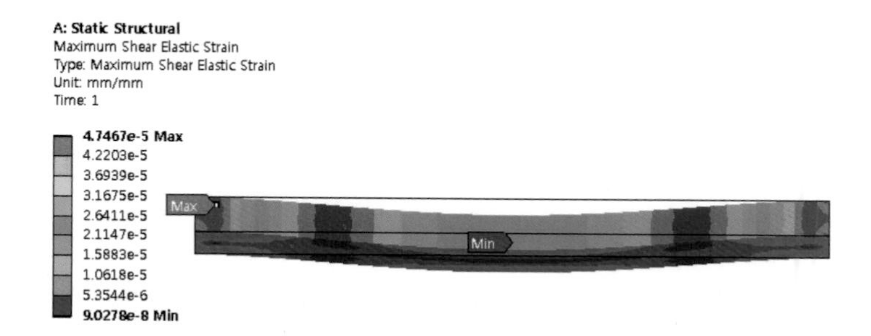

Strain Intensity(변형률 강도) : 각 변형률 요소값 차이의 절댓값 중에서 최댓값을 구합니다.

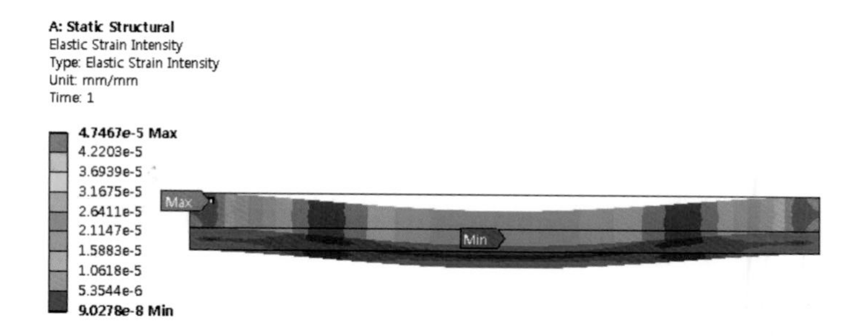

- Normal Strain(수직 변형률) : 각 축 방향으로의 수직 변형률입니다.

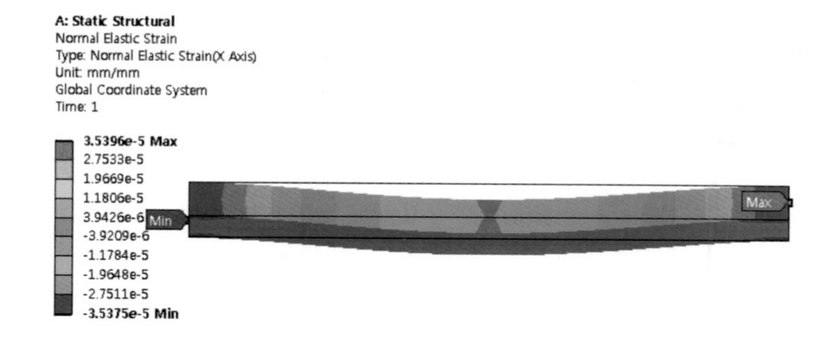

- Shear Strain(전단 변형률) : 각 단면에서 단면과 평행한 방향으로의 전단 변형률입니다.

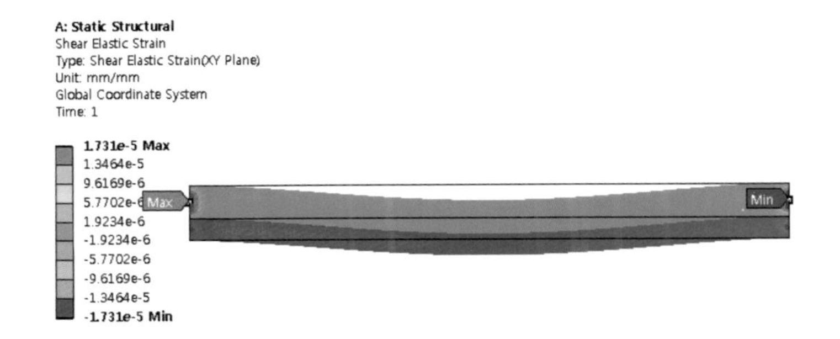

- **Thermal Strain(열 변형률)** : 물체에 작용하는 외부의 하중이 열일 경우, 열에 의해 발생되는 변형률입니다. 따라서 이 결과 항목을 확인하려면 반드시 열 하중 조건이 설정되어 있어야만 합니다.

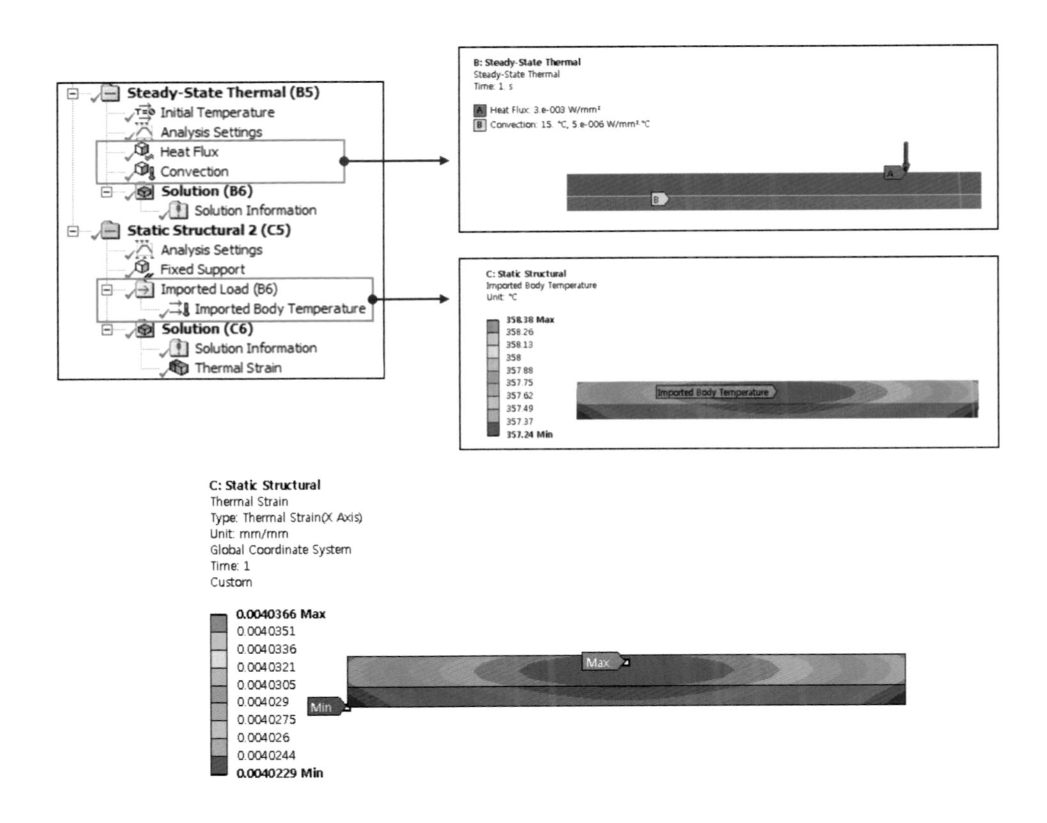

- **Equivalent Plastic Strain(등가 소성변형률)** : 재료 비선형 해석을 수행해야만 소성변형률을 볼 수 있습니다. 소성변형률이 발생하면 제품은 영구 변형이 발생하게 되고 잔류 응력이 남게 됩니다.

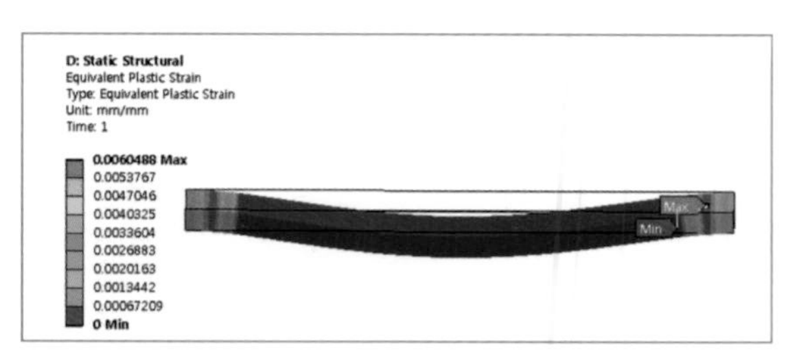

Deformation(변형량)

구조물에 힘을 가하면 변형이 발생합니다. 이때 발생하는 변형의 양을 변형량(Deformation)이라고 합니다. 변형량은 각각의 축 방향으로도 확인할 수 있고, 벡터적으로 합한 변형량을 확인할 수도 있습니다. 각각의 축 방향에 대해 변형량을 확인하려면 Directional Deformation을 선택하고 벡터적으로 합산된 변형량을 보려면 Total Deformation을 선택하십시오. 다음 그림은 앞의 열 변형률 항목의 경계 조건으로 해석했을 경우의 Total Deformation입니다.

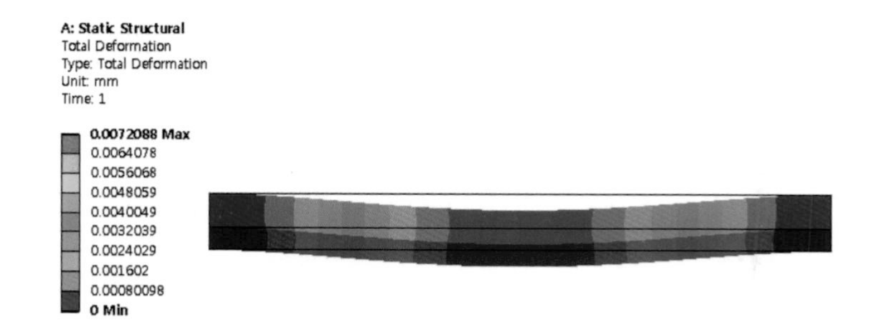

Stress Tool

ANSYS Workbench는 Stress Tool의 안전 계수(Safety Factor)를 이용하여 구조물의 소성이나 파손 여부를 판단할 수 있습니다. 2장의 "재료 물성 세부 항목 설명"에서 설명한 것처럼 모든 재료는 재료 고유의 물성치를 가지고 있으며, 항복 강도(Yield Strength)가 포함됩니다. 항복 강도는 실험에 의해서 얻어진 재질의 고유한 값입니다.

구조물에서 발생하는 응력을 확인하는 목적은 실험을 통해 얻어진 재료의 항복 강도와 해석을 통해 계산된 응력을 비교하여 제품의 소성이나 파손 여부를 알아보는 데 있습니다. 안전 계수의 값은 1보다 커야 안전하며, 1 이하인 경우는 소성변형 또는 파손이 일어난다고 봅니다. 안전 계수는 연성 재질과 취성 재질에 대해 각각 다른 방법을 사용하여 확인하게 됩니다.

표 4.27 연성 재질과 취성 재질의 안전 계수 산출 기준 설명

구분	설명
연성 재질	철, 알루미늄, 연강과 같은 재료를 당겨보면 어느 정도 늘어난 후에 파손이 일어나게 됩니다. 〈그림 4.37〉의 좌측 선도와 같이 A지점에서 소성이 일어난 후, 비교적 긴 소성 구간을 지나 파손이 일어나는 재질을 연성 재질이라고 합니다. [연성 재질의 안전 계수 확인 Tool] Maximum Equivalent stress Tool (최대 등가 응력 Tool) Maximum Shear Stress Tool (최대 전단 응력 Tool)
취성 재질	공구강이나 콘크리트, 유리와 같은 재질은 보통 항복점을 초과하면 거의 변형 없이 바로 파손이 일어납니다. [취성 재질의 안전 계수 확인 Tool] Mohr-coulomb Stress Tool(Mohr-coulomb 응력 Tool) Maximum Tensile Stress Tool(최대 인장 응력 Tool)

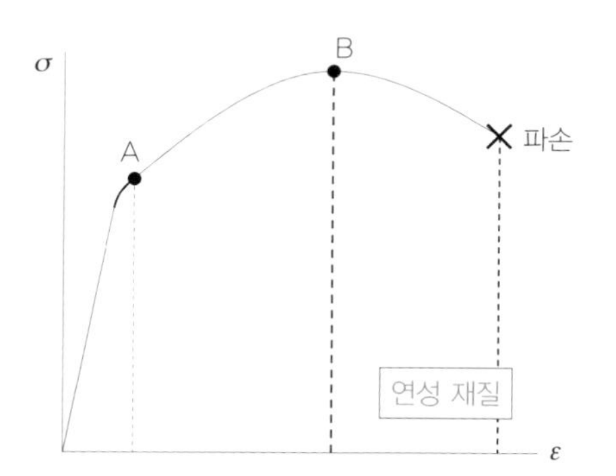

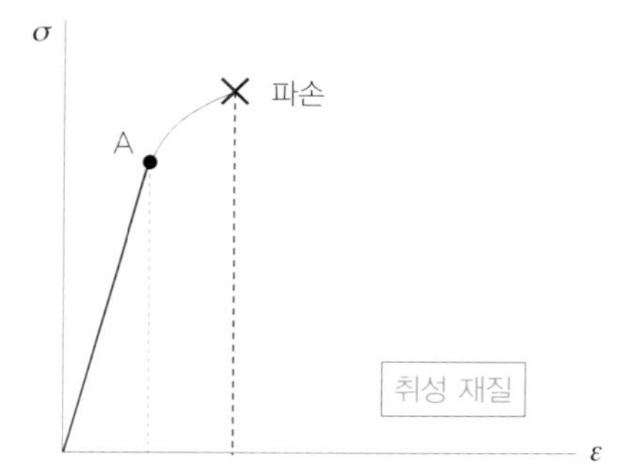

그림 4.37 재료에 따른 응력-변형률 선도

도구 상자에서 응력 Tool 중 원하는 항목을 선택합니다. 응력 Tool의 Details View 창에서 다음과 같이 "이론(Theory)" 또는 "응력 한도 종류(Stress Limit Type)"의 설정을 쉽게 바꿀 수 있습니다.

Details of "Stress Tool"
- Definition
  - Theory: Max Equivalent Stress
  - Stress Limit Type: Max Equivalent Stress / Max Shear Stress / Max Tensile Stress / Mohr-Coulomb Stress

Details of "Stress Tool"
- Definition
  - Theory: Max Equivalent Stress
  - Stress Limit Type: Tensile Yield Per Material / Tensile Yield Per Material / Tensile Ultimate Per Material / Custom Value

그림 4.38 Stress Tool에서의 "이론(Theory)" 및 "응력 한도(Stress Limit Type)" 종류 설정

- **Maximum Equivalent Stress(최대 등가 응력) Theory** : Von-Mises 또는 최대 비틀림 에너지설이라고도 합니다. 등가 응력이 항복 강도에 이르렀을 때 항복이 일어나고 소성변형이 시작됩니다. Tresca 이론에서 실제와 잘 안 맞는 부분이 있어 Von-Mises가 새로운 식을 만들어 적용하기 시작하였습니다. 연성 재질의 해석에 적합하며 안전 계수 값이 1 이하인 경우에 파손이 일어난다고 봅니다. 안전 여유(Safety Margin)는 안전 계수에서 1을 뺀 값이며, 무차원 응력(Non-Dimensional Stress) 값은 안전 계수의 역수입니다.

  최대 등가 응력 안전 계수 = 인장 항복 강도/최대 등가 응력

- **Maximum Shear Stress(최대 전단 응력) Theory** : 최대 전단 응력설 또는 Tresca 이론이라고도 합니다. 재료의 최대 전단 응력 중 어느 하나의 절댓값이 특정 값에 이르렀을 때 항복 또는 파손이 일어난다고 가정합니다. 이것을 식으로 만들고 그래프를 이용하여 적용한 Stress Tool입니다. 연성 재질의 해석에 적합하며 안전 계수 값이 1 이하인 경우에 파손이 일어난다고 봅니다. 안전 마진은 안전 계수에서 1을 뺀 값이며, 무차원 응력 값은 안전 계수의 역수입니다.

  최대 전단 응력 안전 계수 = 인장 항복 강도/최대 전단 응력

- **Mohr-Coulomb Stress Theory** : 연성 재질은 보통 인장 항복 강도와 압축 항복 강도가 같게 나옵니다. 그러나 취성 재질은 인장 항복 강도와 압축 항복 강도가 서로 다릅니다. 유리나 콘크리트를 보면 압축에는 강하지만 인장에는 약한 것을 볼 수 있습니다. 이런 이유로 취성 재질의 안전 계수 확인에는 Mohr-Coulomb Stress Tool을 사용하며, 안전 계수 값이 1 이하인 경우에 파손이 일어난다고 봅니다.

  Mohr-Coulomb 안전 계수 =
  (인장 항복 강도/주인장 응력) + (압축 항복 강도/주압축 응력)]

- **Maximum Tensile Stress(최대 인장 응력) Theory** : 취성 재질은 일반적으로 인장 항복 강도가 약하므로 최대 인장 Stress Tool을 사용합니다. 안전 계수 값이 1 이하인 경우에 파손이 일어난다고 봅니다. 안전 마진은 안전계수에서 1을 뺀 값이며, 무차원 응력 값은 안전 계수의 역수입니다.

  최대 인장 응력 안전 계수 = 인장 항복 강도/최대 인장 응력

■ 열 전달 해석 결과 항목

하중 조건으로 열이 가해졌을 때 해석 모델에 나타나는 온도 분포와 열 유속 등 온도에 관한 영향력을 분석하는 항목들입니다. 온도에 따라서 재료의 물성치가 변화하는 모델의 해석도 가능합니다. 다음 그림은 각 항목에 대한 해석 조건을 나타냅니다.

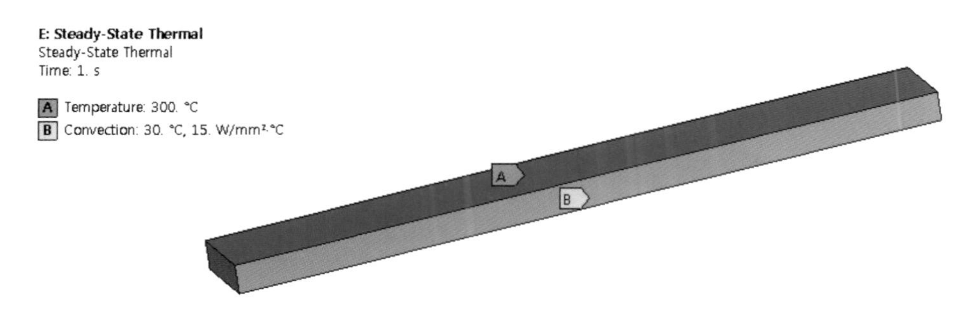

Temperature

해석 조건에 따른 모델의 전체 온도 분포를 확인할 수 있습니다.

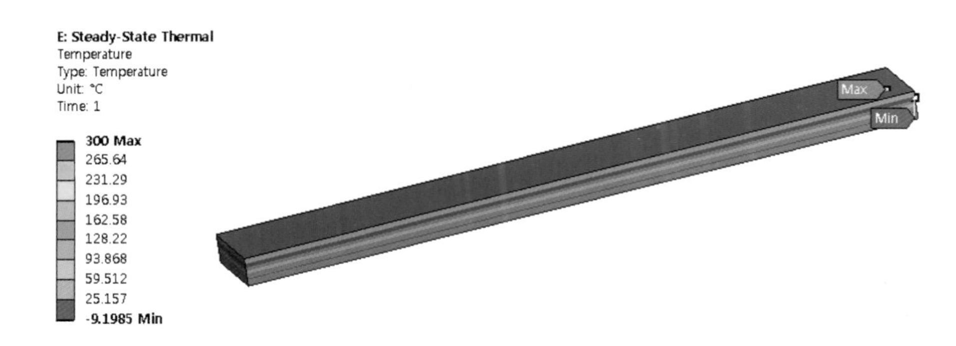

Total Heat Flux

Heat Flux는 단위 면적에 대한 단위 시간의 열에너지로서 해석 조건에 따른 전체 Heat Flux 분포를 확인할 수 있습니다.

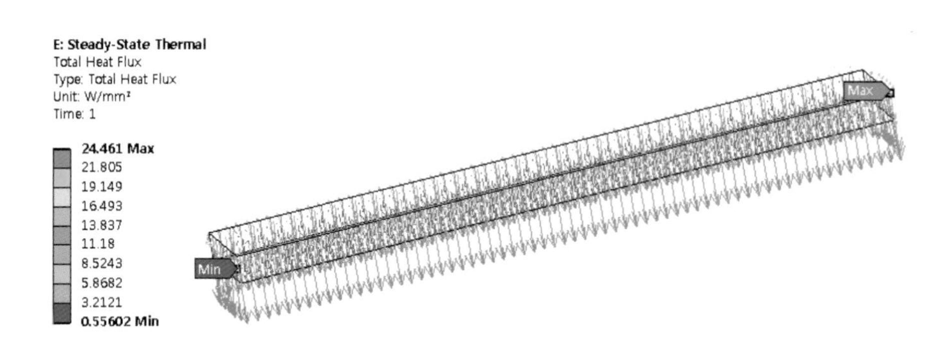

Directional Heat Flux

Heat Flux는 방향성이 있으며, 각 축 방향으로 Heat Flux 분포를 확인할 수 있습니다.

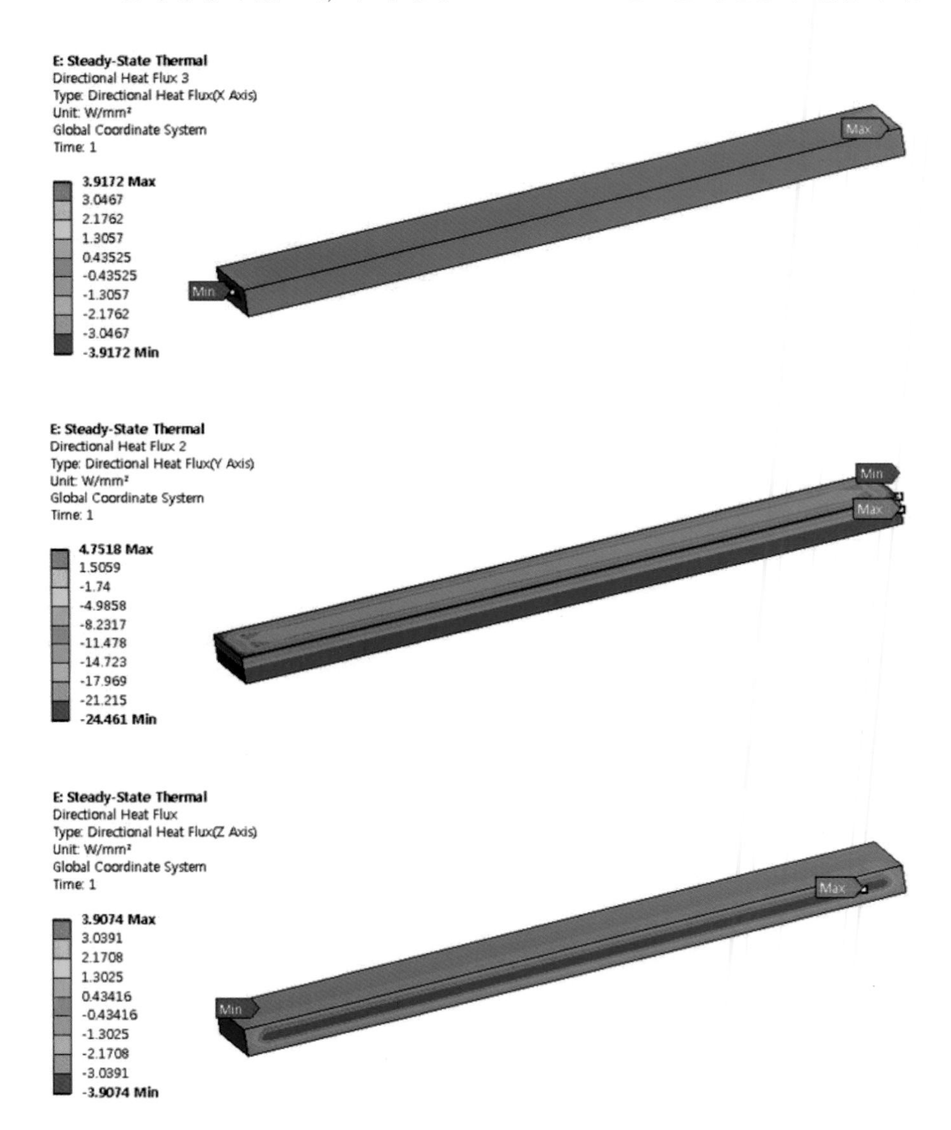

2) 결과 출력 기능

ANSYS Workbench에서는 해석 결과를 다양한 형태로 확인할 수 있습니다. Display 창에서 결과 값을 그래픽 화면으로 확인할 수 있고 동영상과 다양한 Contour 형태로 볼 수도 있습니다. Solve 후 결과 항목을 선택하면 상단의 Context Toolbar 메뉴는 결과를 검

토할 수 있는 도구들로 자동 변경됩니다.

그림 4.39 결과 검토를 위한 Context Toolbar

■ Geometry 설정

도구 상자에서 아래 그림의 아이콘을 이용하여 해석 결과에 대한 Geometry 설정을 할 수 있습니다.

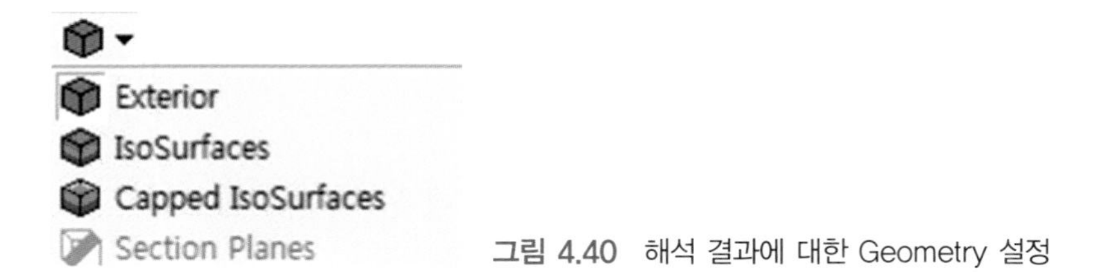

그림 4.40 해석 결과에 대한 Geometry 설정

① Exterior : 기본값

② IsoSurfaces : 동일한 결과값을 갖는 영역을 평면 형태로 구분하여 표시해 줍니다.

③ Capped IsoSurfaces : 설정 값 이상 또는 이하의 영역을 제외하고 보여 줍니다.

④ Slice Planes : 절단면을 보여 줍니다.

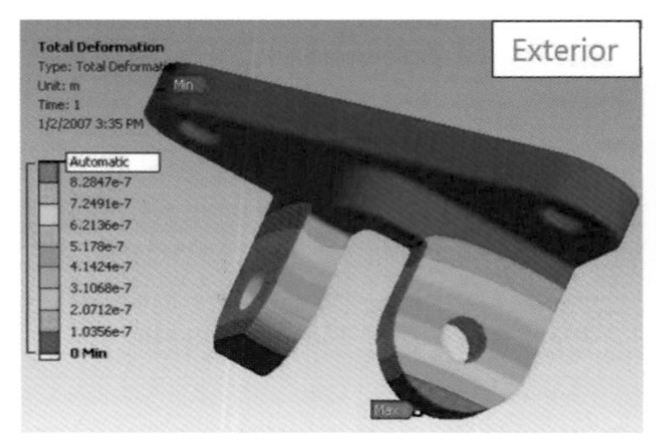

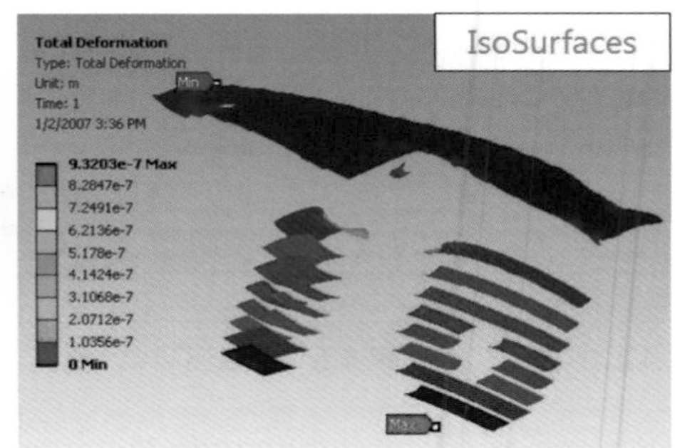

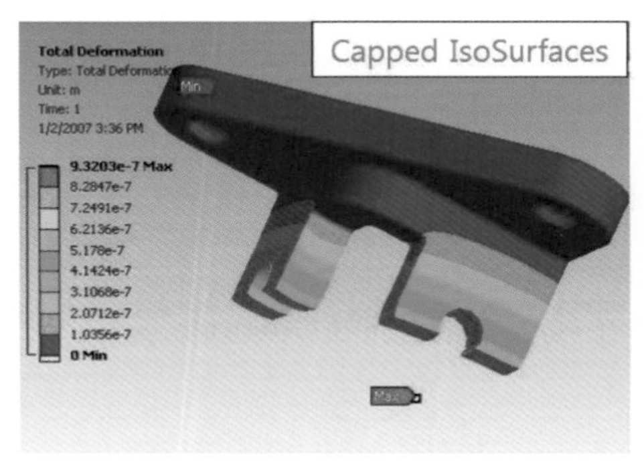

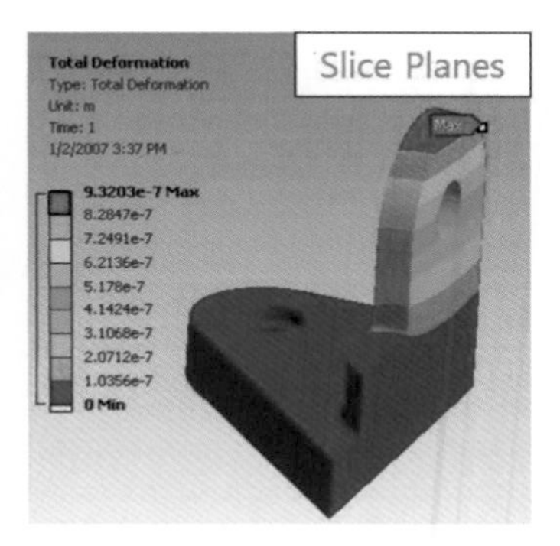

그림 4.41 결과에 대한 Geometry 설정

■ Contour 설정

도구 상자에서 다음 그림의 아이콘을 이용하여 Contour 형태를 설정할 수 있습니다.

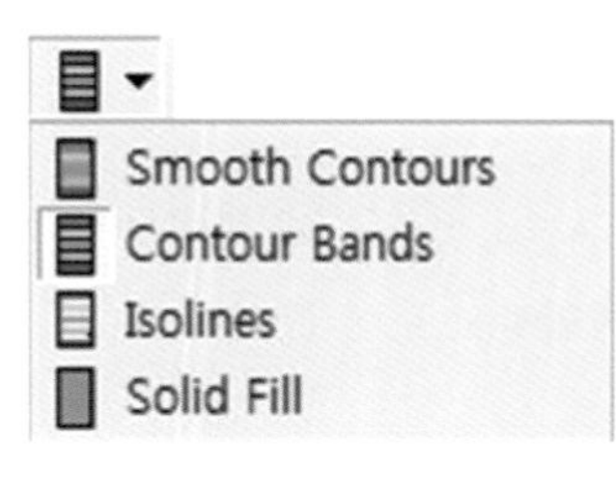

그림 4.42 Contour 형태 설정

① Smooth Contours : 부드럽게 출력하기

② Contour Bands : 밴드 형상으로 출력하기

③ Isolines : 등고선 형태로 출력하기

④ Solid Fill : 단색으로 보기

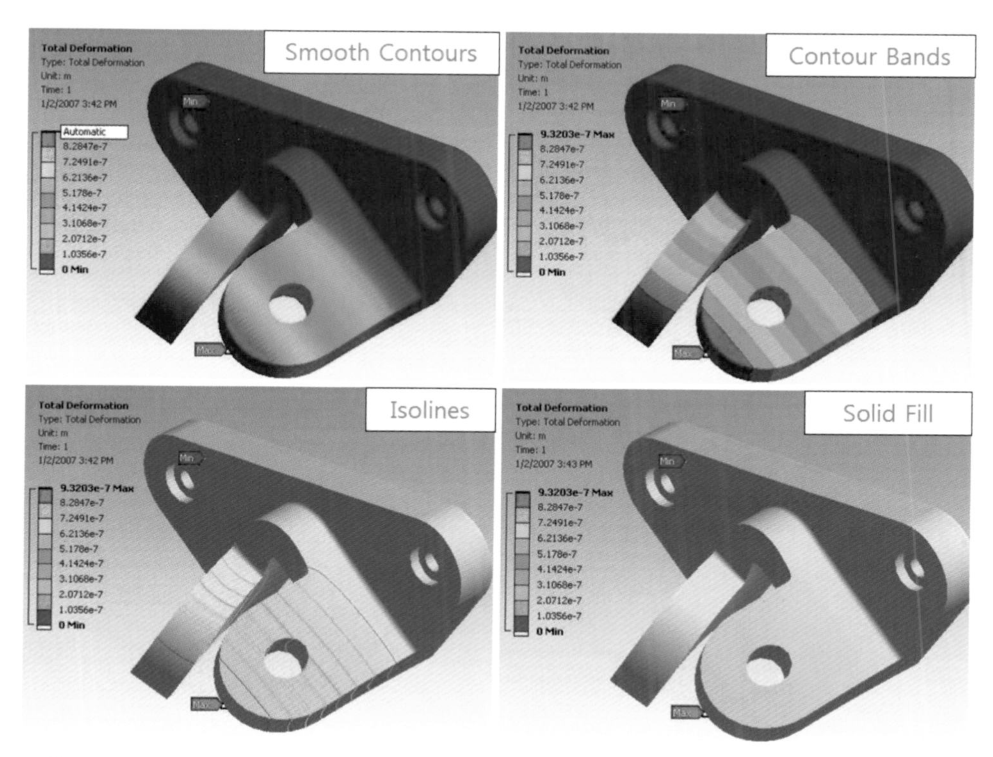

그림 4.43 Contour 형태 설정

■ Edge 보이기

도구 상자에서 다음 그림의 아이콘을 이용하여 변형 전 형상, 격자 형상과 함께 해석 결과를 볼 수 있습니다.

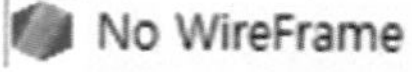

Show Undeformed WireFrame

Show Undeformed Model

Show Elements

그림 4.44 외곽선 출력 설정

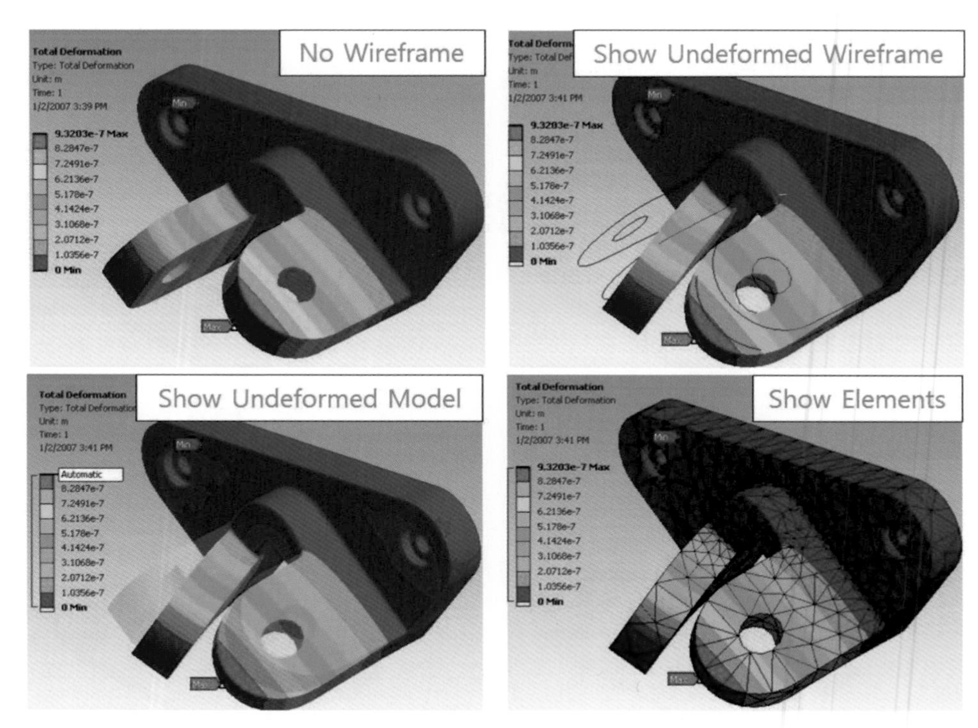

그림 4.45 변형 전 형상 및 요소 형상 함께 보기 설정

■ Scale 설정

〈그림 4.46〉의 왼쪽과 같이 해석 모델의 변형 정도를 설정할 수 있습니다. 기본은 Auto Scale로 되어 있으며, 변형이 매우 큰 것처럼 보이나, True Scale을 선택하면 실제 변형이 발생한 크기, 즉 Graphics 창 왼쪽의 Legend에 표시된 값만큼 변형된 형태로 보입니다.

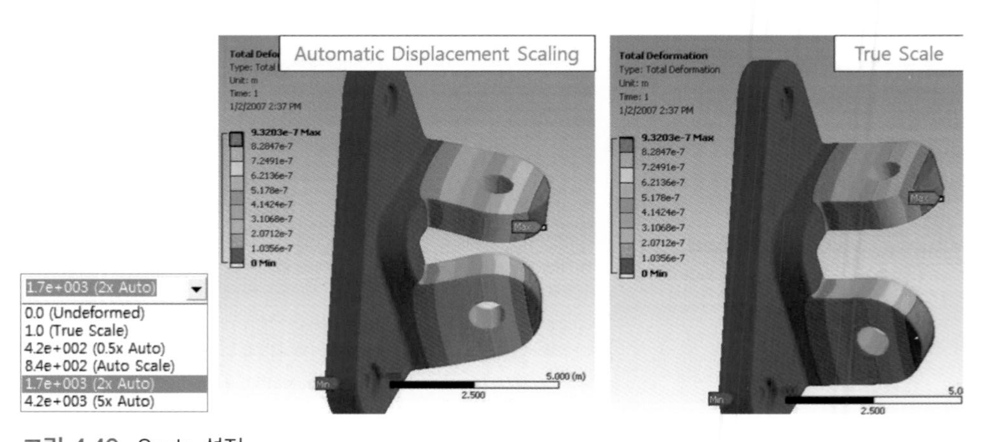

그림 4.46 Scale 설정

■ Probe 기능

특정 영역의 해석 결과를 수치로 확인하고자 할 경우 Probe 버튼을 클릭하고 마우스 왼쪽 버튼으로 영역을 선택하면 가장 인접한 절점에서의 결과를 Graphic 상에서 직접 수치로 보여 주는 쿼리(Query) 기능입니다. 생성된 Probe는 Table 형태로 수치와 좌표를 함께 확인할 수 있으며, Label 버튼을 이용하거나 Table에서 마우스 우클릭하여 Delete를 선택하면 생성된 Probe를 삭제할 수 있습니다. 또한 Export Text File을 선택하면 Probe를 텍스트 파일로 저장할 수 있습니다.

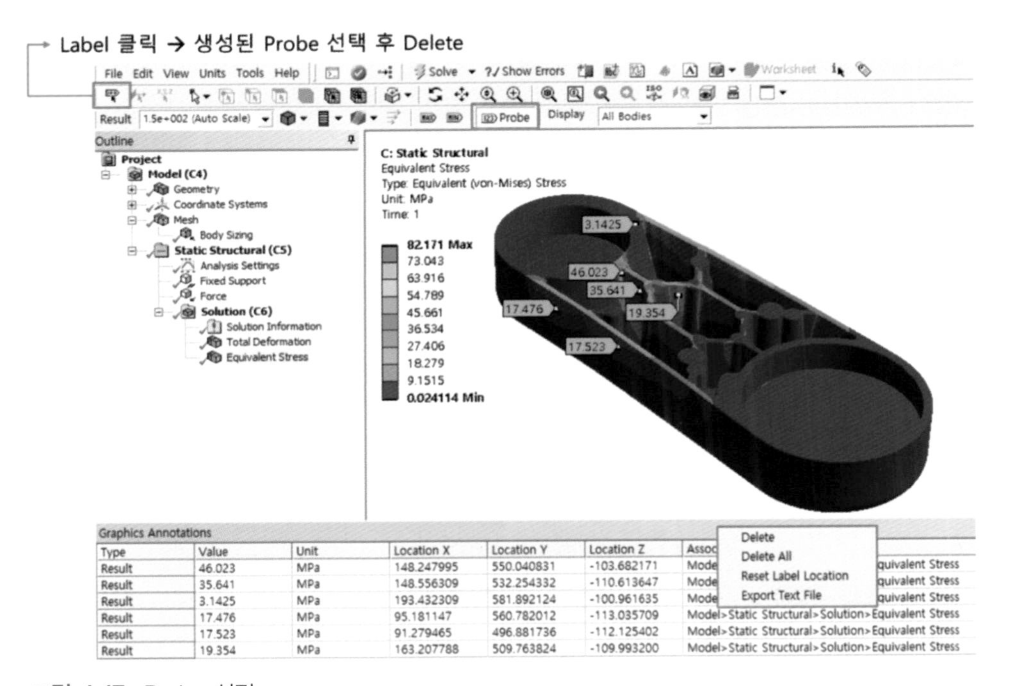

그림 4.47 Probe 설정

■ Animation 기능

해석 결과에 따른 변형 상태를 동영상으로 볼 수 있습니다. Graphics 창 밑에서 Animation 탭을 선택하여 동영상을 실행하거나 저장(*.avi)할 수 있습니다. 또한 애니메이션의 프레임 개수나 속도를 사용자가 원하는 정도로 조절할 수 있습니다.

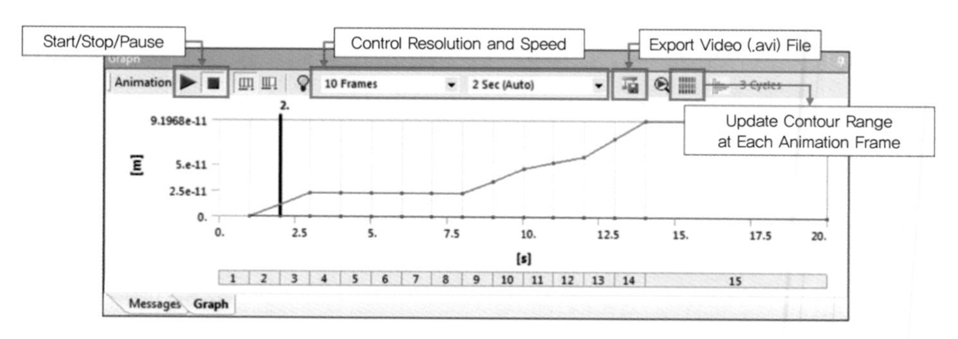

그림 4.48 Animation 설정 창

■ Legend 편집 기능

ANSYS Workbench는 해석 결과값의 영역별로 동일 색을 이용하여 모델 상에 표시해 줍니다. 뿐만 아니라 사용자가 해석 결과값의 표시 영역을 원하는 대로 설정할 수도 있습니다. 결과값을 색상별로 보여 주는 Legend를 선택하여 각 구간의 범위 및 단계를 설정할 수 있으며, 값을 더블 클릭하여 원하는 수치를 입력하여 수치를 변경할 수 있습니다. 단, 최댓값은 해석 결과값보다 작게는 변경이 안 되며 최솟값은 해석에서 계산된 값보다 크게는 변경할 수 없습니다.

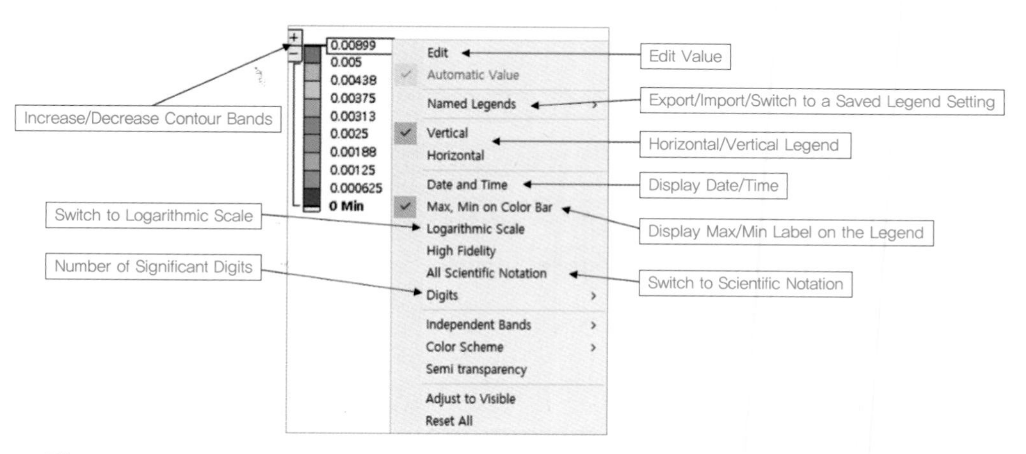

그림 4.49 Contour 설정 변경

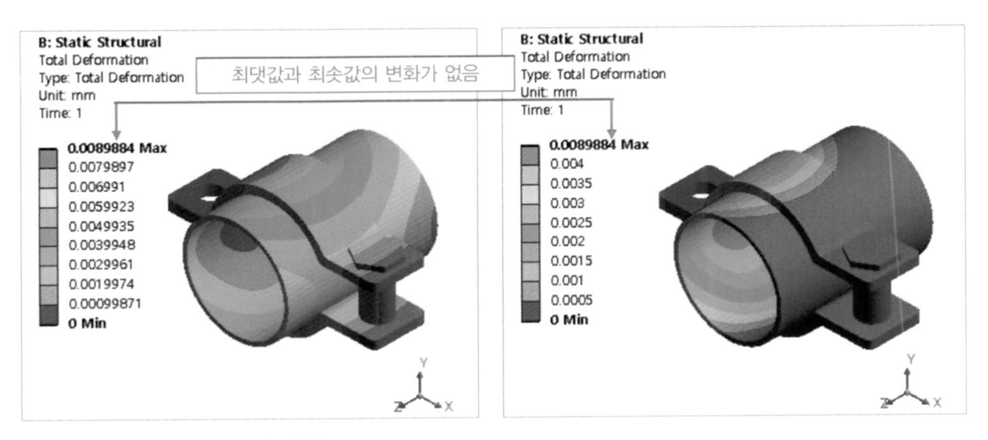

그림 4.50 Contour 설정 변경

■ Slice plane

필요에 따라서 Solid 모델 내부의 해석 결과값을 확인해야 할 때가 있습니다. ANSYS Workbench는 Slice Plane을 이용하여 마우스로 절단면을 지정하고, 그 절단면 내부의 해석 결과값을 쉽게 확인할 수 있습니다.

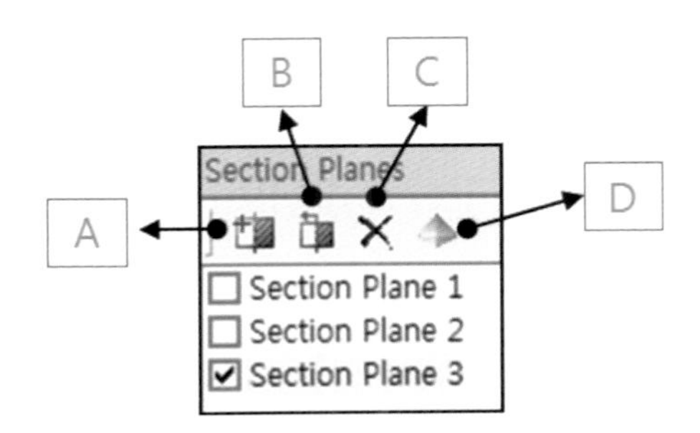

그림 4.51 Slice Plane 상세 창

① New Section Plane(A) : 슬라이스 면을 추가합니다. 마우스 왼쪽 버튼을 클릭한 채 드래그를 하면 드래그 된 라인이 슬라이스 면의 경로가 됩니다.

② Edit Section Plane(B) : 미리 생성된 슬라이스 면의 경로를 편집 및 수정할 수 있습니다.

③ Delete Section Plane(C) : 이미 만들어진 슬라이스 면을 삭제할 수 있습니다. 선택 후 Delete 키를 누르면 삭제됩니다.

④ Show Whole Elements(D) : 슬라이스 된 면의 격자를 함께 보여 줍니다.

Outline의 모든 항목에서의 단면을 확인할 수 있으며, 각 항목에서 Slice Plane을 삽입하면 됩니다.

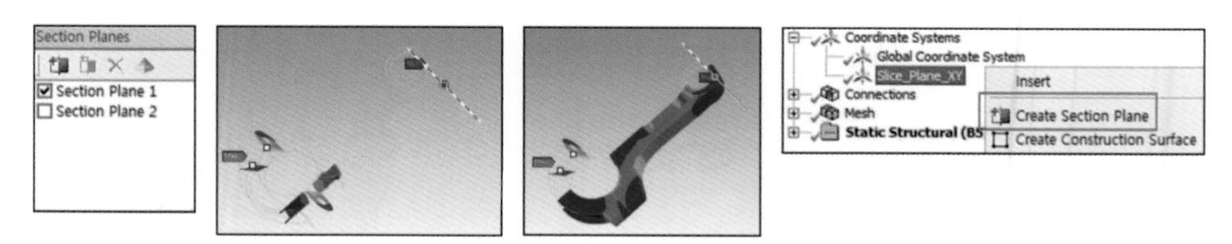

그림 4.52 Slice Plane 설정 방법

또한 Coordinate Systems를 통해서 Section Planes를 수정할 수 있습니다. 좌표계를 선택한 후 마우스 우클릭 버튼을 누르고 Create Section Plane을 선택하면, 선택한 좌표계의 XY평면이 Section Plane으로 추가됩니다. 따라서 사용자가 원하는 Slice Plane이 XY평면으로 설정되어 있는 좌표계를 미리 만든 후에 사용하는 것이 편리합니다.

■ Graphics

Vector 출력은 방향별 변형량, 주응력/변형률, Heat Flux와 같이 방향 성분을 갖는 결과를 검토하는 데 유리합니다.

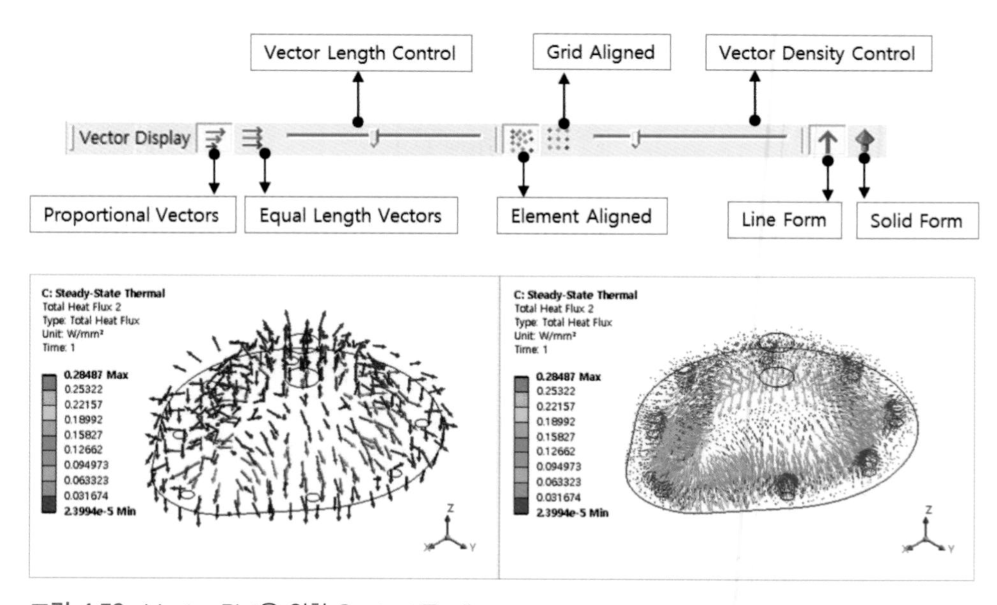

그림 4.53 Vector Plot을 위한 Context Toolbar

■ Viewports

전체 화면을 최대 4개의 창으로 나누어 각 창에 다른 해석 결과를 설정하고, 이를 전체 화면에서 동시에 확인할 수 있습니다.

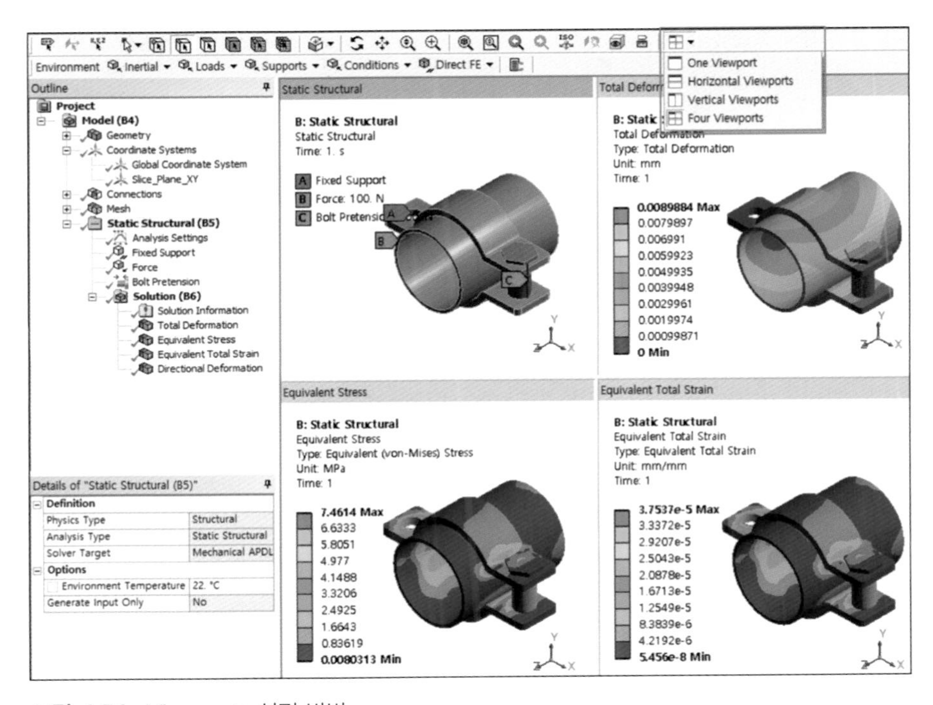

그림 4.54 Viewports 설정 방법

■ FE Connections

Solution Information으로 다양한 FE Connections를 Graphics 창에서 확인할 수 있습니다. Solution Information의 상세 설정 창에서 그래픽 창에 출력하고자 하는 타입 선택, 각 유형의 Connector와 Line의 두께에 따른 색 설정, 출력되는 형식을 변경하는 등의 다양한 출력 방법을 설정할 수 있습니다. 사용자는 다음의 항목들을 확인할 수 있습니다.

① Internal Constraint Equations(CEs) : 〈그림 4.55〉에서 빨간색 영역

② Connection Beams(Springs) : 〈그림 4.55〉에서 초록색 영역

③ Weak springs : 〈그림 4.55〉에서 보라색 영역

결과를 검토하는 과정에서 동시에 Connector도 보이도록 설정할 수 있으며 FE

그림 4.55 FE Connections

Connection 데이터를 외부 파일로 저장할 수도 있습니다.

3) 결과 Scoping 기능

ANSYS Workbench에서는 전체 모델뿐만 아니라 Scoping 기능을 이용하여 관심 영역(조립품, 단품, 면, 선, 절점)에 대한 결과만을 Plot하여 검토할 수 있습니다. 또한 Construction Geometry 기능을 이용하여 특정 평면, 경로에 대한 결과를 검토할 수 있습니다.

■ Geometry Selection

결과 항목 선택 후 Detail View > Scope > Geometry 항목을 원하는 대상(조립품, 단품, 면, 선, 절점)으로 변경합니다.

■ Nodal Scoping

결과 항목 선택 후 Detail View > Scope > Geometry 항목을 원하는 대상(절점)으로 변경합니다. Named Selection 기능으로 선택된 절점들을 하나의 그룹으로 생성하고 생성된 Named Selection을 참조하여 결과를 출력할 수 있습니다. 절점을 선택할 때 요소의 표면 위에 있는 절점을 모두 선택하면 요소 표면 위에도 결과가 출력되지만 요소 표면의 전체 절점이 선택되지 않으면 절점에만 결과가 출력됩니다.

■ Construction Geometry

Geometry Selection은 모델의 형상에 국한되어 결과를 출력하게 되지만, Construction Geometry는 모델의 관심 대상에 임의의 영역 또는 경로를 생성하여 결과를 검토할 수 있습니다. 〈그림 4.56〉과 같이 Outline에서 Model(A)을 선택하면 업데이트 Toolbar에

Construction Geometry(B)가 표시됩니다. Construction Geometry를 선택하면 Outline에 Construction Geometry(C) 항목이 추가되고 업데이트 Toolbar를 통해서 Path(D)와 Surface(E)를 추가할 수 있습니다.

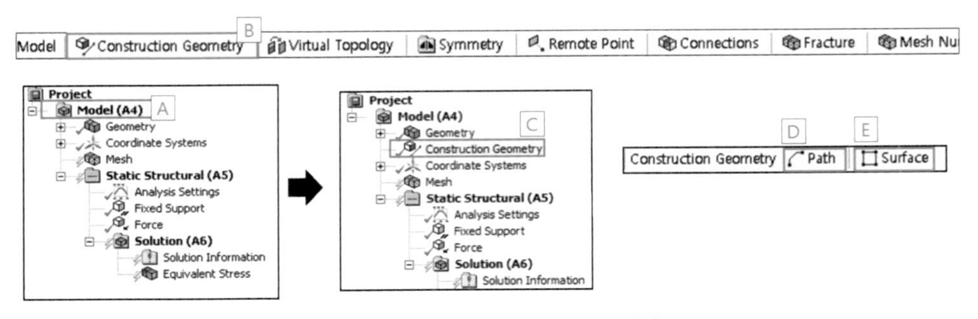

그림 4.56 Construction Geometry를 이용한 Path, Surface 설정

① Path : Path는 다음과 같이 세 가지 방법으로 생성할 수 있습니다.

- 시작점과 끝점을 지정
- 좌표계의 X축 기준
- 특정 모서리 선택

예를 들어 그림과 같이 시작점과 끝점을 지정하여 Path를 생성하는 경우에는 Start Location(F)와 End Location(G)에 모서리를 선택하여 중심포인트로 정의를 하거나 직접 점의 X, Y, Z의 위치값을 입력하여 정의할 수 있습니다.

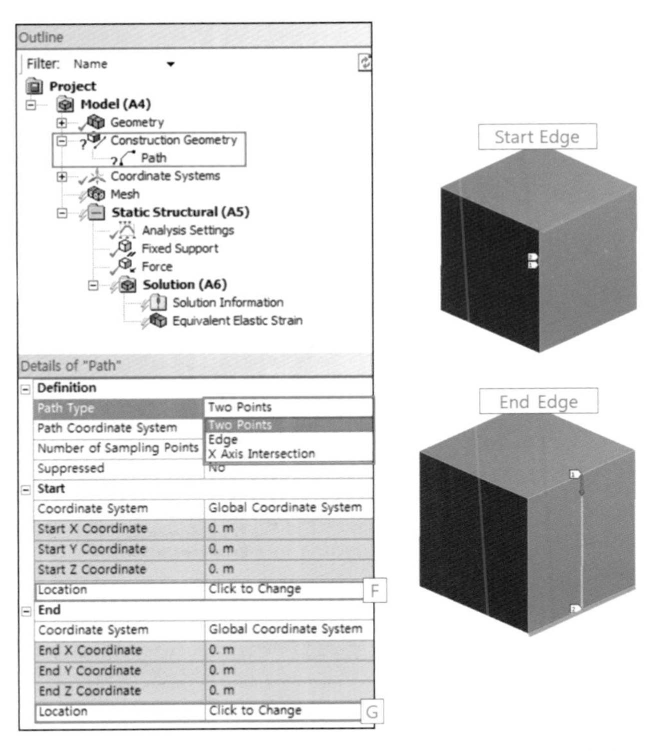

그림 4.57 Construction Geometry를 이용한 Path 정의 방법

이때 생성된 Path를 따라 생성된 점으로부터 결과가 출력되는데 조밀한 결과를 출력하기 위해서는 “Number of Sampling Points”에 출력값 개수를 증가시키면 됩니다. “Number of Sampling Points”는 상세 창의 Definition 항목에서 확인할 수 있으며 개수만큼 Tabular Data에 출력되어 나타납니다. 결과는 〈그림 4.58〉과 같이 오른쪽 버튼을 클릭하여 Export하면 엑셀 데이터로 저장이 가능합니다.

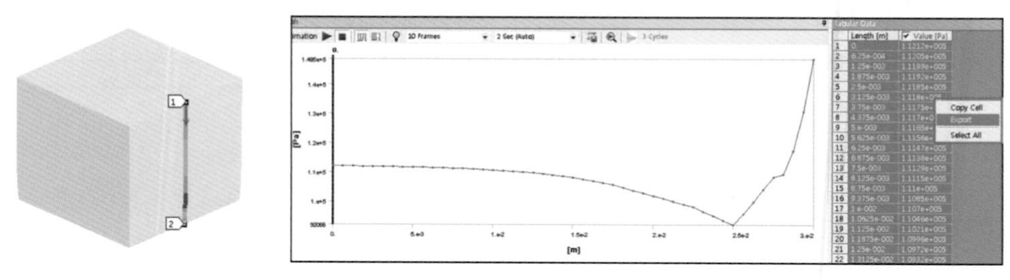

그림 4.58 Construction Geometry를 이용한 Path 결과

② Surface : Surface는 좌표계의 XY 평면을 기준으로 위치가 적용되므로 사용자가 원하는 위치(평면)에 Surface는 생성하려면 먼저 좌표계를 새로 생성해야 합니다. 원하는 위치(평면)에 맞는 좌표계를 생성한 후 Surface의 Coordinate System 항목(H)에서 생성한 좌표계를 선택합니다. 확인하고자 하는 단면이 XY 평면으로 위치할 수 있도록 좌표계를 생성해야 하며 출력되는 결과의 수는 격자의 개수와 동일하므로 조밀한 결과 출력을 위해서는 평면이 위치하는 지점의 격자를 조밀하게 생성해야 합니다.

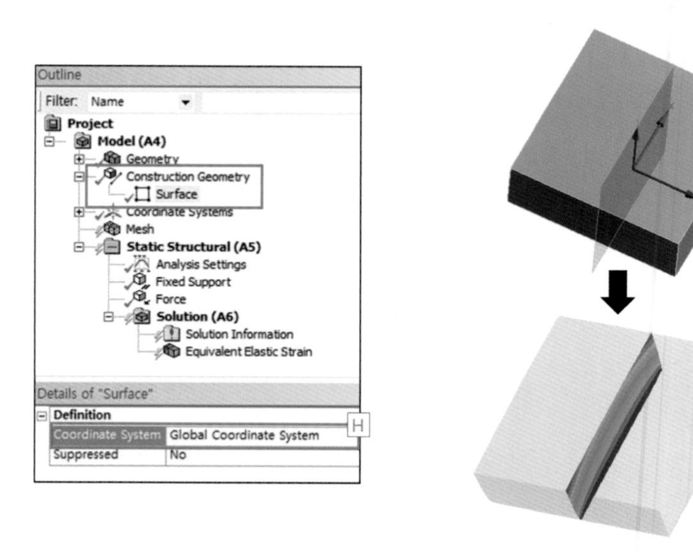

그림 4.59 Construction Geometry를 이용한 Surface 정의 방법

이렇게 생성된 Construction Geometry는 결과 항목을 선택한 후 Scope에서 지정하여 출력할 수 있습니다.

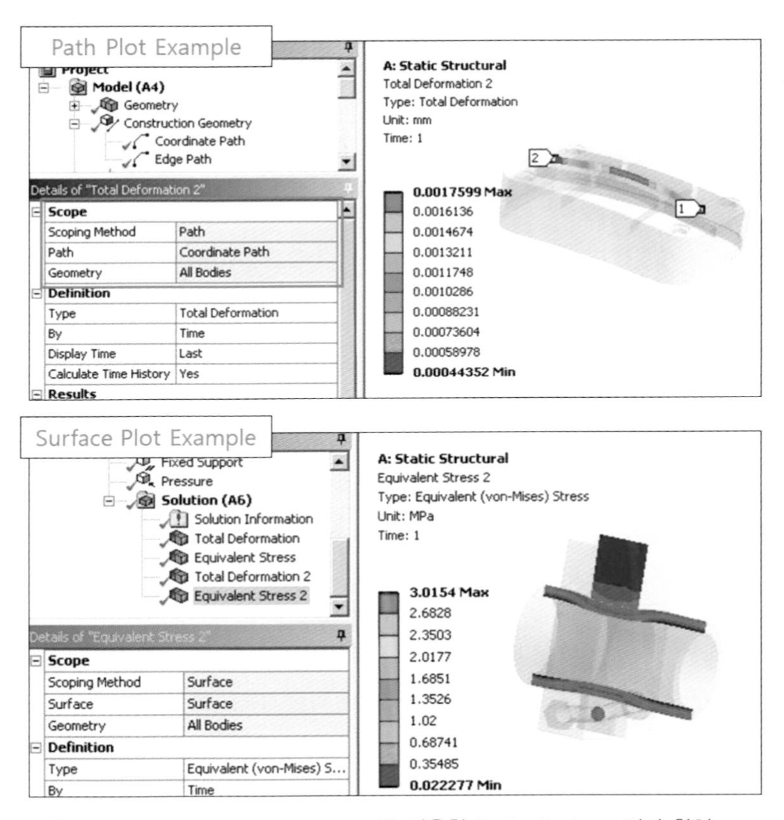

그림 4.60 Construction Geometry를 이용한 Path, Surface 결과 확인

4) Linearized Stresses

Linearized Stresses는 특정 Path를 따라 Membrane, Bending, Peak, 그리고 Total Stress를 계산하여 출력하며 Path는 미리 생성되어 있어야 적용이 가능합니다. Membrane, Bending, Membrane + Bending, Peak, Total Stress는 Detail View에서 확인하실 수 있으며 Graph와 Tabular Data에서 Path의 길이에 따른 결과도 확인하실 수 있습니다.

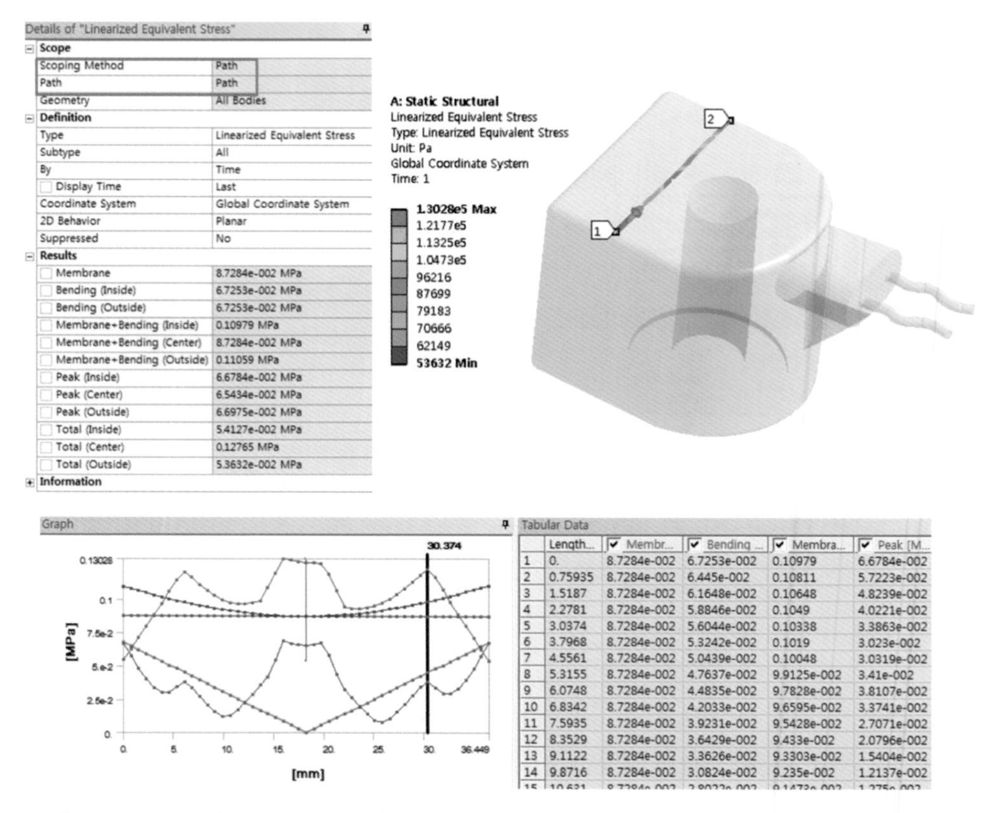

그림 4.61 Graph와 Tabular Data에서 Path의 길이에 따른 결과를 확인

5) User Defined Result

사용자는 결과 항목들을 수식적으로 조합하여 임의의 결과를 출력할 수 있습니다. 결과 항목의 Expression은 Outline에서 Solution을 선택한 후 Worksheet를 보게 되면 결과로 출력할 수 있는 항목들이 나열되며 해당 항목의 Expression도 함께 확인할 수 있습니다. 또한 수식적 조합을 거치지 않고 Create User Defined Result를 선택하여 결과 항목을 바로 출력할 수 있습니다.

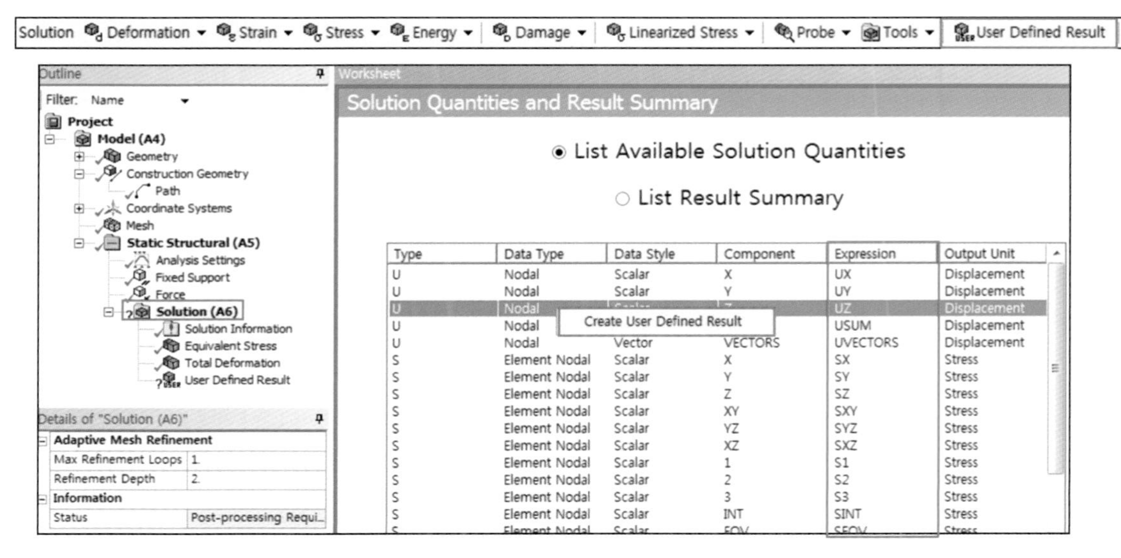

그림 4.62 Worksheet에서의 결과 항목에 대한 Expression 목록

〈그림 4.63〉과 같이 "User Defined Result"를 사용하여 특정 함수 계산을 통해 결과값을 출력할 수 있습니다. Identifier에 특정 이름을 지정하여 다른 "User Defined Result"에서 이를 참조하여 계산할 수도 있습니다.

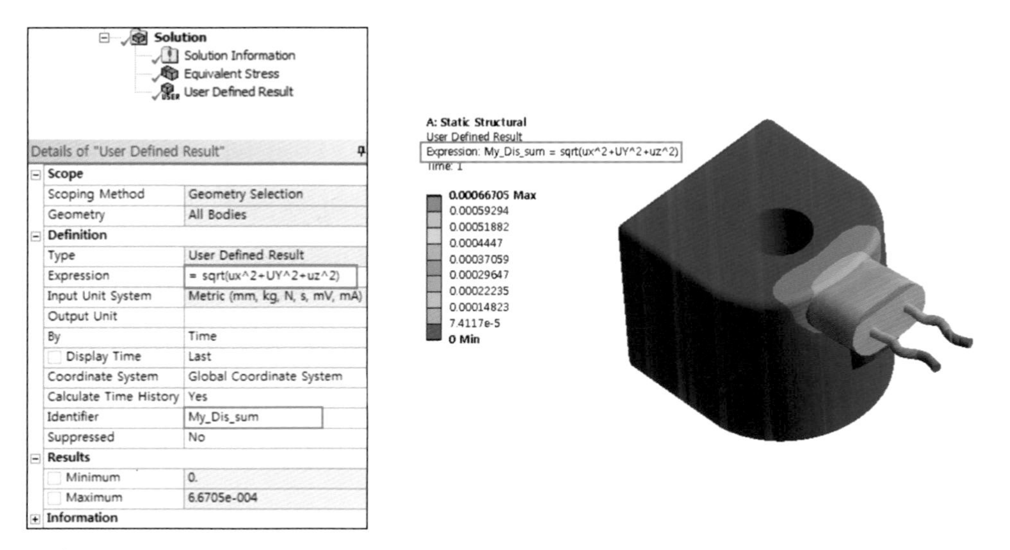

그림 4.63 Worksheet에서의 결과 항목 사용 방법

6) 보고서 생성 기능

■ Report 생성

해석을 수행한 후 해석 결과에 대한 내용을 보고서로 간단히 작성할 때 유용한 기능입니다. 사용자의 편의를 위하여 ANSYS Workbench에서는 해석 보고서를 자동으로 생성할 수 있으며 보고서는 html, *.ppt, *.docx 문서 형태로 저장할 수 있습니다. 또한 보고서는 해석 모델, 해석 조건, 해석 결과와 관련된 그림들을 포함하고 있습니다.

보고서에 그림과 주석을 추가하려면 대상 항목을 선택하고 Figure나 Comment를 삽입하면 됩니다. Comment는 화면 하단 입력란에서 작성할 수 있으며, 입력을 마친 후 아래 Report Preview 탭을 선택하면 보고서가 자동으로 추가됩니다.

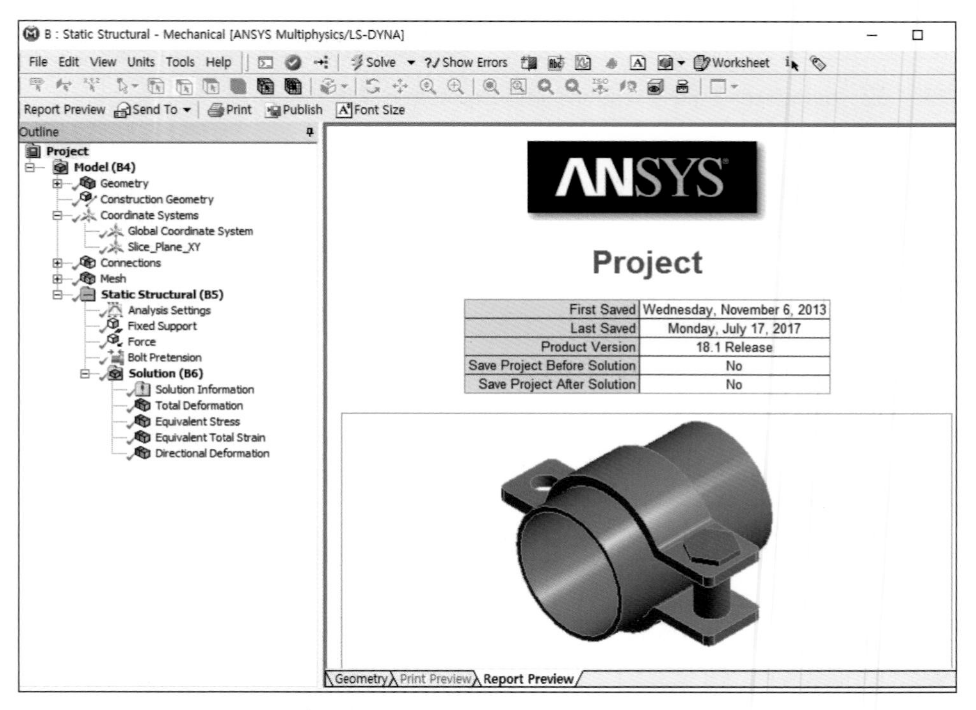

그림 4.64 Report Preview 탭을 이용한 보고서 작성

■ Report 출력

Report Preview 탭을 선택하면 보고서가 생성되고, 도구 상자의 메뉴가 다음과 같이 바뀌게 됩니다. 각 메뉴의 기능은 다음 표를 참조하시기 바랍니다.

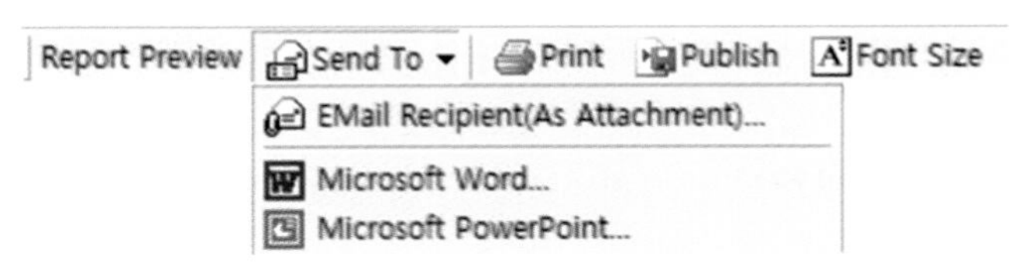

그림 4.65 Report Preview 탭을 이용한 결과 보고서 출력 및 저장

표 4.28 Report Preview 탭을 이용한 결과 보고서 출력 및 저장 항목

항목	설명
Send to	• Outlook이 설치된 경우 Report를 메일로 보냅니다. • MS Word/Power Point에서 열고 저장합니다. • 편집 및 수정이 가능합니다.
Print	현재 생성된 보고서를 프린터로 인쇄합니다.
Publish	보고서를 html 파일로 이미지 파일들과 함께 저장합니다.
Font Size	현재 그래픽 창에 보이는 텍스트를 전체 또는 부분적으로 폰트 크기를 바꿀 수 있습니다.

ANSYS Workbench에서 보고서를 생성해 주는 Source 파일들은 아래의 경로에 있습니다. ASP 파일들로 구성되어 있으며, 이 파일들을 수정하면 사용자의 회사 양식에 맞게 보고서를 자동으로 생성시킬 수도 있습니다. 잘못될 경우를 대비하여 미리 백업을 해 두고 수정하시기 바랍니다.

Source 위치 :
Program Files > ANSYS Inc > v18 > aisol > DesignSpace > DSPages > Language > en-us

4.11 수렴 기능

1) 수렴 기능의 필요성

유한요소해석은 기본적으로 몇 가지 가정하에 해석을 수행하는 것이므로 오차가 생기게 됩니다. 먼저 유한요소해석의 기본적인 가정과 이에 따른 문제점은 다음과 같습니다.

① CAD 모델을 유한요소 모델로 생성할 때 해석에 불필요한 부분은 모델링에서 제외하는 경우가 있습니다. 예를 들면, 실제 모델의 표면 가공 모양이나 미세한 돌기, 구멍 등입니다. 이로 인해 실제와 달라지게 되므로 오차가 발생합니다.

② 유한요소 모델은 100% 균일한 밀도와 재질인 반면, 실제 모델은 재료 내부에 불순물이나 미세한 기포가 포함되어 있을 수 있으므로 오차가 발생합니다.
③ 컴퓨터가 계산할 때 소수점 몇 자리 이하는 버림으로써 오차가 발생합니다.
④ 유한요소해석은 연속체를 불연속적인 유한 개의 요소로 분할합니다. 여기에서 발생하는 오차입니다.

위와 같은 가정 때문에 해석 결과와 실제 실험값이 오차를 보일 수 있습니다. 따라서 사용자는 유한요소해석의 결과를 반드시 실제적인 실험 결과와 비교하여 평가해야만 합니다.

위의 내용 중에서 유한요소법의 오차는 요소 분할에 의한 오차이므로 요소를 더 많이 나누면 나눌수록 오차가 줄어들게 됩니다. 다시 말하면 실제 무한 개의 요소를 가지는 모델을 유한 개의 요소를 가지는 유한요소 모델로 바꾸어 해석하는 것이므로 유한 개의 요소라도 요소의 수가 많을수록 실제 해와 유사해지게 된다는 것입니다.

요소의 수를 적게 하면 해석 시간은 빠르지만 해석 결과에 대한 신뢰성은 떨어집니다. 그러나 요소의 수가 많아질수록 그에 따른 해석 시간, 시스템 메모리, 하드디스크의 요구량이 증가하게 되므로 정확한 해를 얻기 위해 요소의 수를 한없이 늘릴 수는 없습니다. 이런 문제를 해결하기 위해 ANSYS Workbench에서는 Adaptive Mesh Refinement 기법[수렴(Convergence) 기능]을 사용합니다.

Adaptive Mesh Refinement 기법은 미리 정의한 정확도의 해를 얻기 위해 현재의 유한요소해석 결과를 이용하여 오차 평가를 수행하고, 여기서 오차가 큰 영역을 찾아내어 그 영역의 요소 수를 증가시켜 재해석을 수행하는 과정을 반복함으로써 최적의 격자를 구성하여 해석의 정확도를 높여 가는 방법입니다. 이 방법을 사용하면 일반적으로 응력이 집중되는 부위의 요소만을 집중적으로 세분화하여 해석하므로 해석 시간과 하드웨어의 요구량을 크게 늘리지 않으면서도 정확한 해석을 수행할 수 있습니다.

ANSYS Workbench가 수렴 기능을 수행하는 순서는 다음과 같습니다.

요소 분할 ➡ 해석 수행 ➡ 결과 검토 ➡ 요소 세분화 ➡ 재해석 ➡ 결과 검토 ➡ 해석 반복 또는 수렴 결정

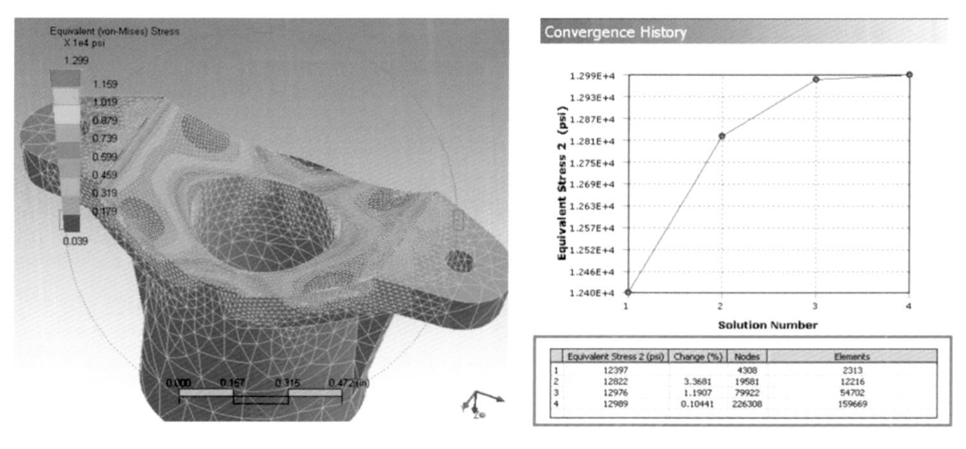

	Equivalent Stress 2 (psi)	Change (%)	Nodes	Elements
1	12397		4308	2313
2	12822	3.3681	19581	12216
3	12976	1.1907	79922	54702
4	12989	0.10441	226308	159669

그림 4.66 Convergence를 이용한 수렴 기능

2) 수렴 기능의 사용 방법

Solution에 결과로 보고 싶은 항목을 삽입한 후 마우스 오른쪽 버튼으로 Insert > Convergence를 선택합니다(Solution의 결과 항목 아래로 Convergence가 삽입).

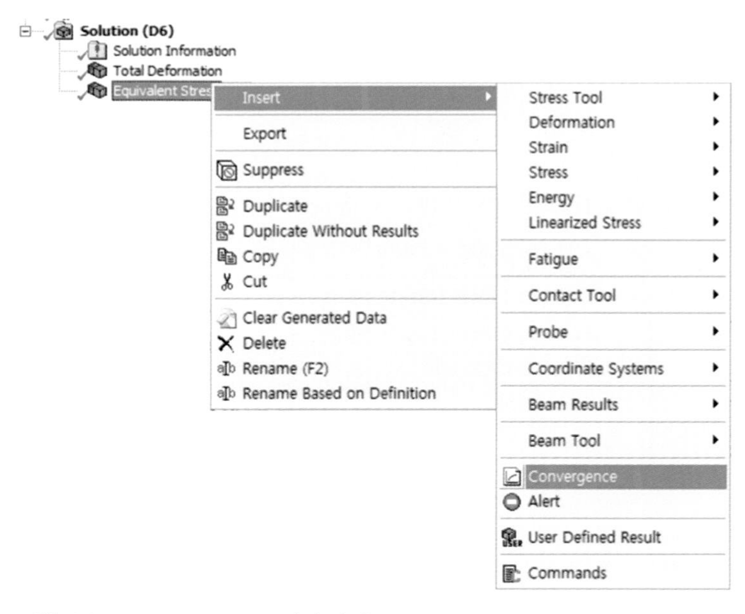

그림 4.67 Convergence 설정 방법

Convergence의 Details of Convergence 탭에서 수렴값의 허용 변화율을 설정합니다.

Details of "Convergence"

Definition	
Type	Maximum
Allowable Change	2. %
Results	
Last Change	1.0104 %
Converged	Yes

그림 4.68 Convergence 수렴값 및 허용 변화율 설정

왼쪽 Outline 창에서 Solution 항목을 선택합니다. 아래 Details of Solution에서 Max Refinement Loops 항목을 설정합니다. 이는 수정 해석 반복 횟수를 지정하는 항목으로 1~10까지 설정할 수 있습니다. Refinement Depth는 반복 해석이 진행되는 동안 생성되는 격자의 비율을 1~3(1/2~1/8)까지 설정할 수 있습니다.

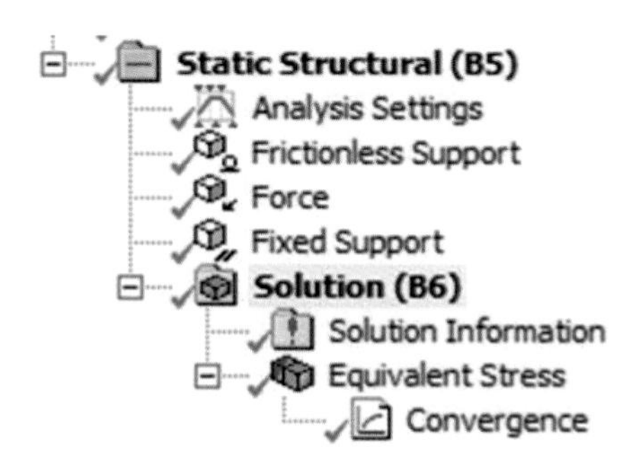

Details of "Solution (B6)"

Adaptive Mesh Refinement	
Max Refinement Loops	4.
Refinement Depth	2.
Information	
Status	Done

그림 4.69 Convergence 반복 해석 횟수 설정

정의된 변화율 내에서 수렴되지 않으면 붉은색 느낌표가, 수렴이 되면 초록색 체크 표시가 보입니다.

해석이 종료된 후 Mesh 재생성이 된 영역을 확인할 수 있고(결과 항목 선택 후 Show Element를 선택하여 봄), Convergence 항목을 선택하면 각 반복 단계에서의 절정 요소

수, 변화율을 확인할 수 있습니다.

Details of "Convergence"	
Definition	
Type	Maximum
Allowable Change	2. %
Results	
Last Change	1.0104 %
Converged	Yes

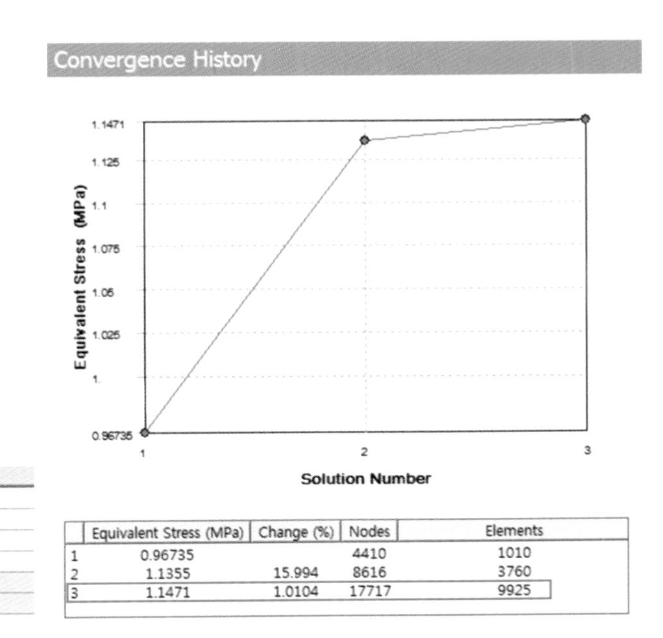

	Equivalent Stress (MPa)	Change (%)	Nodes	Elements
1	0.96735		4410	1010
2	1.1355	15.994	8616	3760
3	1.1471	1.0104	17717	9925

그림 4.70 Convergence Tool을 이용한 수렴성 검토 결과

Detail 항목에서 Last Change가 세 번째 항목 기준으로 수렴되었음을 알 수 있습니다. 결과 항목에서 Element와 함께 보기를 선택하여 최종 수렴된 격자 양상을 확인합니다.

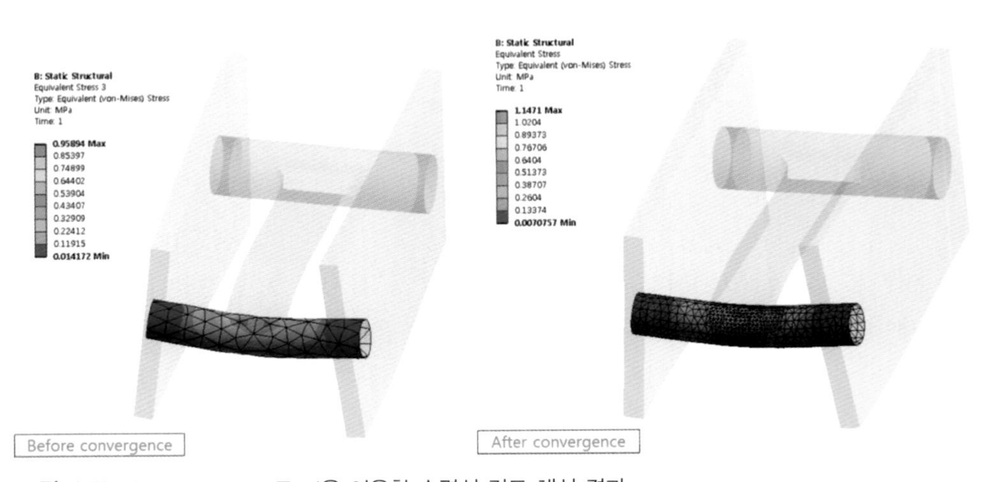

그림 4.71 Convergence Tool을 이용한 수렴성 검토 해석 결과

09 하중조건을 부여합니다.

Pin의 Clamp 원통 내면에는 Bearing Load를 적용합니다.

Tree Outline의 Static Structural에서 RMB > Insert > Bearing Load를 추가합니다.

Detail View > Scope > Geometry에 원통 면을 지정합니다. Detail View > Definition > Define By를 Components로 설정하고 Y Component에 100N을 입력합니다.

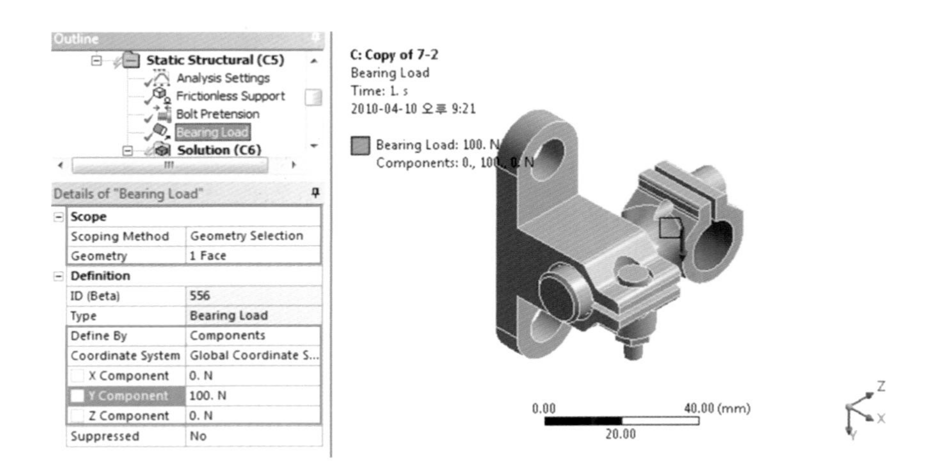

10 검토할 결과항목을 추가합니다.

변형량과 응력 결과항목을 추가합니다. 결과항목을 추가하고 Detail View > Scope > Geometry에 특정 Body만 지정하면 선택한 Body의 결과만 확인할 수 있습니다. Clamp, Pin, Bolt를 각각 지정합니다.

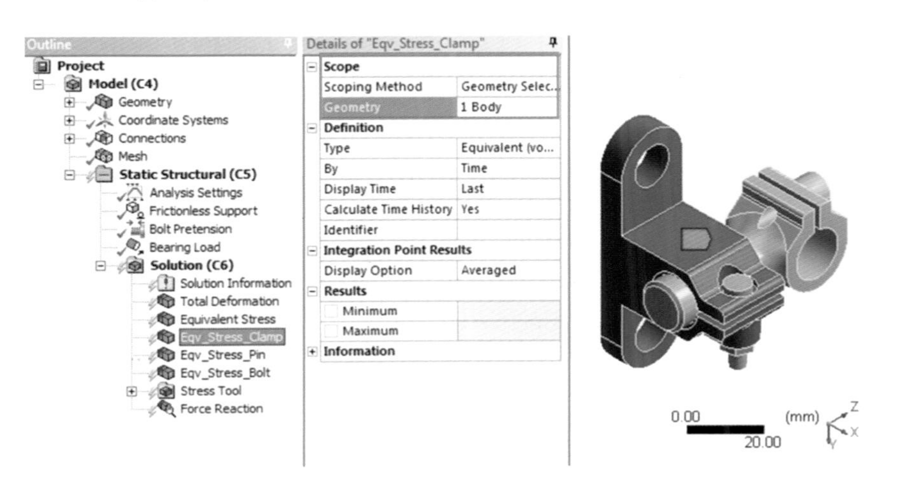

11 하중에 대한 반력을 알아보기 위해 Force Reaction 항목을 추가합니다.

Tree Outline의 Solution에서 RMB > Insert > Probe > Force Reaction을 추가합니다.

Detail View > Definition > Boundary Condition에 Frictionless Support를 설정합니다.

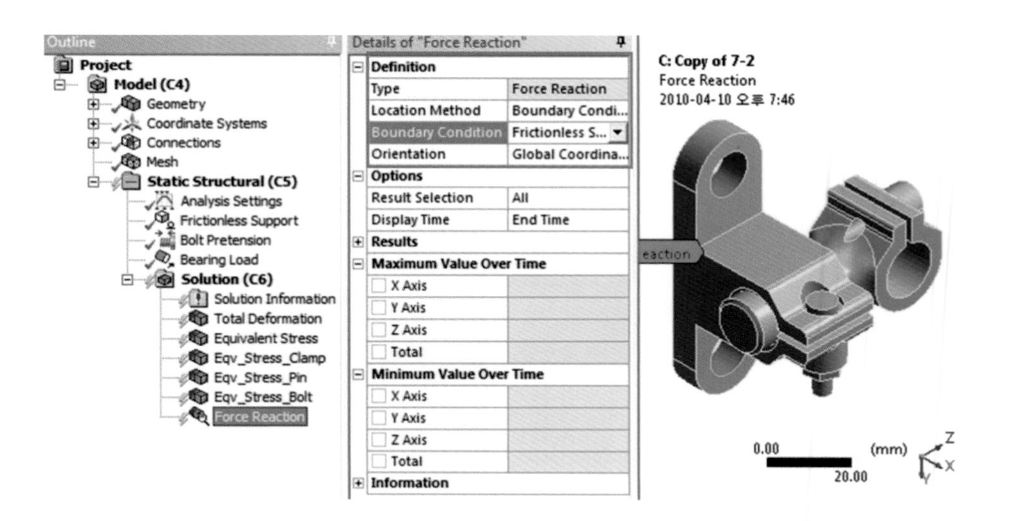

12 안전율을 확인을 위한 결과항목을 추가합니다.

Solution에서 RMB > Insert > Stress Tool > Max Equivalent Stress를 추가합니다.

(재료 물성에 항복강도가 입력되어 있어야 합니다.)

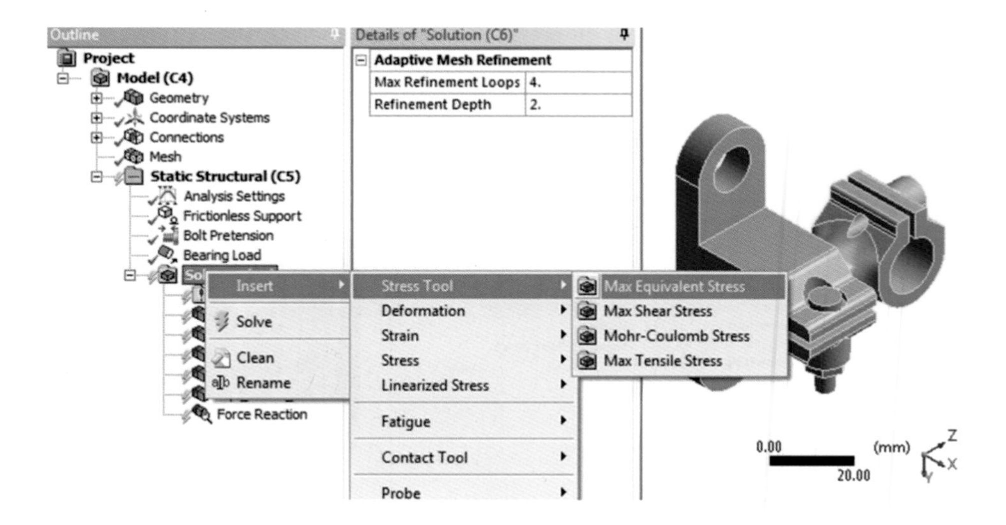

13 수렴 기능을 설정합니다.

ANSYS Workbench의 수렴(Convergence) 기능은 Mesh 크기에 따른 계산 오차를 줄여 좀 더 정확한 결과를 얻기 위해 사용되는 기능입니다. 기본적으로 두 번 이상의 계산이 진행되는데, 첫 번째 Mesh 크기로 계산한 후 결과의 값이 높은 요소(element)들을 전체 모델에서 10% 수준으로 선택합니다. 선택된 요소들은 Refinement Level로 설정된 수준으로 더 작게 Mesh를 재생성하여 두 번째 해석이 진행됩니다. 조금 더 정확해진 두 번째의 결과와 첫 번째의 결과를 비교하여 오차가 발생하는 영역을 다시 선택하고 Mesh를 더 작게 재생성하여 조금 더 정확해진 결과를 얻게 됩니다. 이러한 과정을 반복하여 오차 범위가 만족할 수준에 이르면 수렴되었다고 판단하여 계산을 종료하게 됩니다.

Equivalent Stress에서 RMB > Insert > Convergence를 추가합니다.

14 Detail View > Allowable Change는 수렴오차 범위를 5%로 입력합니다. 오차 범위가 5% 이내에 들면 수렴되었다고 판단합니다.

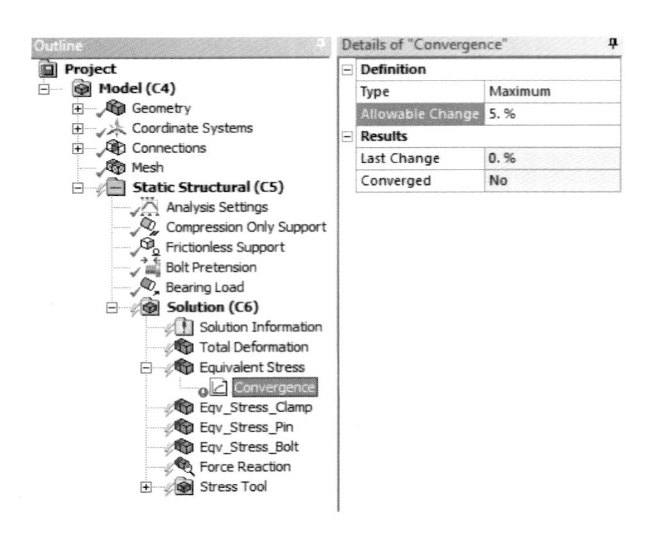

15 Solution > Details View를 확인합니다.

Max Refinement Loops에 3을 설정합니다. 오차 범위 5% 이내로 수렴되도록 하되, 수렴되지 않을 경우 최대 3회까지 반복하여 계산을 수행합니다. Refinement Depth는 1로 설정합니다. Mesh Refinement와 동일한 기능이며, 1로 설정된 값은 오차 범위에 드는 Element를 선택하여 기존의 1/2 크기로 Mesh Refinement를 진행합니다.

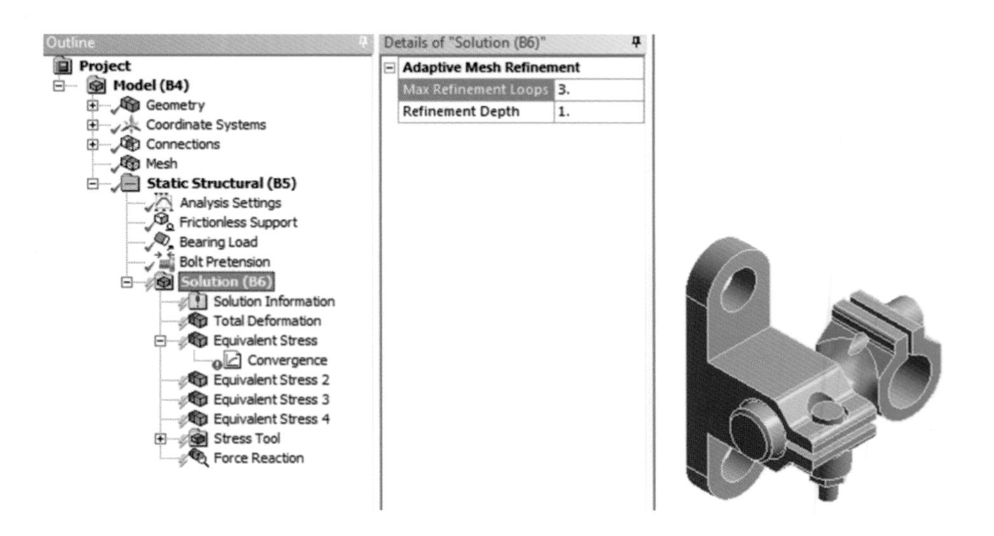

16 해석을 실행합니다.

17 해석이 완료되면 수렴된 과정을 그래프로 확인할 수 있습니다. 해석 모델에 특이해(singularity)가 발생되는 부분이 존재할 경우, 아래 그래프와 같이 3번의 반복해석을 완료한 이후에도 수렴되지 않고 발산하게 됩니다. 해결방법은 특이해가 발생되는 영역을 제외한 Body 또는 Entity를 지정하거나 결과값에 큰 변동이 없는 결과항목에 수렴 기능을 적용할 수 있습니다.

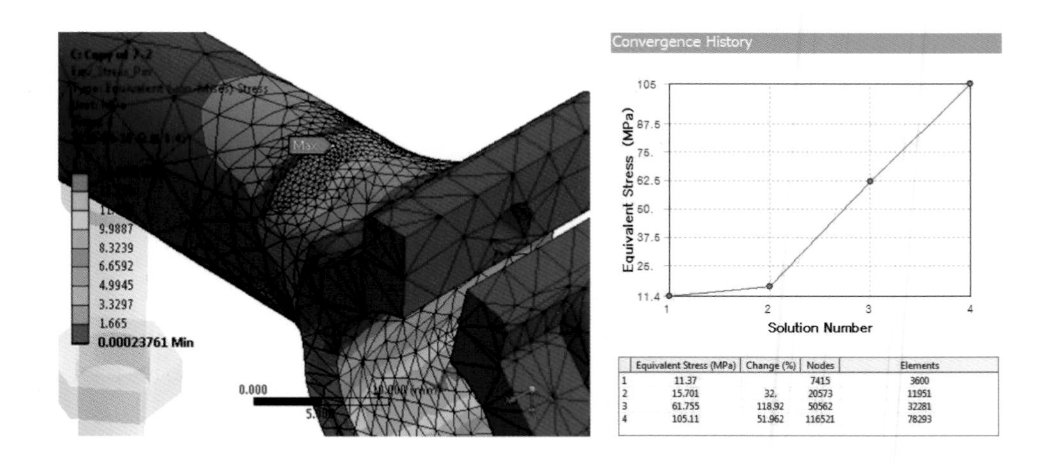

	Equivalent Stress (MPa)	Change (%)	Nodes	Elements
1	11.37		7415	3600
2	15.701	32.	20573	11951
3	61.755	118.92	50562	32281
4	105.11	51.962	116521	78293

18 변형량 결과항목에 수렴 기능을 추가하고 동일한 설정을 부여한 후 해석을 실행합니다.

다음 그래프의 의미는 첫 번째 Mesh Size에서는 변형량이 1.0146e−4(m)이고 Mesh

Refinement를 하여 1.059e−4(m)로 변경되었다는 것을 알 수 있습니다. 총 3번의 Refinement Loop를 적용하였지만 두 번째 Mesh Size에서 첫 번째 Mesh 결과와 비교할 때 결과 변화율이 5% 이내인 4.2783%가 되어 수렴이 된 것입니다.

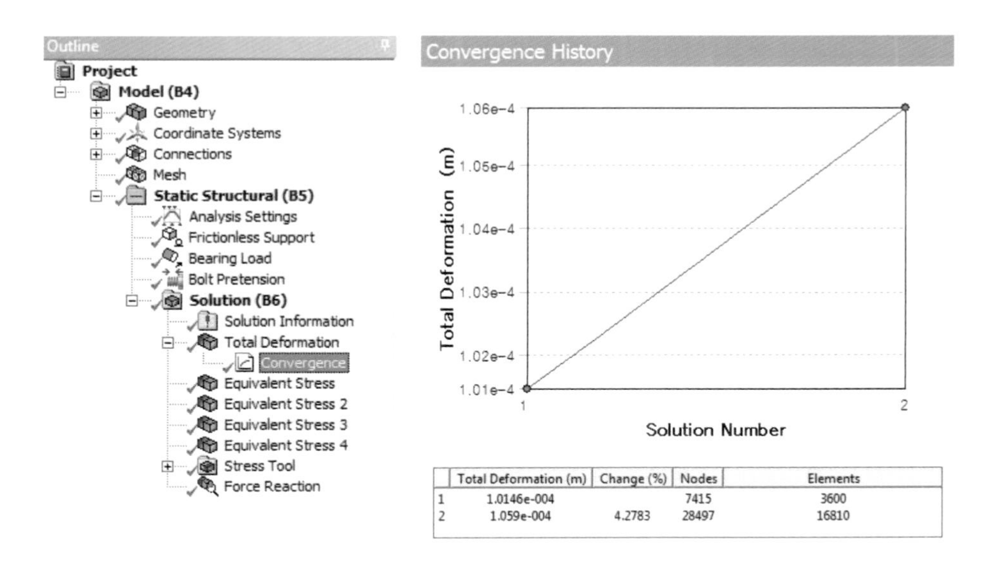

	Total Deformation (m)	Change (%)	Nodes	Elements
1	1.0146e-004		7415	3600
2	1.059e-004	4.2783	28497	16810

결과값에 차이가 발생하는 부위에 대해서만 Mesh가 재생성된 것을 다음과 같이 볼 수 있습니다.

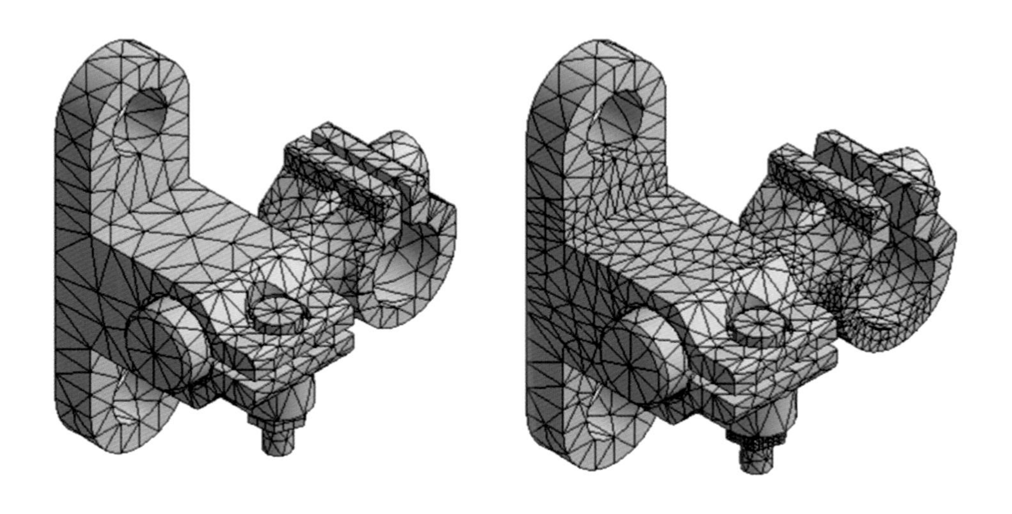

19 응력값을 확인합니다. Refinement된 최종 Mesh 형상과 같이 결과를 볼 수 있습니다.

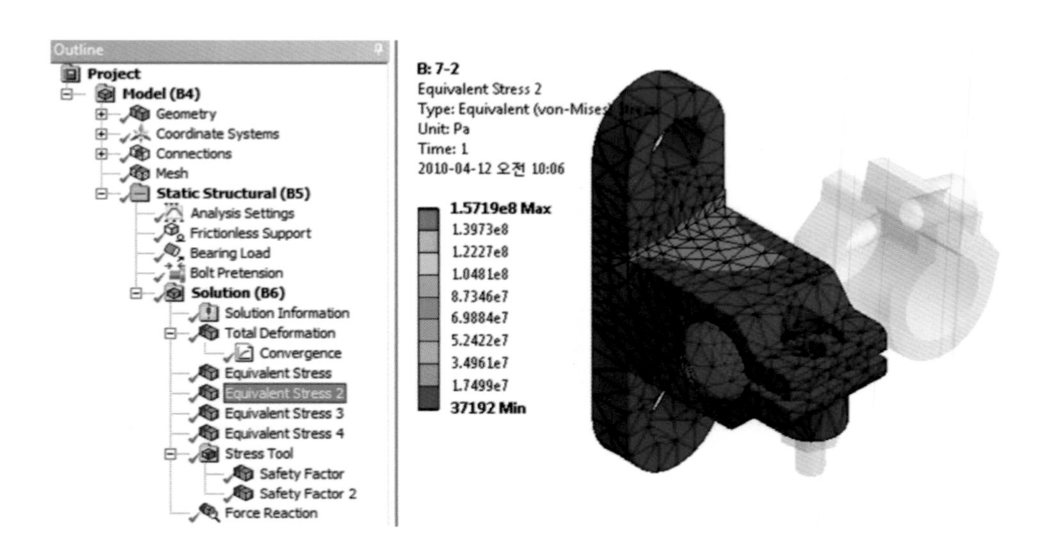

20 다른 결과항목들에 대해서도 결과를 확인해 봅니다.

해석 결과 Max Stress는 157MPa인 것을 확인할 수 있으며 Stress Tool의 Safety Factor를 확인한 결과 모든 영역에서 안전율 1을 넘기 때문에 구조적으로 안전하다고 판단됩니다. 그리고 Force Reaction이 100N의 결과가 나왔으므로 입력된 하중 100N과 동일하기 때문에 적용된 경계조건이 적합했다고 판단 됩니다.

5.3 비선형 구조 해석 개념

유한요소해석을 수행하는 데 있어서 가장 기본이 되는 식은 다음과 같으며, 이 식에서 우리는 주어진 하중벡터 {F}를 이용하여 미지수인 변위벡터 {U}를 구하게 되는 것입니다. 이 식에서 [K]를 강성행렬(Stiffness Matrix)이라고 하며 구조물의 형상 및 재료 물성을 기반으로 만들어지는 행렬입니다.

$$[K]\{U\} = \{F\}$$

위의 식을 그래프로 나타내 보면 다음과 같은데, 실제에 있어서는 여러 가지 이유로 인하여 점선으로 나타낸 선과 같이 선형관계를 가지지 않는 경우가 많이 발생합니다.

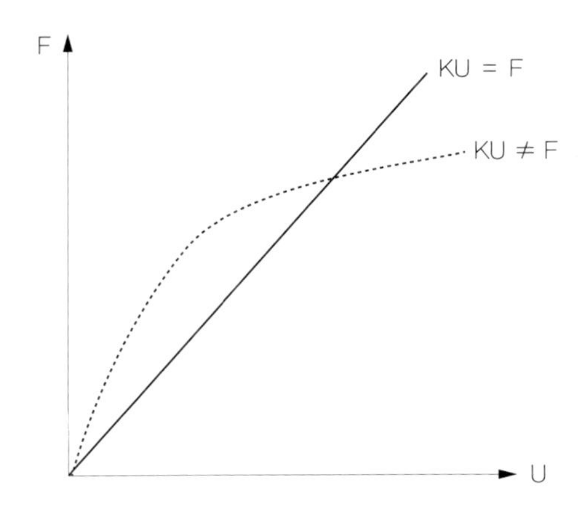

구조물이 비선형 거동을 보이는 이유를 크게 세 가지로 분류할 수 있는데, ANSYS에서는 어떠한 경우에 대해서도 효과적으로 해석을 수행할 수 있으며, 고난도의 비선형 문제에 대해서도 손쉽게 해석을 수행할 수 있습니다.

구조물이 비선형 거동을 나타내는 이유는 다음과 같습니다.

- 기하학적 비선형 : 대변형, 대회전 등으로 인해 각 절점이 미소변위를 일으킨다는 가정을 더 이상 적용할 수 없게 되며, 이에 따라 강성행렬 [K]도 변화하게 됩니다.
- 재료 비선형 : 상대적으로 큰 외력이 작용하는 구조물의 경우 항복을 일으키게 되고, 이후에는 소성변형을 일으키게 됩니다. 즉 항복점 이후에는 탄성계수만을 적용할 수 없음으로써 강성행렬 [K]가 변화하게 됩니다.
- 상태 변화 비선형 : 해석 도중 경계조건이 달라짐으로써 구조물의 강성행렬이 바뀌는 경우로서, 접촉으로 인한 상태 변화가 그 대표적인 예입니다.

비선형 문제를 해석할 때는 비선형적인 거동을 정확하게 예측하기 위하여 주어진 하중 또는 변위를 여러 구간으로 분할하고 각 구간에 대하여 평형조건을 만족할 때까지 여러 번의 반복 계산을 수행함으로써 해를 얻게 되며, 이때 사용되는 대표적인 방법이 뉴턴-랩슨법(Newton-Raphson Method)입니다.

5.4 비선형 구조 해석 예제

굽힘 잔류응력 해석

https://edu.tsne.co.kr/ > 기술자료 > MBU > 왕초보_6판_예제.ZIP > press.agdb

이번 예제는 판재의 굽힘 시에 소성변형이 발생하는 비선형 해석입니다. 받침대 위에 올려진 판재를 중앙에서 눌러 소성변형을 일으킨 후 가해진 하중을 제거하였을 때 남게 되는 영구변형과 잔류응력의 분포를 확인하게 됩니다.

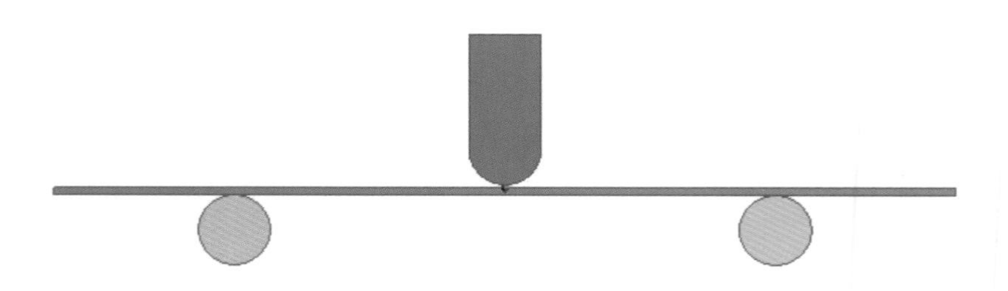

기타 설정 사항

항목	설정 내용
해석 시스템	2D Static Structural
단위 시스템	Metric(kg, mm)
적용 재질	Structural Steel NL , Aluminum Alloy NL
하중 조건	Fixed Support, Displacement Support

01 ANSYS Workbench를 실행하고, Static Structural System을 생성합니다.

02 해석에 사용할 재료 물성을 정의하기 위해 Engineering Data 환경으로 전환합니다.

03 Engineering Data Sources 창을 활성화하여 General Non-linear Materials Library에서 Aluminum Alloy NL과 Structural Steel NL을 추가합니다.

Engineering Data Sources

	A	B	C	D
1	Data Source		Location	Description
2	Favorites			Quick access list and default items
3	General Materials			General use material samples for use in various analyses.
4	General Non-linear Materials			General use material samples for use in non-linear analyses.

Outline of General Non-linear Materials

	A	B	C	D	E
1	Contents of General Non-linear Materials	Add		Source	Description
2	Material				
3	Aluminum Alloy NL				General aluminum alloy. Fatigue properties come from MIL-HDBK-5H, page 3-277.
4	Concrete NL				
5	Copper Alloy NL				
6	Gasket Linear Unloading				
7	Gasket Non Linear Unloading				
8	Magnesium Alloy NL				
9	Stainless Steel NL				
10	Structural Steel NL				Fatigue Data at zero mean stress comes from 1998 ASME BPV Code, Section 8, Div 2, Table 5-110.1
11	Titanium Alloy NL				

General Non-linear Materials Library에는 소성변형을 해석할 수 있도록 비선형 재료 물성이 정의된 재질들이 보관되어 있습니다. 재료 비선형은 BISO(Bilinear Isotropic Hardening) 모델로 2개의 직선으로 표현되는 응력-변형률 관계를 사용하며, 등방성 가공경화 법칙을 포함한 Von-Mises 항복기준을 사용합니다. 이 옵션은 일반적으로 금속 재료의 대변형률 소성 문제를 해석하는 데 사용되며, Cyclic Loading을 적용하고자 할 때는 추천하지 않습니다.

04 Engineering Data 탭을 닫고 Project Schematic 환경으로 돌아갑니다.

05 생성한 시스템의 Geometry Cell에서 RMB > Import Geometry로 예제 모델을 불러옵니다.

06 예제에서 사용하는 모델은 2D Plane 모델이므로 Geometry > RMB > Properties로 속성 창을 활성화하여 Analysis Type을 2D로 변경해야 합니다. (모델을 불러오기 전

에 2D 설정을 먼저 할 것을 권장합니다.)

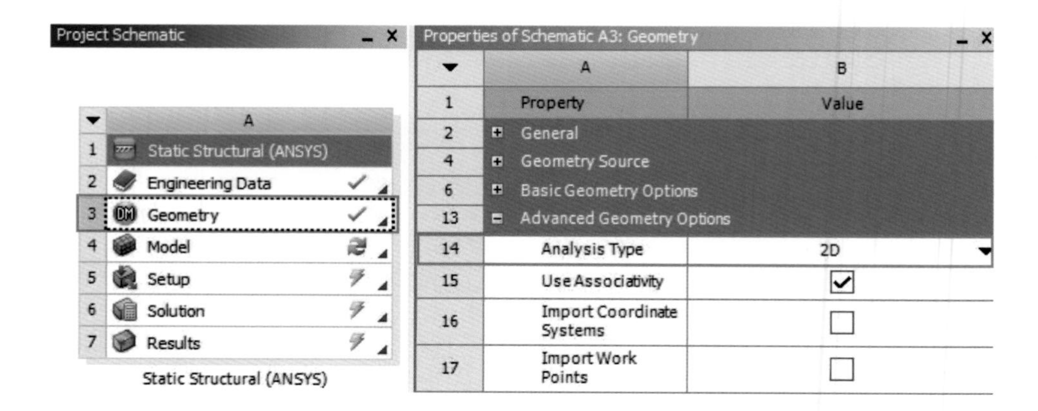

07 Model Cell을 더블 클릭하여 Mechanical Application(simulation)을 실행합니다.

08 Tree Outline의 Geometry에서 Detail View > Definition > 2D Behavior를 Plane Stress로 설정합니다.

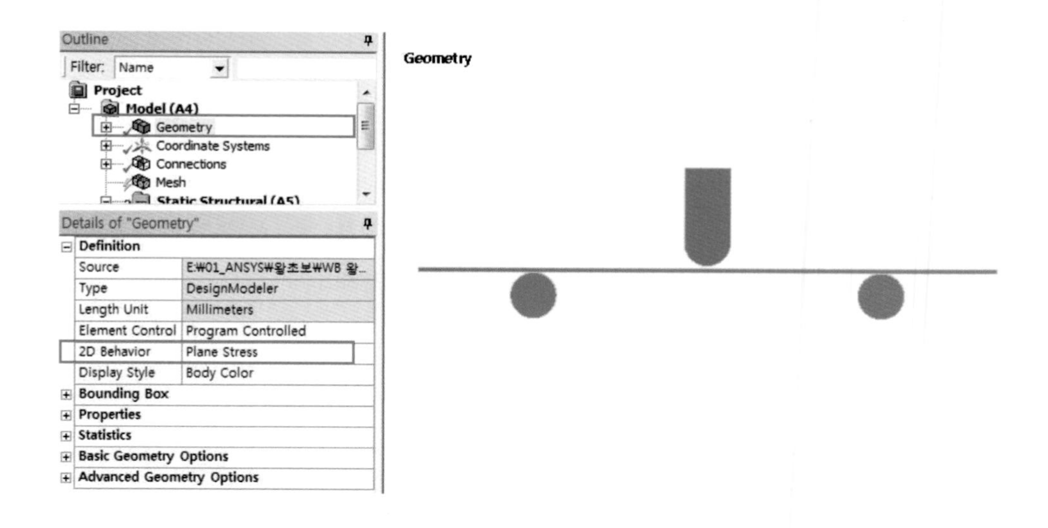

09 판재에 Aluminum Alloy NL을 적용하고 Nonlinear Material Effects를 Yes로 설정합니다.

나머지 모델에는 Structural Steel NL 재질을 적용합니다.

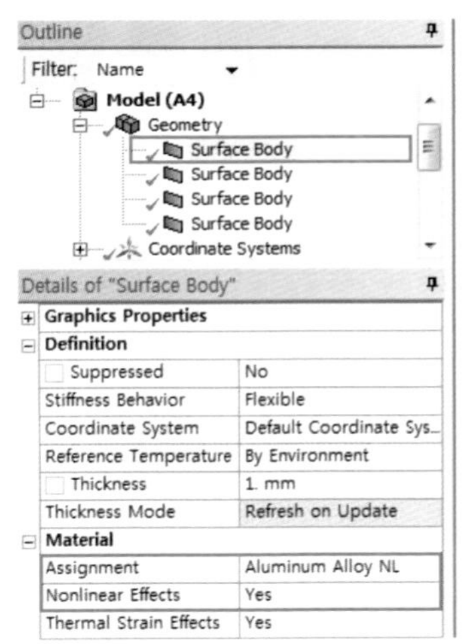

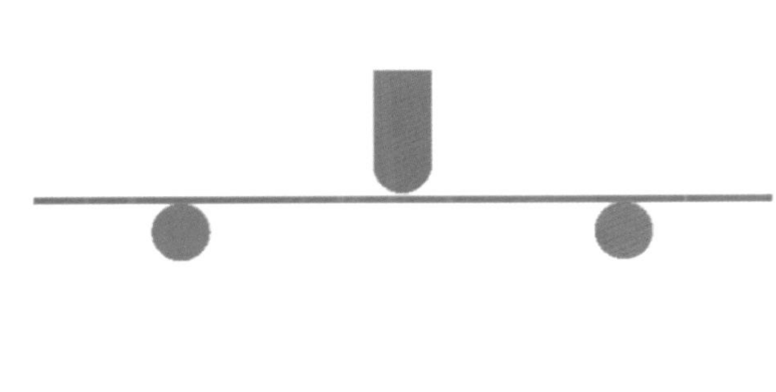

10 상부 Punch와 Plate가 닿는 면에 접촉조건을 부여합니다. 모델은 서로 떨어져 있으므로 접촉조건이 자동으로 생성되지 않습니다. Connections > Contacts > RMB > Insert > Manual Contact Region을 추가합니다. Detail View > Scope > Contact 항목에 Plate 윗면을, Target 항목에 Punch 원통 Edge를 지정합니다. 3개의 접촉조건을 모두 선택한 후 Detail View > Definition > Type을 Frictionless로 변경합니다.
(Plate 윗면은 2개의 Edge로 분리되어야 합니다. 필요할 경우, Model 항목에서 Virtual Topology 기능을 사용하여 Edge를 분리합니다.)

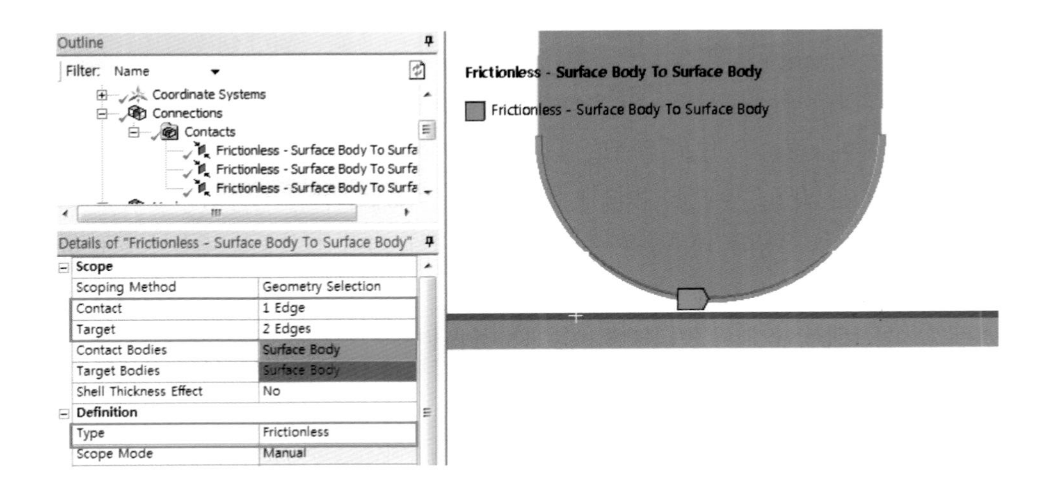

11 3개의 접촉조건을 모두 선택한 후 Advanced 설정을 변경합니다.

Formulation을 Augmented Lagrange로 변경합니다. Normal Stiffness를 Manual로 변경하고 Factor를 0.01로 입력합니다. Stiffness Factor의 업데이트는 Each Iteration, Aggressive로 설정합니다.

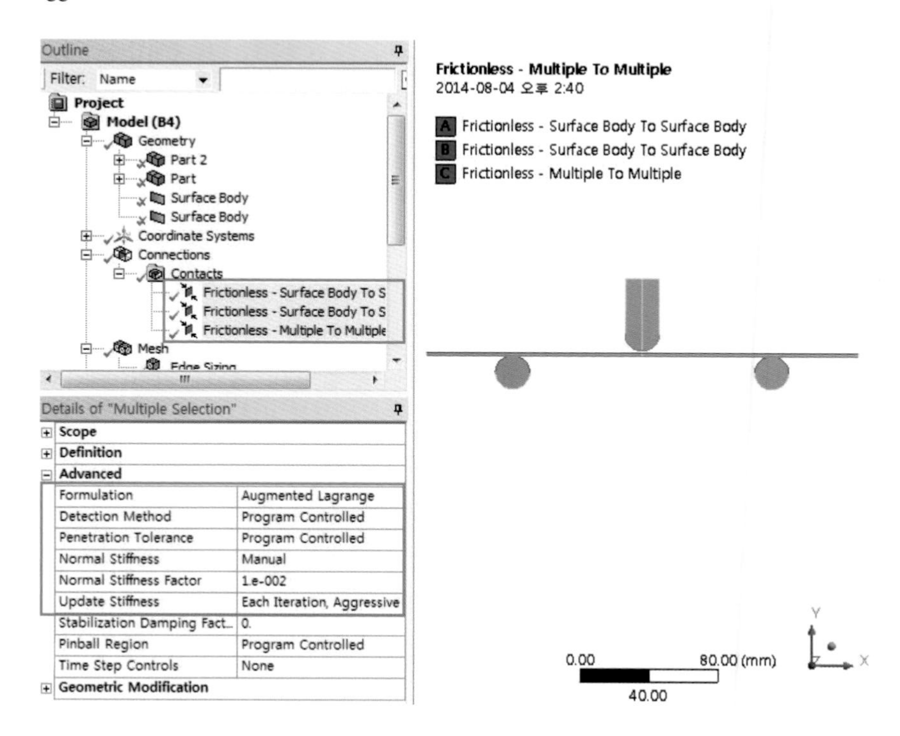

12 Mesh 크기를 설정합니다.

Sizing 항목을 추가하고 Plate의 위, 아래 Edge 및 Plate와 접하는 3개의 원통 Edge를 지정합니다. Size는 0.5를 입력합니다.

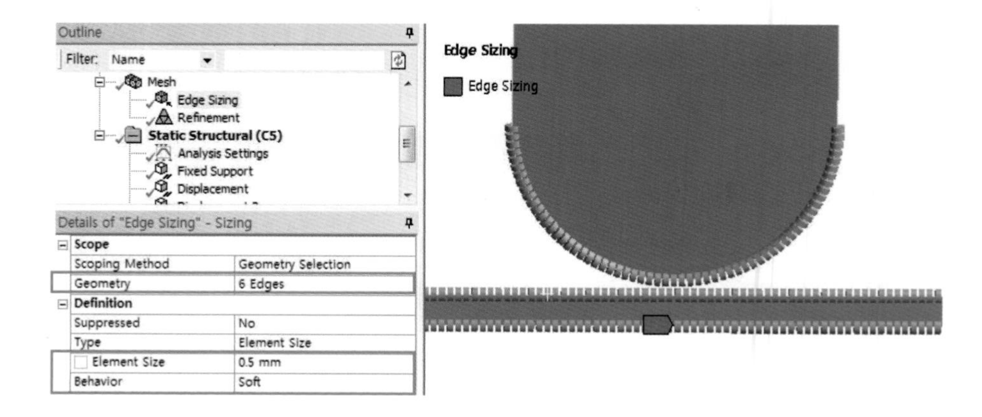

13 Refinement 항목을 추가합니다. Plate를 지정하고 Refinement 수준은 1로 설정합니다.

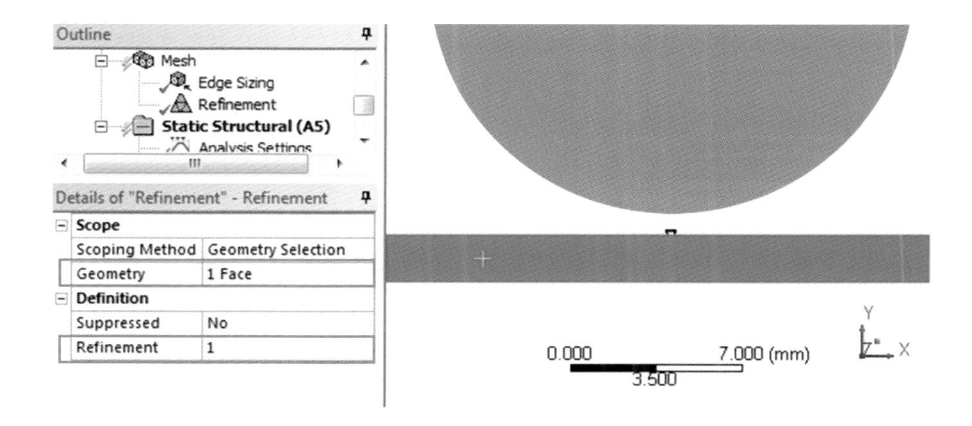

14 하중의 적용을 두 단계로 나누어야 하므로 Analysis Settings에서 2개 Step을 정의해야 합니다.

Number of Steps 항목에 2를 입력합니다. Graph에서 RMB > Select All Steps로 생성된 2개 Step을 모두 선택하여 Multi Step 설정을 진행합니다.

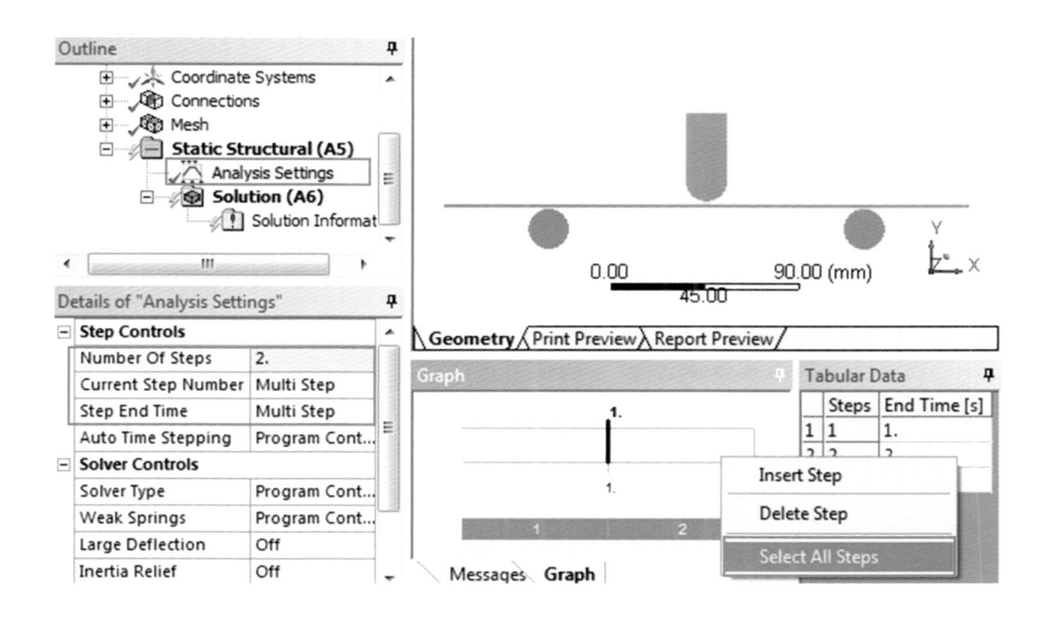

15 Auto Time Stepping을 On으로 변경한 후에 각각의 Substep에 대한 적용값을 그림과 같이 입력합니다. 이는 비선형 해석을 수렴시키기 위해 하중의 크기를 작은 값부터 천천히 증가시켜 안정된 상태로 수렴되도록 합니다.
해석 모델이 과도한 변형을 일으키게 되므로 Large Deflection 옵션을 활성화합니다.

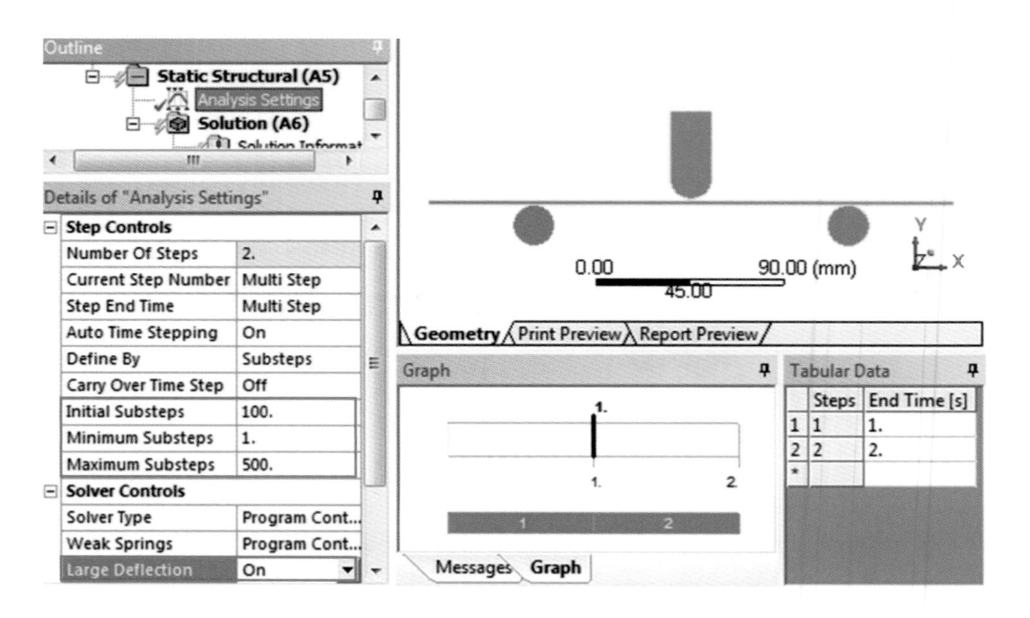

16 고정조건을 부여합니다. Fixed Support 조건을 추가하고 모델에서 하단 2개의 받침대를 지정합니다.

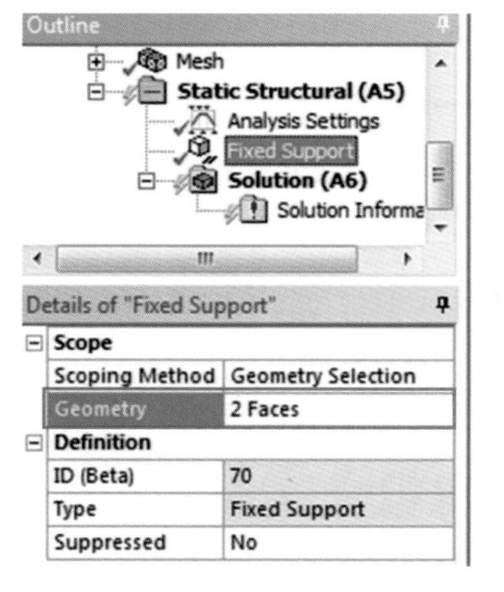

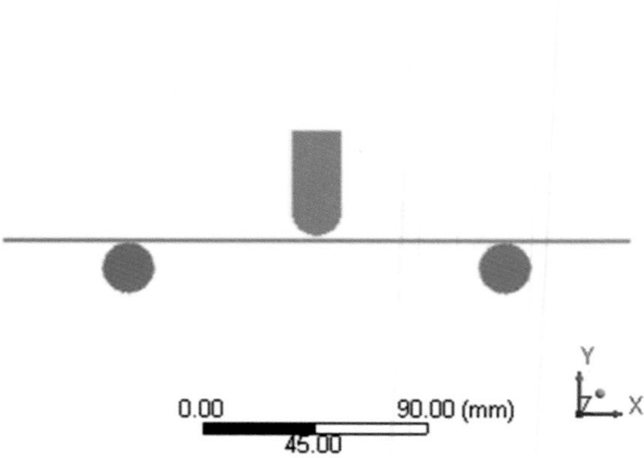

17 하중조건을 부여합니다. Displacement 조건을 추가하고 상단 Punch를 지정합니다. 하중스텝이 2개로 나뉘어 있으므로 1번 Step에서는 Y방향으로 −20을 설정합니다. 2번 Step에서는 하중을 제거하는 단계이므로 Punch를 원래 위치로 되돌려 놓기 위해 0을 설정합니다.

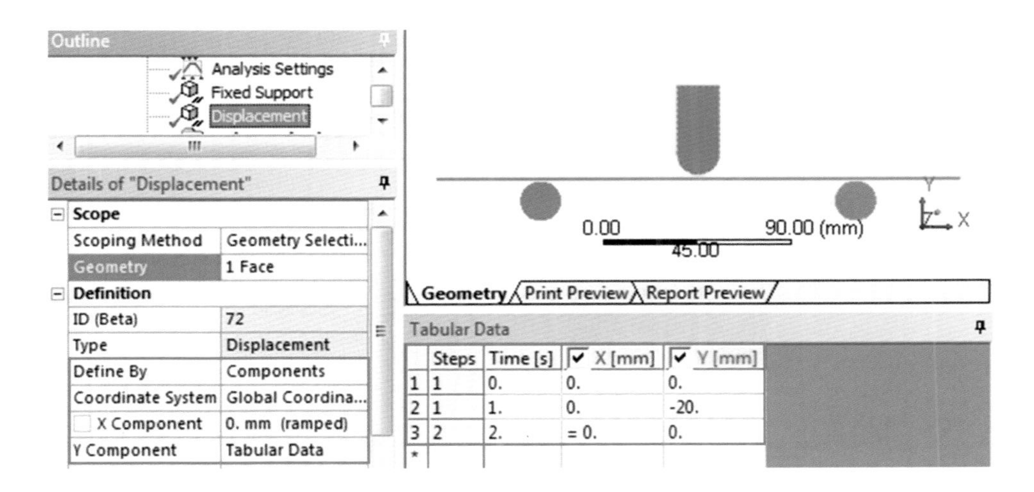

18 Plate의 X방향 자유도의 구속이 완전하지 않으므로 Plate 상단 중앙에 미리 생성되어 있는 Point를 Displacement 조건으로 X방향의 자유도 0으로 고정합니다.

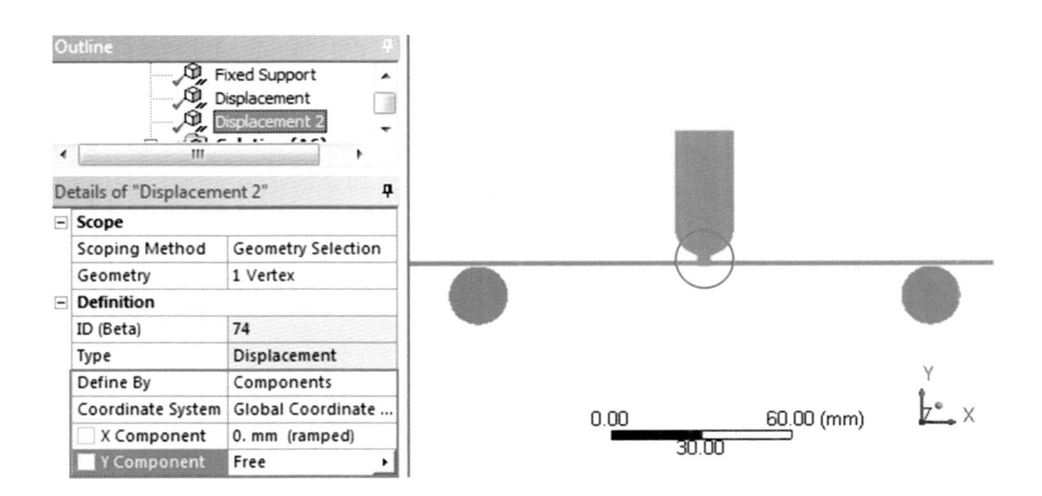

19 Solve를 클릭하여 해석을 진행합니다.

Solution Information에서는 해석 진행 상황에 대한 수렴값들을 볼 수 있습니다. 이것은 ANSYS MAPDL 환경(Classic)에서의 Output 창과 동일합니다. Solution Output 항목을 Force Convergence로 변경하면 수렴값들에 대해 그래프로 살펴볼 수 있습니다.

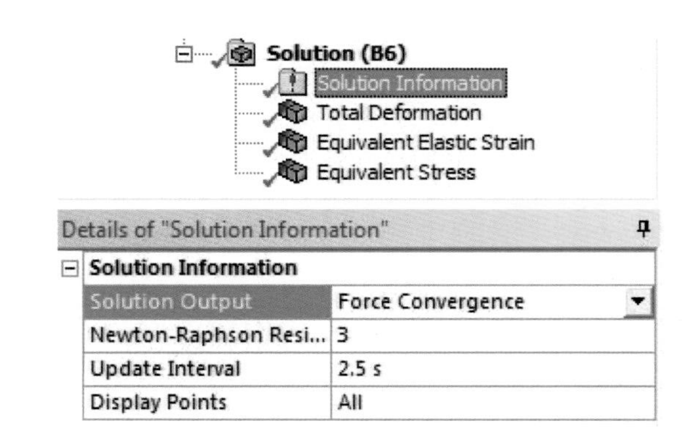

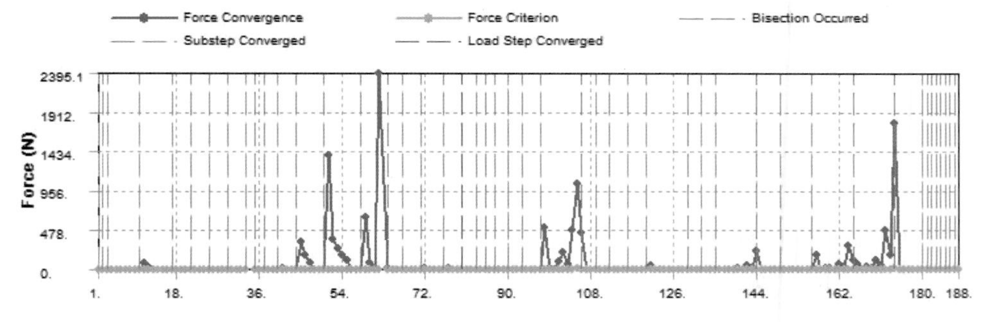

20 해석이 완료되면 결과를 확인합니다.

결과항목으로 Equivalent Stress를 추가한 후 Evaluation합니다. Graph에서 원하는 결과 위치를 선택하고 Retrieve This Result하면 해당 Step에 대한 결과를 확인할 수 있습니다.

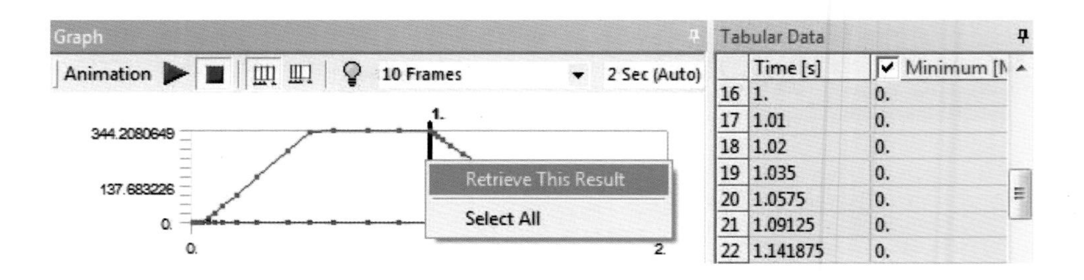

1번 Step에서는 340MPa의 응력이 발생하여 항복강도를 초과하는 수준을 나타내고 있습니다.

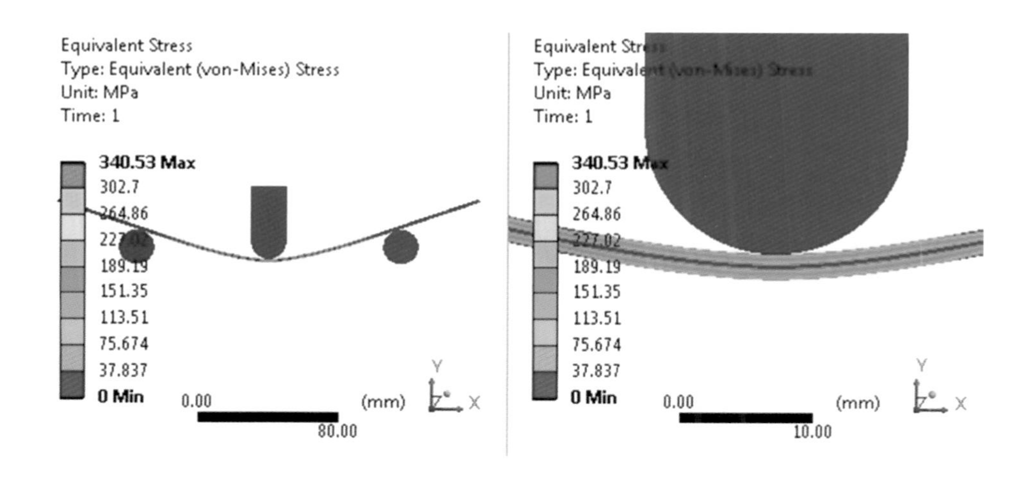

2번 Step에서는 하중이 제거된 상태이며, 소성변형에 의한 잔류응력으로 50MPa가 발생하고 있음을 확인할 수 있습니다. (격자 및 ANSYS 버전에 따라 해석 결과는 조금 상이할 수 있습니다.)

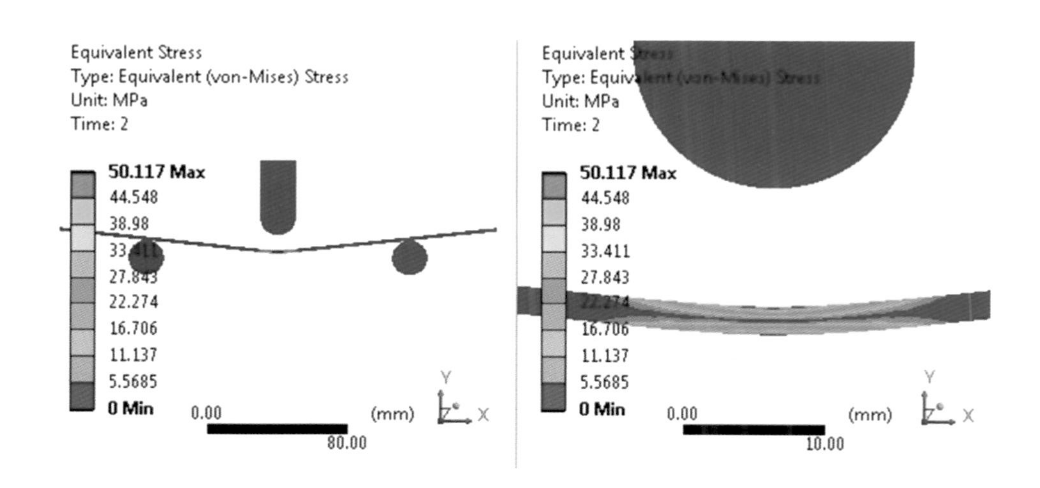

5.5 Direct FE 기능을 이용한 해석 예제

Direct FE 기능을 사용한 외팔보 해석

https://edu.tsne.co.kr/ > 기술자료 > MBU > 왕초보_6판_예제.ZIP > Block.agdb

이번 예제는 Direct FE 기능을 사용하여 해석 모델에 경계조건을 적용하는 선형 구조 해석입니다. 외팔보 좌측을 고정하고 우측 상단 면의 임의지점에 하중을 부여합니다. 경계조건은 면을 선택하지 않고, 격자 생성 후 절점들을 선택하여 유한요소 모델에 직접 하중을 적용하는 방법을 알아보는 예제입니다.

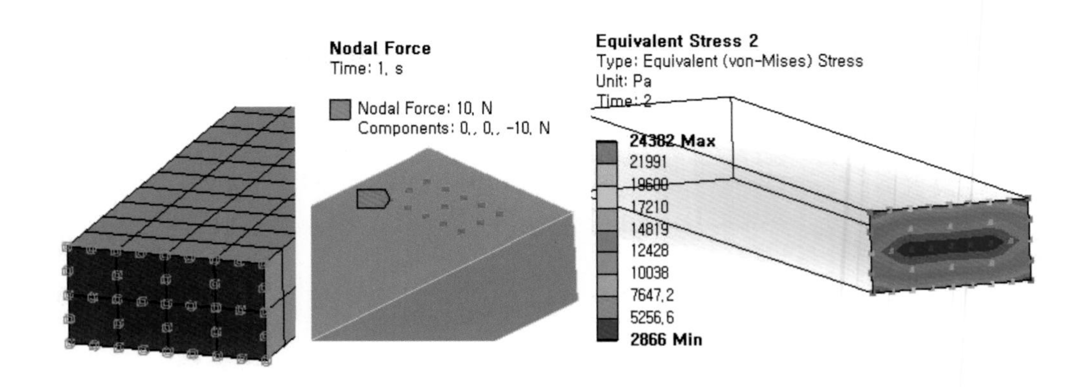

기타 설정 사항

항목	설정 내용
해석 시스템	3D Static Structural
단위 시스템	Metric(kg, mm)
적용 재질	Structural Steel
경계조건	Direct FE

01 ANSYS Workbench를 실행하고, Static Structural System을 생성합니다.

02 Static Structural System의 Geometry 부분에서 마우스 우클릭하여 Import Geometry에서 모델링된 Block.agdb 파일을 불러옵니다.

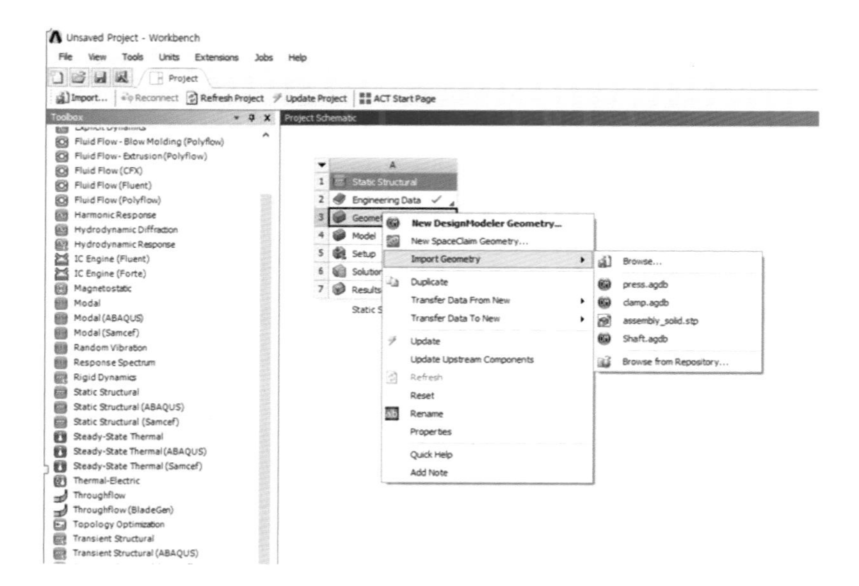

03 Model Cell을 더블 클릭하여 Mechanical Application(simulation)을 실행합니다.

04 격자를 생성한 후 Graphic Toolbar의 Select Type을 Select Mesh로 변경합니다.

05 외팔보를 고정시킬 절점들을 선택합니다. Select Mode를 변경하여 선택하면 편리합니다.

06 절점 선택이 완료되면 마우스 오른쪽 클릭 > Named Selection을 생성합니다.
(본 예제에서는 Fixed Nodes라는 이름으로 Named Selection을 생성하였습니다.)

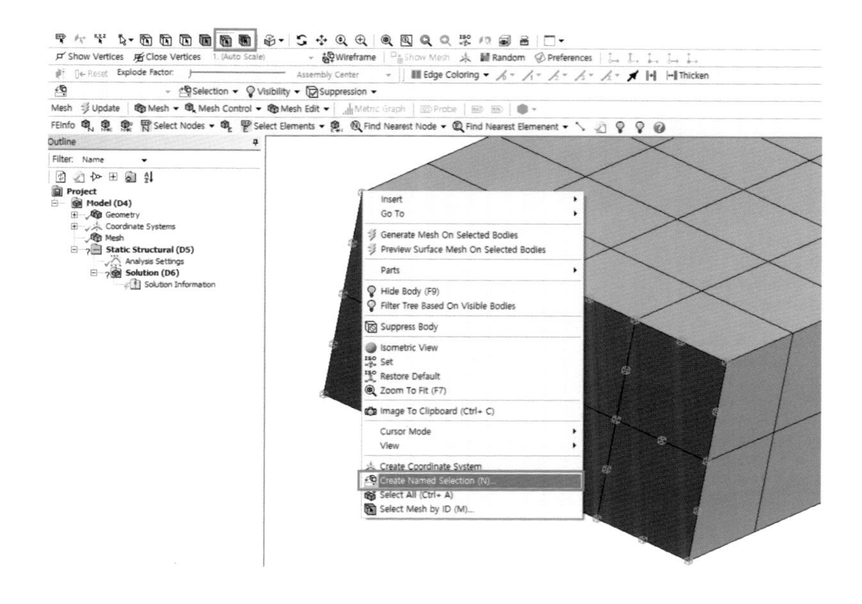

07 Outline Tree > Static Structural을 선택합니다.

08 Icon Toolbar > Direct FE > Nodal Displacement 조건을 추가합니다.

09 Detail View > Scoping Method를 Named Selection으로 변경하고 생성했던 Named Selection 항목(Fixed Nodes)를 정의합니다.

10 절점들의 변위값을 모두 0으로 정의합니다.

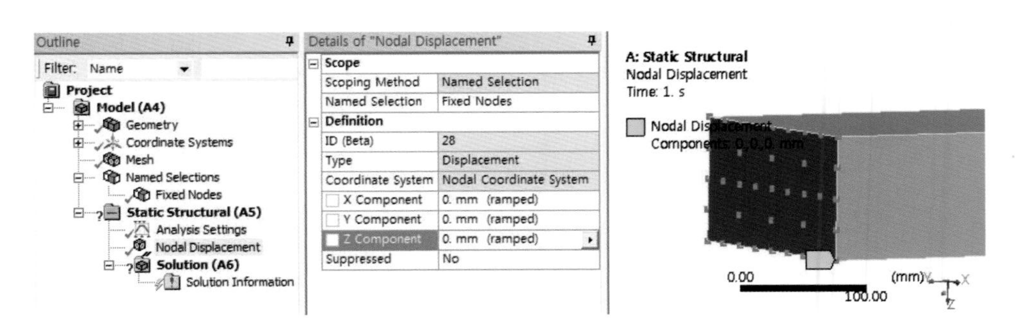

11 외팔보 상단에 하중이 작용할 절점들을 선택합니다. (임의로 선택하셔도 됩니다.)

12 절점 선택이 완료되면 마우스 오른쪽 클릭 > Named Selection을 생성합니다.
(본 예제에서는 F_Nodes라는 이름으로 Named Selection을 생성하였습니다.)

13 Direct FE > Nodal Force 조건을 추가합니다.

14 Detail View > Scoping Method를 Named Selection으로 변경하고 생성했던 Named Selection 항목(F_Nodes)을 정의합니다.

15 −Z 방향으로 10N의 하중이 작용하게 합니다.
(1개 절점에 작용하는 하중=−10N/절점 수)

16 Solve 아이콘을 클릭하여 해석을 진행합니다.

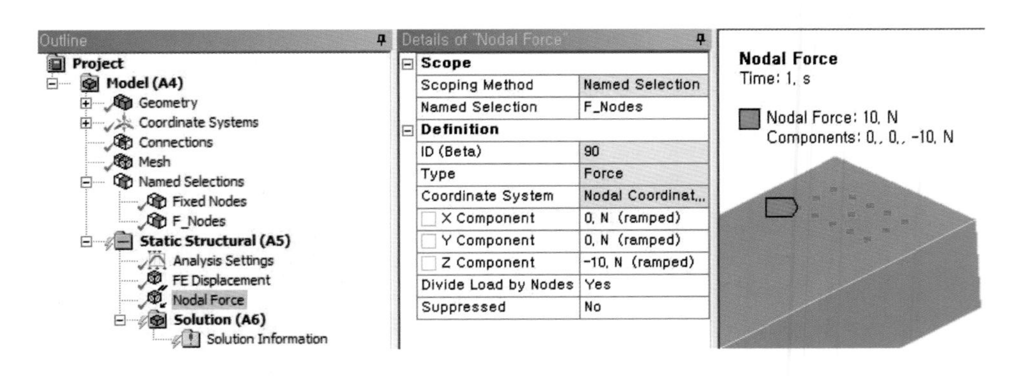

17 고정되는 부분의 응력을 살펴보기 위해 Equivalent Stress 항목을 추가합니다.

18 Detail View > Scoping Method를 Named Selection으로 변경하고 생성했던 Named Selection 항목(Fixed_Nodes)을 정의합니다.

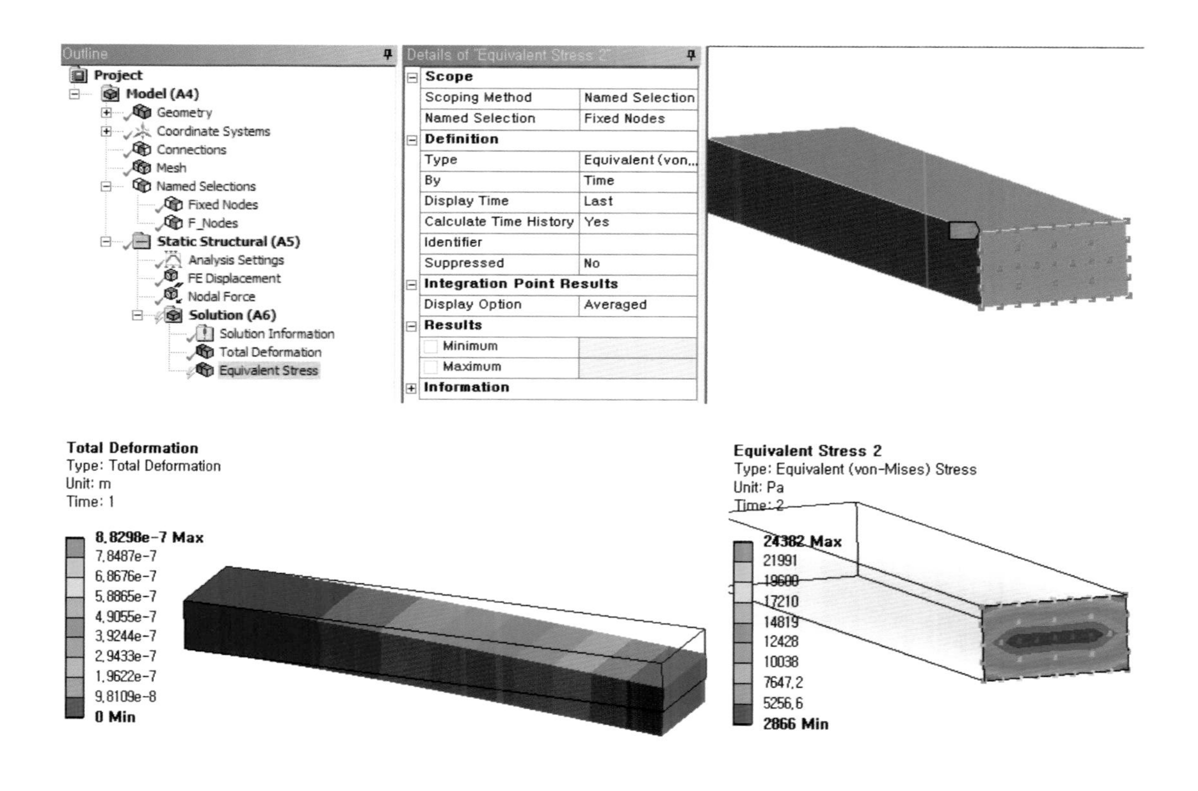

19 반력 결과도 추가하여 살펴봅니다.

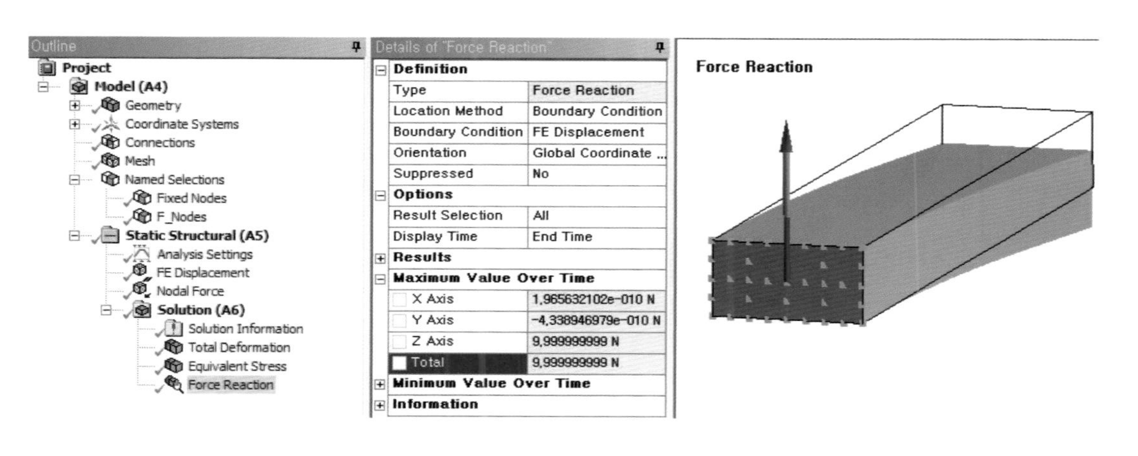

06

열 전달 해석

6.1 열 전달 해석 개념

열은 몇몇 특이 현상(열전현상)을 제외하고는 반드시 뜨거운 곳에서 차가운 곳으로 이동합니다. 찬물과 더운물을 섞으면 미지근해지는 것은 누구나 압니다. 높은 곳에서 낮은 곳으로 돌이 구르듯 고온에서 저온으로 열이 흐르는 것은 무질서도(엔트로피)가 증가하려는 자연의 법칙입니다. 무질서도란 질서가 없는 정도를 말합니다. 어지럽게 흩어질수록 무질서도가 커지는데, 모든 자연현상은 열역학 제2법칙, 즉 엔트로피 증가의 법칙을 따릅니다. 열역학은 평형 상태 간의 에너지 산출을 다루는 학문이고, 열 전달은 열이 이동할 때 열의 전달률을 예측하는 것, 즉 평형 상태 간의 에너지 이동량을 산출하는 것입니다. 물질 내에 온도구배(Temperature gradient)가 있으면 언제나 열의 흐름이 발생합니다. 이러한 열 전달에는 전도, 대류, 복사의 세 가지 방식이 있습니다.

1) 전도

모든 물질은 분자로 구성되어 있는데, 온도가 높다는 것은 물체 내부로 열이 들어와서 물체를 구성하고 있는 분자의 운동이 활발해진 상태를 말합니다. 그림과 같이 금속 막대의 한쪽 끝에 열을 가하면 열에너지로 인해 분자나 전자가 진동하게 되고, 그 진동은 이웃하는 분자에 영향을 미쳐 옆의 분자와 충돌하여 순차적으로 진동하게 됩니다. 이러한 연쇄 반응은 서로 간의 온도 차이가 없을 때까지 계속하여 일어납니다. 이와 같이 정지된 유체나 고체 상태의 물질에서 이웃한 분자의 운동으로 열이 전달되는 현상을 전도라고 합니다.

열전도율(Thermal conductivity)이란 열에너지를 전도하는 능력을 나타내는 값으로 물질의 물성 값입니다.

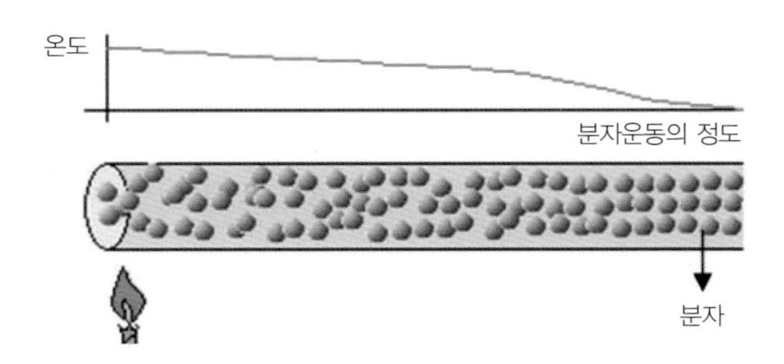

전도 법칙은 Biot에 의한 실험적 관찰 내용에 기초를 두고 있으며, Fourier의 이름을 따라서 명명되었습니다.

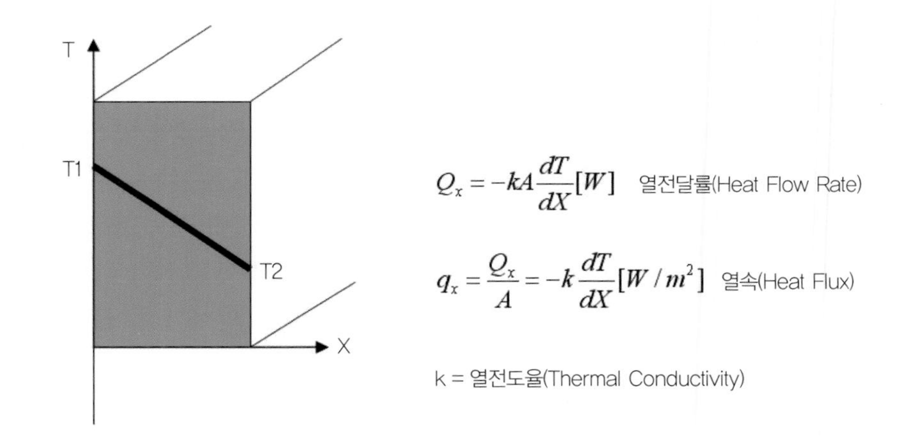

T
T1
T2
X
$Q_x = -kA\frac{dT}{dX}[W]$ 열전달률(Heat Flow Rate)
$q_x = \frac{Q_x}{A} = -k\frac{dT}{dX}[W/m^2]$ 열속(Heat Flux)
k = 열전도율(Thermal Conductivity)

2) 대류

유체가 고체의 표면 위를 흐르고 이들 사이의 온도가 서로 다를 때에는 액체의 운동에 의하여 유체와 고체 표면 사이에 열 전달이 발생합니다. 이러한 열 전달 메커니즘을 대류(Convection)라고 합니다.

- 자연대류 : 유체 내의 온도 차에 따라 발생한 밀도 변화로 부력이 생기고 이 효과로 일어나는 열 전달

- 강제대류 : 펌프나 송풍기로 유체를 강제로 흐르게 하는 경우처럼 인위적인 유체 유동에 의하여 일어나는 열 전달

대류 열 전달률은 단순히 온도 차에 비례하며, 다음과 같이 뉴턴의 냉각 법칙(Newton's law of cooling)으로 표시됩니다.

$$Q = hA(T_s - T_\infty)[W]$$

여기서 h는 대류 열 전달계수로서 W/m^2°C이며, A는 대류 열 전달이 발생하는 면적, T_s는 물체 표면 온도, T_∞는 표면의 유체 온도입니다.

대표적 대류 열 전달계수(W/m^2°C)

자연대류	0.25m의 수직평판인 경우	대기	5
		엔진오일	37
		물	440
	바깥지름 0.02m의 수평원통	대기	8
		엔진오일	62
		물	741
	바깥지름 0.02m의 구	대기	9
		엔진오일	60
		물	606
강제대류	길이 0.5m의 평판 위에 속도 10m/s로 흐르는 25°C의 공기	17	
	바깥 지름 1cm의 원통을 가로지르는 속도 5m/s의 흐름	대기	85
		엔지오일	1,800

3) 복사

난로를 피우거나 햇빛을 쬐면 따뜻해지는 이유는 온도가 높은 물체로부터 열이 매질 없이 바로 전달되기 때문입니다. 모든 물질은 고온이 되면 그 물체를 구성하고 있는 원자나 분자가 격렬한 진동을 하게 됩니다. 입자들이 진동하는 주위에는 전자기파가 발생하며, 이 전자기파가 각 방향으로 퍼져서 방출됩니다. 전자기파가 우리 몸에 도달하여 몸

을 구성하고 있는 원자나 분자를 진동시킬 때 우리는 따뜻하다고 느끼게 됩니다. 이런 방법으로 열을 전달하는 것을 복사라 합니다.

절대온도 Ts인 표면에서 방출하는 최대 복사율은 스테판-볼츠만(Stefan-Boltzmann) 법칙에 의해 다음과 같습니다.

$$Q = \varepsilon\sigma A T_s^4 [W]$$

여기서 $\sigma = 5.67 \times 10^{-8} W/m^2K^4$으로 스테판-볼츠만 상수라고 합니다. ε는 방사율(emissivity)입니다. 방사율은 $\varepsilon = 1$인 흑체와 얼마나 가까운지를 나타내는 지표이며 그 범위는 $0 \leq \varepsilon \leq 1$입니다.

4) 정상 상태(Steady-State) 열 전달

정상 상태란 에너지의 균형을 이룬 상태로 들어온 양과 나간 양이 같은 것을 의미합니다. 즉, 평형은 입사 = 방출입니다. 처음에 열을 가할 때 각 부분의 온도가 올라가지만 (과도 상태) 들어오는 열량과 나가는 열량이 같아지면 각 부분의 상태가 일정한 상태(정상 상태)로 유지됩니다. 즉 과도 상태가 지난 후에는 정상 상태가 됩니다. 정상 상태에서는 온도가 시간에 의존하지 않습니다.

처음에는 온도가 전체적으로 올라가다가 계속 가열해도 각 부분의 온도가 일정한 상태(정상 상태)로 유지됩니다.

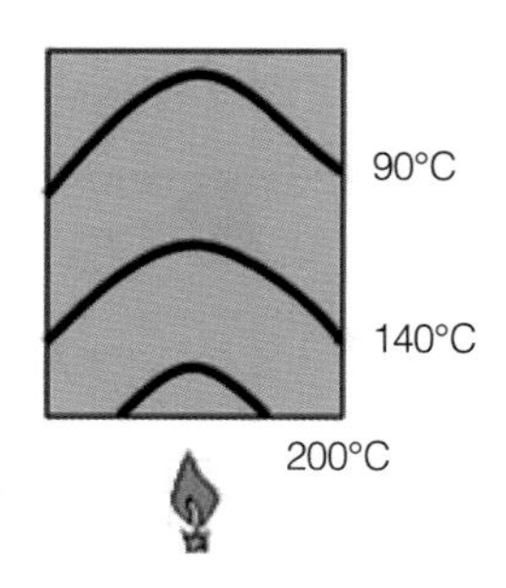

5) 과도 상태(Transient) 열 전달

시간이 아무리 경과하여도 온도가 변하지 않는 정상 상태를 제외한 모든 경우에서 온도는 시간에 따라 변하게 됩니다. 이러한 경우는 물체 내부의 온도가 위치와 시간에 따라서 변하게 되므로 위치와 시간에 따른 함수를 고려하여 해석해야 합니다.

과도 해석을 수행하려면 구조물의 초기 온도 분포를 적용해야 하는데, ANSYS Workbench에서는 두 가지 방법이 있습니다.

초기 온도 분포	초기 온도 값	방법
일정한 경우 (UNIFORM)	알고 있는 경우	전체 모델에 초기 온도를 준다. 과도 해석을 한다. 명령어 [TUNIF]
일정하지 않은 경우 (NON-UNIFORM)	모르는 경우	정상 상태 해석을 하여 초기 온도를 구한다. 그다음 과도 해석을 한다.

6.2 정상 상태 열 전달 해석 예제

Heat Sink의 열 전달 해석

https://edu.tsne.co.kr/>기술자료>MBU>왕초보_6판_예제.ZIP>heat sink.igs 또는 heat sink.stp

다음과 같은 Heat Sink는 80°C로 발열되는 Chip을 대기 중의 자연대류에 의해 냉각시키는 역할을 맡고 있습니다. Heat Sink의 전체 온도 분포를 구합니다.

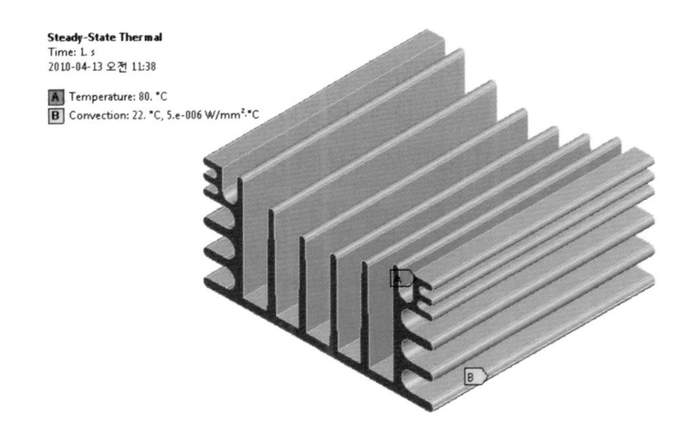

기타 설정 사항

항목	설정 내용
해석 시스템	Steady State Thermal
단위 시스템	Metric (kg, mm, N, °C)
적용 재질	Copper Alloy
하중 조건	Temperature, Convection

01 ANSYS Workbench를 실행하고, Steady-State Thermal System을 생성합니다.

02 해석에 사용할 재료 물성을 정의하기 위해 Engineering Data Cell을 더블 클릭하거나 또는 RMB(마우스 오른쪽 버튼) > Edit... 를 선택합니다.

03 Engineering Data Sources 아이콘을 클릭 후 General Materials Library에서 Copper Alloy를 추가(노란색 + 아이콘 클릭)합니다.

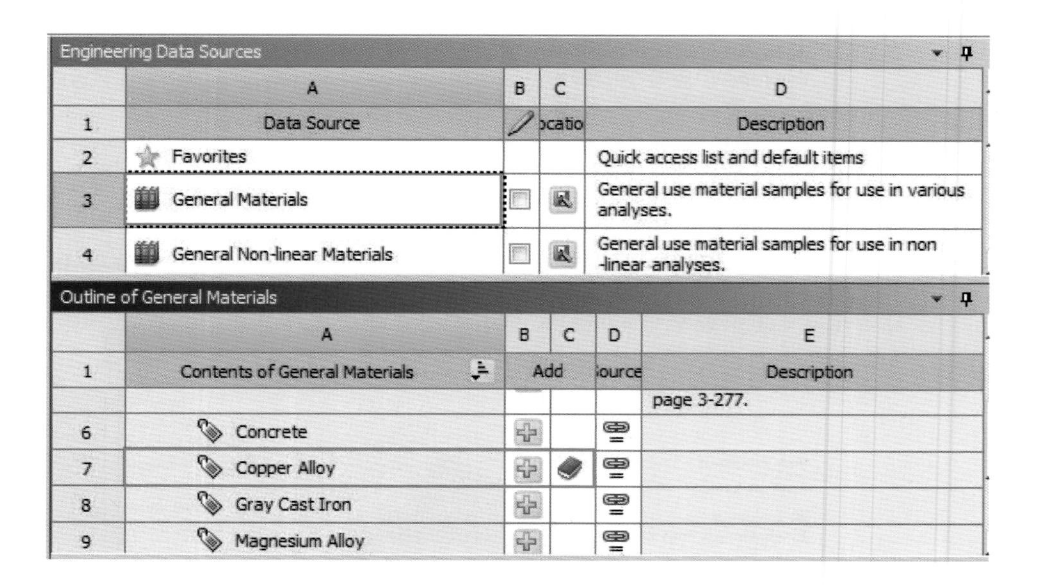

04 Engineering Data 탭을 닫고 Project Schematic 환경으로 돌아갑니다.

05 Geometry Cell에서 RMB(마우스 오른쪽 버튼) > Import geometry > Browse...를 클릭하여 모델 파일(heat sink.stp 또는 heat.igs)을 선택합니다.

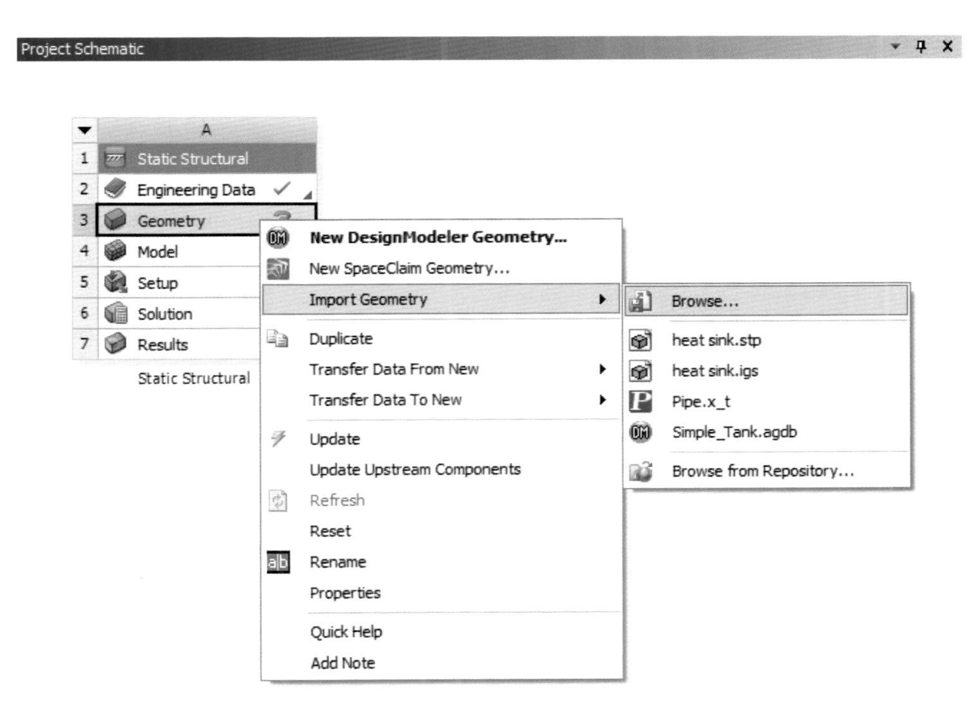

06 Project Schematic에 생성된 Steady-State Thermal System의 Model Cell을 더블 클릭하여 Mechanical Application을 실행합니다.

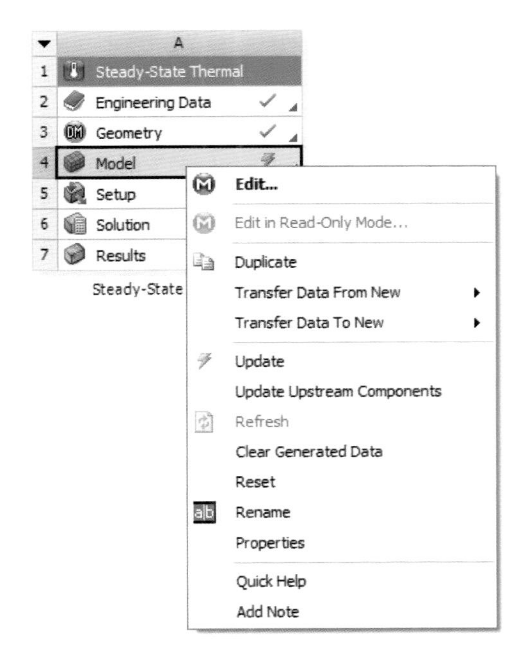

07 모델에 적용할 재질을 Copper Alloy로 변경합니다.

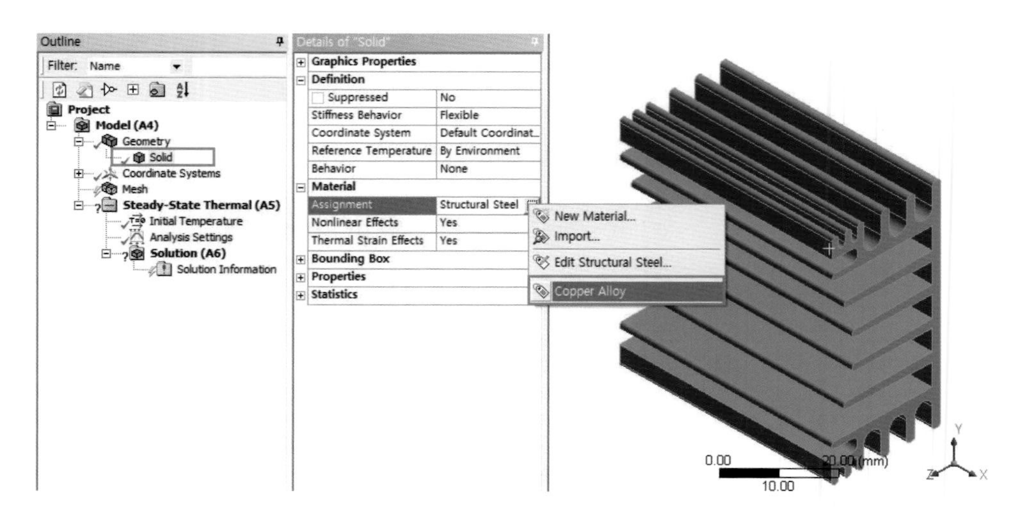

08 Heat Sink 밑면 분할한 면에 Chip에 의한 발열 온도 조건을 부여합니다.

Tree Outline의 Steady State-Thermal에서 RMB > Insert > Temperature를 추가합니다. Detail View > Geometry에 분할 면(1 Face)을 지정하고, Definition > Magnitude에 80을 입력합니다.

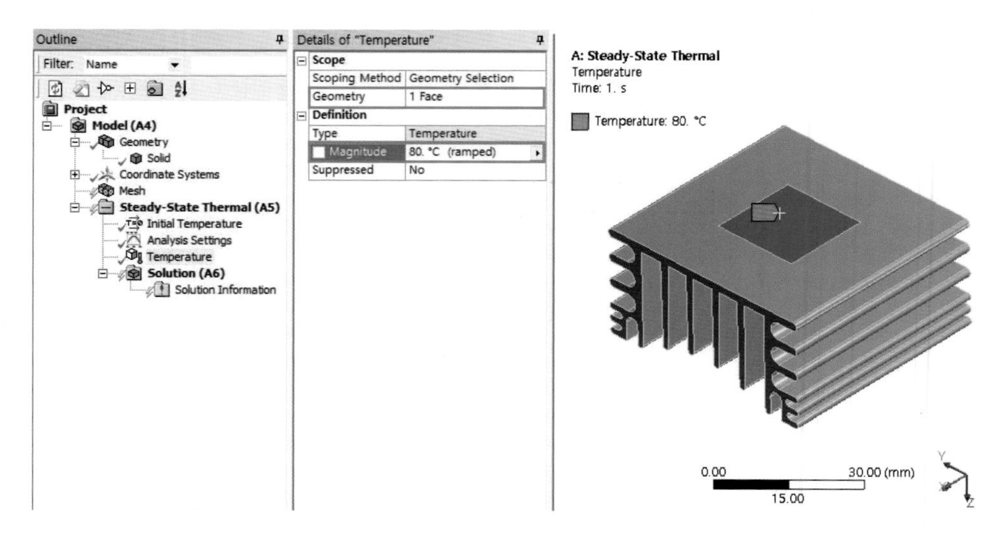

09 Heat Sink 외부 면에는 대기 중의 자연 대류 조건을 부여합니다.

Tree Outline의 Steady State-Thermal에서 RMB > Insert > Convection을 추가합니다. Detail View > Geometry에 외부 돌출 면을 지정합니다. Select Filter를 Box Select로

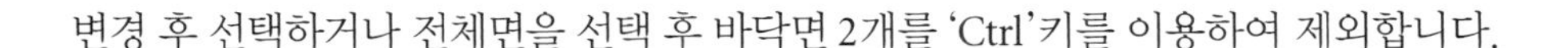
변경 후 선택하거나 전체면을 선택 후 바닥면 2개를 ‘Ctrl’키를 이용하여 제외합니다.

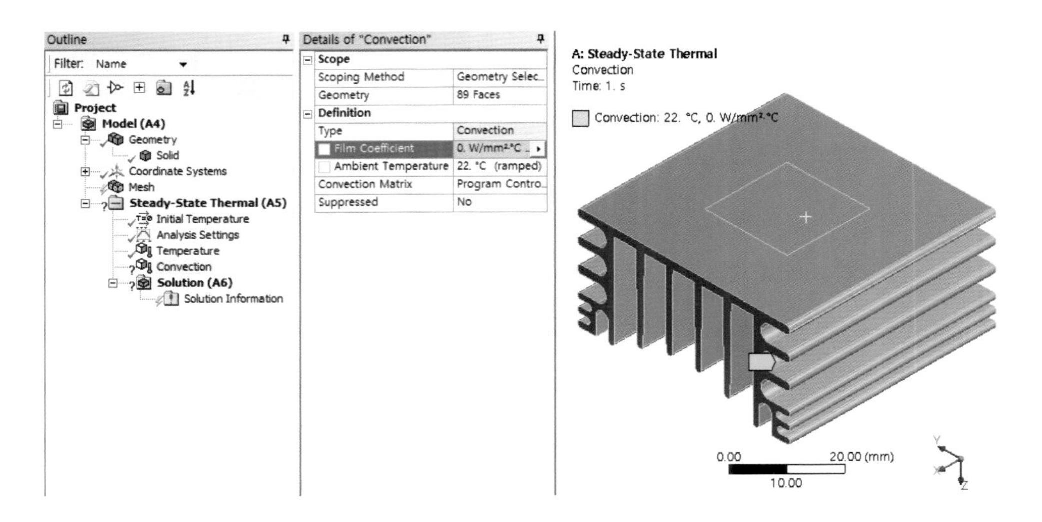

10 대류계수는 Workbench에서 제공하는 데이터를 사용하겠습니다.

Detail View > Film Coefficient 항목의 버튼을 클릭하여 추가 Menu의 Import Temperature Dependent...를 클릭합니다.

Ambient Temperature에 22°C(주변 공기의 온도)를 입력합니다.

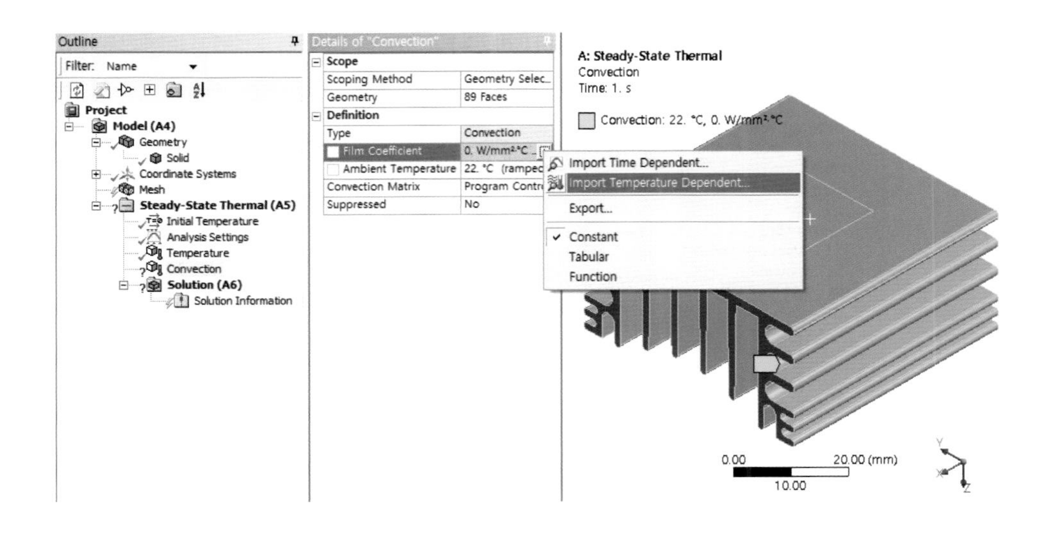

11 Convection Data들 중에서 Stagnant Air-Simplified Case 항목을 적용합니다.

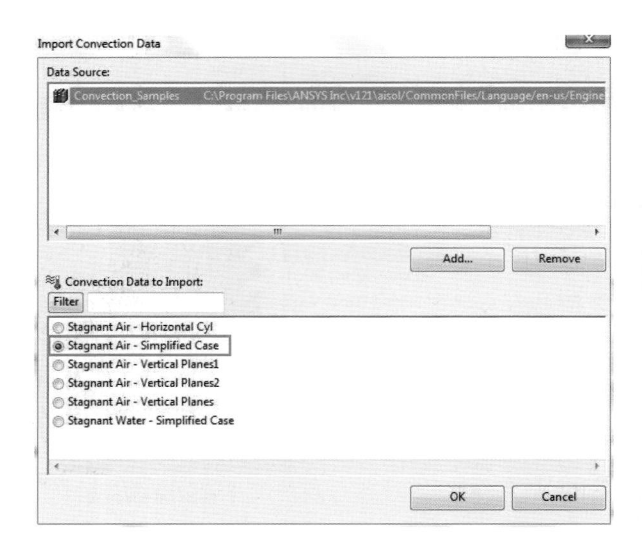

12 결과 항목으로 Temperature, Total Heat Flux를 추가합니다.

13 해석을 실행합니다.

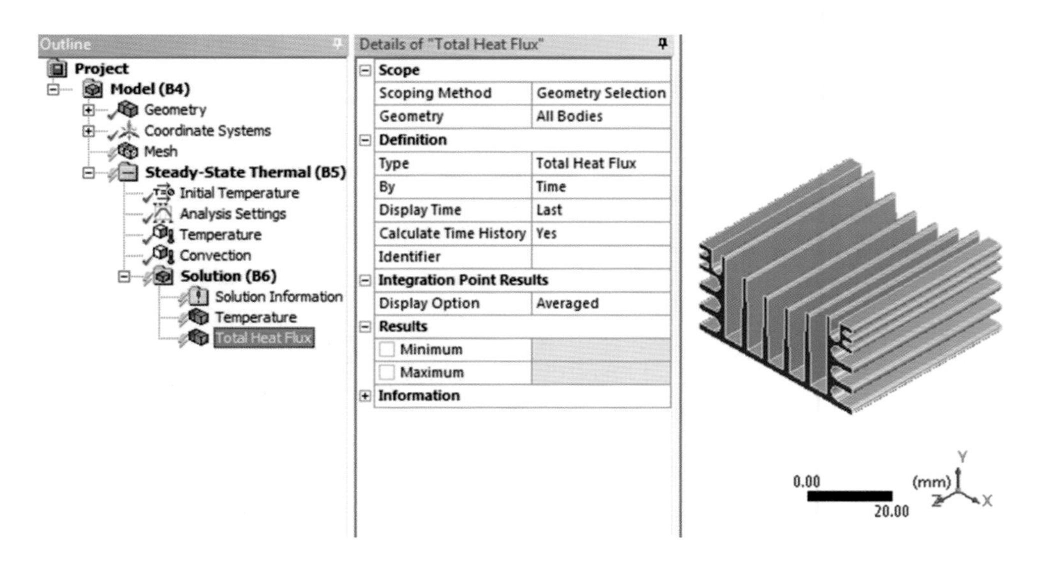

14 온도 분포와 열속 분포를 확인합니다. Heat Sink의 온도는 80°C에서 약 73.8°C로 분포(격자 밀도에 따라 약간의 차이가 발생 가능)하며 최대 Heat Flux값은 약 0.0376W/mm²입니다.

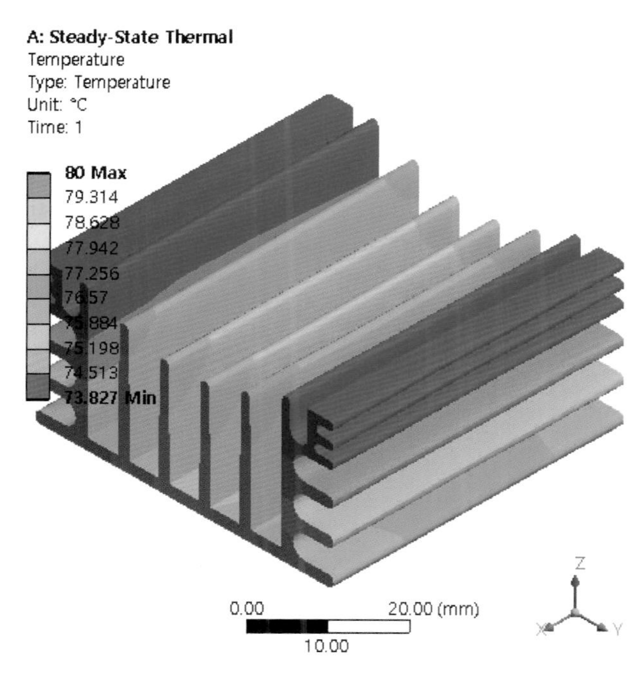

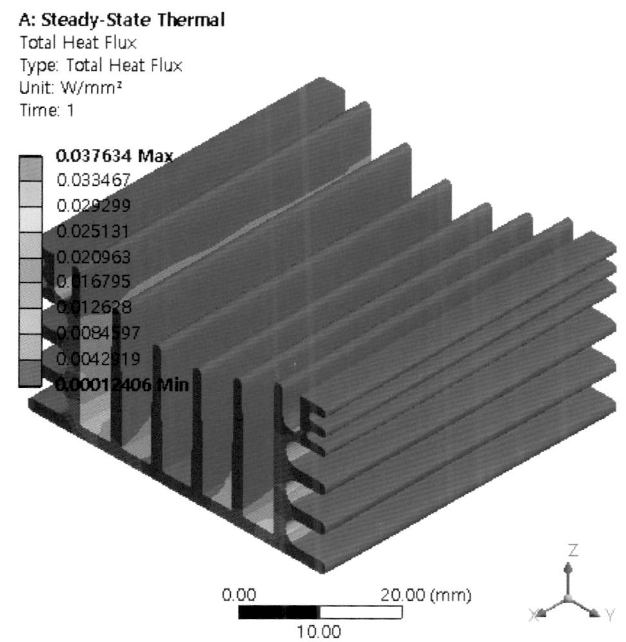

07

진동 해석

7.1 진동 해석 개념

1) 진동 해석

조수의 간만을 보거나 바람에 나무가 흔들리는 것, 산업 기계 등의 끊임없는 운동을 보며 사람은 진동에 관심을 가져왔습니다. 기계, 건물의 기초 구조물, 엔진, 제어계 등에는 진동이 발생하며, 이들의 설계에는 필연적으로 진동의 영향을 고려해야 합니다. 반복되는 진동으로 피로 파괴가 발생할 수 있으며 마모량이 커지거나 심한 소음이 발생하기도 합니다. 따라서 공진영역을 회피하는 설계가 필요하며, 여러 가지 하중 조건에서의 동적 특성을 반드시 분석해야 합니다.

2) 진동수(Frequency)

진동수란 주기적인 현상이 매초 반복되는 횟수로서 1초간 진동한 횟수를 말하며 진동이 얼마나 자주 일어나는가를 나타냅니다. 진자 혹은 용수철에 매달린 물체의 진동수는 주어진 시간에 좌우 또는 상하로 진동한 횟수를 나타냅니다. 초기 위치 위에서 아래로, 아래에서 위로 완전히 한 번 진동하는 데 이것이 1초 걸렸으면 진동수는 1초에 한 번 진동한 것이며, 값은 1입니다[단위 : Hz].

3) 주기(Period)

진동수의 역수, 한 번 진동하는 데 걸리는 시간입니다[단위 : s].

4) 진폭(변위, Amplitude)

아래위로 흔들린 폭으로 진동을 변위와 시간의 함수로 나타낸 것입니다[단위 : m, cm, mm].

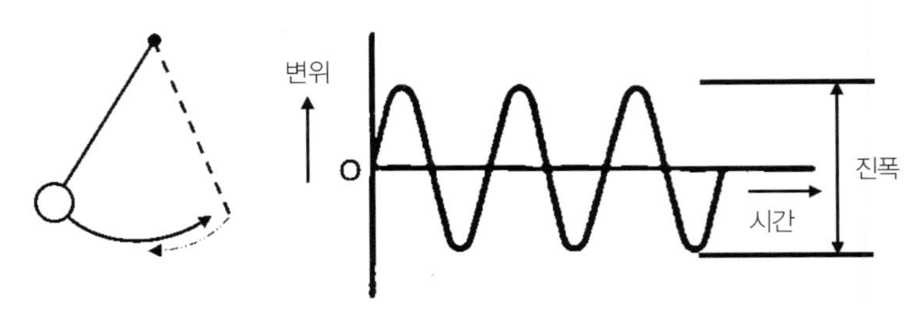

그림 7.1 진동 그래프

5) 고유진동수(Natural Frequency)

탄성체가 자연스럽게 진동하는 진동수입니다. 딱딱한 바닥에 쇳조각과 나무 조각을 떨어뜨릴 때의 소리는 쉽게 구분이 됩니다. 소리란 물체의 진동에 의해 만들어지는데 두 물체가 바닥에 떨어질 때 다르게 진동하기 때문입니다. 탄성물질로 이루어진 물체가 진동할 때는 그 물체에 해당하는 고유의 진동수로 진동하며 고유의 소리를 냅니다. 물체의 재료 특성이나 모양에 의해 결정되는 특정 진동수를 고유진동수라 합니다.

$$\text{진동수} \quad f = \frac{1}{2\pi}\sqrt{\frac{k}{m}} \qquad\qquad \text{주기} \quad T = 2\pi\sqrt{\frac{m}{k}}$$

6) 공진(Resonance)

외부 가진 진동수가 구조물의 고유진동수와 일치할 때마다 공진이라 알려진 현상이 일어나는데, 이로 인하여 과도한 변형과 파괴가 일어납니다. 즉, 가진 진동수 ω가 계의 고유진동수 ω와 같아지는 상태를 공진이라고 부릅니다. 공진이 발생하게 되면 변위는 무한대가 되기 때문에 구조물은 파괴됩니다(감쇠가 없는 경우).

7) 모드 형상(Mode Shape)

모드 형상이란 자연계에서 어떤 모델이 변형할 수 있는 확률이 가장 높은 쪽부터 1차, 2차…로 나오게 됩니다. 종이를 예로 들면 변형하기 가장 쉬운 형상은 구부리는 것일 것입니다. 그다음 비틀 수도 있고 잡아당기는 방향으로 변형할 수도 있을 것입니다. 그런데 구부리는 것은 쉽지만 잡아당기는 변형은 어려울 것입니다.

모드란 질량에 대한 강성의 비로 생각할 수 있습니다. 종이를 구성하는 강성은 여러 가지입니다. 그중 강성이 작은 것부터 차례대로 나오는데 가장 약한 것이 Bending이 됩니다. 종이나 길쭉한 모델은 Bending에 약할 것이고 인장에 강할 것입니다. 그래서 다음의 모델을 보면 모드 형상이 강성이 약한 Bending Mode(1차 모드)부터 나오고 인장모드(6차 모드)는 6차에서 나오게 됩니다. 이와 같이 1차 모드로 될 확률이 크고 또한 약하기 때문에 공진이 일어나기 쉽고 위험도 높습니다.

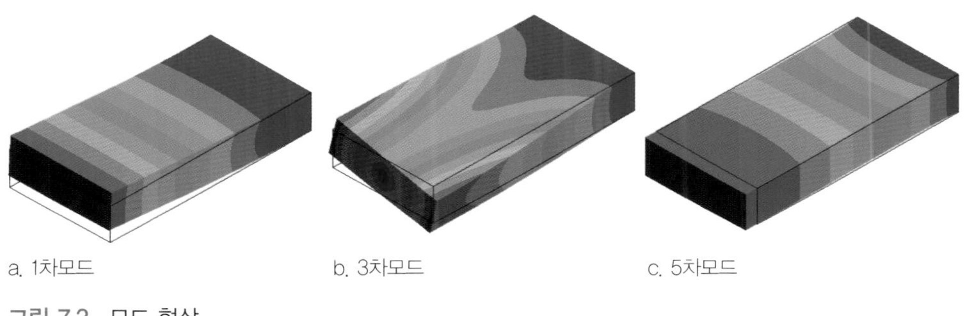

a. 1차모드 b. 3차모드 c. 5차모드

그림 7.2 모드 현상

7.2 해석 시스템 종류

1) 모달 해석(Modal Analysis)

구조물의 진동 모드 형상과 고유진동수를 구하는 해석입니다. 모델의 질량 또는 강성 등을 제어하여 구조물의 고유 진동 특성을 확인합니다.

$$[M] + [C]\{u\} = 0$$

2) 전 하중 상태에서의 모달 해석(Pre-stress Modal Analysis)

ANSYS Workbench에서는 하중을 받고 있는 상태의 구조물에 대한 모달 해석이 가능합니다. 구조물이 하중을 받고 있으면 강성이 변화하는데 이 때문에 고유진동수가 변하게 됩니다. 예를 들어, 악기 중에 기타의 경우 연주코드를 잡으면 줄이 당겨지면서 강성이 증가하게 되고 고유진동수가 높아지게 됩니다. 이 때문에 기타에서 고음의 소리가 나오는 것입니다.

3) 하모닉 해석(Harmonic Analysis)

하모닉 해석(혹은 조화응답해석)은 외부의 주기적인 진동하중에 대한 구조물의 진동 응답을 알아보는 해석입니다. 구조물이 Sine Wave와 같은 주기적인 가진을 받고 있는 경우, 가해지는 하중의 크기와 가진 주파수를 이용하여 실제의 Time Domain을 Frequency Domain으로 바꾸어 정적인 구조 해석을 수행하는 것입니다. Sine 함수 또는 Cosine 함수로 가정한 일정한 크기의 가진력을 지정한 주파수 범위에서 구조물에 적용하게 됩니다.

회전 기계류, Unbalanced 타이어, 헬리콥터 날개 등과 같이 주기적인 가진력이 작용하는 구조물의 응답을 구하게 됩니다.

하모닉 해석을 통해서 주파수별 변위, 속도, 가속도, 각 부분의 응력과 변형률 등을 구할 있습니다.

7.3 회전체 진동

회전체 진동 해석은 회전체 기계류의 회전 진동 거동을 분석합니다.

엔진, 모터, 디스크 장비, 터빈과 같은 회전 장치들은 관성 효과를 분석하여 설계 오류를 줄이고 이를 개선시켜야 합니다.

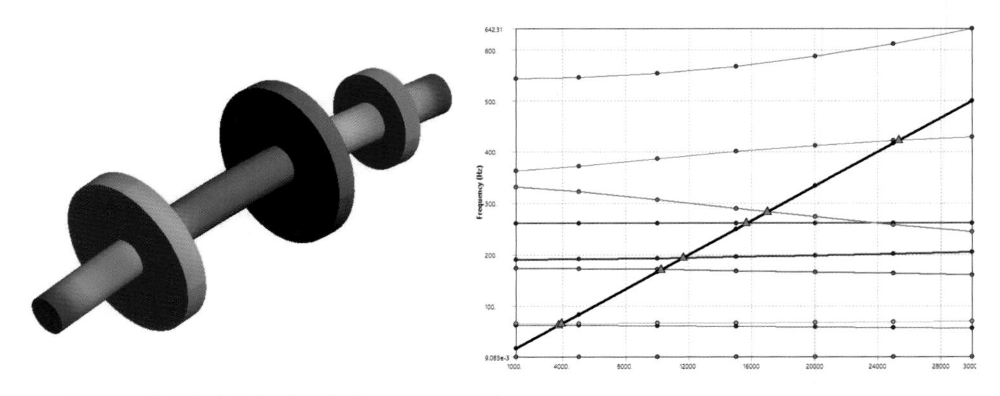

그림 7.3 회전체 베어링 시스템 및 Campbell 선도

일반 운동 방정식은 다음과 같습니다.

$$[M]\{\ddot{u}\} + [C]\{\dot{u}\} + [K]\{u\} = \{f\}$$

$[M]$은 질량행렬, $[C]$는 감쇠행렬, $[K]$는 강성행렬이고 $\{f\}$는 외부 하중 벡터입니다.

회전체 역학에서, 이 방정식은 회전 운동 효과 $[G]$, 회전 감쇠 효과 $[B]$를 추가적으로 더 고려하게 됩니다.

$$[M]\{\ddot{u}\} + ([G] + [C]\{\dot{u}\} + [B] + [K])\{u\} = \{f\}$$

자이로스코프 행렬 $[G]$는 회전 속도(혹은 구조물 중 일부가 서로 다른 회전 속도를 가지고 있다면 각 속도들)와 관련되어 있으며, 회전체 역학 해석의 주요 인자입니다. 회전 감쇠 행렬 $[B]$ 또한 회전 속도에 의존합니다. 이 행렬들에 대한 더 많은 정보를 알고자 한다면 Mechanical APDL and Mechanical Applications에서 Gyroscopic Matrix in the Theory Reference를 살펴보기 바랍니다.

7.4 진동 해석 예제

Manifold 진동 해석

https://edu.tsne.co.kr/ > 기술자료 > MBU > 왕초보_6판_예제.ZIP > manifold.igs

아래 모델은 엔진 배기구에 연결되는 Outtake Manifold입니다. 머플러에 연결되는 부분은 차체에 고정되며 엔진으로부터 진동이 발생되는 조건으로 가정합니다. 이 모델에 대해 모달 해석과 하모닉 해석을 수행하여 응답을 살펴봅니다.

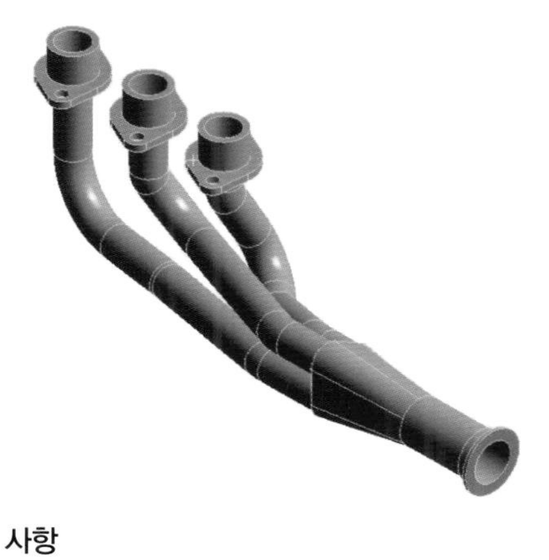

기타 설정 사항

항목	설정 내용
해석 시스템	Modal, Harmonic
단위 시스템	Metric (kg, mm)
적용 재질	Structure Steel
하중 조건	외부 가진

01 ANSYS Workbench를 실행하고, Modal Analysis System을 생성합니다.

02 생성한 시스템의 Geometry Cell에서 RMB >Import Geometry로 예제 모델 (manifold.igs)을 불러옵니다.

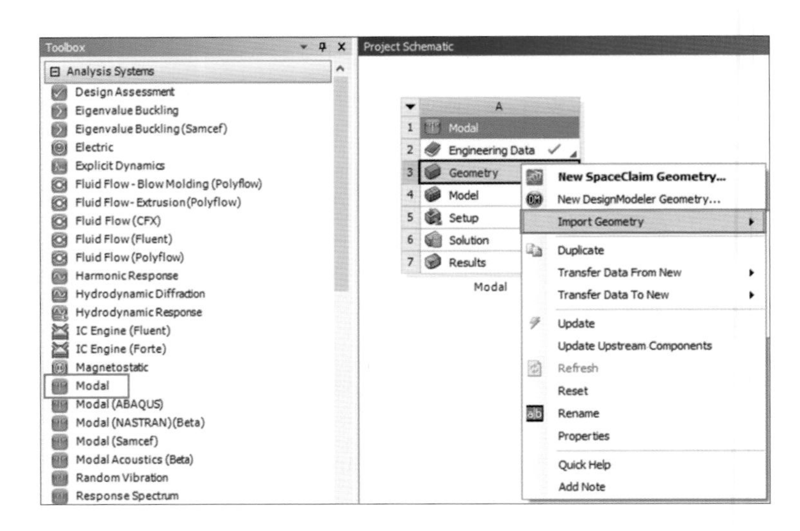

03 Model Cell을 더블 클릭하여 Mechanical Application(simulation)을 실행합니다.

04 Mesh를 생성합니다.

Tree Outline에서 Mesh > Details View > Element Size에 20mm 입력하고 Generate Mesh 합니다.

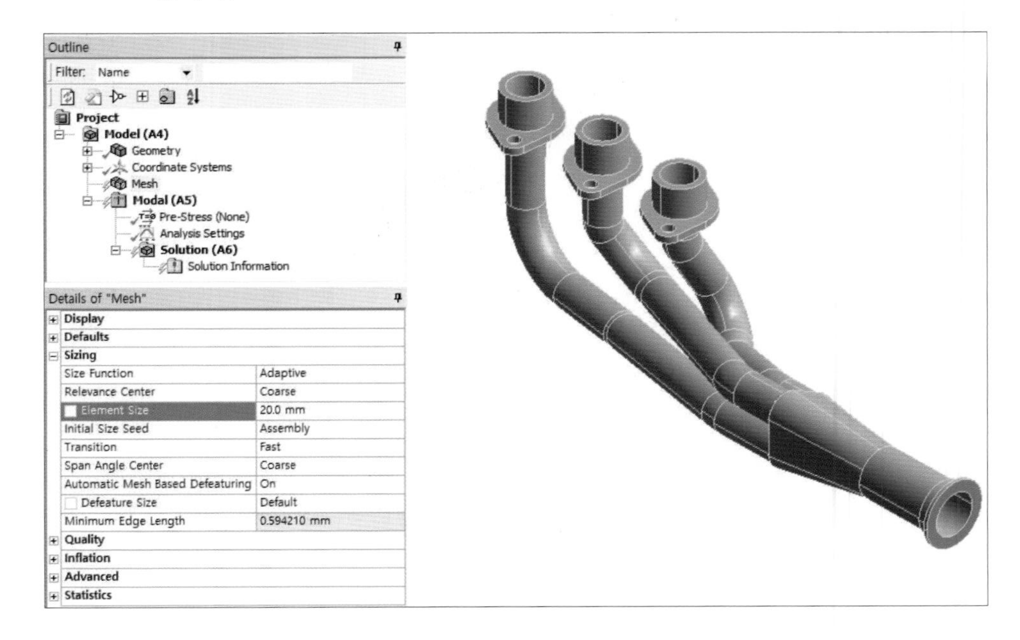

05 해석조건을 설정합니다.

Analysis Settings의 Details View를 확인합니다. Max Modes to Find에는 기본적으로 6차 모드까지 설정되어 있습니다. 결과를 보고자 하는 차수로 설정할 수 있으며, Range를 정하여 원하는 결과 Range에서의 차수도 확인할 수 있습니다.

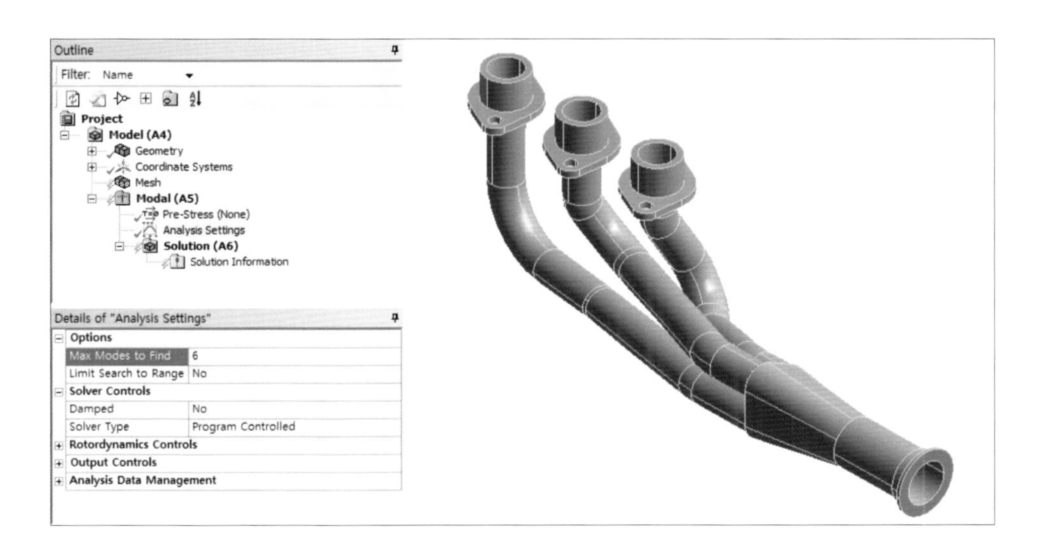

06 고정조건을 부여합니다.

Tree Outline의 Modal에서 RMB > Insert > Fixed Support를 추가합니다.

Detail View > Scope > Geometry에 Hole 6개(12면)와 끝부분 1개 면을 지정합니다.

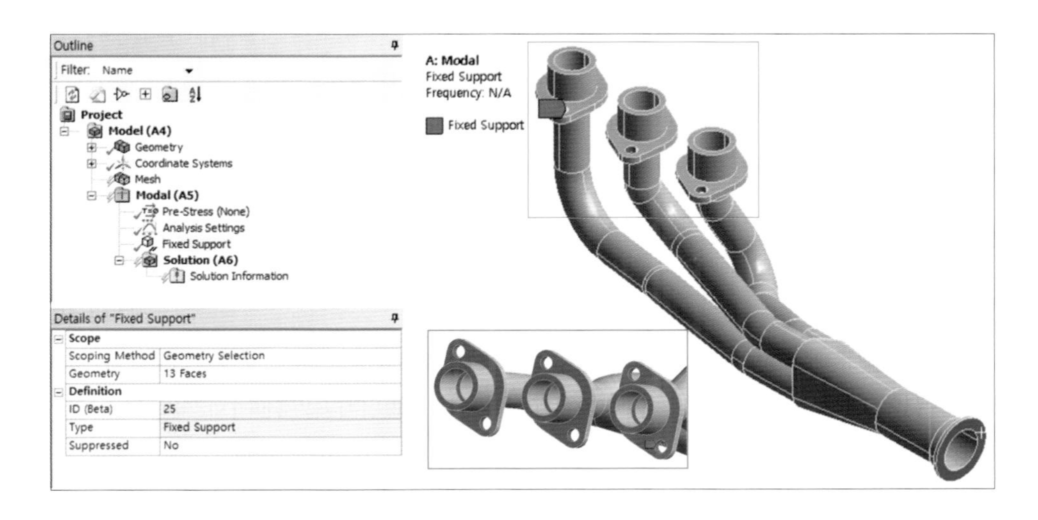

07 해석을 실행합니다.

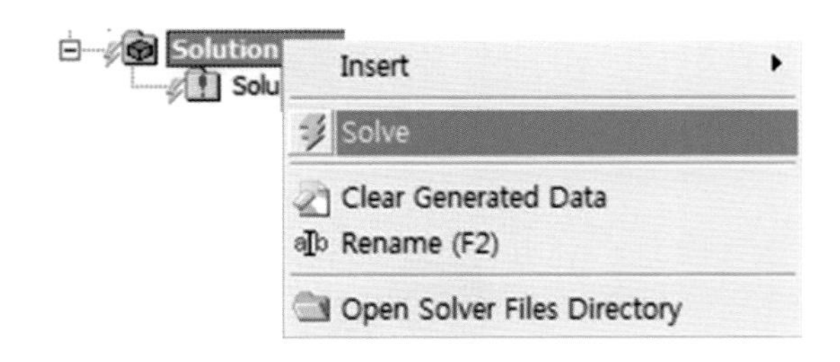

08 해석이 완료되면 Outline의 Solution 항목을 선택합니다. Graph와 Tabular Data로 각 차수에 대한 고유진동수 결과를 나타냅니다.

09 Graph 또는 Tabular Data에서 RMB > Select All을 선택합니다.

10 선택된 데이터에서 RMB > Create Mode Shape Results를 선택합니다.
1~6차 모드형상을 살펴볼 수 있도록 Total Deformation 결과항목이 생성됩니다. RMB > Evaluate 합니다.

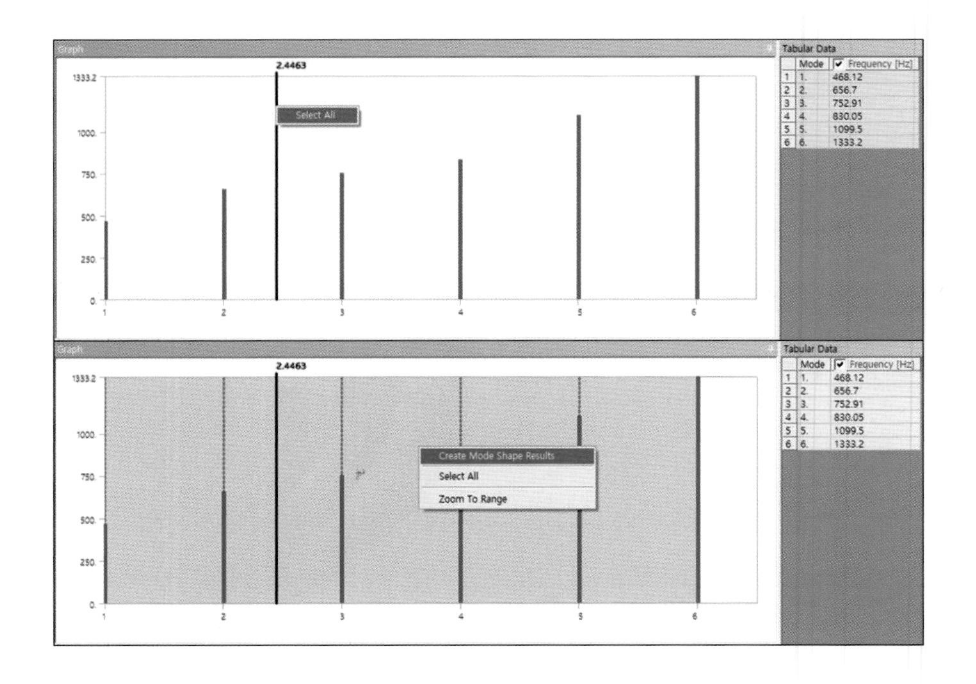

11 Total Deformation을 눌러 각각의 모드 형상을 살펴봅니다.
1차 모드의 고유진동수는 456.07Hz이며, 모드 형상은 다음 그림과 같습니다.

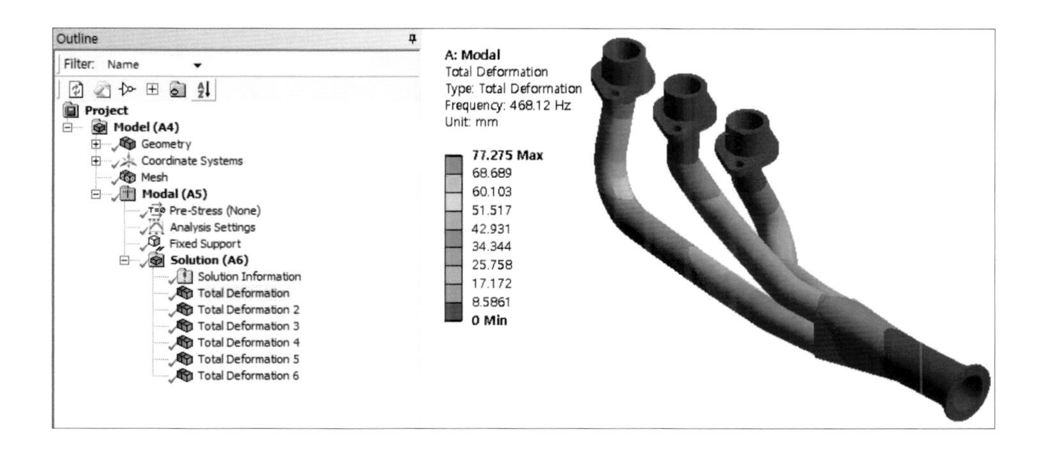

12 하모닉 해석을 수행하기 위해 Modal Analysis에 Harmonic Response를 추가합니다.

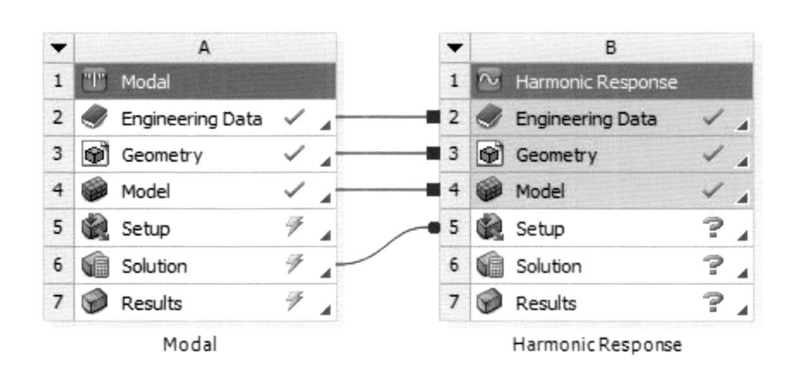

13 Outline의 Harmonic Response 해석에서 Analysis Setting 항목의 Details View를 확인합니다.

Option 항목에서 Min & Max Range를 400~1,400Hz로 설정합니다. 이 설정의 목적은 모달 해석에서 얻은 6개 모드의 고유진동수 전체 영역에 대해서 공진 여부를 확인하기 위한 것입니다. Solution Intervals는 가진 주파수를 증가시켜 가며 해석하는 개수가 100개임을 뜻합니다. 즉 400에서 1,400Hz까지 가진 주파수를 410Hz, 420Hz, 430Hz, 440Hz… 증가시키며 해석을 수행합니다. 또한 Harmonic 해석에서 Damping의 입력은 정확한 결과를 위해 반드시 필요합니다. 예제에서는 2%로 정의합니다.

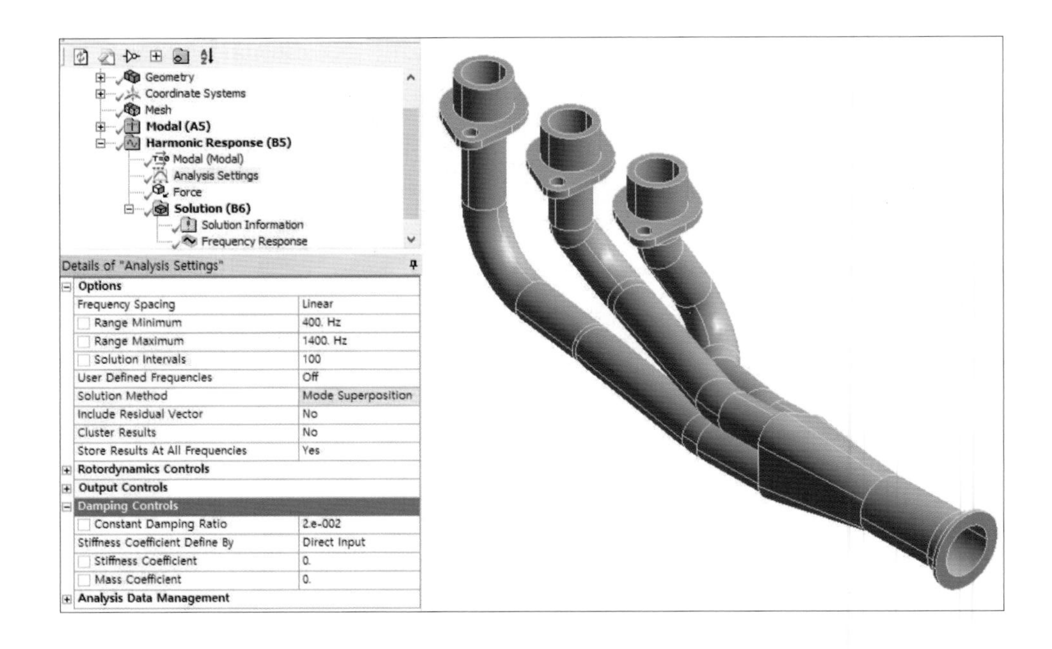

14 상단에 하중조건(가진)을 설정합니다. Force를 추가하고 상단 면 3개를 지정합니다. Define By를 Component로 설정하고 Y Component에 하중 값 −1N을 입력합니다. 이제 이 모델 상단에는 1N의 크기로 400~1,400Hz에서의 진동하중이 작용하게 됩니다.

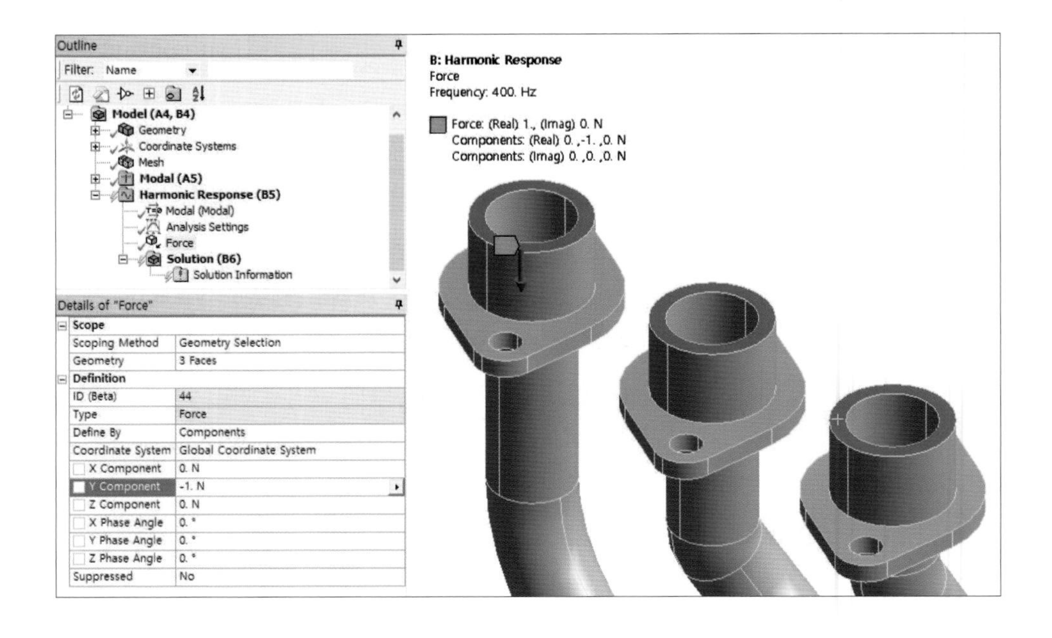

15 해석을 실행합니다.

16 검토할 결과를 추가합니다. 가진 부위에서 주파수대 변위 그래프를 확인합니다. Frequency Response에서 Deformation을 추가하고, 가진 면을 지정합니다. Deformation을 Y Axis로 변경, Spatial Resolution을 Use Maximum으로 변경합니다. (선택한 면에서의 가진 방향으로 최대 변위를 확인하기 위해)

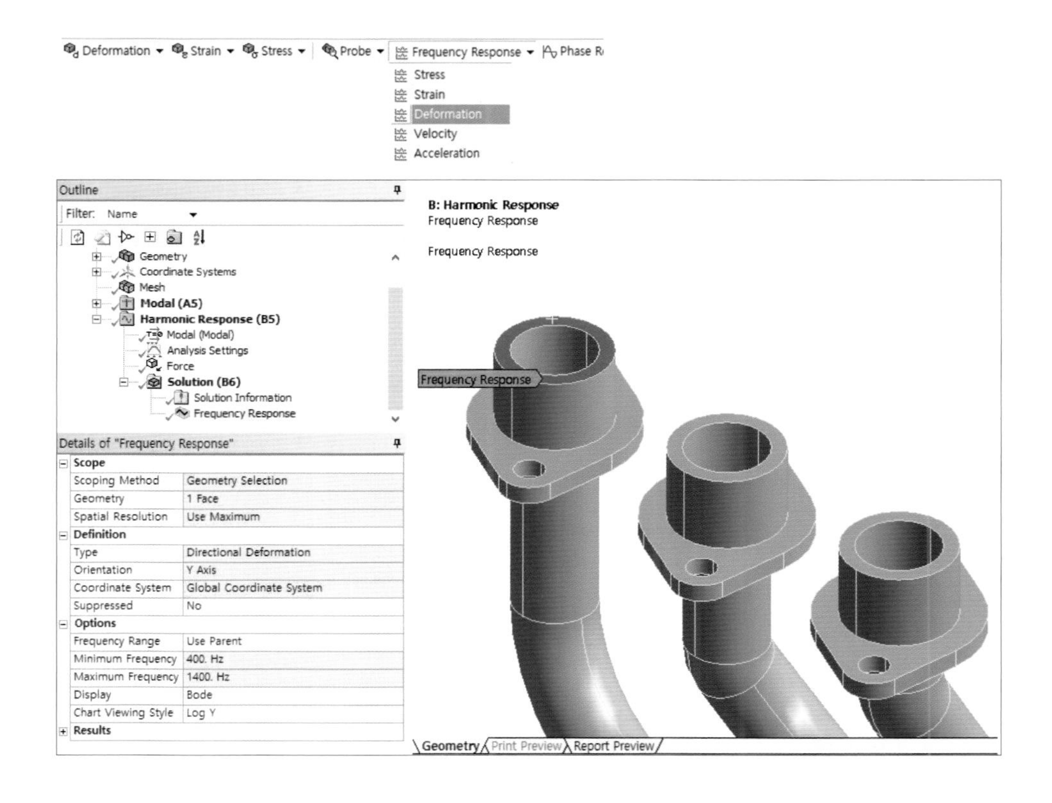

17 결과를 확인합니다. Frequency Response를 확인하면 Frequency가 750Hz일 때 최대이고, 470Hz에서 두 번째 피크 점이 나옵니다. 앞의 Modal 해석에서 3차 모드와 1차 모드에서 피크가 발생한 것을 알 수 있습니다.

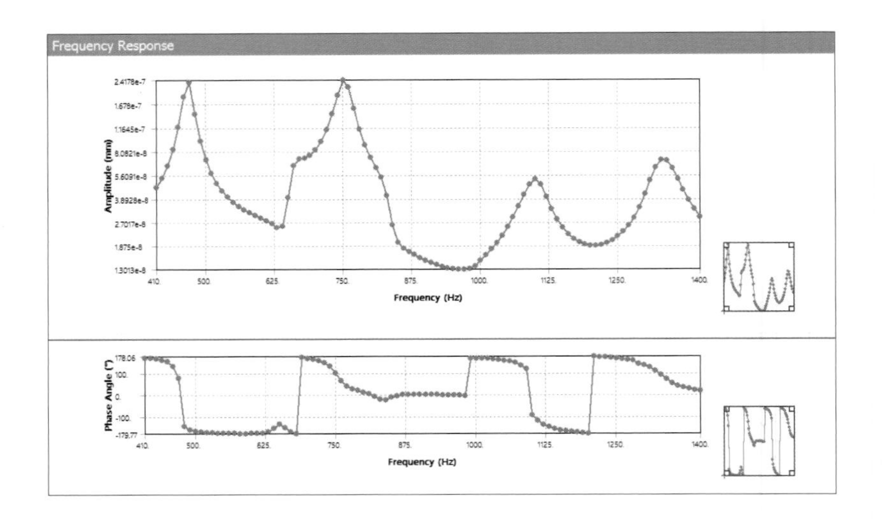

18 앞의 결과에서 최대 응답 주파수 750Hz에서 실제 변위와 응력을 확인합니다. Total Deformation을 추가합니다. Frequency에 750Hz를 입력합니다. 최대 변위를 나타내는 위상에서의 값을 확인하기 위해 By값을 Maximum Over Phase로 변경합니다.

19 RMB > Evaluate하여 결과를 확인합니다.

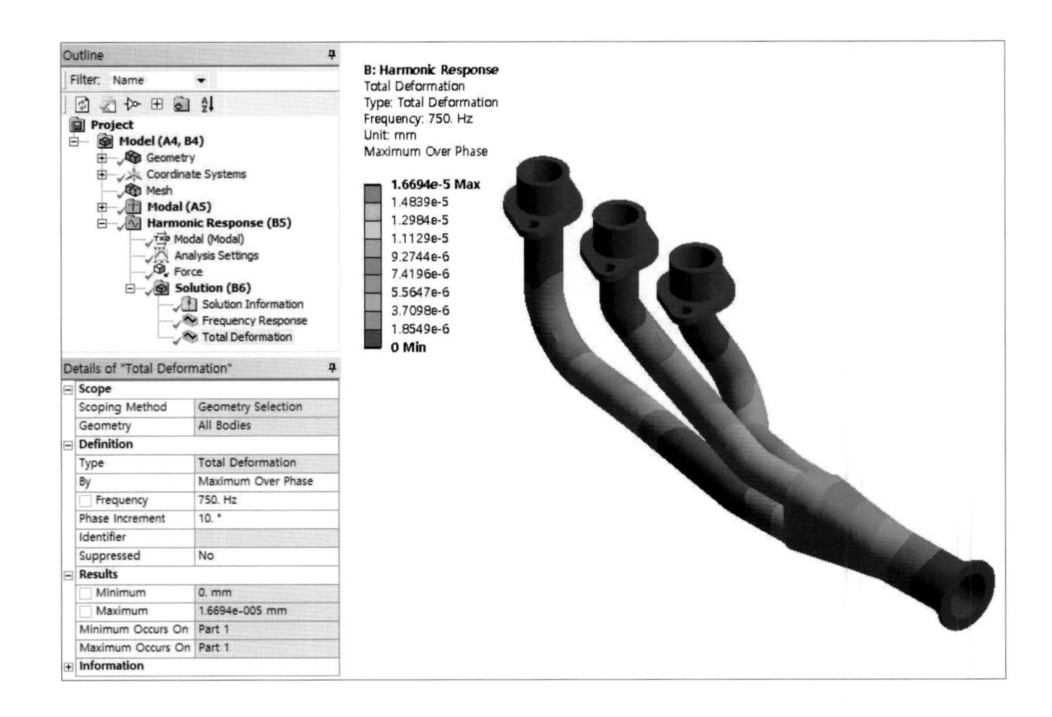

7.5 회전체 진동 해석 예제

Rotor 회전 진동

https://edu.tsne.co.kr/ > 기술자료 > MBU > 왕초보_6판_예제.ZIP > Rotor.agdb

회전체 진동 문제는 일반적으로 공진회피설계를 목적으로 위험속도(Critical Speed) 산정과 위험속도 선도를 통한 베어링 지지 강성 선정, 안정성 평가 등을 수행하며, 진폭제어설계를 목적으로 불평형 응답해석(Unbalanced Response Analysis)을 수행합니다. 아래 모델에서는 일정 회전 수에서 위험속도를 산정하여 벤치마킹 모델과 비교하였으며, ANSYS에서 Campbell 선도, 위험속도 산정하는 과정을 다룹니다.

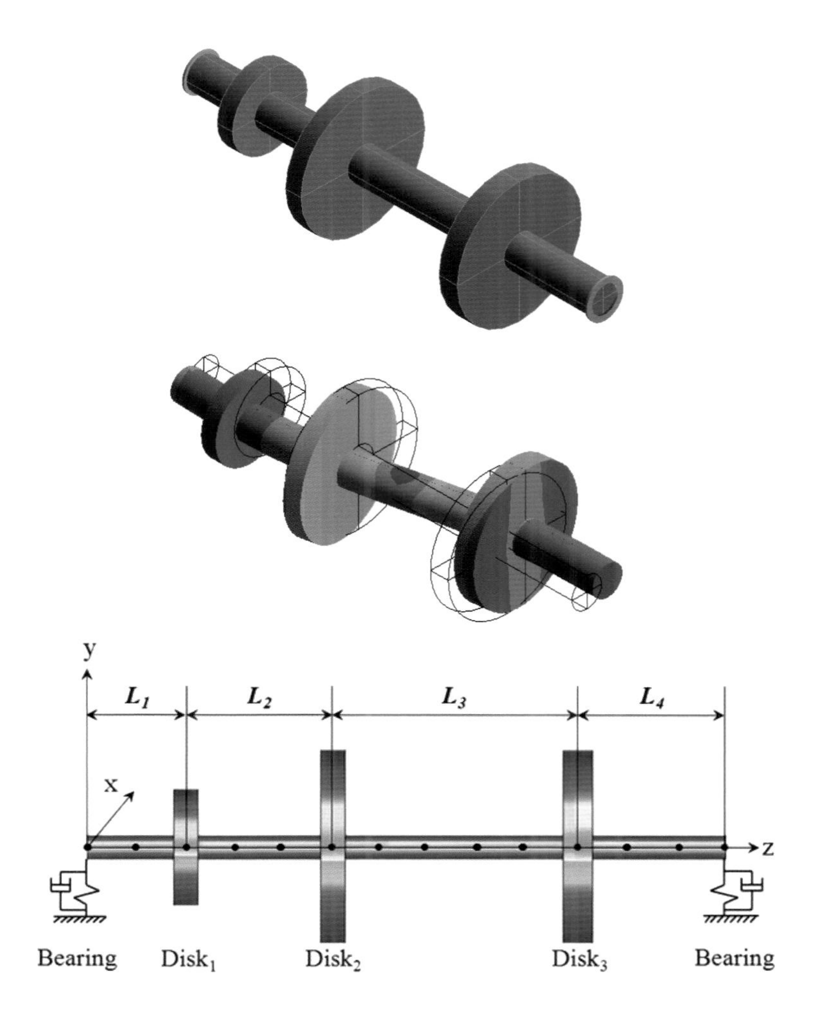

<table>
<tr><th>Disk</th><th colspan="2">Disk$_1$</th><th colspan="2">Disk$_2$</th><th>Disk$_3$</th></tr>
<tr><td>Thickness(m)
Inner radial(m)
Outer radial(m)</td><td colspan="2">0.05
0.05
0.12</td><td colspan="2">0.05
0.05
0.20</td><td>0.06
0.05
0.20</td></tr>
<tr><th>Shaft</th><th>L$_1$</th><th colspan="2">L$_2$</th><th>L$_3$</th><th>L$_4$</th></tr>
<tr><td>Length(m)
Radial(m)</td><td>0.2
0.05</td><td colspan="2">0.3
0.05</td><td>0.5
0.05</td><td>0.3
0.05</td></tr>
<tr><th colspan="6">Bearing</th></tr>
<tr><td>Stiffness (N/mm)
Damping(N·s/mm)</td><td colspan="5">$k_{xx}=50000$, $k_{yy}=70000$,
$c_{xx}=0.5$, $c_{yy}=0.7$</td></tr>
<tr><th colspan="6">Material constant</th></tr>
<tr><td>Modulus of elasticity(Pa)
Density(kg/m^3)
Poisson's ratio</td><td colspan="5">200×10^9
7850
0.3</td></tr>
</table>

01 ANSYS Workbench를 실행하고, Modal Analysis System을 생성합니다.

02 생성한 시스템의 Geometry Cell에서 RMB > Import Geometry로 예제 모델(Rotor.igs)을 불러옵니다.

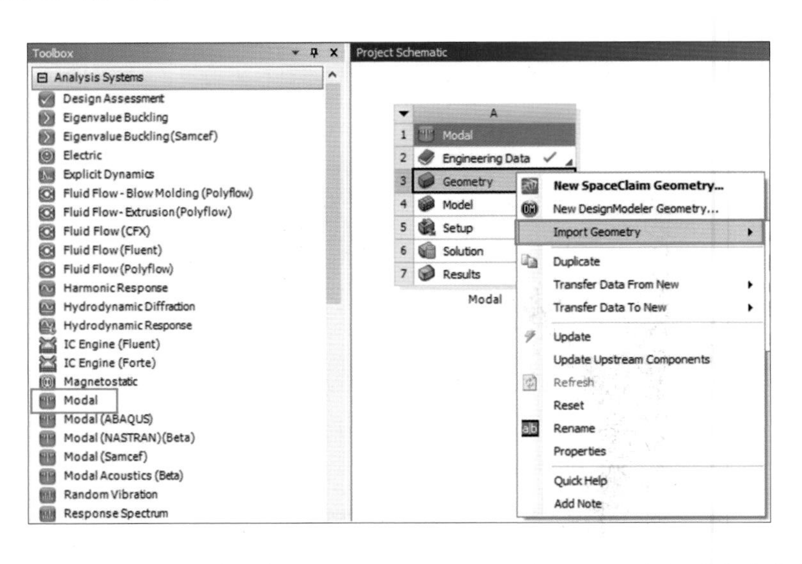

03 Model Cell을 더블 클릭하여 Mechanical Application(simulation)을 실행합니다.

04 회전체 격자 생성을 위해 Global Mesh Control에서 Relevance 값을 80으로 설정하고

Local Mesh Control에서 Method를 MultiZone으로 설정합니다. 3장을 참고하여 격자를 생성합니다.

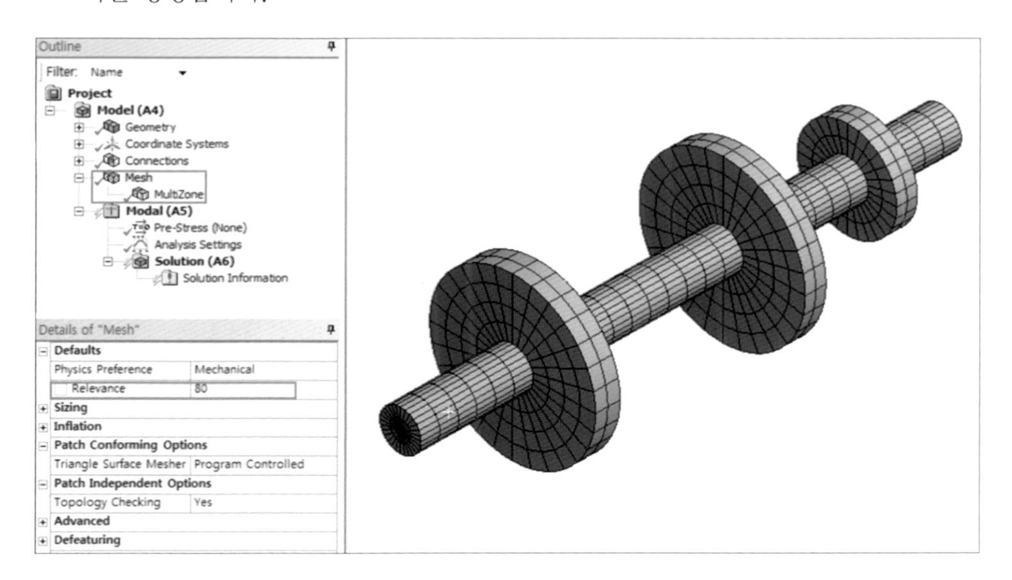

05 회전체 양 끝단에 베어링 지지를 설정합니다. Selection Filter에서 Point를 선택하여 한쪽 끝단 중심의 포인트를 선택합니다. 베어링의 강성과 감쇠 특성을 설정하는 방법은 Bushing, Spring, 그리고 Bearing 기능을 사용할 수 있습니다. 본 예제에서는 Bearing 기능을 사용하여 진행합니다.

한쪽 점 선택 후 Outline > Connections > RMB > Insert > Bearing 추가

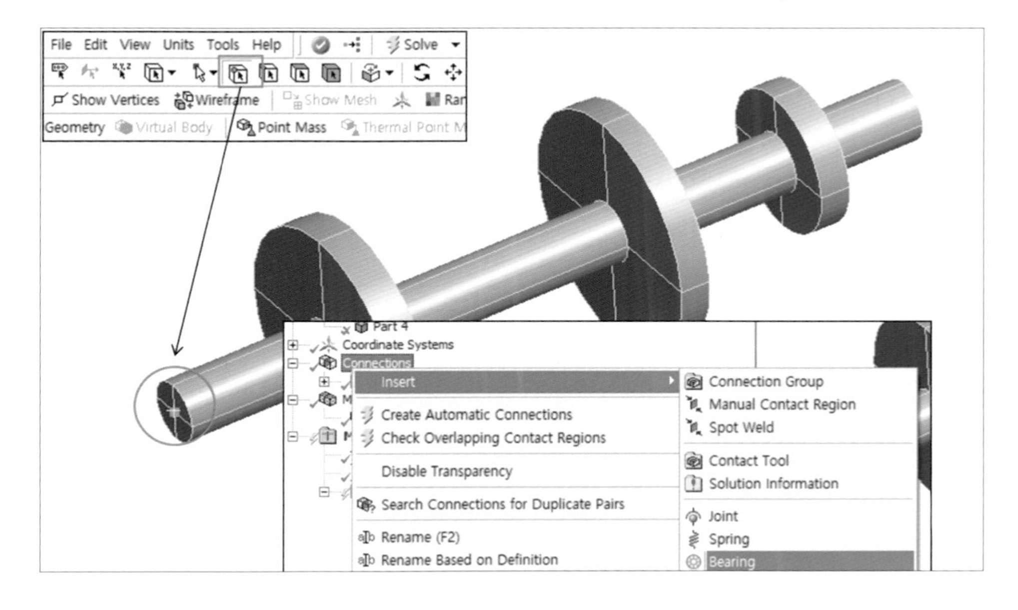

06 다른 한쪽도 5번 과정과 동일하게 진행합니다.
반대쪽 점 선택 후 Outline > Connections > RMB > Insert > Bearing 추가

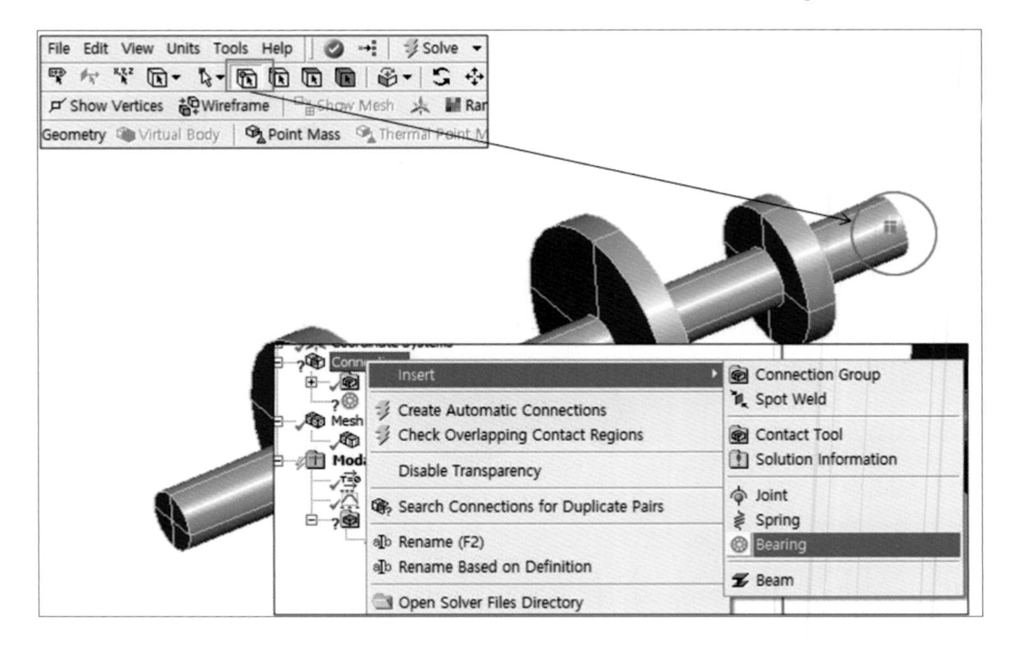

07 생성된 Bearing의 Rotation Plane를 X−Y Plane으로 설정합니다. (2개의 베어링을 동시에 설정하면 편리합니다.)

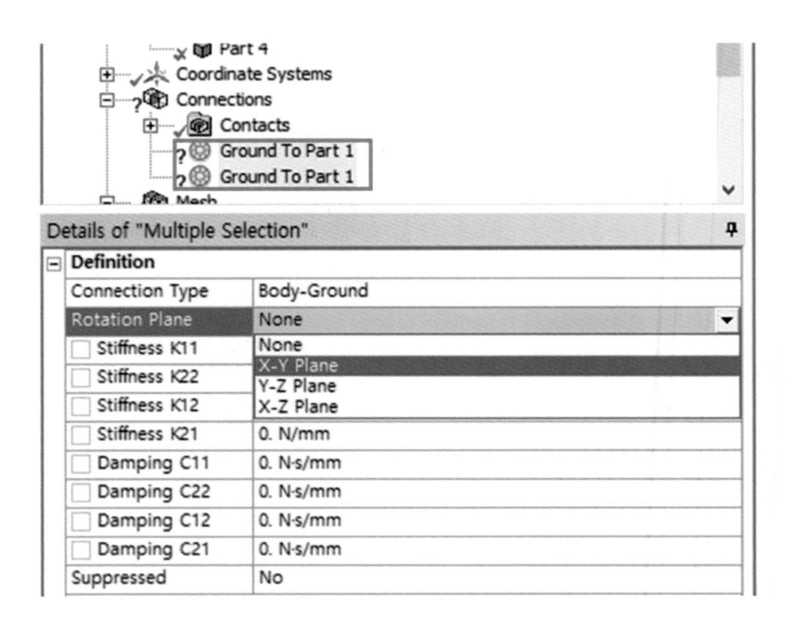

08 생성된 Bearing의 Stiffness, Damping 값을 설정합니다.

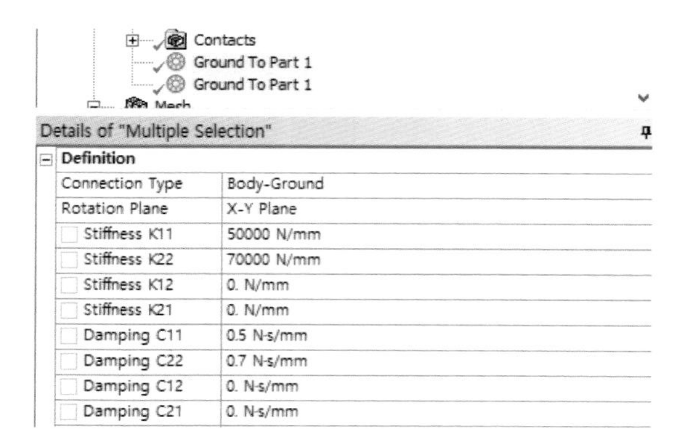

Contacts
Ground To Part 1
Ground To Part 1

Details of "Multiple Selection"

Definition	
Connection Type	Body-Ground
Rotation Plane	X-Y Plane
Stiffness K11	50000 N/mm
Stiffness K22	70000 N/mm
Stiffness K12	0. N/mm
Stiffness K21	0. N/mm
Damping C11	0.5 N·s/mm
Damping C22	0.7 N·s/mm
Damping C12	0. N·s/mm
Damping C21	0. N·s/mm

09 Outline > Analysis Settings 선택, Detail View에서 다음과 같이 설정합니다. 10개의 모드를 추출하며, Coriolis Effect, Campbell Diagram을 활성화합니다. Number of Points는 고유진동수를 측정할 회전속도의 구간 개수입니다.

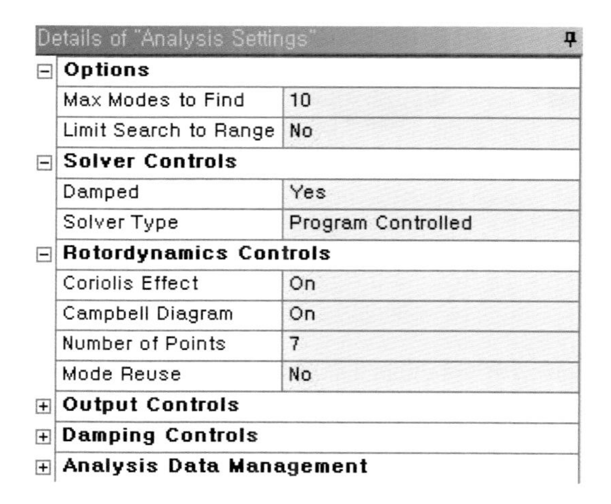

Details of "Analysis Settings"

Options	
Max Modes to Find	10
Limit Search to Range	No
Solver Controls	
Damped	Yes
Solver Type	Program Controlled
Rotordynamics Controls	
Coriolis Effect	On
Campbell Diagram	On
Number of Points	7
Mode Reuse	No
Output Controls	
Damping Controls	
Analysis Data Management	

10 Outline > Modal > RMB > Insert > Rotational Velocity를 추가합니다.
Tabular Data에서 고유진동수를 측정할 7구간의 회전속도를 정의합니다.
회전 축(Axis)은 축의 원통 면을 선택하거나, 분할된 중심 축을 선택합니다.

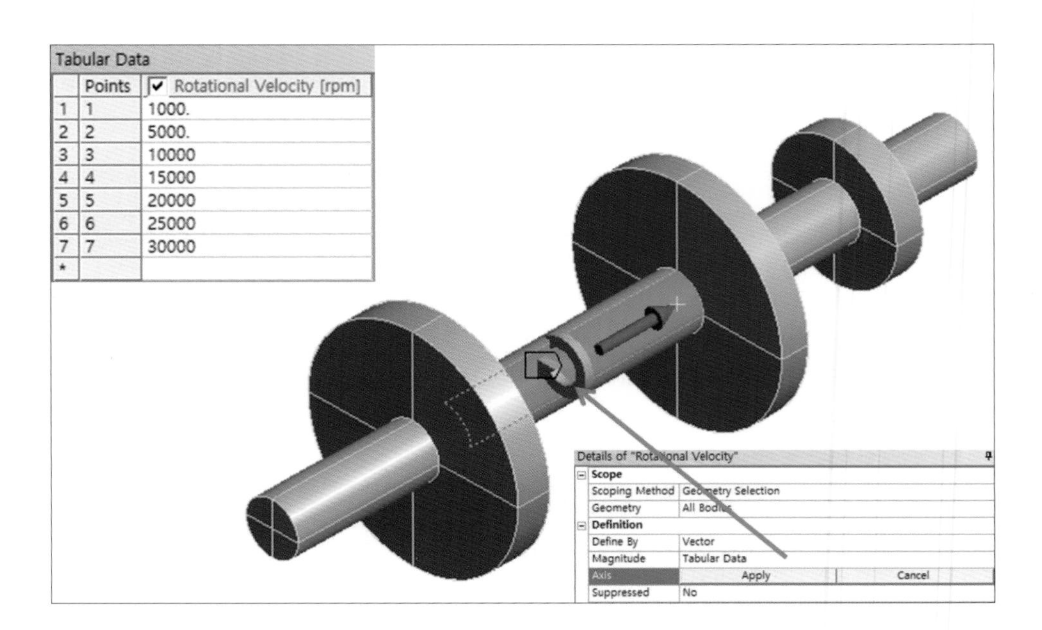

11 해석을 실행합니다.

12 설정내용을 저장하고 해석을 진행합니다. 해석 완료 후 데이터 보관을 위해 저장합니다.

13 Outline > Solution 선택 > Tabular Data에서 속도구간에 따른 모드의 고유진동수를 확인합니다.
25000 RPM 구간은 Solve Point 6번입니다. 이 구간에서의 모드형상을 확인합니다.

14 Solve Point 6번 구간 선택 > RMB > Create Mode Shape Results를 선택합니다.

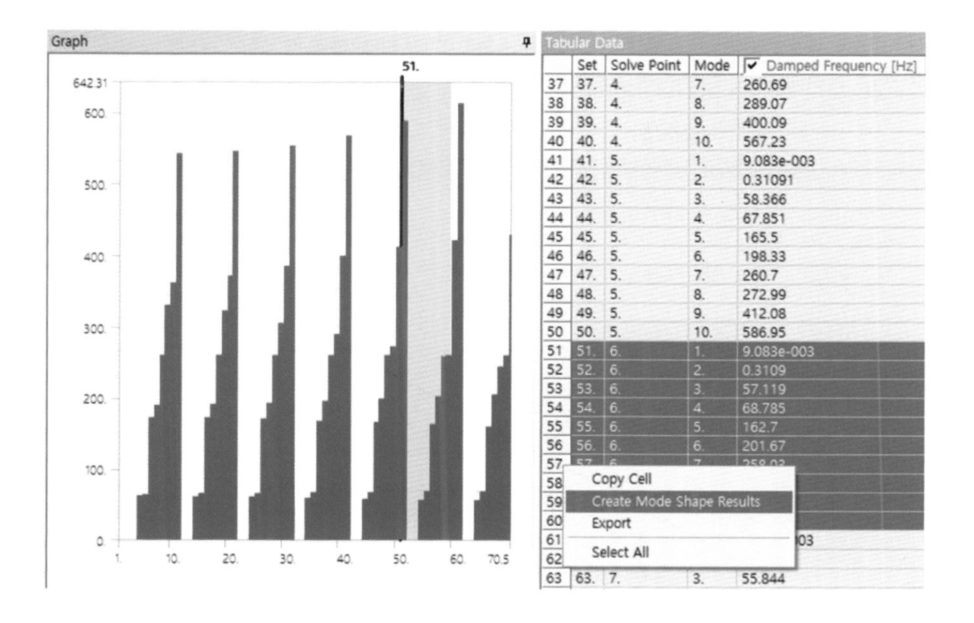

	Set	Solve Point	Mode	Damped Frequency [Hz]
37	37.	4.	7.	260.69
38	38.	4.	8.	289.07
39	39.	4.	9.	400.09
40	40.	4.	10.	567.23
41	41.	5.	1.	9.083e-003
42	42.	5.	2.	0.31091
43	43.	5.	3.	58.366
44	44.	5.	4.	67.851
45	45.	5.	5.	165.5
46	46.	5.	6.	198.33
47	47.	5.	7.	260.7
48	48.	5.	8.	272.99
49	49.	5.	9.	412.08
50	50.	5.	10.	586.95
51	51.	6.	1.	9.083e-003
52	52.	6.	2.	0.3109
53	53.	6.	3.	57.119
54	54.	6.	4.	68.785
55	55.	6.	5.	162.7
56	56.	6.	6.	201.67
57	[illegible]			
58				
59				
60				
61				...03
62				
63	63.	7.	3.	55.844

15 Outline > Solution > RMB > Evaluate All Results를 선택하여 결과를 출력합니다.

16 동영상 기능을 사용하여 Forward, Backward 거동을 확인할 수 있습니다.

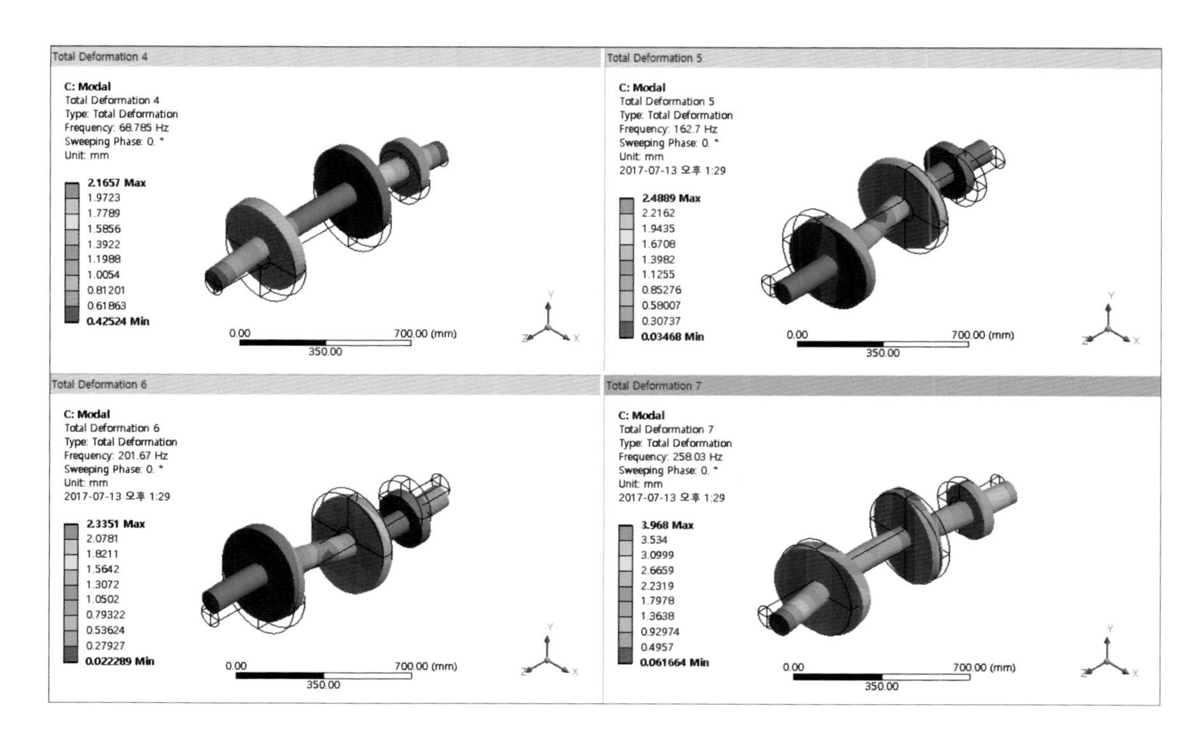

17 Outline > Solution > RMB > Insert > Campbell Diagram을 추가합니다.

18 Evaluate하여 Campbell Diagram의 결과를 출력합니다.

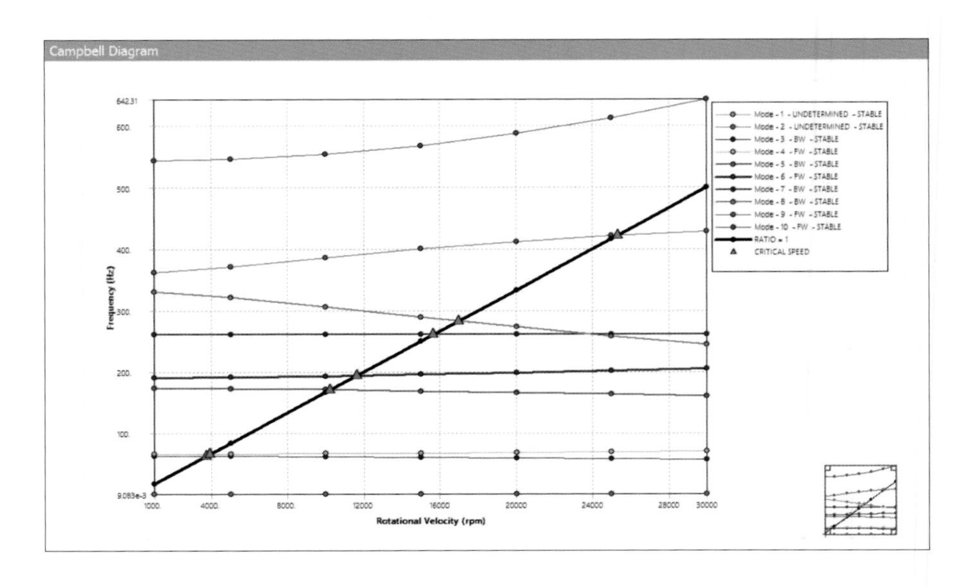

위 과정으로부터 산출된 Campbell Diagram은 고유진동수를 운전속도의 함수로 나타내는 것으로서 가진 주파수를 함께 나타냅니다. 좌표 원점으로부터 퍼지는 직선 "Ratio = 1"은 1x운전속도의 가진 주파수 선이며 이 선과 고유진동수 선이 교차하는 영역이 잠재적인 공진영역을 나타냅니다. 또한 교차점은 Critical Speed를 의미합니다.

08

다물체 동역학 해석

8.1 다물체 동역학 해석 개념

완성 제품은 많은 단품(하중 및 변형을 일으키는 메커니즘으로 구성된 부품)들로 연결되어 있습니다. 이런 단품들의 하중이나 변형에 대한 응답은 운동학적 메커니즘에 기초하게 됩니다. 다물체 동역학(Multi-Body Dynamic, MBD)은 이런 메커니즘에 기초하여 하나 이상의 단품들의 조합으로 이루어진 다물체 계에 대한 운동 시스템의 응답을 계산하는 것입니다.

1) 강체 동역학(Rigid Dynamic)

강체 동역학은 모델의 모든 파트를 강체로 가정하고 부품들의 움직임만을 관심 있게 보는 해석 방법입니다. 즉, 강체 동역학 해석에서는 파트들의 연결 부위인 조인트(Joint) 부위에서만 변위나 회전이 발생하게 됩니다.

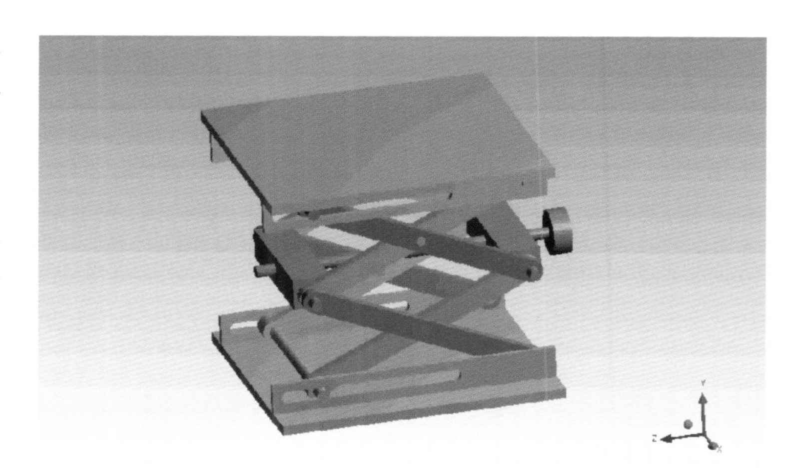

2) 유연체 동역학(Flexible Multi-Body Dynamic)

유연체 동역학에서는 관심 있는 파트를 유연체(Flexible)로 정의하여 탄성체가 포함된 해석을 할 수 있습니다. 즉, 변형과 회전이 조인트(Joint) 부위에서뿐만 아니라 탄성체 부품 그 자체에서도 발생할 수 있습니다. 또한 탄성체 부분에서는 변형률과 응력 등의 결과도 도출됩니다.

8.2 Connection

1) Connection-Joint

조인트(Joint)는 파트들 간 혹은 파트와 그라운드 사이에 적용할 수 있습니다. ANSYS Workbench에서는 자유도에 따라 다음의 그림과 같은 8가지 종류의 조인트(Joint)와 사용자가 직접 자유도 움직임을 제어할 수 있는 General Joint를 제공합니다.

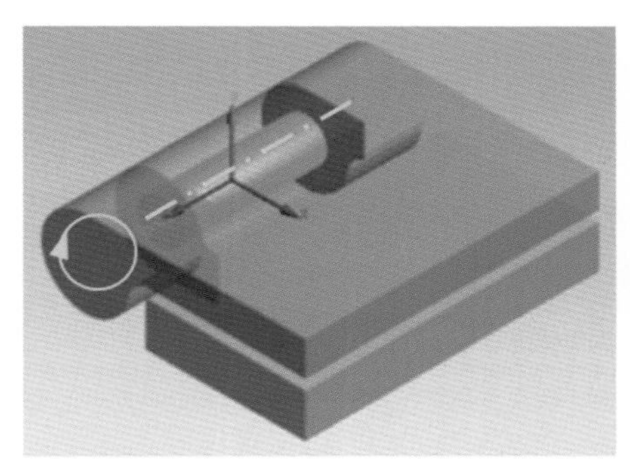
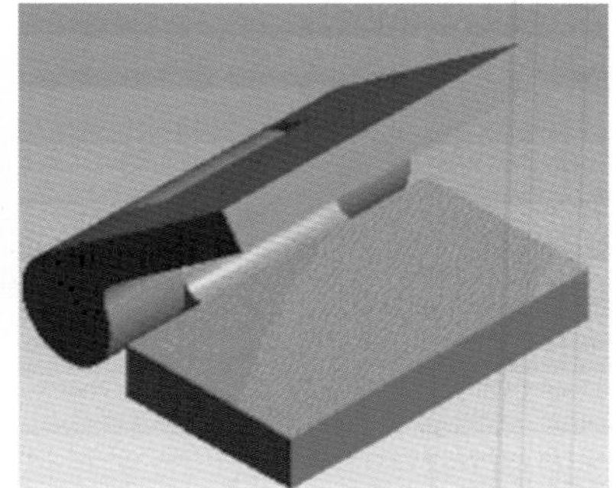

Revolute Joint-Constrained DOF : UX, UY, UZ, ROTX, ROTY

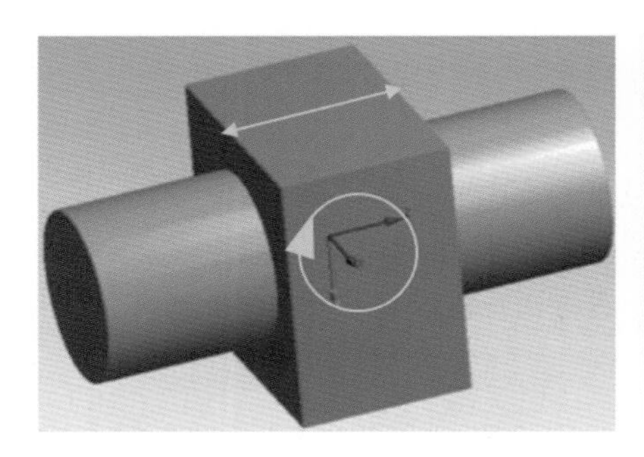
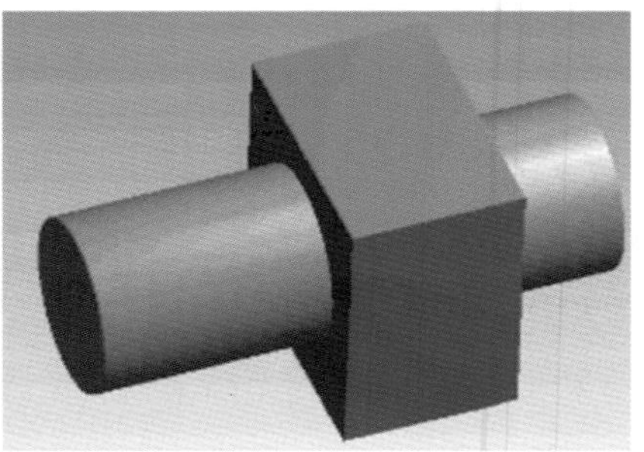

Cylindrical Joint-Constrained DOF : UX, UY, ROTX, ROTY

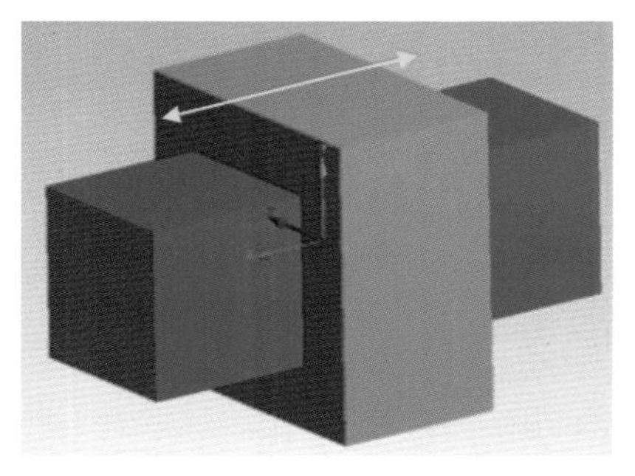

Translational Joint – Constrained DOF : UY, UZ, ROTX, ROTY, ROTZ

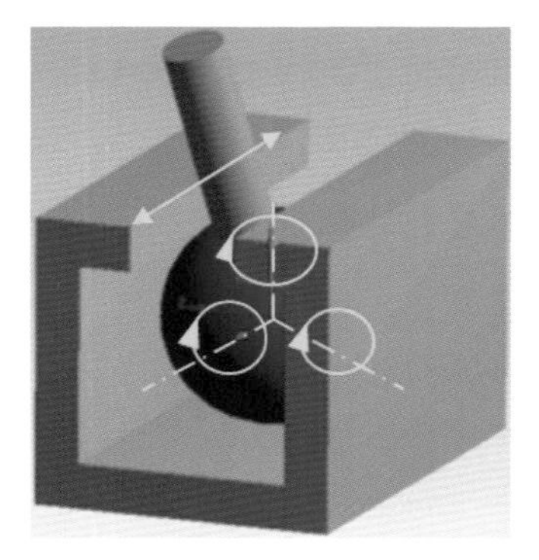

Slot Joint – Constrained DOF : UY, UZ

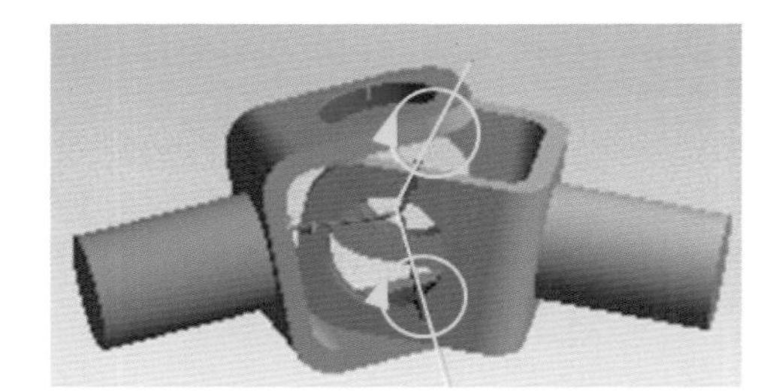

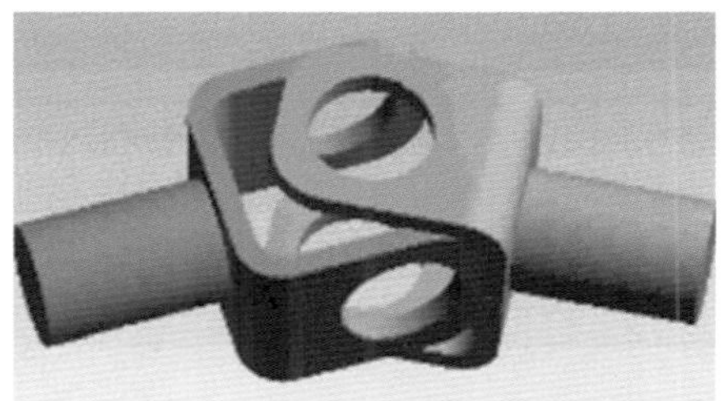

Universal Joint – Constrained DOF : UX, UY, UZ, ROTY

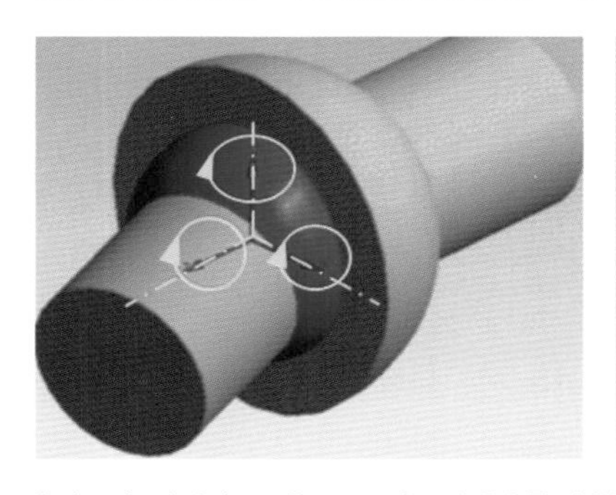

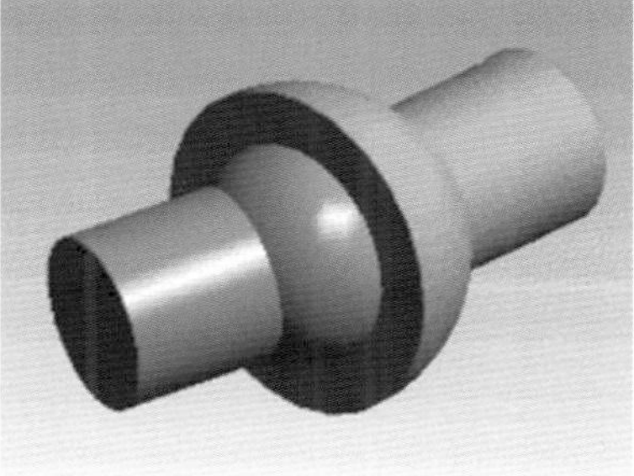

Spherical Joint – Constrained DOF : UX, UY, UZ

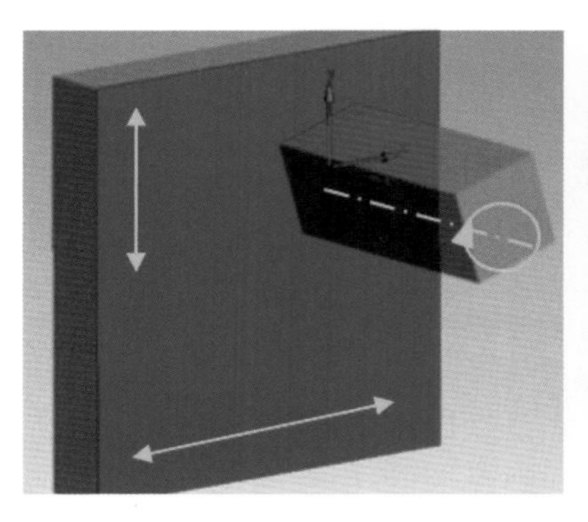
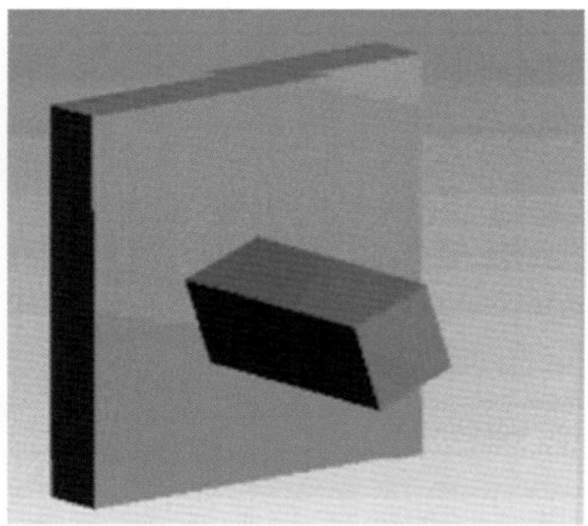

Planar Join－Constrained DOF : UZ, ROTX, ROTY

2) Connection-Contact

구조해석의 접촉설정과 같이 마찰력을 포함한 비선형 접촉조건 적용이 가능합니다. 다음 표는 접촉조건에 따른 방향별 모델의 거동을 나타냅니다.

접촉 조건에 따른 방향별 거동

접촉(Contact) 타입	Normal Direction Separate	Tangential Direction Slide
Bonded	×	×
No Separation	×	○
Rough	○	×
Frictionless	○	○
Frictional	○	○(만약, 11 $F_t \geq mN$)

3) Connection-Spring

스프링 조건은 파트와 파트 사이 혹은 파트와 그라운드 사이에 자유롭게 설정할 수 있습니다. 설정을 하게 되면 다음과 같이 표현됩니다.

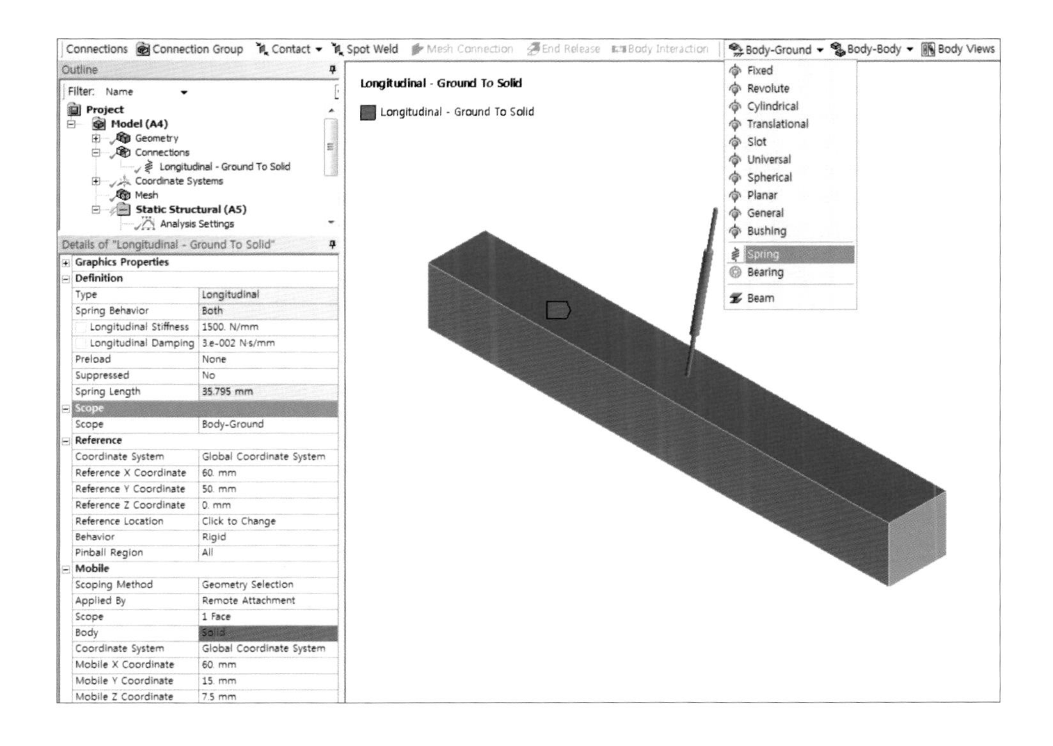

4) Connection-Bushing

Bushing 조건은 면, 모서리, 꼭지점 및 파트, 그라운드 사이에 자유롭게 설정할 수 있습니다. 강성(Stiffness) 매트릭스와 감쇠(Damping) 매트릭스를 입력하여 Bushing 현상을 구현할 수 있습니다.

Stiffness Coefficients						
Stiffness	Per Unit X (mm)	Per Unit Y (mm)	Per Unit Z (mm)	Per Unit θx (°)	Per Unit θy (°)	Per Unit θz (°)
Δ Force X (N)	50000					
Δ Force Y (N)	0.	70000				
Δ Force Z (N)	0.	0.	0.			
Δ Moment X (N·mm)	0.	0.	0.	0.		
Δ Moment Y (N·mm)	0.	0.	0.	0.	0.	
Δ Moment Z (N·mm)	0.	0.	0.	0.	0.	0.

Damping Coefficients						
Viscous Damping	Per Unit X (mm)	Per Unit Y (mm)	Per Unit Z (mm)	Per Unit θx (°)	Per Unit θy (°)	Per Unit θz (°)
Δ Force * Time X (N·s	50.					
Δ Force * Time Y (N·s	0.	70.				
Δ Force * Time Z (N·s	0.	0.	0.			
Δ Moment * Time X	0.	0.	0.	0.		
Δ Moment * Time Y	0.	0.	0.	0.	0.	
Δ Moment * Time Z	0.	0.	0.	0.	0.	0.

8.3 강체 동역학(Rigid Dynamic) 해석 예제

피스톤 거동 해석

https://edu.tsne.co.kr/ > 기술자료 > MBU > 왕초보_6판_예제.ZIP > engine.igs

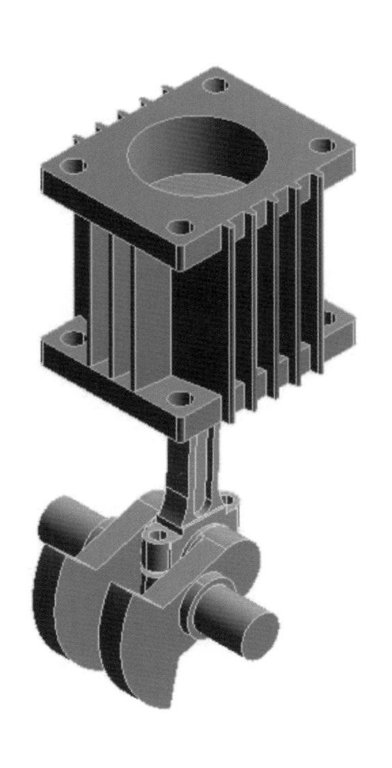

기타 설정 사항

항목	설정 내용
해석 시스템	Rigid Dynamics
단위 시스템	Metric (kg, mm)
적용 재질	Structure Steel
경제 조건	Joint Connection, Revolute joint 1 rev/s

01 ANSYS Workbench를 실행하고, Rigid Dynamics System을 생성합니다.

02 생성한 시스템의 Geometry Cell에서 RMB > Import Geometry로 예제 모델을 불러 옵니다.

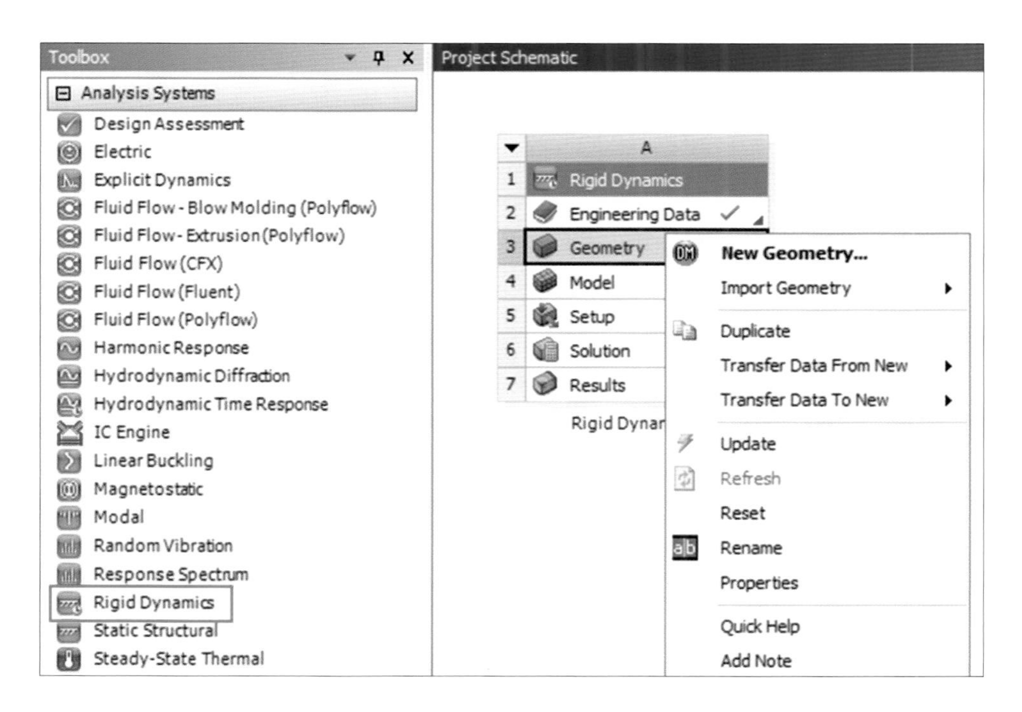

03 Model Cell을 더블 클릭하여 Mechanical Application(simulation)을 실행합니다.

04 Rigid Dynamics 해석에서는 모든 Body가 강체(Rigid Body)로 설정되어 있습니다. 만약 Body를 유연체로 설정하여 해석을 진행하실 경우에는 Transient Structural을 실행해야 합니다.

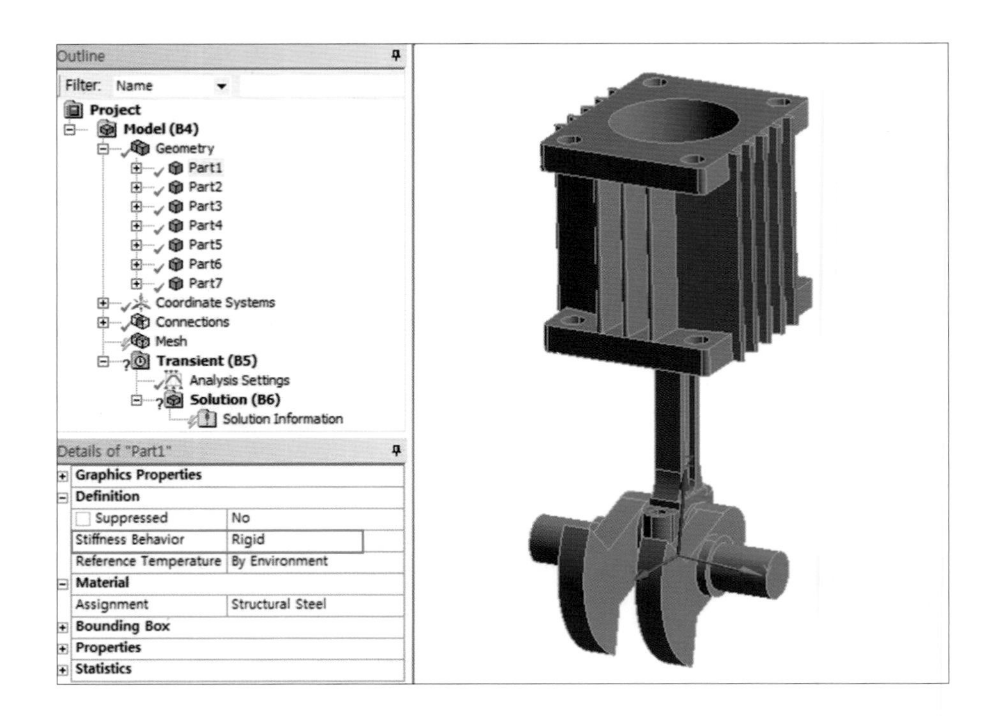

05 Connections에 자동으로 생성된 접촉조건을 모두 삭제합니다. 강체 동역학에서는 파트들 간의 연결성을 Contact가 아닌 Joint로 설정합니다.

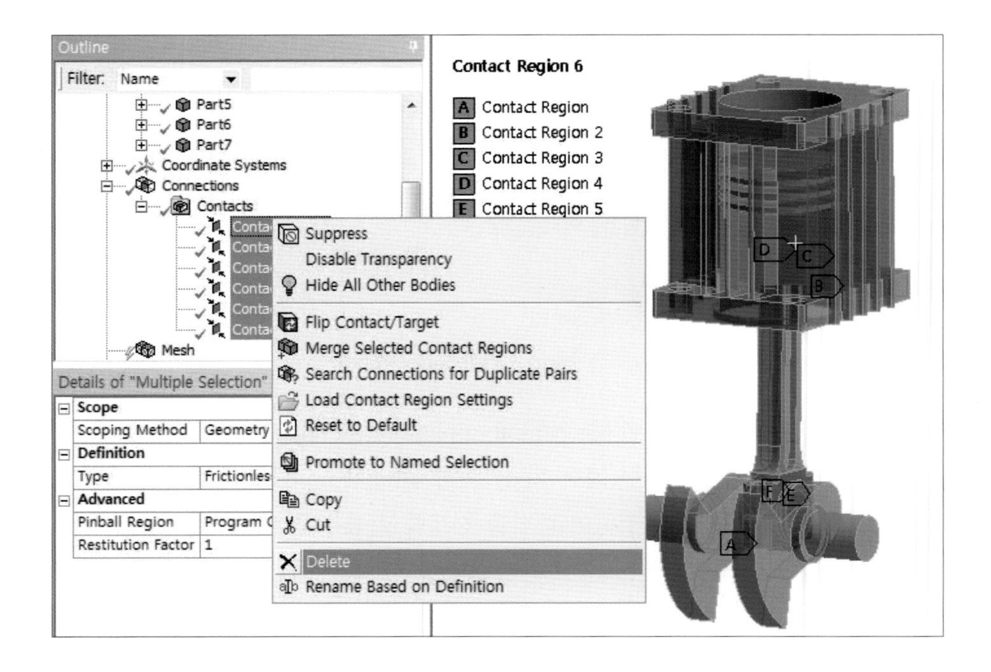

06 먼저 모델링되어 있지 않은 부위와의 관계를 정의하여 주는 Body-Ground의 Fixed Joint를 이용하여 실린더 블록을 3차원 공간인 Ground에 고정합니다.

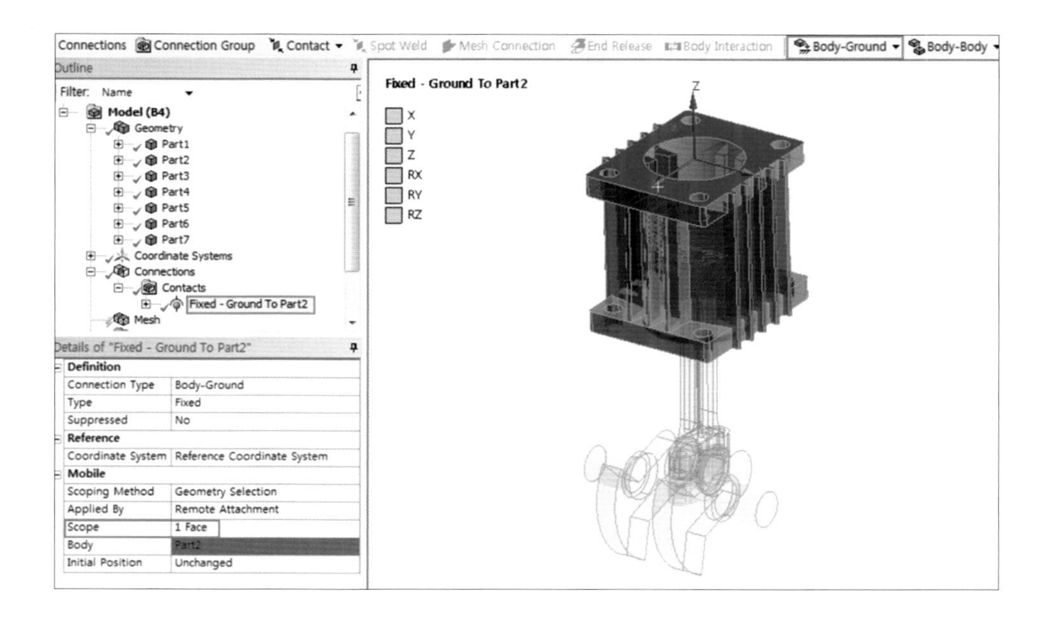

07 Revolute Joint를 추가하여 크랭크 축을 Ground와 회전하는 운동학적 관계를 정의하되 Z축을 중심으로 회전하도록 좌표계를 변경합니다.

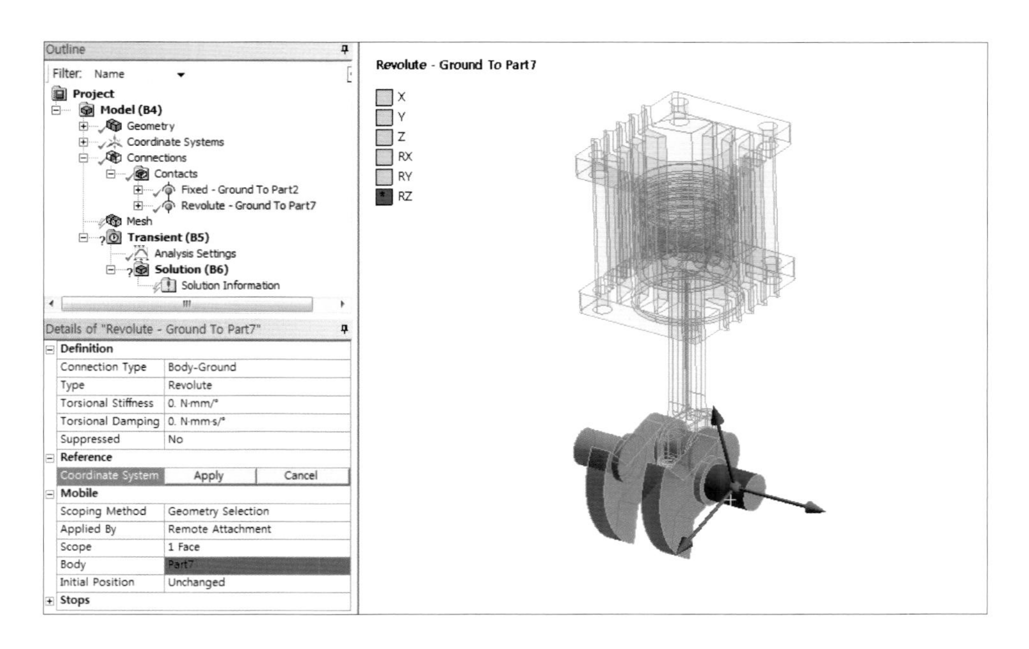

이때 Detail View > Reference > Coordinate System을 선택하면 좌표계의 방향을 수정할 수 있습니다. 먼저 Z축을 선택하면(아래 그림 좌측) 어느 방향으로 변환할 것인지 선택할 수 있도록 좌표 모양이 변경(아래 그림 우측)됩니다. 크랭크 축 방향과 동일한 Y축을 선택하면 앞의 그림처럼 Z축과 크랭크 축이 동일한 방향으로 설정됩니다.

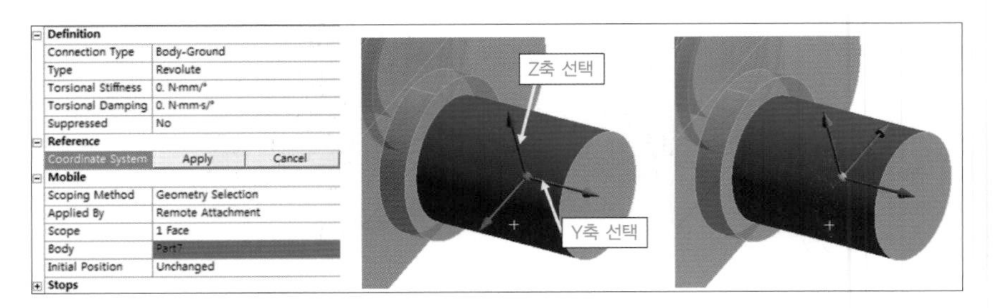

08 Body-Body Translational Joint를 추가하여 실린더 블록과 피스톤의 왕복운동을 정의합니다. 왕복운동은 X축을 기준으로 하기 때문에 실린더 블록의 내면의 축 방향으로 X축을 변경합니다. Translational Joint의 Mobile Body인 피스톤의 바깥 면을 선택합니다. Reference Body인 실린더 블록과 자유도 방향(X축)이 동일한지 확인합니다.

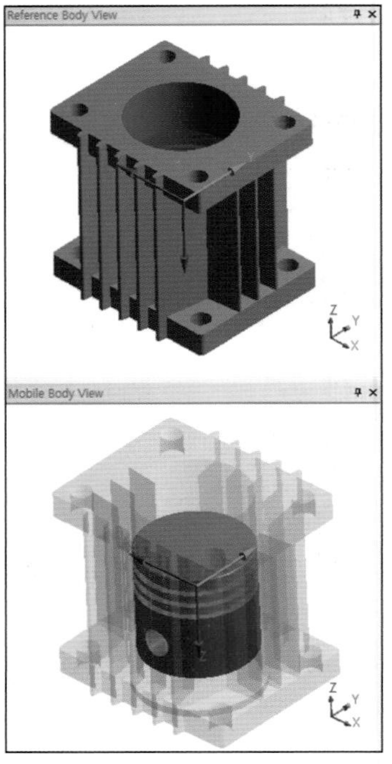

09 Body-Body Fixed Joint를 추가하여 핀의 자유도를 피스톤에 고정시킵니다.

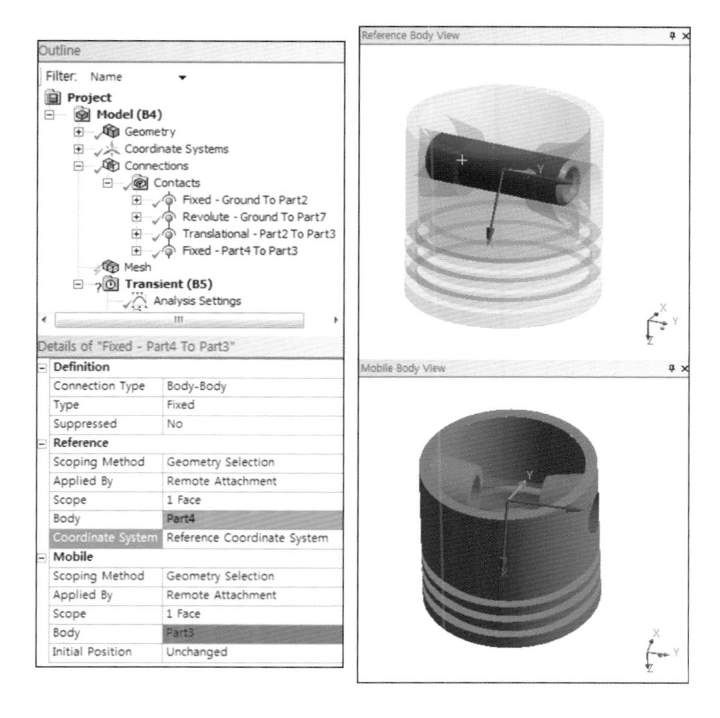

10 Body-Body Revolute Joint를 추가하여 핀과 커넥팅 로드의 회전 자유도를 일치시킵니다.
Reference Body에 핀 바깥 면을 지정하고 Z축을 핀의 축 방향과 일치시킵니다. 그다음에 Mobile Body에 커넥팅 로드의 안쪽 면을 지정합니다.

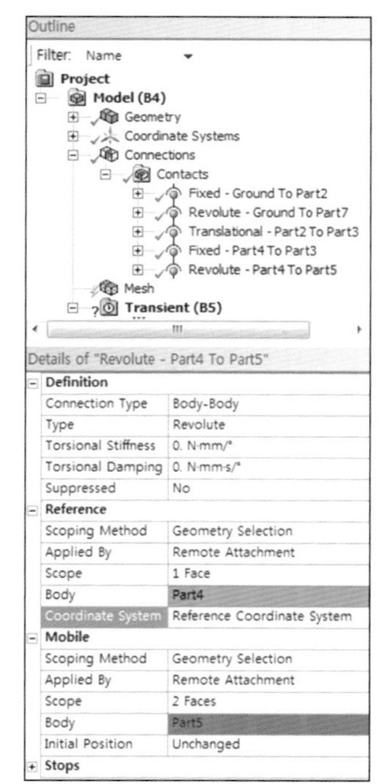

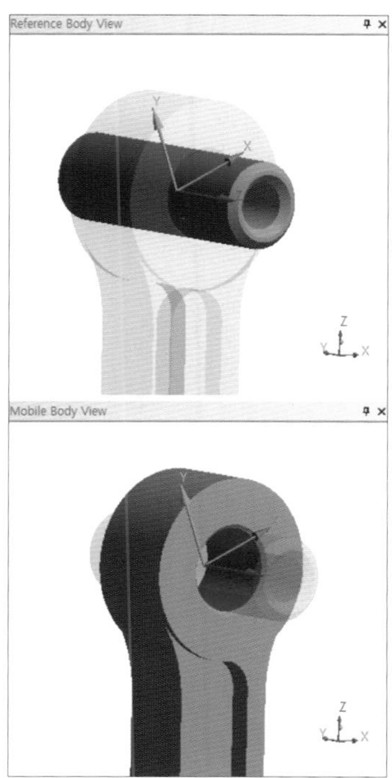

11 Body-Body Fixed Joint를 추가하여 커넥팅 로드에 캡의 자유도를 고정시킵니다.

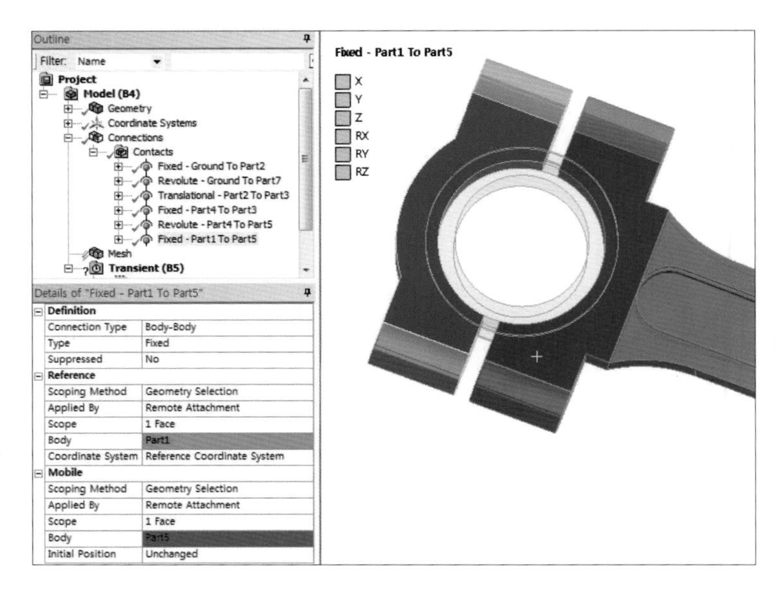

12 Body-Body Revolute Joint를 추가하여 커넥팅 로드와 베어링의 회전 자유도를 일치시킵니다.

Reference Body에 커넥팅 로드 안쪽 면을 지정하고 Z축을 축 방향과 일치시킵니다.

Mobile Body에 베어링의 바깥 면을 지정하고 Z축을 일치시킵니다.

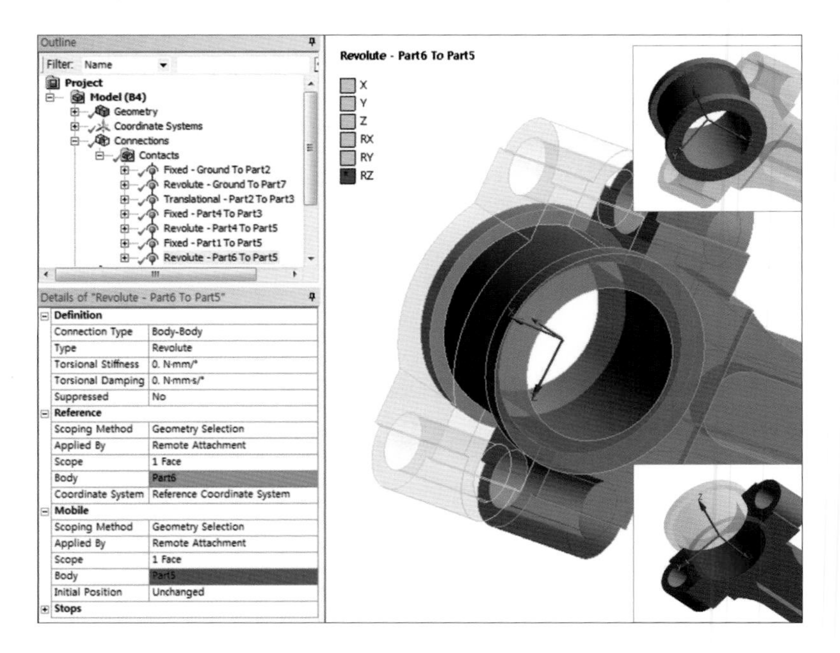

13 Body-Body Revolute Joint를 추가하여 베어링과 크랭크 축의 회전 자유도를 일치시킵니다.

Reference Body에 베어링 바깥(또는 안쪽) 면을 지정하고 Z축을 축 방향과 일치시킵니다. 그다음에 Mobile Body에 크랭크 축의 바깥 면을 지정하고 Z축을 일치시킵니다.

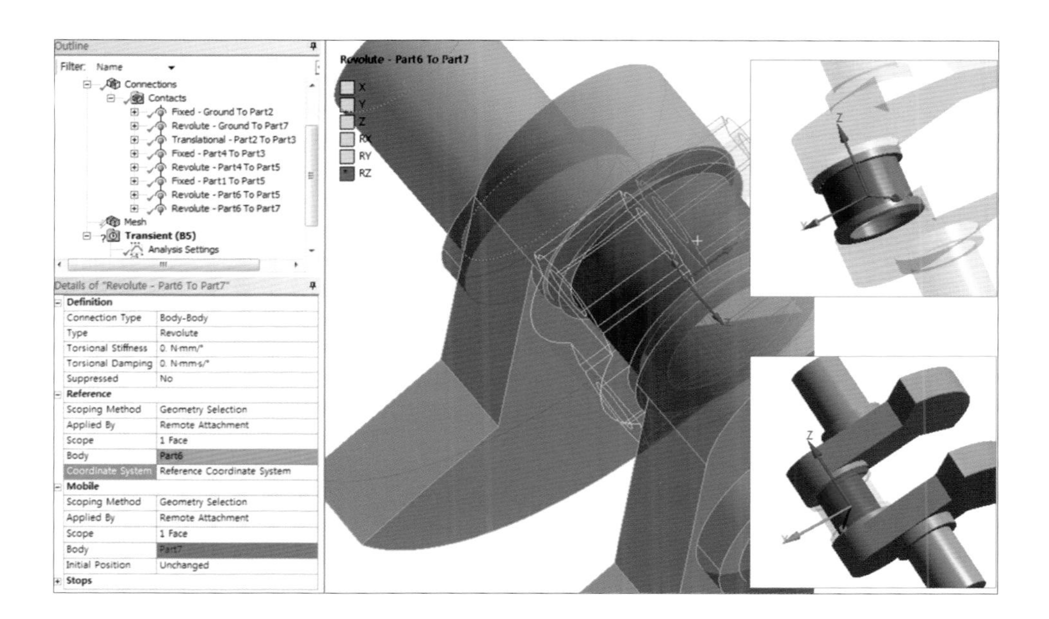

14 자유도 구속조건을 확인합니다. Ground와 크랭크 축에 회전 자유도를 부여한 Revolute Joint를 선택한 후, Context Toolbar에서 Configure를 선택합니다. Revolute Joint의 회전 자유도가 화면에 표시되며 마우스로 조작하여 조립 상태를 확인해 볼 수 있습니다.

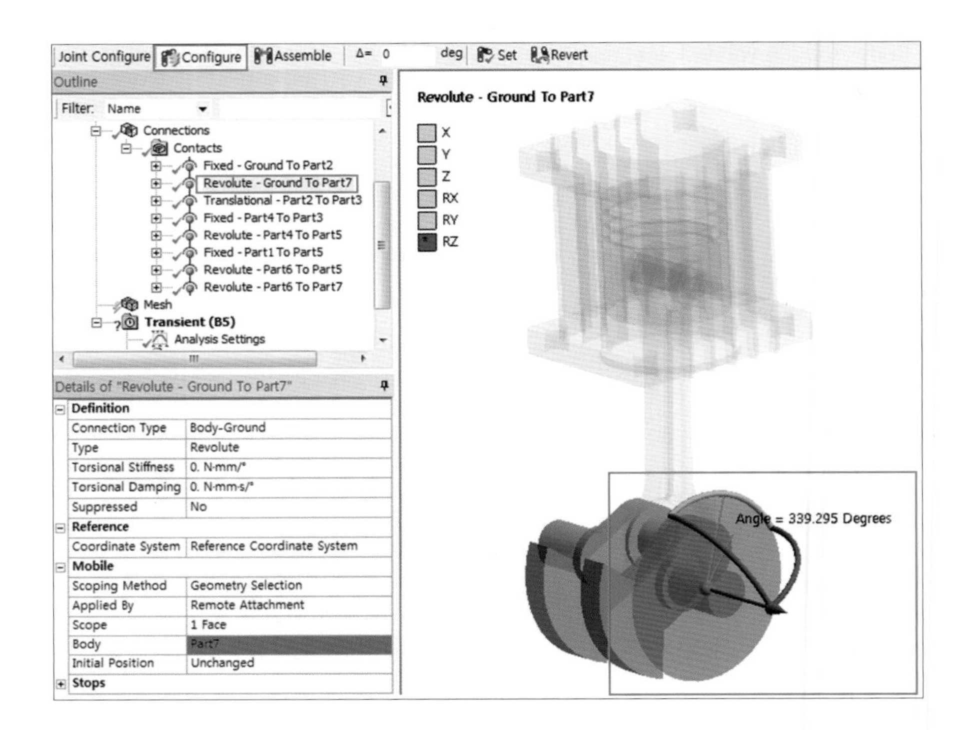

15 Outline의 Analysis Settings를 선택하고 Detail View에서 Step End Time을 1s로 설정합니다.

1초 동안의 운동 메커니즘을 해석하도록 설정하겠습니다.

Details of "Analysis Settings"	
Step Controls	
Number Of Steps	1
Current Step Number	1
Step End Time	1. s
Auto Time Stepping	On
Initial Time Step	1.e-002 s
Minimum Time Step	1.e-007 s
Maximum Time Step	5.e-002 s
Solver Controls	
Time Integration Type	Runge-Kutta 4
Use Stabilization	Off
Use Position Correction	Yes
Use Velocity Correction	Yes
Dropoff Tolerance	1.e-006
Nonlinear Controls	
Output Controls	
Analysis Data Management	
Solver Files Directory	D:₩Work₩individual₩
Scratch Solver Files Directory	

16 운동 메커니즘을 해석하기 위해 구동 조건을 부여합니다.

Tree Outline > RMB > Insert > Joint Load를 추가합니다. Detail View > Joint 항목에 크랭크 축의 Revolute-Ground-Body를 설정합니다. 회전 조건은 1초에 360° 회

전을 설정합니다.

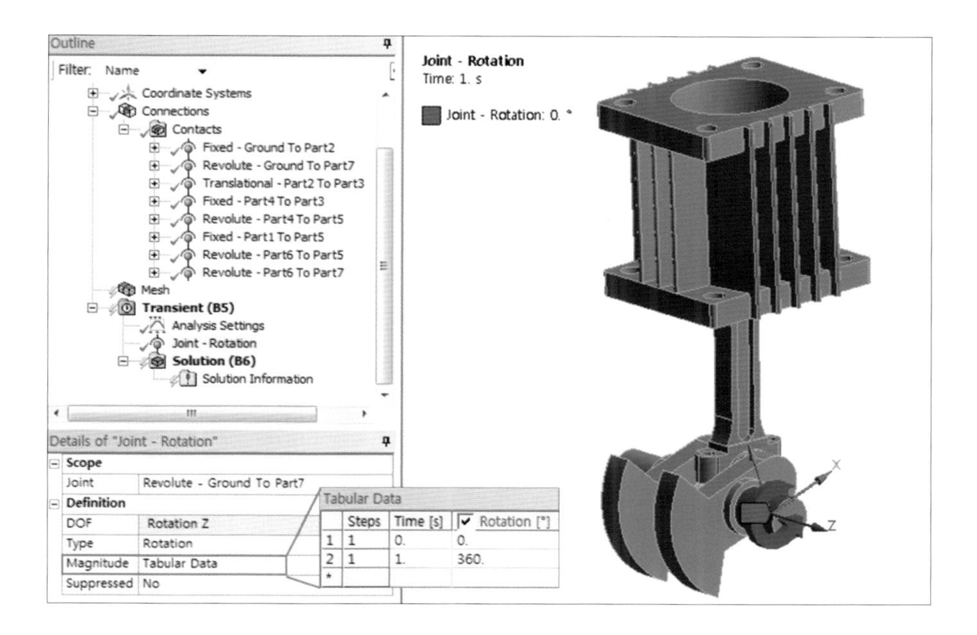

17 결과 항목으로 Directional Velocity를 추가하고 Orientation을 Z축으로 설정합니다.

18 해석을 수행합니다.

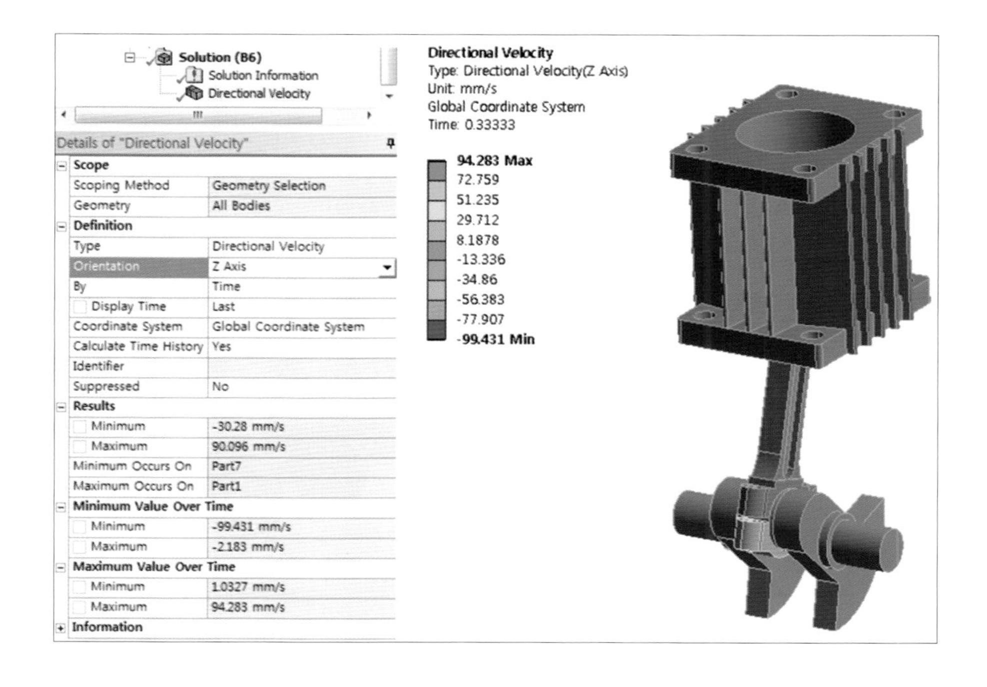

19 결과 항목을 확인합니다.

Timeline을 통해 운동 메커니즘을 동영상으로 확인할 수 있습니다.

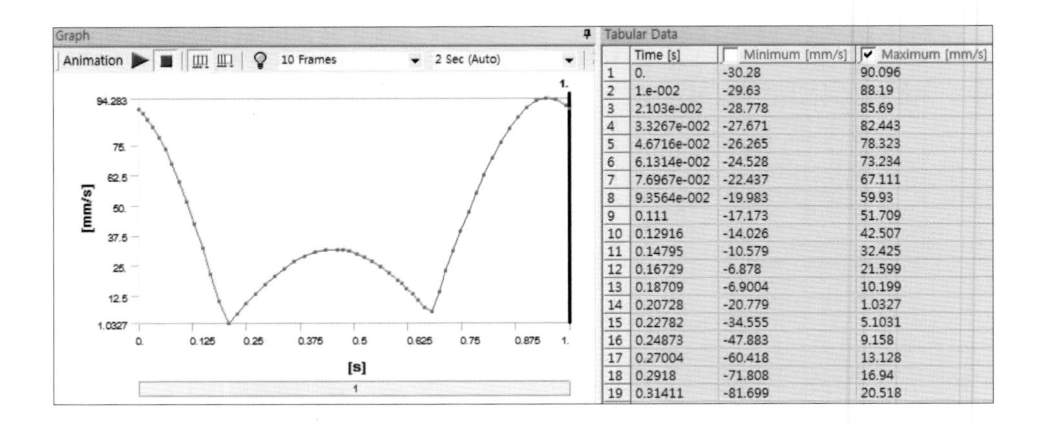

	Time [s]	Minimum [mm/s]	Maximum [mm/s]
1	0.	-30.28	90.096
2	1.e-002	-29.63	88.19
3	2.103e-002	-28.778	85.69
4	3.3267e-002	-27.671	82.443
5	4.6716e-002	-26.265	78.323
6	6.1314e-002	-24.528	73.234
7	7.6967e-002	-22.437	67.111
8	9.3564e-002	-19.983	59.93
9	0.111	-17.173	51.709
10	0.12916	-14.026	42.507
11	0.14795	-10.579	32.425
12	0.16729	-6.878	21.599
13	0.18709	-6.9004	10.199
14	0.20728	-20.779	1.0327
15	0.22782	-34.555	5.1031
16	0.24873	-47.883	9.158
17	0.27004	-60.418	13.128
18	0.2918	-71.808	16.94
19	0.31411	-81.699	20.518

유연체 동역학 해석의 경우, 모델을 불러온 후 파트들에 속성을 부여할 때 관심 있는 파트의 Stiffness Behavior를 Flexible로 설정하고 그 파트에 한해서만 Mesh를 생성하면 나머지 해석 절차는 강체 동역학 해석과 동일합니다.

09

피로 해석

9.1 피로 해석 개념

유한요소 해석은 기계설계에서 빠질 수 없는 필수적인 부분입니다. 하지만 다음과 같은 매우 중요한 질문에 대한 해답은 되지 못합니다. "이 부품은 얼마나 오랫동안 사용할 수 있는가?" "사용 중에 파단이 될 확률은 얼마 정도인가?" "설계를 어떻게 변경해야 최상의 내구성을 가지게 되는가? 구조물은 힘, 변위, 가속도 등의 하중 반복에 의하여 균열이 생성되고, 이 균열이 성장하여 최종적으로 파단되는데 이러한 현상을 피로 파괴라고 합니다.

반복되는 하중에 대하여 구조물의 피로 손상을 방지하기 위해 ANSYS Workbench에서는 응력-수명(Stress-Life) 및 변형률-수명(Strain-Life) 기반의 피로 해석을 수행할 수 있습니다.

9.2 Stress-Life 피로 해석

응력-수명 방법은 구조물에 발생하는 응력이 재료의 탄성영역 내에 있고 일정한 진폭과 긴 수명을 가진 경우에 주로 적용됩니다. 단수명에서 발생되는 소성변형은 고려하지 못하므로 초기 파손에 대한 피로 수명 예측에는 잘 사용하지 않습니다. 응력-수명 방법의 가장 유용한 개념은 무한수명 또는 안전응력의 설계에 사용되는 피로한도이며, 1,000 cycle 이하의 단수명을 평가하는 데는 적합하지 않습니다.

1) S-N 선도

기계재료에 되풀이 해서 가해져 파괴를 일으키는 응력(변형력)의 반복 횟수와 그 진폭(Amplitude)의 관계를 나타내는 곡선을 S-N(Alternating Stress, S-Life to Failure, N cycle) 선도라고 합니다.

파괴되기까지 응력의 반복 횟수는 가해지는 응력 진폭에 상당히 큰 영향을 받습니다. 이 관계를 보기 위해 응력 진폭(Stress Amplitude)을 세로축에, 그 응력 진폭을 가했을 때 재료가 파괴되기까지의 반복 횟수를 가로축에 적용하여 로그 스케일로 곡선을 그려 보면, 일반적으로 금속재료의 S-N 곡선은 응력 진폭이 작을수록 파괴까지의 반복 횟수는 증가됨을 확인할 수 있습니다. 그리고 응력 진폭이 어느 값 이하가 되면 무한히 반복하더라도 파괴되지 않는데, 이처럼 S-N 곡선이 수평이 되는 시점의 한계 응력을 그 재료의 피로 한도 또는 내구 한도라고 합니다.

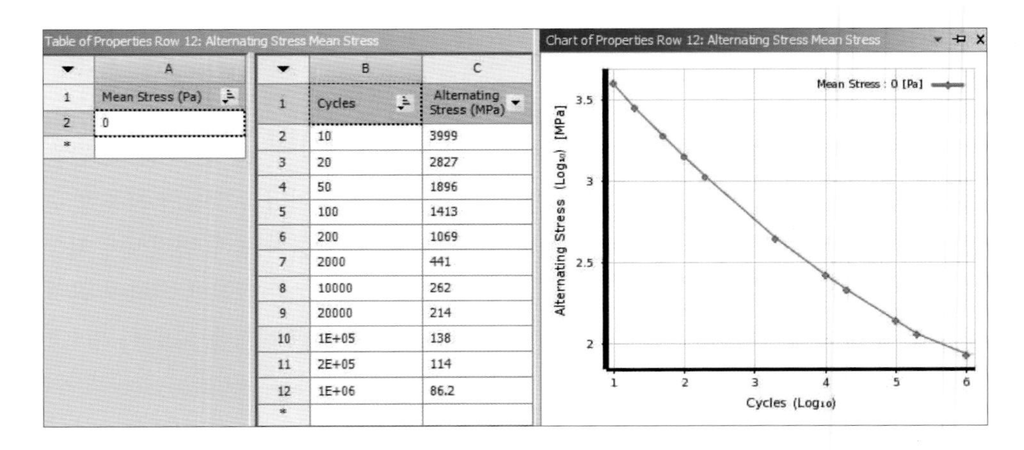
Table of Properties Row 12: Alternating Stress Mean Stress

	A
1	Mean Stress (Pa)
2	0
*	

	B	C
1	Cycles	Alternating Stress (MPa)
2	10	3999
3	20	2827
4	50	1896
5	100	1413
6	200	1069
7	2000	441
8	10000	262
9	20000	214
10	1E+05	138
11	2E+05	114
12	1E+06	86.2
*		

2) 평균 응력 효과(Mean Stress Effects)

재료의 피로 특성은 완전히 교번되는 일정 진폭의 변형률 제어 시험으로부터 얻습니다. 따라서 시험 시에는 교번 하중에 대한 재료의 평균 응력은 0이 되지만, 실제 부재는 이런 형태의 하중을 받는 경우가 거의 없습니다. 대부분의 경우 평균 응력은 피로 수명에 많은 영향을 끼치며, 특히 장수명에서 평균 응력은 압축 하중과 함께 피로 수명을 증가시키거나 인장 하중과 함께 피로 수명을 감소시킬 수 있습니다. 따라서 피로 해석을 수행할 때 평균 응력 효과를 고려해야 보다 정확한 피로 수명을 예측할 수 있습니다.

- $\sigma_{max} - \sigma_{min}$ = 응력폭(Stress Range)
- $\sigma_a = (\sigma_{max} - \sigma_{min})/2$ = 응력 진폭(Stress Amplitude)

- $\sigma_m = (\sigma_{max} + \sigma_{min})/2$ = 평균 응력(Mean Stress)
- $\sigma_R = \sigma_{min}/\sigma_{max}$ = 응력비(Stress Ratio)

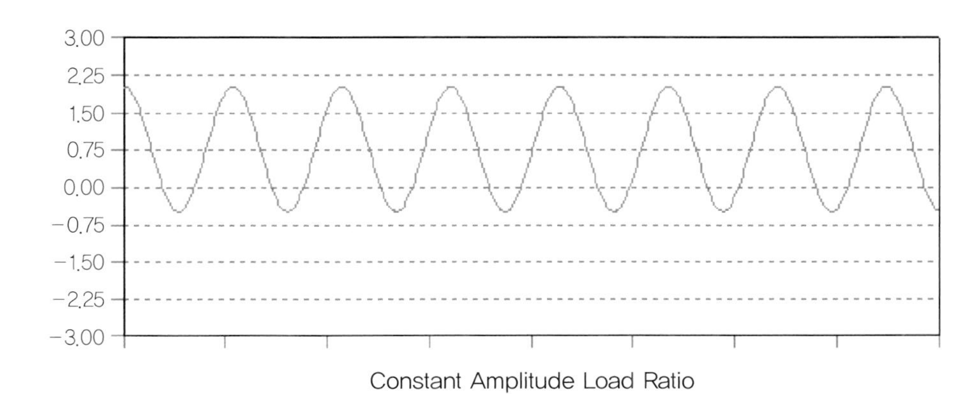

Constant Amplitude Load Ratio

하중 상태에 따른 응력비 R 값은 다음과 같습니다.

- 교번하중(Fully reversed loading)은 크기는 같고 방향은 반대인 하중을 의미하며, $\sigma_m = 0$, $R = -1$입니다.
- Zero−based loading은 하중이 적용되고 제거되는 반복 하중을 의미하며, $\sigma_m = \sigma_{max}/2$, $R = 0$입니다.

평균 응력 식에 대한 일반적인 개념은 다음과 같습니다.

① Goodman 이론의 경우 연강에 적합하며, 압축 평균 응력에 대해서는 고려되지 않습니다.

② Soderberg 이론은 Goodman 이론보다 더 보수적이며 주로 취성 재질에 쓰입니다. 그러나 과도한 설계치수 산정으로 거의 사용되지 않습니다.

③ Gerber 이론은 압축 평균 응력의 유해성을 고려하여 피로 수명을 예측할 때 적합합니다.

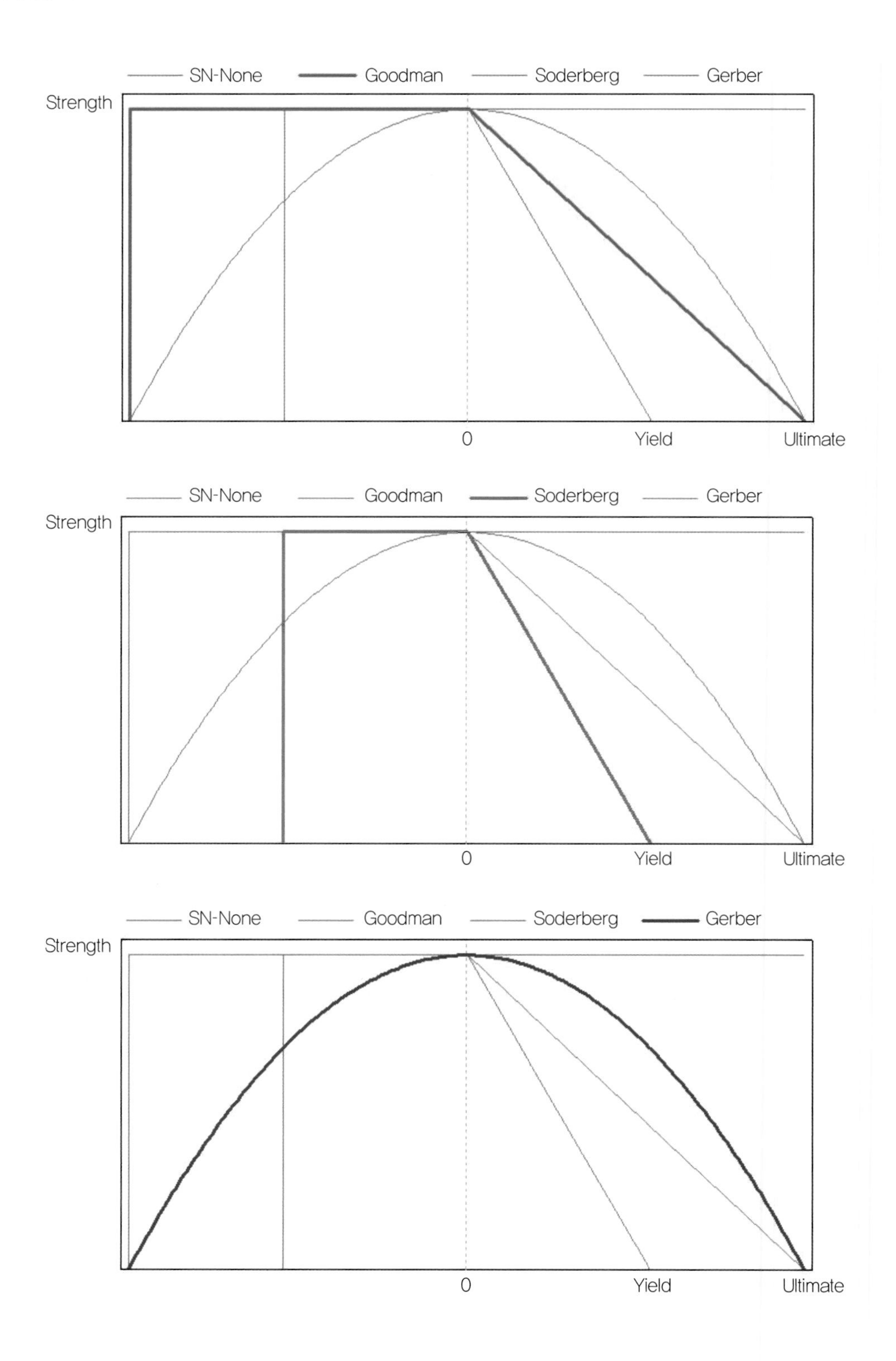
SN-None
Goodman
Soderberg
Gerber
Strength
0
Yield
Ultimate
SN-None
Goodman
Soderberg
Gerber
Strength
0
Yield
Ultimate
SN-None
Goodman
Soderberg
Gerber
Strength
0
Yield
Ultimate

9.3 Strain-Life 피로 해석

변형률-수명 방법은 하중에 대한 구조물의 반응이 변형률이나 변위에 의존한다는 것에 기초하여 수명을 계산하는 방법입니다. 하중이 낮은 조건에서 응력과 변형률은 선형적인 관계를 가집니다. 이 경우 하중과 변형률의 관계도 선형적이라고 볼 수 있습니다. 하지만 하중이 높은 수준에서 반복적으로 가해지는 경우 구조물의 거동은 소성변형을 동반하며 이를 고려하기 위해서는 응력이 아닌 변형률을 가지고 피로 수명을 계산해야 합니다. 변형률-수명 방법은 비교적 큰 하중에 의해 제품이 초기에 파단되는 경우에 주로 사용됩니다.

1) ε-N 선도

전체 변형률은 탄성 변형률과 소성 변형률 2개의 성분을 가집니다. ε-N 선도는 탄성 변형률과 소성 변형률을 log-log 그래프 상에서 직선으로 표현하고 두 성분을 합하여 전체 변형률을 표현한 것입니다. 큰 변형률 진폭에서 변형률-수명 곡선은 소성 변형률 곡선에 근접하게 되고 작은 변형률 진폭에서는 탄성 변형률 곡선에 근접합니다.

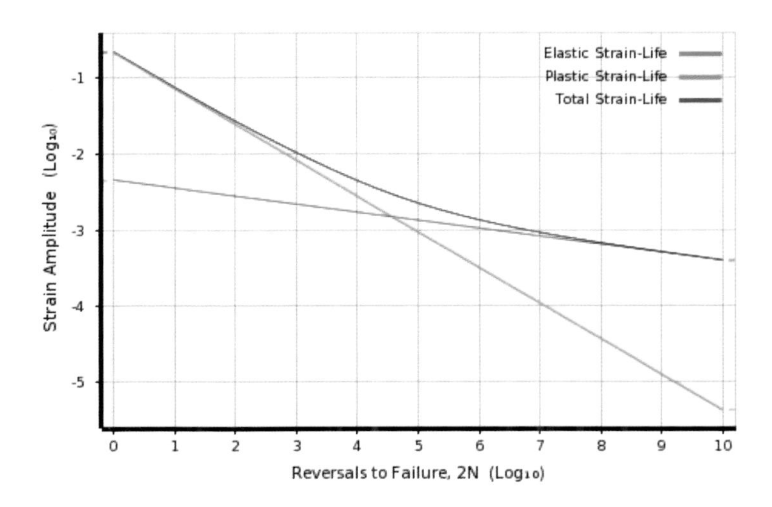

2) 평균 응력 효과(Mean Stress Effects)

변형률-수명 방법에서도 평균 응력에 대한 영향을 고려할 수 있으며, Morrow 이론식과 SWT 이론식을 적용하여 피로 수명을 계산할 수 있습니다.

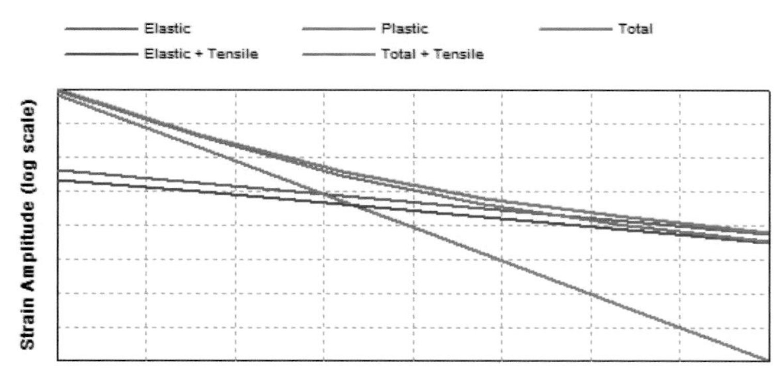

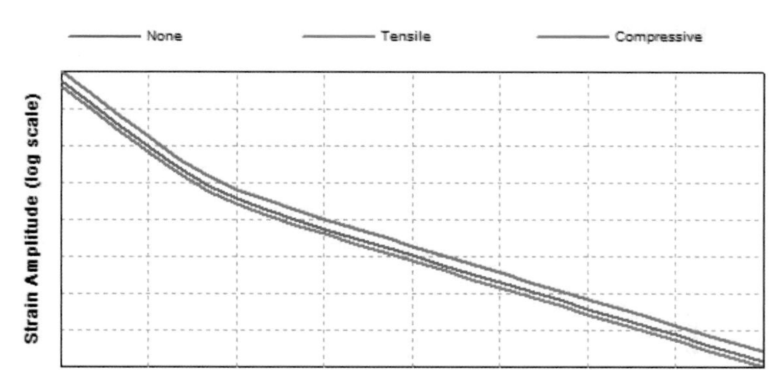

9.4 피로 해석 예제

Hook의 피로 해석

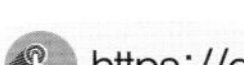 https://edu.tsne.co.kr/ > 기술자료 > MBU > 왕초보_6판_예제.ZIP > hook.agdb

다음과 같은 Hook에 하중이 걸립니다. 이때 전체 변형량과 등가응력을 확인하고, 피로 해석을 수행하여 수명을 예측해 봅니다.

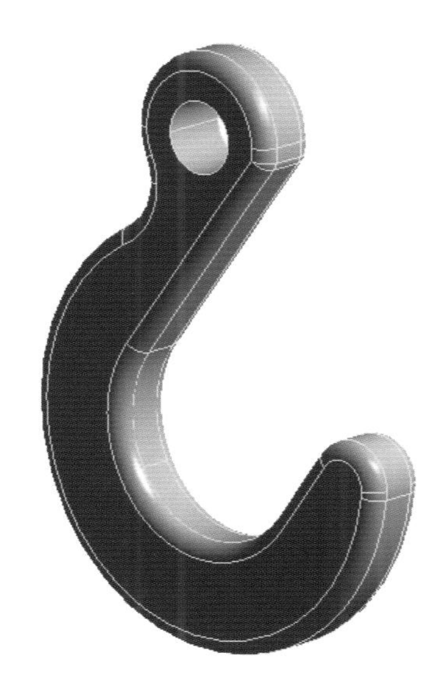

기타 설정 사항

항목	설정 내용
해석 시스템	Static Structural, Fatigue Tool
단위 시스템	Metric (kg, mm)
적용 재질	Structure Steel
하중 조건	Force : 40,000N, −y Direction

01 ANSYS Workbench를 실행하고, Static Structural System을 생성합니다.

02 해석에 사용할 재료 물성은 Engineering Data 기본 물성인 Structural Steel입니다.

03 생성한 시스템의 Geometry Cell에서 RMB > Import Geometry로 예제 모델을 불러옵니다.

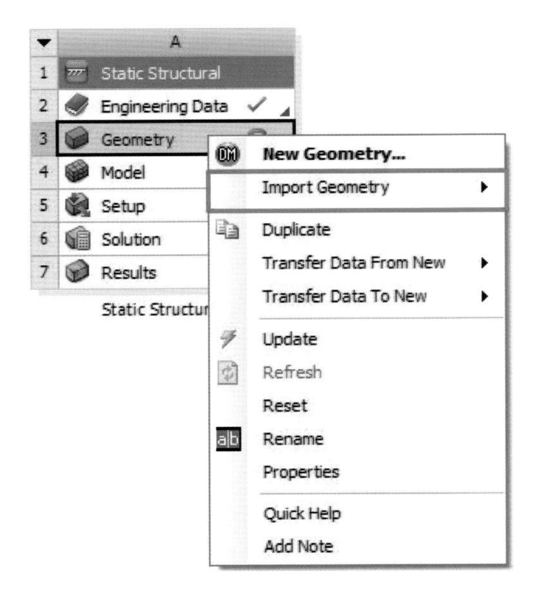

04 Project Schematic에 생성된 Static Structural System의 Model Cell을 더블 클릭하여 Mechanical Application을 실행합니다.

05 해석 모델에 재료 물성을 정의합니다.

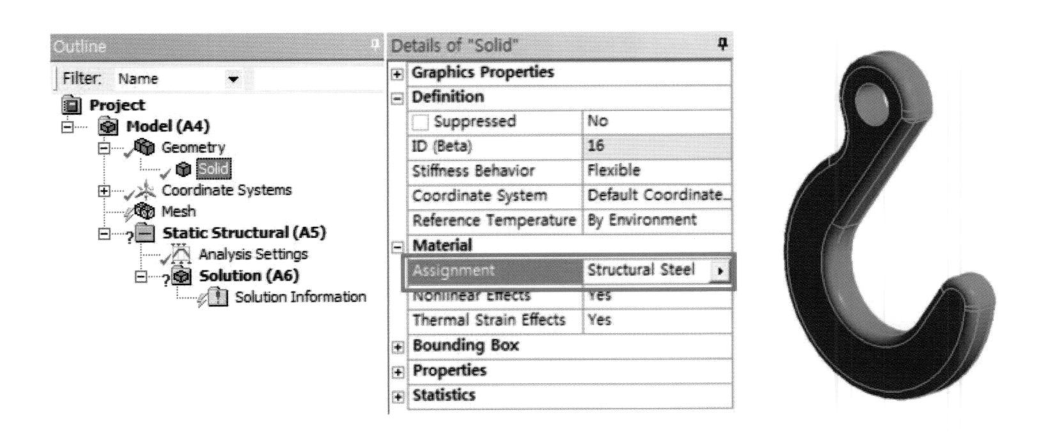

06 해석 모델에 생성할 Mesh의 크기를 Global Control 설정에서 10mm로 정의합니다.

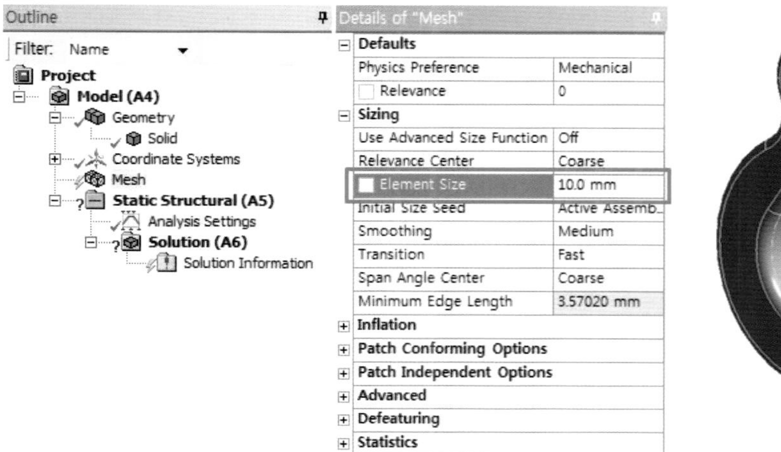

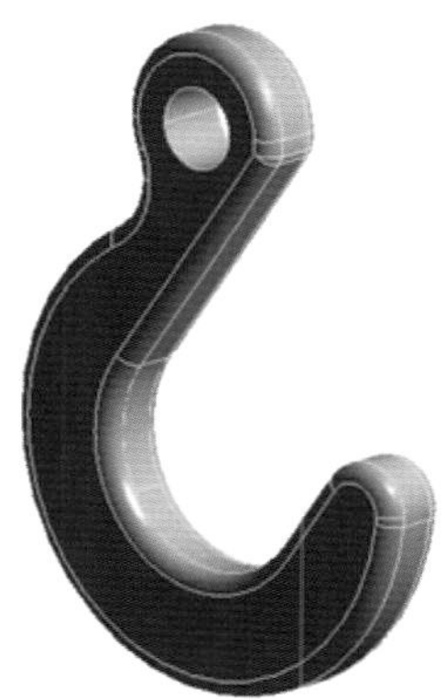

07 해석 모델에 육면체 Mesh를 생성하기 위하여 Tree Outline > Mesh > RMB > Insert > Method를 추가하고 Detail View에서 Method를 Hex Dominant로 설정합니다.

08 Mesh > RMB > Generate Mesh를 실행합니다.

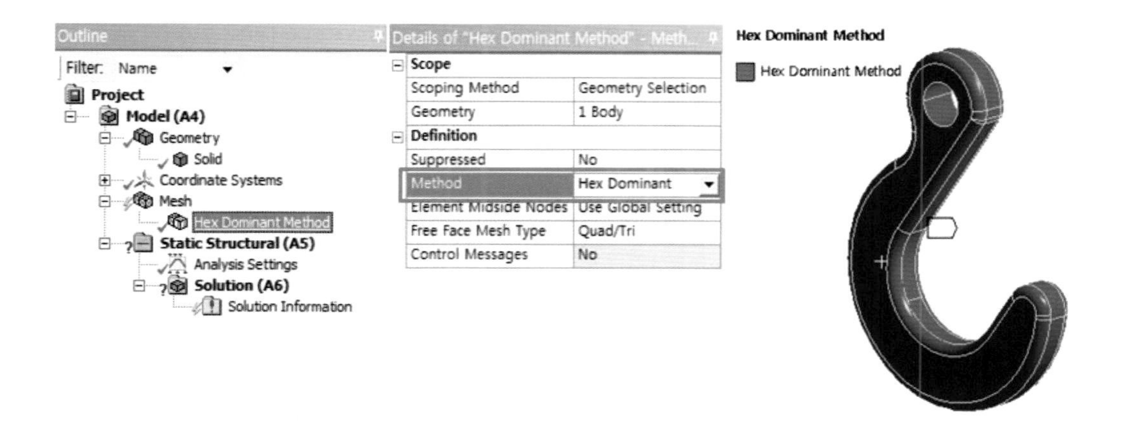

09 구속조건을 부여합니다.

Fixed Support를 추가하고 Hook 상단 hole을 지정합니다.

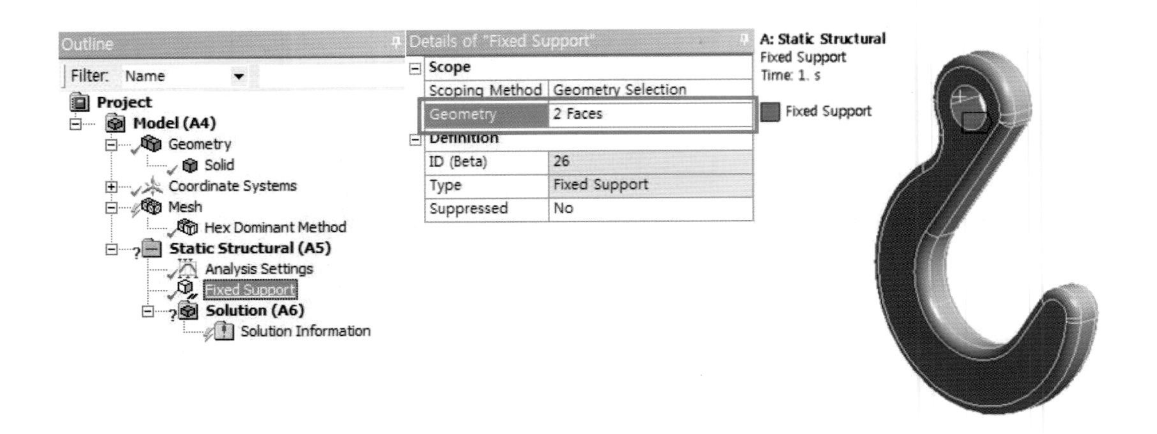

10 하중조건을 부여합니다.

Force 조건을 생성하고 Hook 중앙의 면을 지정합니다. Force는 Y방향으로 −40,000 N을 입력합니다.

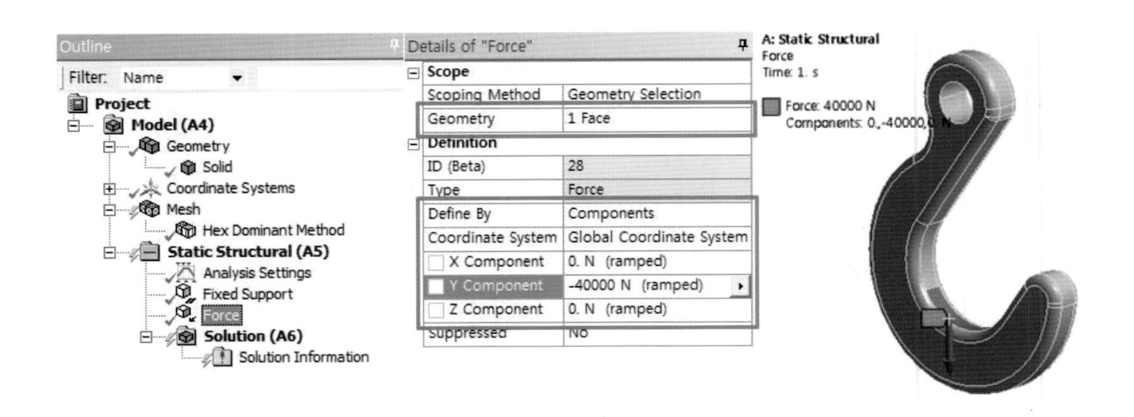

11 해석을 실행합니다. 해석이 완료되면 응력결과를 살펴봅니다.

최대 응력은 약 213.58MPa이 발생하였습니다. 안전계수 확인을 위해 다음 결과항목을 생성합니다.

12 Solution > RMB > Insert > Stress Tool 항목을 추가합니다.
Structure Steel의 경우 인장항복강도가 250MPa이므로, 인장항복강도를 기준으로 안전계수를 계산해 보면 약 1.1705 정도가 됩니다.

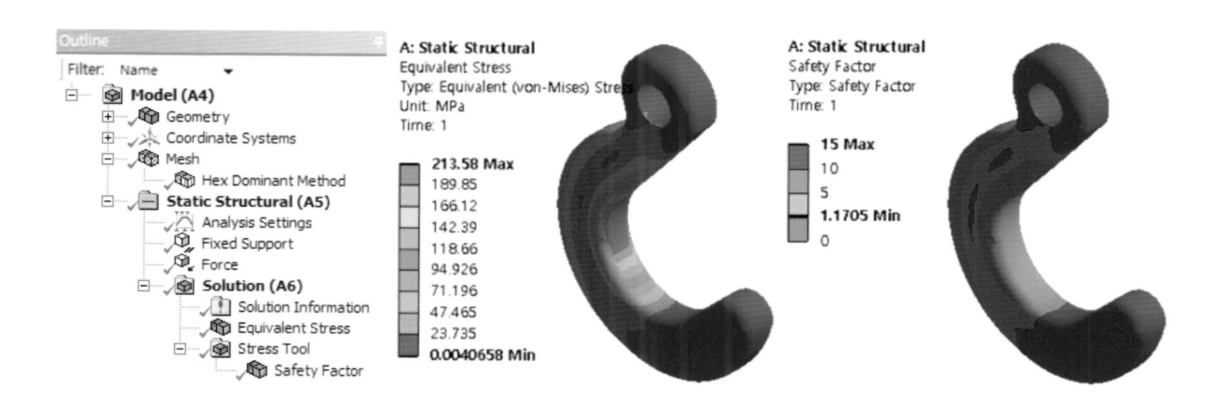

13 이제 피로 해석을 수행합니다. 피로 해석을 수행하려면 재료 물성 중 S-N 선도 또는 ε-N 선도가 필요합니다. Structure Steel의 경우 ANSYS Workbench의 기본 Engineering Data에 이 값을 가지고 있습니다. Engineering Data Cell을 더블 클릭 또는 RMB > Edit...를 선택하여 데이터를 확인합니다.

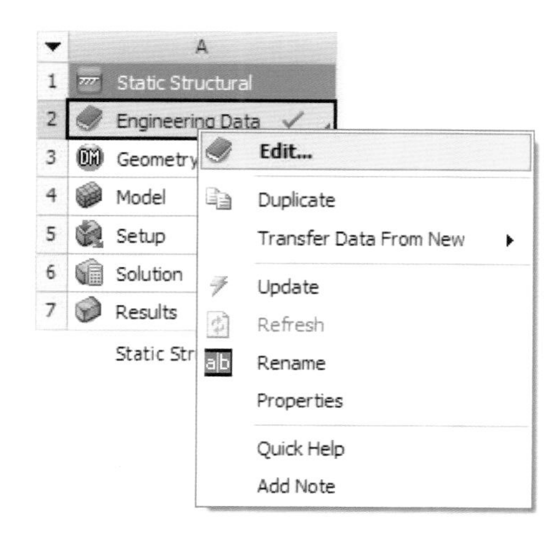

Alternating Stress를 클릭하면 응력-수명 피로 수명 방법에 사용되는 데이터를 확인할 수 있습니다.

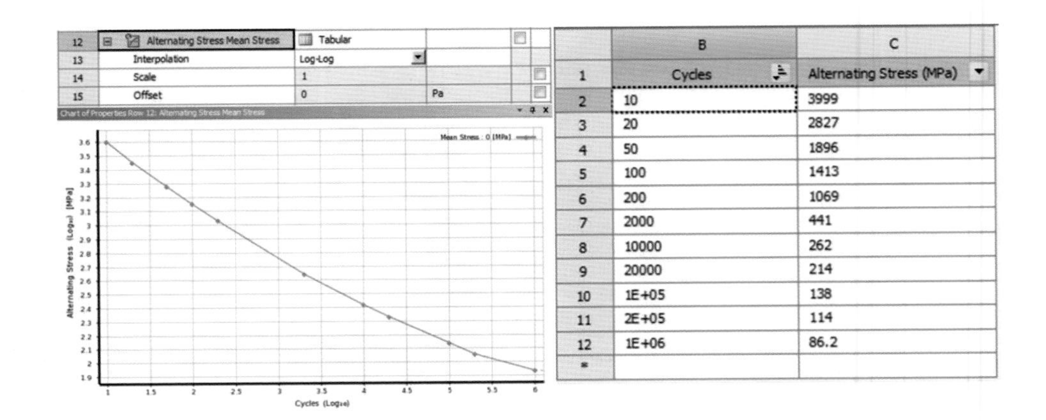

12	Alternating Stress Mean Stress	Tabular	
13	Interpolation	Log-Log	
14	Scale	1	
15	Offset	0	Pa

	B	C
1	Cycles	Alternating Stress (MPa)
2	10	3999
3	20	2827
4	50	1896
5	100	1413
6	200	1069
7	2000	441
8	10000	262
9	20000	214
10	1E+05	138
11	2E+05	114
12	1E+06	86.2
*		

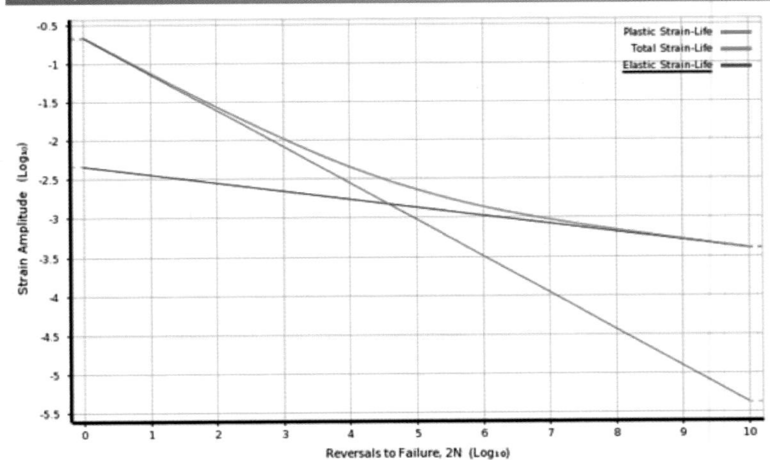

16	Strain-Life Parameters		
17	Display Curve Type	Strain-Life	
18	Strength Coefficient	920	MPa
19	Strength Exponent	-0.106	
20	Ductility Coefficient	0.213	
21	Ductility Exponent	-0.47	
22	Cyclic Strength Coefficient	1000	MPa
23	Cyclic Strain Hardening Exponent	0.2	

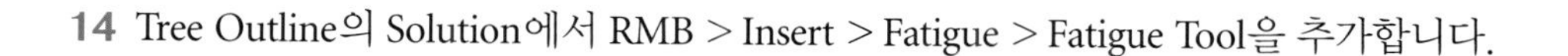

14 Tree Outline의 Solution에서 RMB > Insert > Fatigue > Fatigue Tool을 추가합니다.

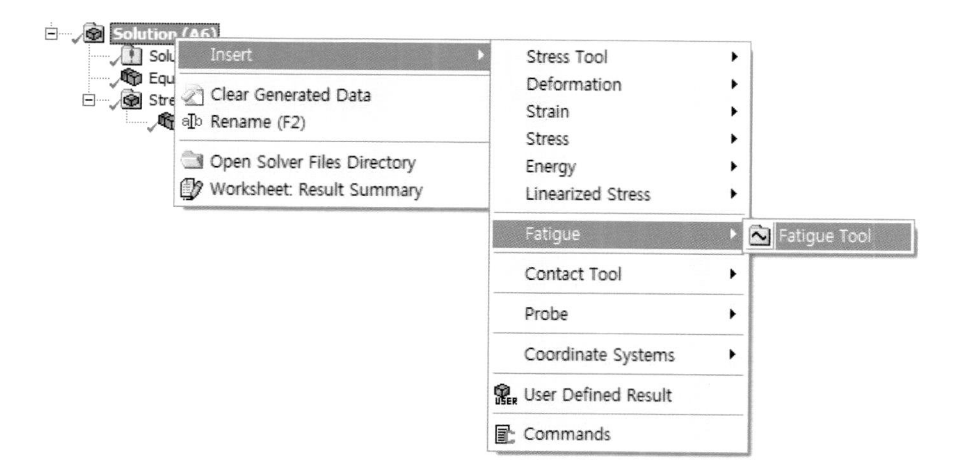

15 생성된 Fatigue Tool에서 RMB > Life를 추가합니다.

16 Fatigue의 Detail View에서 Loading Type을 Zero-Based(하중이 적용, 제거를 반복)로 설정합니다. Analysis Type을 Stress-Life로 설정하여 응력-수명 방법으로 피로 수명을 계산하게 합니다.

Mean Stress Theory는 Goodman으로 변경합니다. Goodman은 Ultimate Stress를 기준으로 피로 수명을 계산하는 이론입니다.

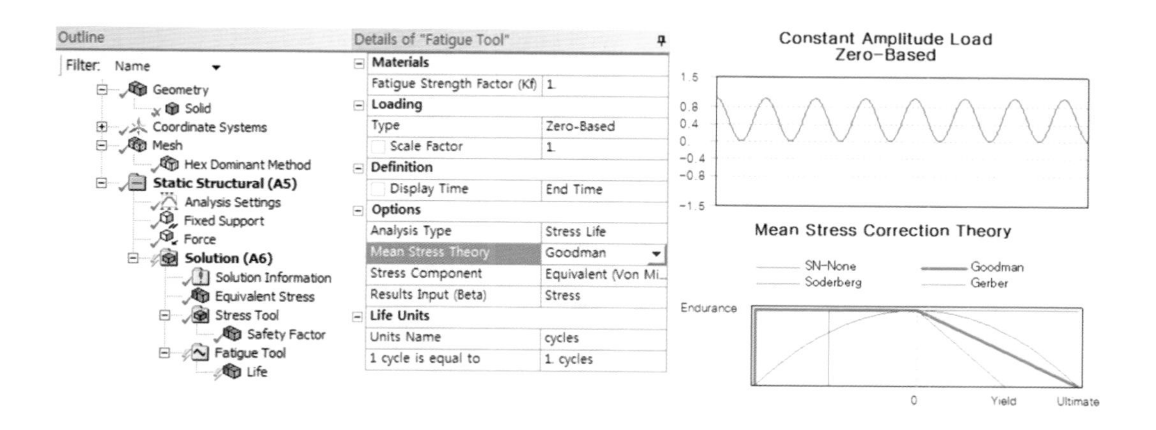

17 Fatigue Tool을 선택하고, RMB 후에 Evaluate All Results를 선택하여 피로 해석을 진행합니다.
피로 해석은 Post Process이므로 Solve를 하더라도 다시 해석을 하는 것이 아니고, 피로 계산만 진행하기 때문에 시간이 오래 걸리지 않습니다.

18 수명을 보면 최대 응력이 발생하는 위치에서 최소 수명이 발생하고 있습니다.
최소 수명은 97,192회입니다.

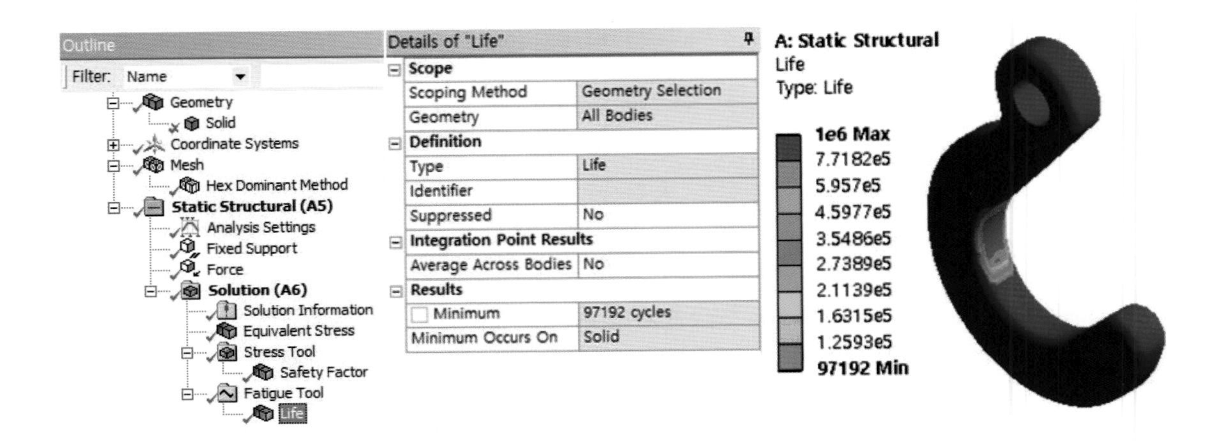

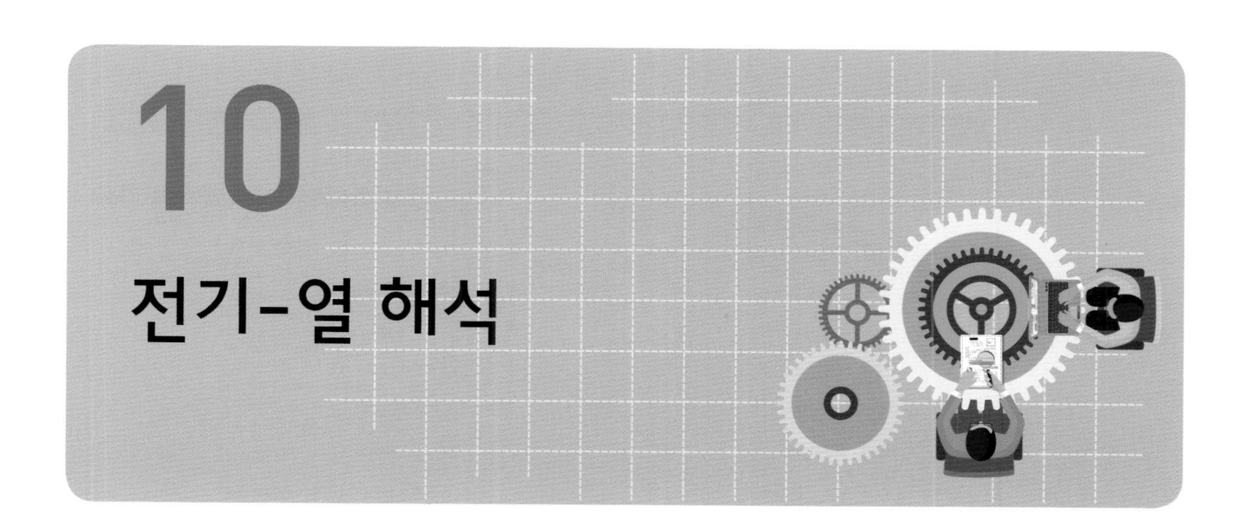

10.1 전기와 열의 관계

도체에 전기를 인가하면 줄열(Joule Heating)이 발생합니다. 1841년에 영국의 물리학자 James Joule에 의하여 발견된 이 현상은 도선에 전류가 흐를 때 전기저항에 의해 발생하는 열, 즉 전기 에너지가 열로 바뀌는 현상입니다. 전하가 흐르는 도체에서는 저항과 전류 밀도의 제곱에 비례하여 발열이 발생하며, 전류의 방향과는 무관한 현상입니다.

$$Q = \rho J^2$$

- Q = 단위 체적당 발열량(W/m^3)
- ρ = 전기 저항(Ohm-m)
- J = 계산된 전류 밀도(Amps/m^2)

이러한 현상을 ANSYS로 해석하기 위해서는 〈그림 10.1〉과 같이 ANSYS Workbench의 Electric과 Thermal 해석을 구성하여 발열량으로 도체의 온도가 증가하는 문제를 고려할 수 있습니다.

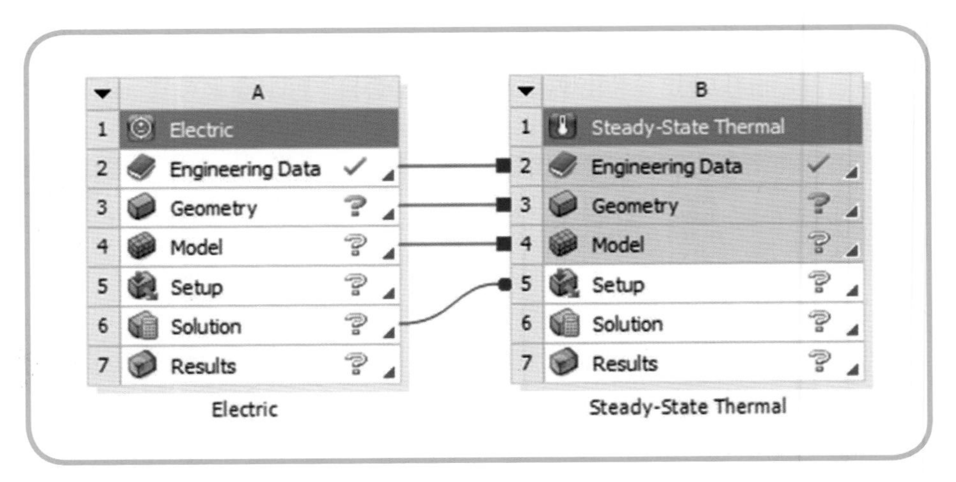

그림 10.1 ANSYS Workbench를 이용한 전기-열 해석

일반적으로 물질의 저항 값은 온도에 따라 변하는데, 도체는 온도가 상승하면 전기저항이 증가하지만 반도체나 절연체에서는 오히려 감소하는 경향을 보입니다. 열전도도 또한 온도에 따라 변하는데, 금속의 경우 온도가 증가함에 따라 약간 감소하는 경향을 보입니다. 따라서 도체 내에서 줄열이 발생할 경우 온도가 상승하면서 전기저항이 증가하고 열전도도가 감소하면서 도체 내에 축적되는 열에너지는 점점 증가하게 됨으로써 냉각효과가 미비할 경우 제품이 뜨거운 열 때문에 손상될 수도 있습니다. ANSYS에서는 전기의 전도와 열의 전도 현상으로 서로 영향을 주는 상호작용에 대한 연성해석(Coupled-Field Analysis)을 쉽게 고려할 수 있습니다.

10.2 Fuse의 전기-열 해석 예제

https://edu.tsne.co.kr/ > 기술자료 > MBU > 왕초보_6판_예제.ZIP > fuse.agdb

퓨즈는 연결된 회로에 규정 값 이상의 과도한 전류가 계속 흐르지 못하게 자동적으로 차단하는 안전장치입니다. 과전류가 흐를 경우 전류에 의해 열이 발생하게 되고 이 열에 의해 퓨즈가 녹아 끊어져 과전류를 차단하게 되는 원리입니다. 이번 예제에서는 퓨즈에 전류를 인가하여 전류밀도에 의한 발열량을 확인하고 이 발열량 분포를 이용하여 열 분포를 해석하는 전-열 연성해석을 진행합니다.

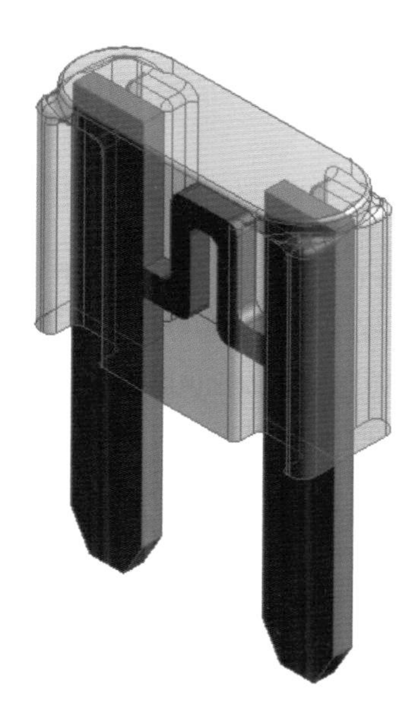

기타 설정 사항

항목	설정 내용
해석 시스템	Electric-Thermal
단위 시스템	Metric(m, kg, N, s, V, A)
적용 재질	Magnesium Alloy, Polyethylene
하중 조건	10A, Imported Load

01 ANSYS Workbench를 실행하고, Electric System을 생성합니다.

02 해석에 사용할 재료 물성을 정의하기 위해 Electric System의 Engineering Data Cell을 더블 클릭하거나 또는 RMB(마우스 오른쪽 버튼) > Edit...를 선택합니다.

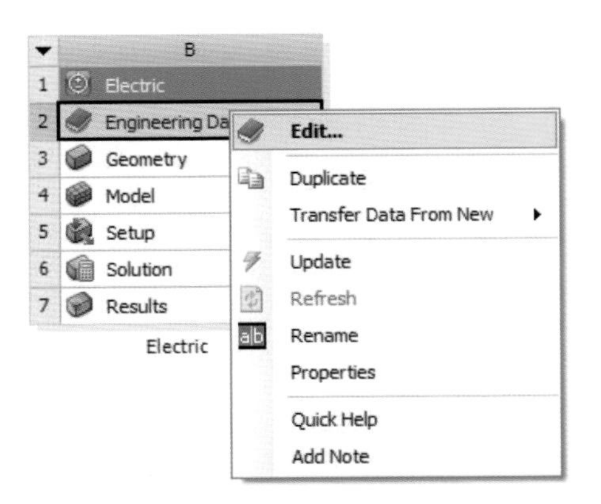

03 Engineering Data의 Engineering Data Sources를 열어 General Materials Library에서 Magnesium Alloy와 Polyethylene을 추가합니다. Engineering Data Sources를 끄고 Magnesium Alloy와 Polyethylene의 저항 물성치를 확인합니다.

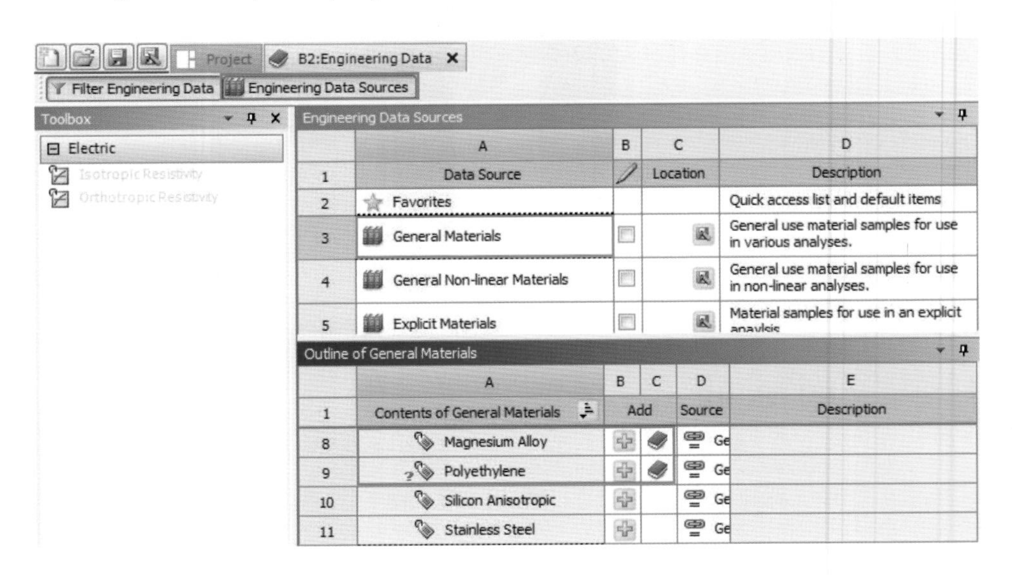

04 Polyethylene은 Isotropic Resistivity 값이 없기 때문에 사용자가 직접 입력해 주어야 합니다. Polyethylene의 Isotropic Resistivity를 Toolbox에서 추가하고 1 ohm-m로 입력합니다. Polyethylene은 부도체이기 때문에 Isotropic Resistivity 값이 일반 도체보

다 큰 값을 가지도록 설정됩니다. (이 예제에서 온도 의존성 데이터는 고려하지 않습니다.)

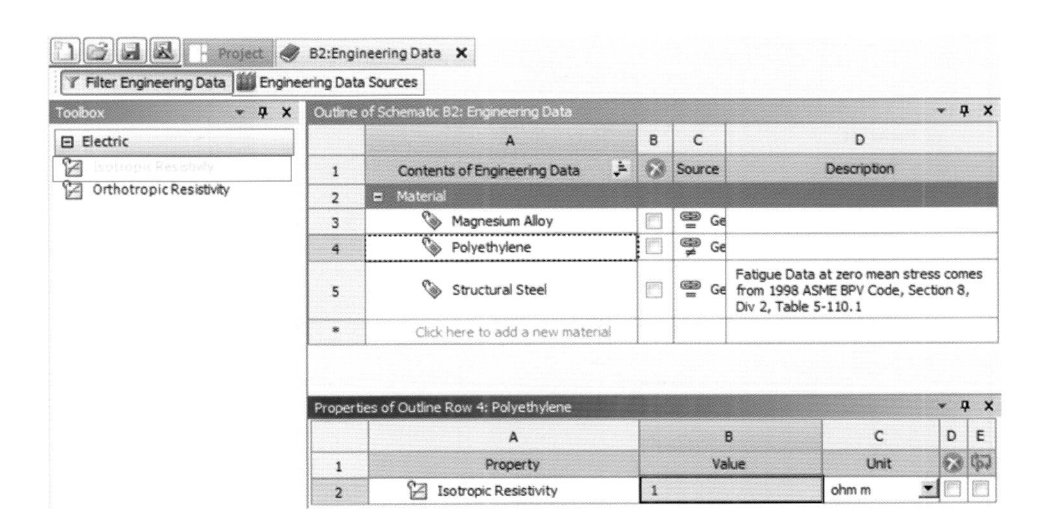

05 상단의 Project를 클릭하여 기존의 Project Schematic 환경으로 복귀합니다.

06 Electric System의 Geometry Cell에서 RMB(마우스 오른쪽 버튼) > Import Geometry로 예제 모델을 불러온 후 Mechanical을 구동하기 위해 Model Cell을 더블 클릭하거나 또는 RMB(마우스 오른쪽 버튼) > Edit...를 선택합니다.

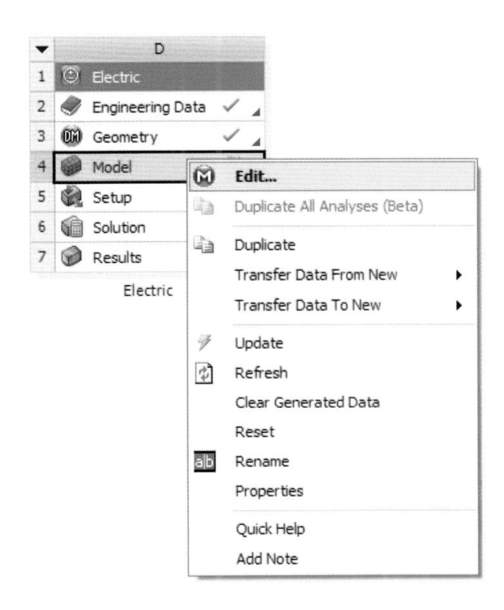

07 각 Part에 재질을 적용합니다. 퓨즈 커버에 Polyethylene을 적용하고 퓨즈에 Magnesium Alloy를 적용합니다.

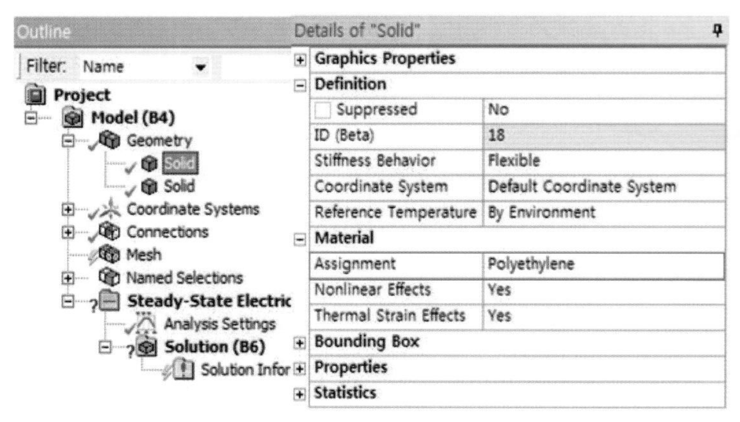

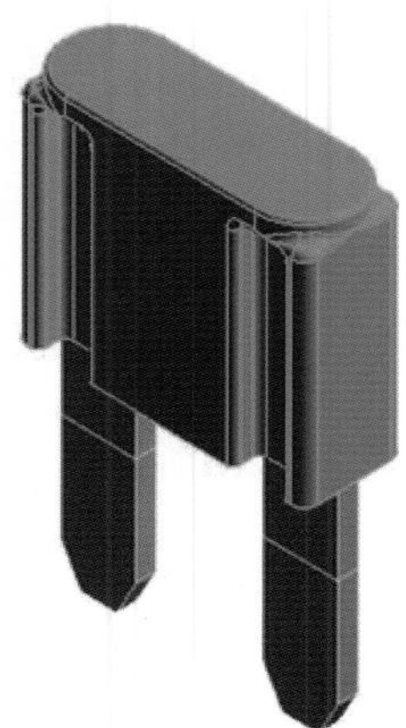

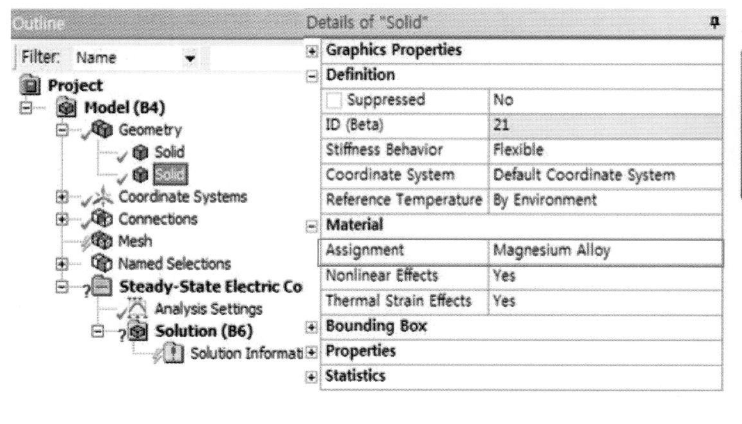

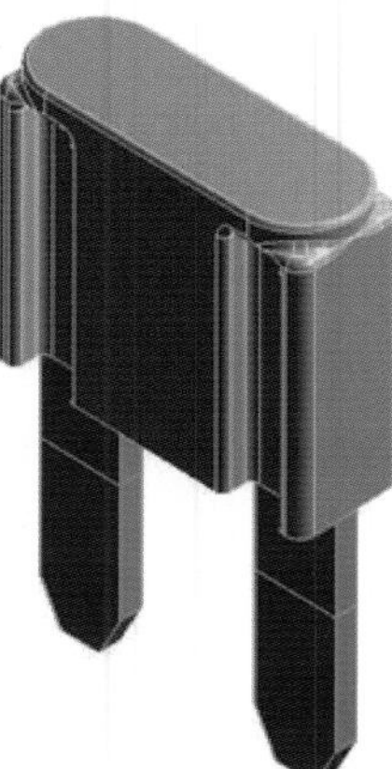

08 퓨즈와 커버의 접촉조건은 Bonded 상태로 둡니다.

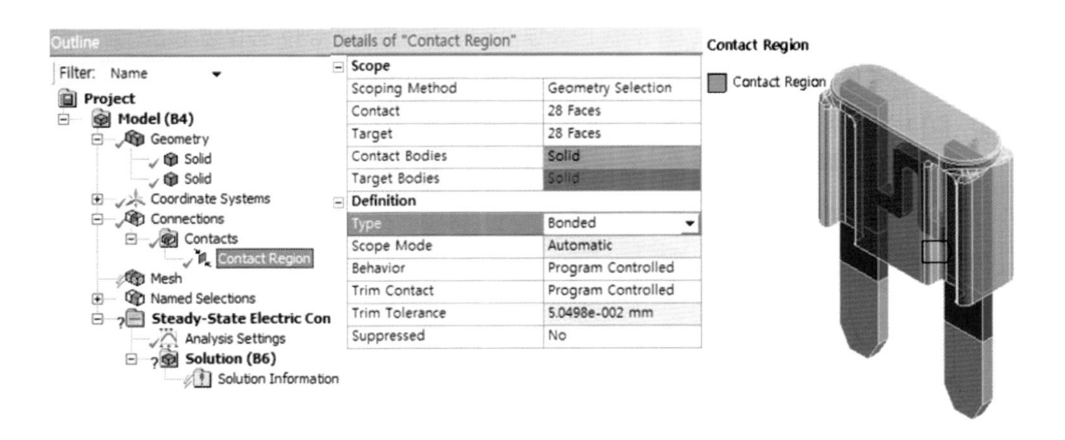

09 Mesh에 Method 조건을 추가하고 퓨즈와 커버에 Hex Dominant 조건을 설정합니다.

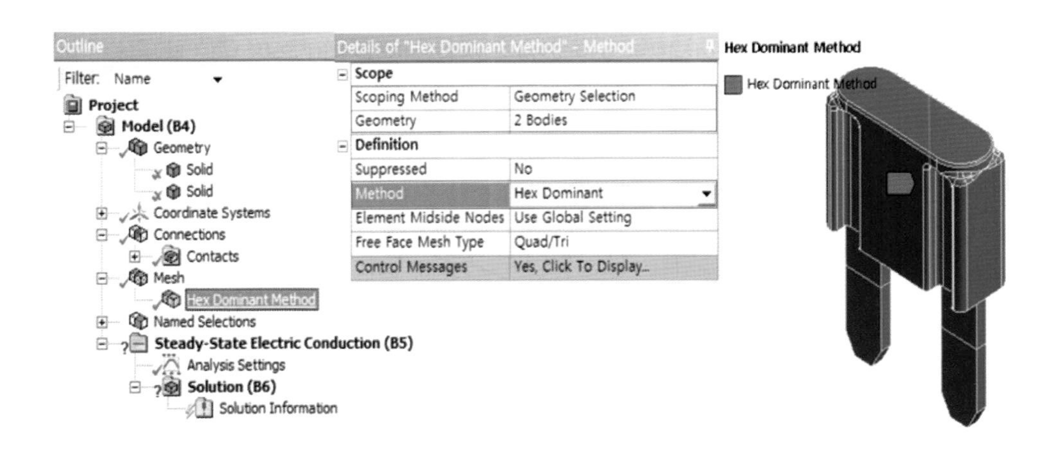

10 Mesh에 Size Control 조건을 추가하고 퓨즈와 커버를 선택한 후 Element Size에 5e-4 m를 입력합니다.

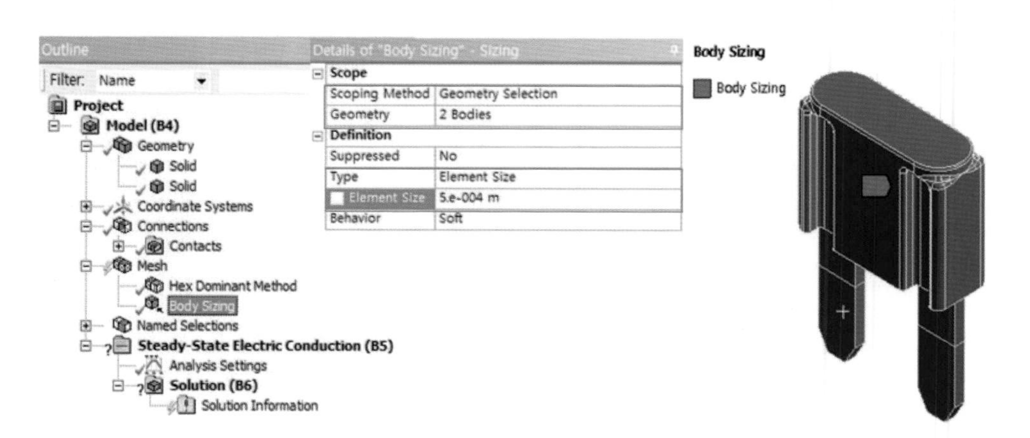

11 Mesh를 생성하기 전에 Virtual Topology 기능으로 조각난 Geometry를 수정합니다. Tree Outline의 Model에서 RMB > Insert > Virtual Topology를 추가합니다.
모델에서 작게 분할되어 있는 면들은 Mesh 생성에 문제를 일으킵니다. 따라서 조각난 면들을 합쳐 하나의 면으로 재생성합니다. 이를 위해 주변 넓은 면들과 같이 선택한 후 Merge Cell을 선택합니다.

☞ Geometry 정보가 소실되기 때문에 형상의 변형이 발생될 수 있으므로 사용에 주의해야 합니다.

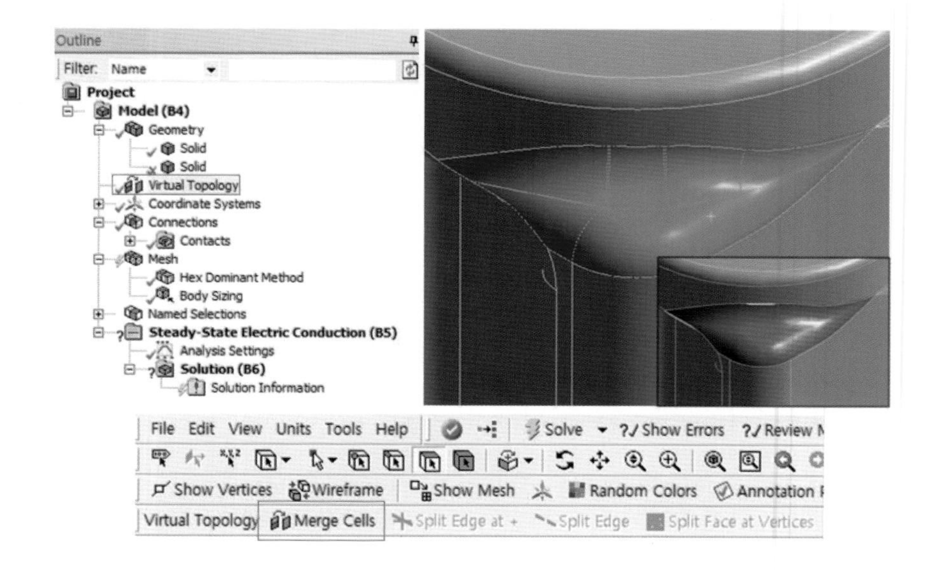

12 상단 Fillet 4곳에 대해 Virtual Cell 작업을 완료하고 Mesh를 생성합니다.
이 모델에서 Virtual Cell을 작업하지 않으면 Mesh가 생성되지 않습니다.

13 퓨즈에 전류 10A를 인가합니다.
적용되는 위치는 Named Selection으로 예제파일에 미리 설정되어 있는 NS_IN을 사용합니다.

☞ 경계조건으로 전류가 아닌 전압을 알고 있다면 Current 조건이 아닌 Voltage 조건을 사용해서 적용할 수 있습니다.

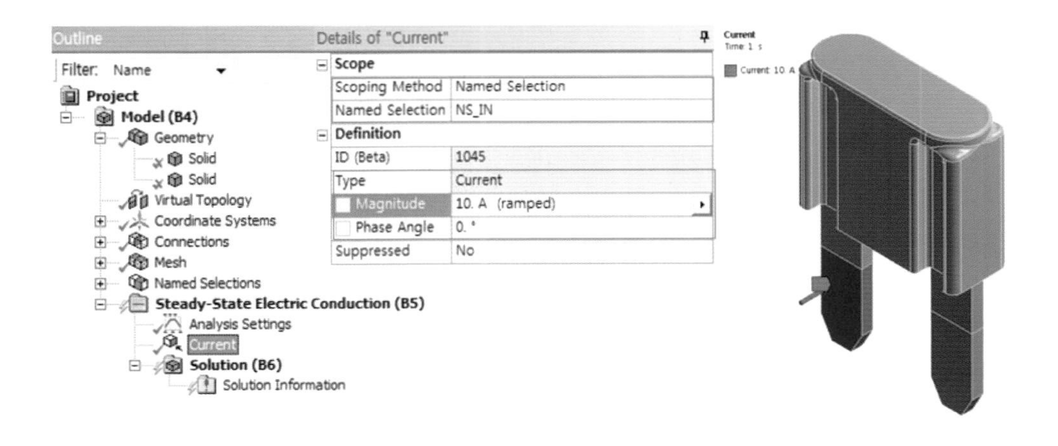

14 Ground 조건을 적용하기 위해 Voltage 조건을 추가하고 값에는 0을 입력합니다. 적용되는 위치는 Named Selection으로 설정되어 있는 NS_OUT을 사용합니다.

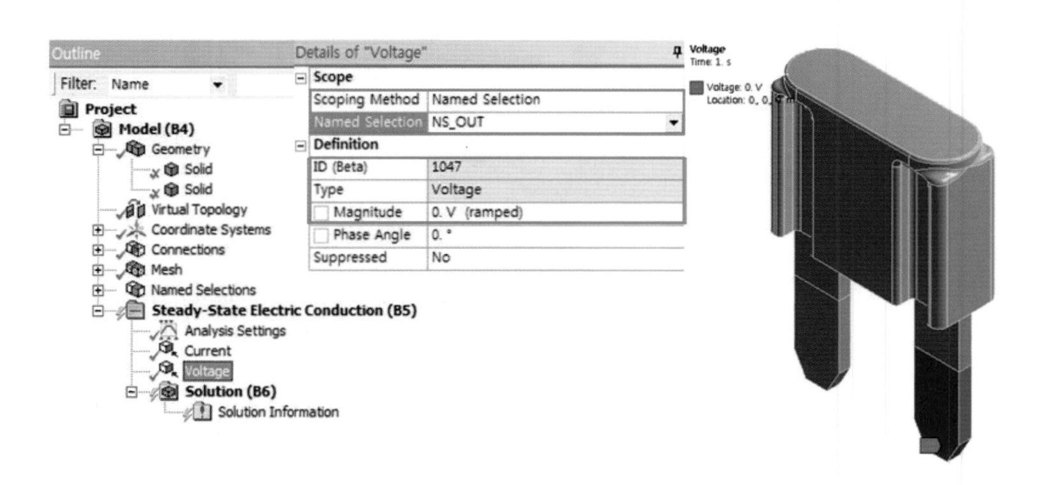

15 결과항목으로 전류밀도 확인을 위해 Total Current Density를 추가하고, 발열량을 확인하기 위해 Joule Heat를 추가합니다.

16 Solve를 선택하여 해석을 진행합니다.

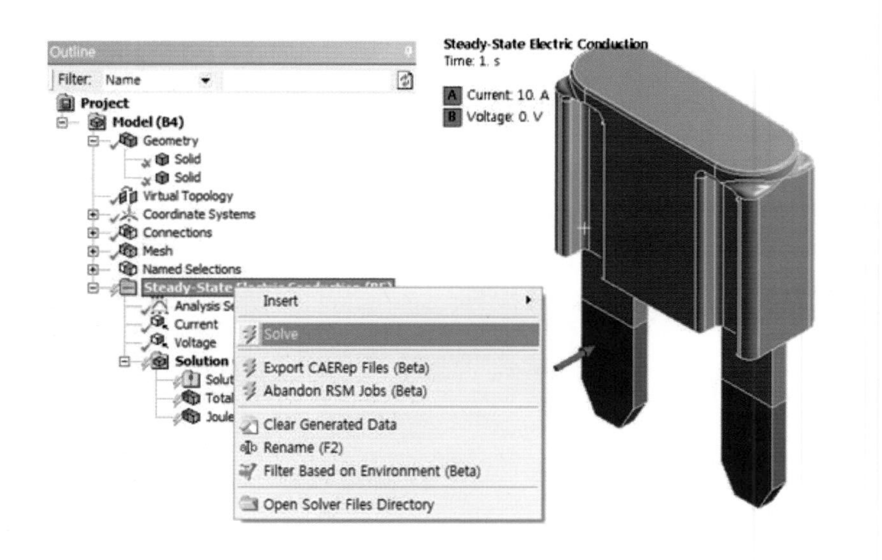

17 해석이 완료되면 결과를 살펴봅니다. 추가로 퓨즈만 선택하여 결과를 확인합니다.

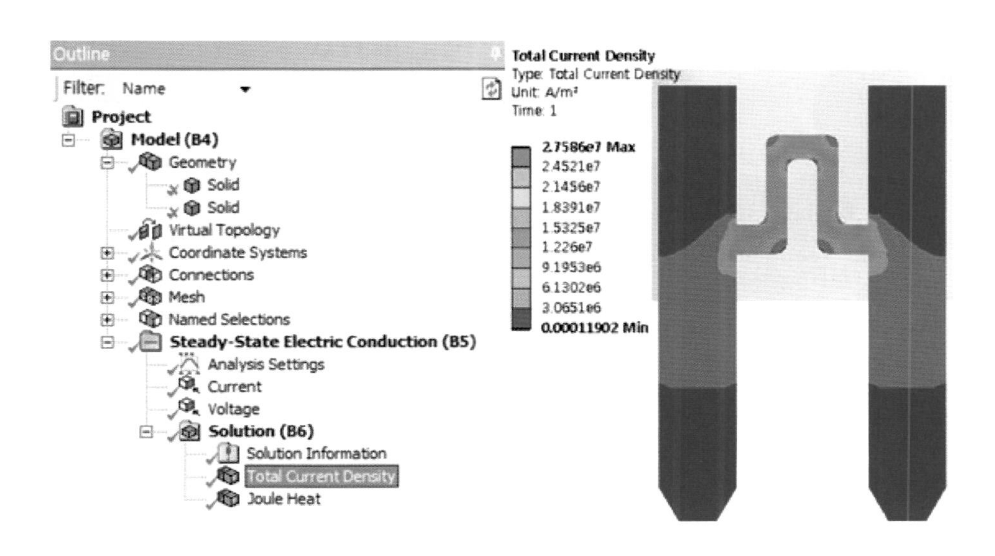

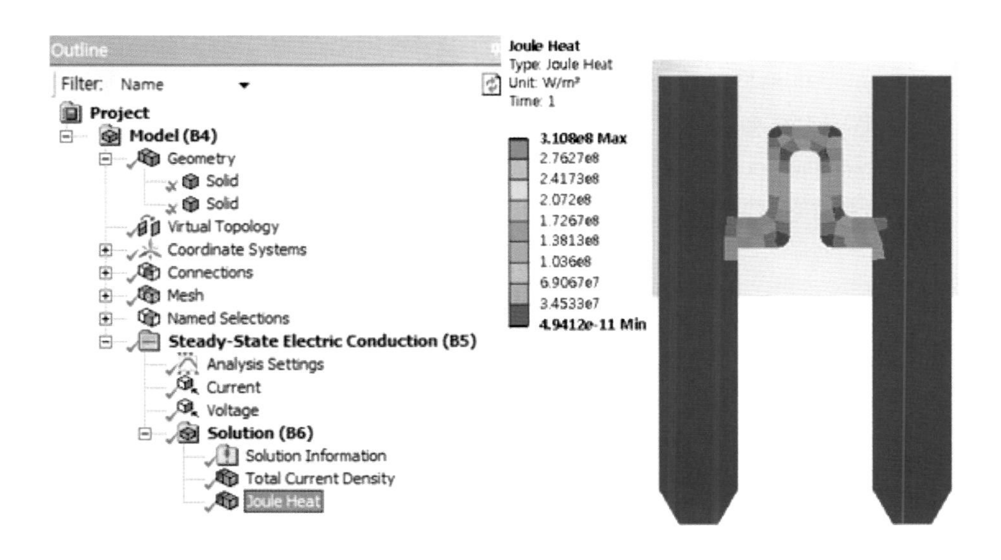

18 Project Schematic 환경으로 돌아옵니다. Electric System에 Steady-State Thermal System을 연결하여 생성합니다. 6번 Solution Cell까지 연결되어야 전류밀도에 의한 발열량이 열 전달 해석의 초기조건으로 적용됩니다.

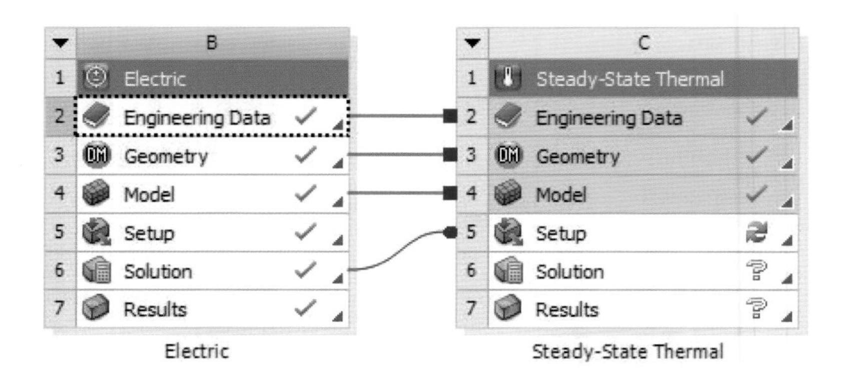

19 Model Cell을 더블 클릭하여 Mechanical Application을 실행합니다.

20 퓨즈 커버 표면에 대류조건을 적용해야 합니다. 커버 옆면과 밑면을 선택한 후 Extend to Limits로 곡률에 의해 연결된 Face들 모두를 자동 선택하여 지정합니다. 대류계수는 Workbench에서 제공하는 데이터를 사용합니다. Convection Data들 중에서 Stagnant Air-Simplified Case 항목을 적용합니다. (적용 과정은 열 전달 예제를 참고하시기 바랍니다.)

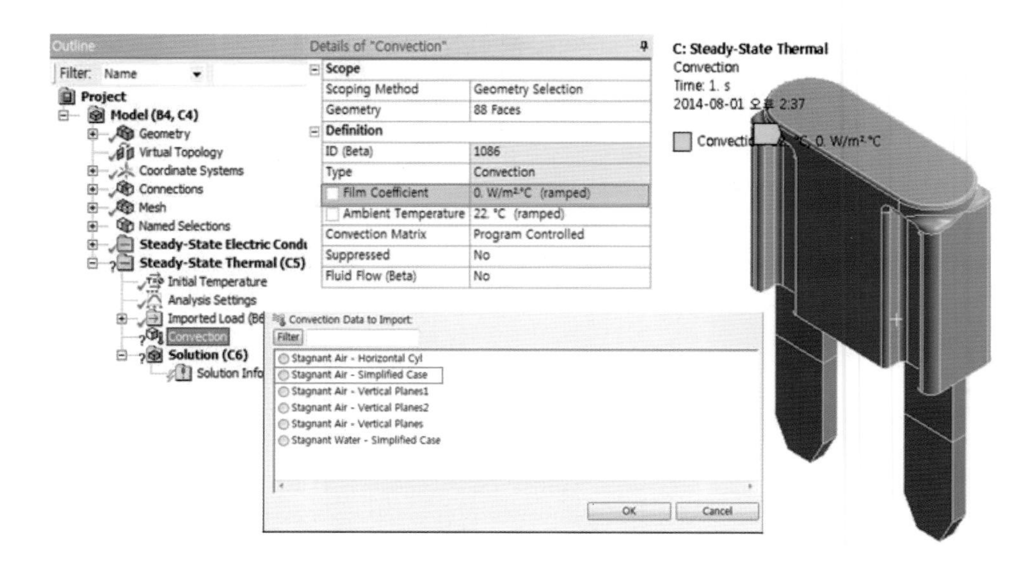

21 Imported Load 항목은 외부 해석 시스템의 결과를 읽어 들여 초기조건으로 적용합니다. 본 예제에서는 Electric System에서 해석한 결과 데이터가 적용되도록 해석 시스템을 생성하였으므로 전류밀도에 의해 발생되는 발열량이 적용될 것입니다. Imported Heat Generation 항목에서 RMB > Import Load를 실행하여 데이터를 초기조건으로 적용합니다.

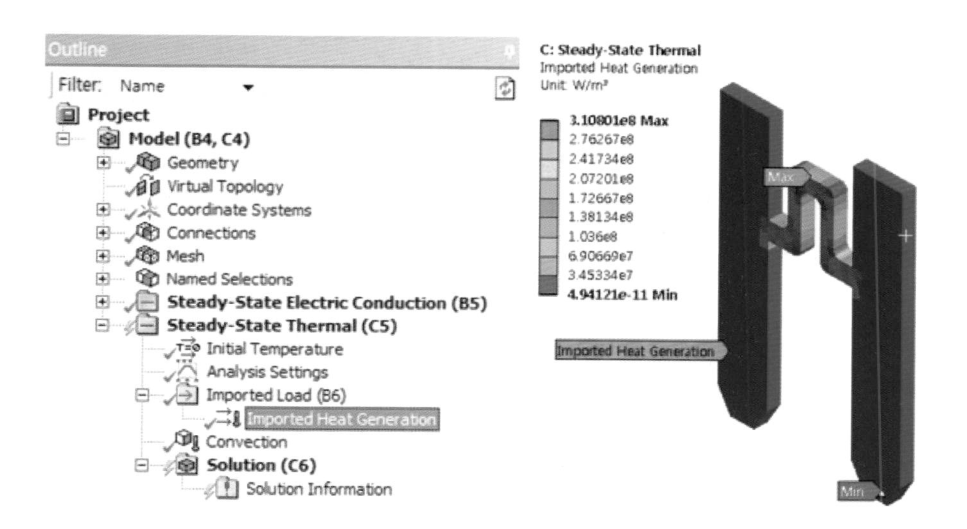

22 결과항목으로 온도분포 확인을 위해 Temperature를 추가합니다. 퓨즈에 대한 온도분포와 열 속 분포를 확인하기 위해 결과항목을 추가하고 퓨즈만 적용합니다.

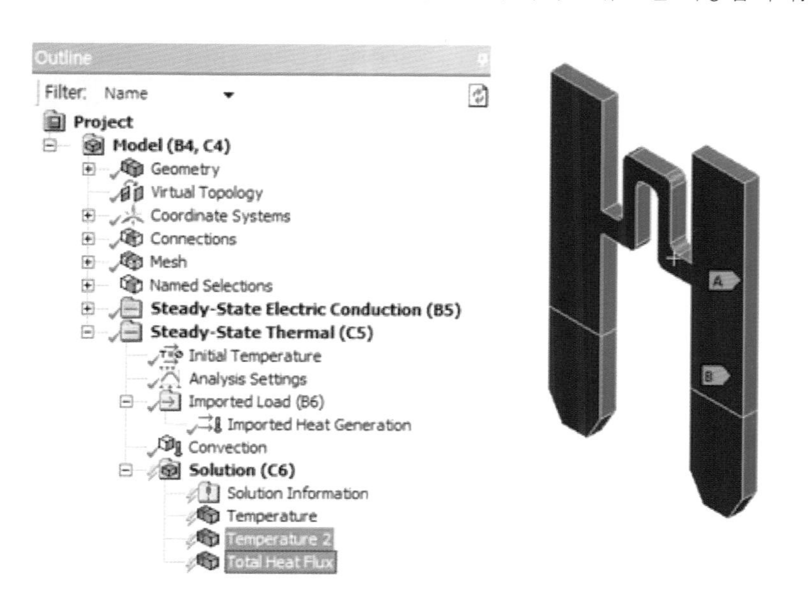

23 해석을 실행합니다. 해석이 완료되면 결과를 확인합니다.

퓨즈에서 발생되는 온도는 964.36°C로 계산되었습니다. Magnesium Alloy의 용융온도는 649°C 이므로 10A의 전류가 인가되었을 경우 퓨즈가 녹아 끊어져 전류가 차단될 것임을 살펴볼 수 있습니다.

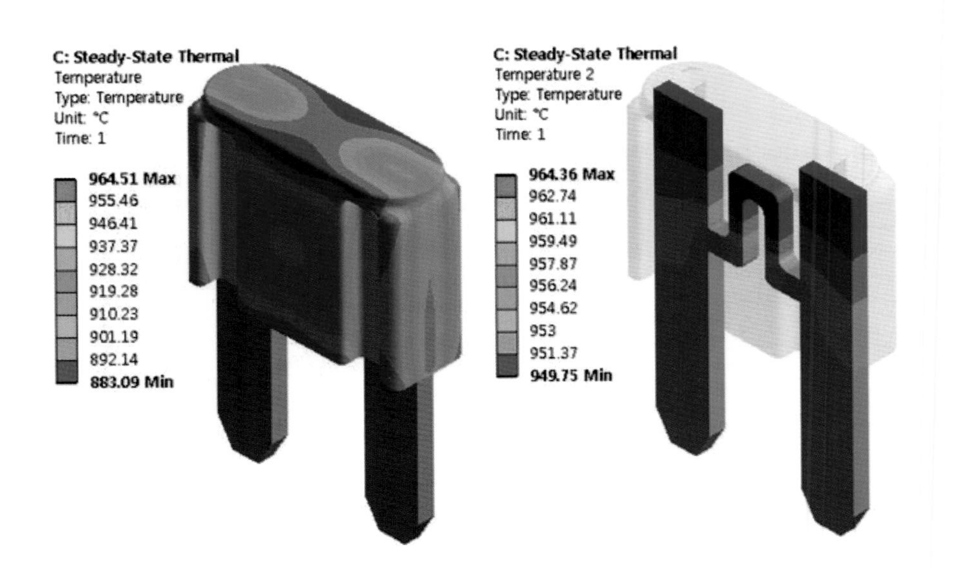

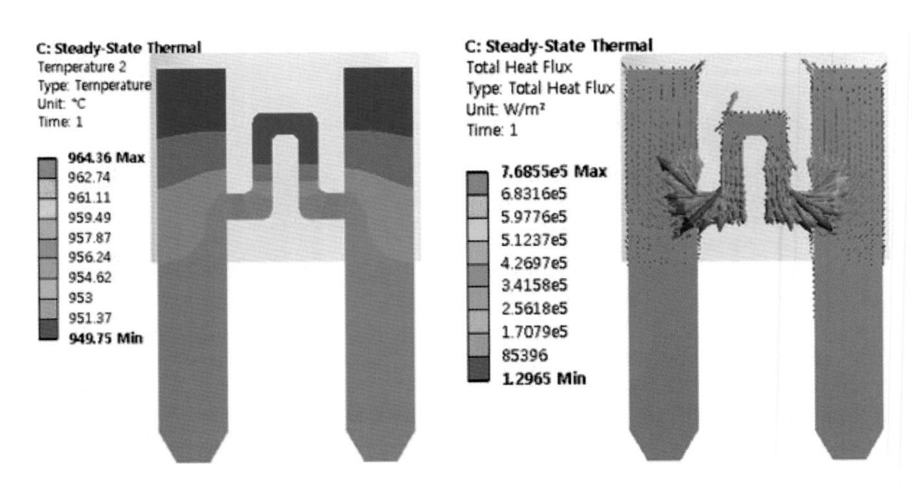

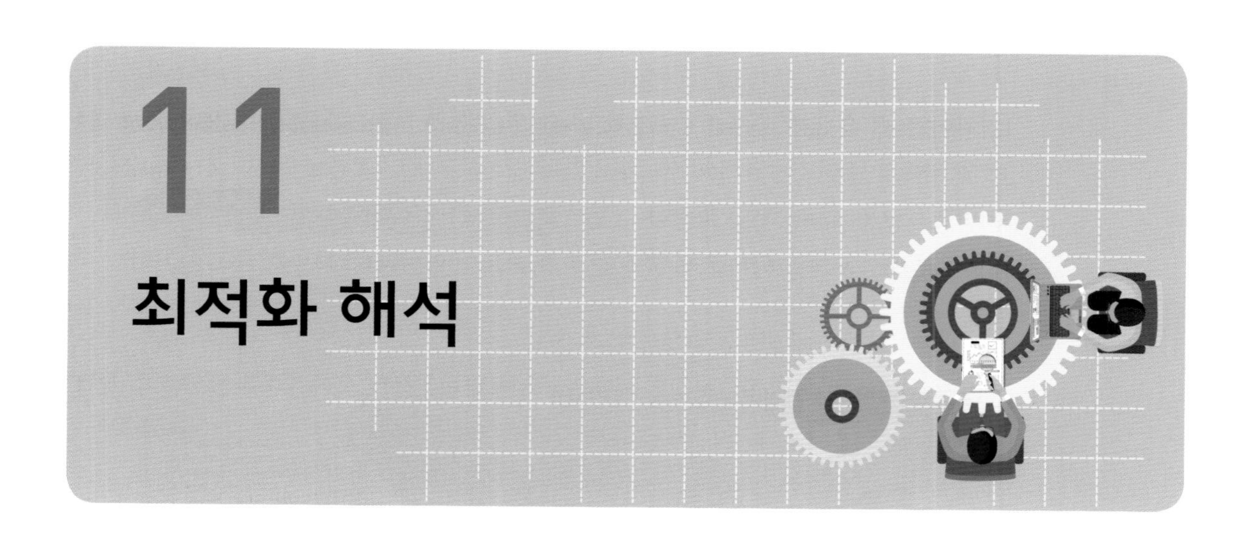

11.1 최적화 해석 개요

보다 좋은 제품을 설계하려면 재료 물성, 모델 형상, 경계 조건 등 여러 경우들을 고려하여 적합한 설계조건을 결정해야 합니다. 그러나 모든 조건들에 대해서 모델의 형상과 해석조건, 재료 물성 등을 변경하며 해석하는 것은 많은 시간과 노력이 필요합니다.

이런 문제점을 해결하기 위하여 ANSYS Workbench는 재료 물성, 해석 조건, 모델 형상 치수 등을 변수로 정의하고 간편하게 해석을 수행할 수 있도록 매개변수(Parameter) 해석 기능을 제공합니다. 매개변수로 설정할 수 있는 항목들은 다음과 같습니다.

- CAD 모델에서 매개변수로 정의된 치수(지름, 길이, 높이, 두께 등)
- 재료 물성 값(Young's Modulus, Density, Poisson's Ratio 등)
- 모든 하중 경계 조건(Force, Pressure, Moment 등)
- 해석 결과 항목(등가응력, 변형량, 변형률 등)

11.2 Design Xplorer

ANSYS Workbench에서 사용할 수 있는 최적화 제품인 DesignXplorer는 부품과 조립품을 해석하여 얻은 결과를 바탕으로 매개변수들 사이의 관계를 이해하고 최적의 값을 도출하는 강력한 기능을 제공합니다. DesignXplorer는 실험계획법(DOE)에 기반한 결정론적 방법 외에 다양한 최적화 방법들을 사용할 수 있습니다. 사용을 위해서는 기본적으로 매개변수 설정이 필요하며, Analysis System, DesignModeler 및 여러 CAD Systems로부터 생성된 매개변수들을 사용할 수 있습니다.

DesignXplorer의 하위에는 다음과 같은 System이 있습니다.

- Parameter Set : 매개변수 변경에 따른 응답을 case study 방식으로 구할 수 있음
- Parameters Correlation : 설정된 매개변수와 응답변수들의 상관관계를 살펴볼 수 있음
- Response Surface : 매개변수와 응답변수들의 상관관계를 특정 회귀 모델을 기반으로 생성하고 분석
- Response Surface Optimization : 제한 조건과 목적함수를 고려한 최적화 수행
- Six Sigma Analysis : 산포가 있는 입력 변수에 대한 통계적 분석 기법 제공

11.3 Parametric Analysis 예제

Beam 구조물의 형상과 강성 변화에 따른 변형량을 알아봅니다.

01 Static Structural System을 생성한 후 Geometry Cell을 마우스 오른쪽 버튼 클릭하여 DesignModeler를 실행합니다.

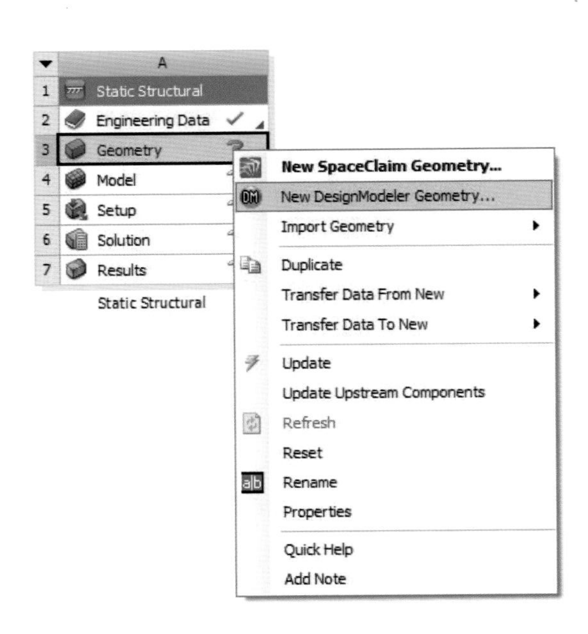

02 DesignModeler 실행 후, Menu > Units > Meter를 선택합니다.

03 Menu > Create > Point 기능을 실행한 다음, Definition 항목을 Manual Input으로 설정합니다. Detail View에 4개 점의 좌표를 입력하고 Generate 합니다. 이때 Point Group은 Detail View에서 RMB(마우스 오른쪽 버튼)로 추가할 수 있습니다.

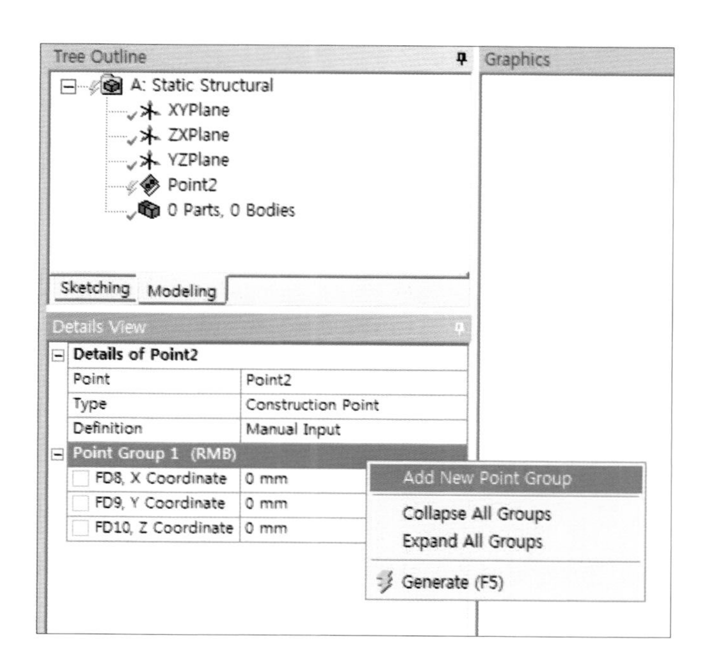

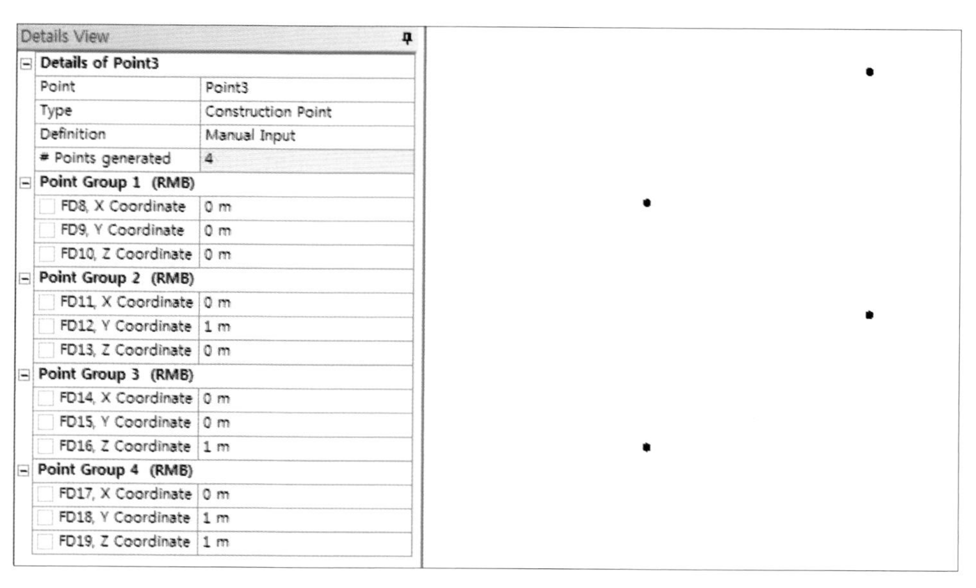

04 같은 방법으로 또 다른 4개의 점을 생성합니다.

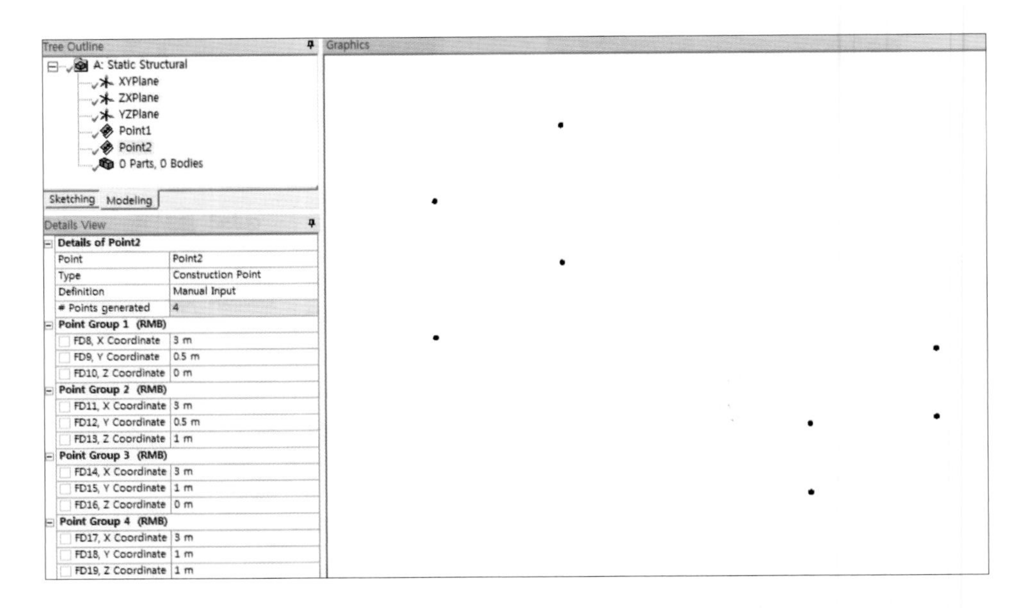

05 Menu > Concept > Line From Points 기능을 실행하고, 키보드 Control Key를 눌러서 생성된 Point들을 다중선택, 연결하여 12개의 line이 생성되도록 연결한 후 Generate 합니다.

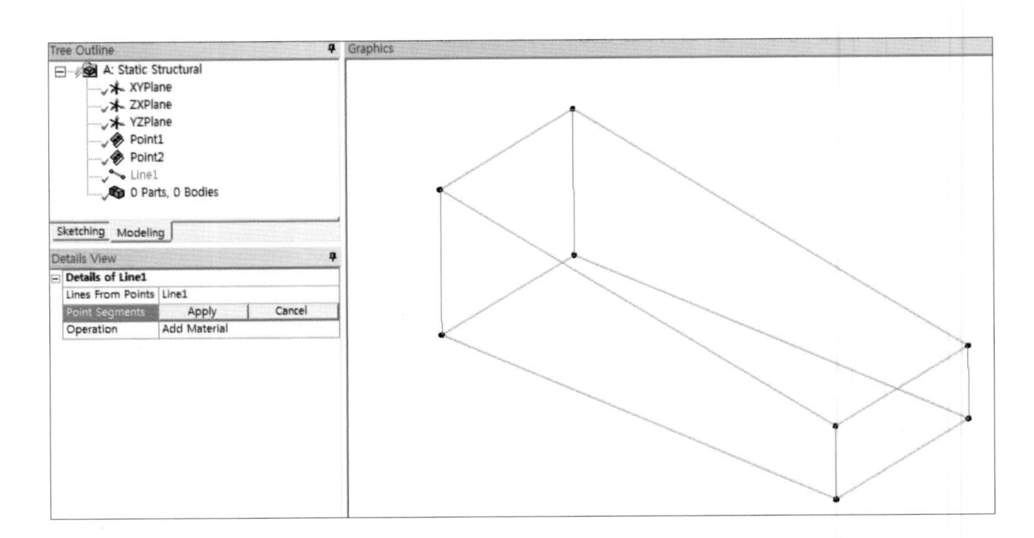

06 Menu > Concept > Cross Section > Circular를 실행한 후 반경 값으로 0.05m를 입력합니다.

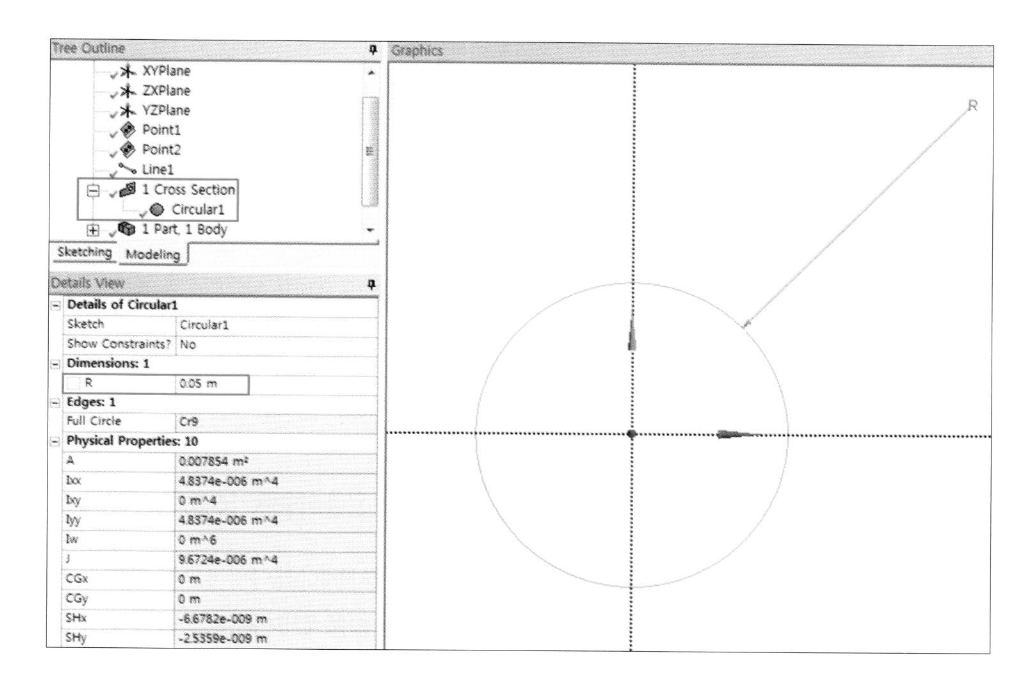

07 Line Body를 선택하고 Cross Section에 Circular1을 지정하고, Menu > View > Cross Section Solids를 선택하여 아래 그림과 같이 설정한 단면 정보를 형상으로 표시해 봅니다.

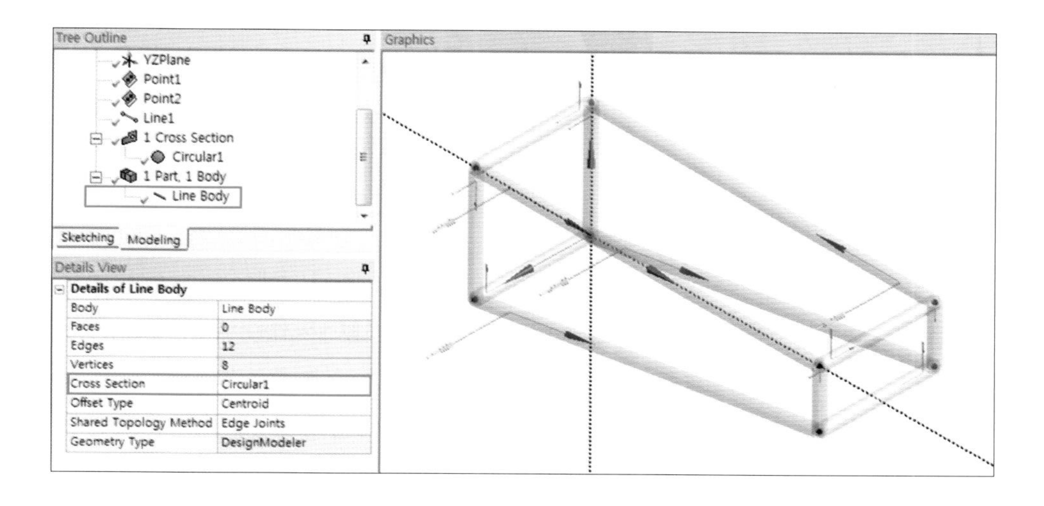

08 Menu > Tools > Parameters를 실행합니다. Parameter Manager가 활성화되면 Design Parameters Tab의 입력시트에 DS_R_Section = 0.05를 입력합니다. 사용자가 직접 정의한 매개변수로 모델에 정의된 치수를 조절하게 됩니다.

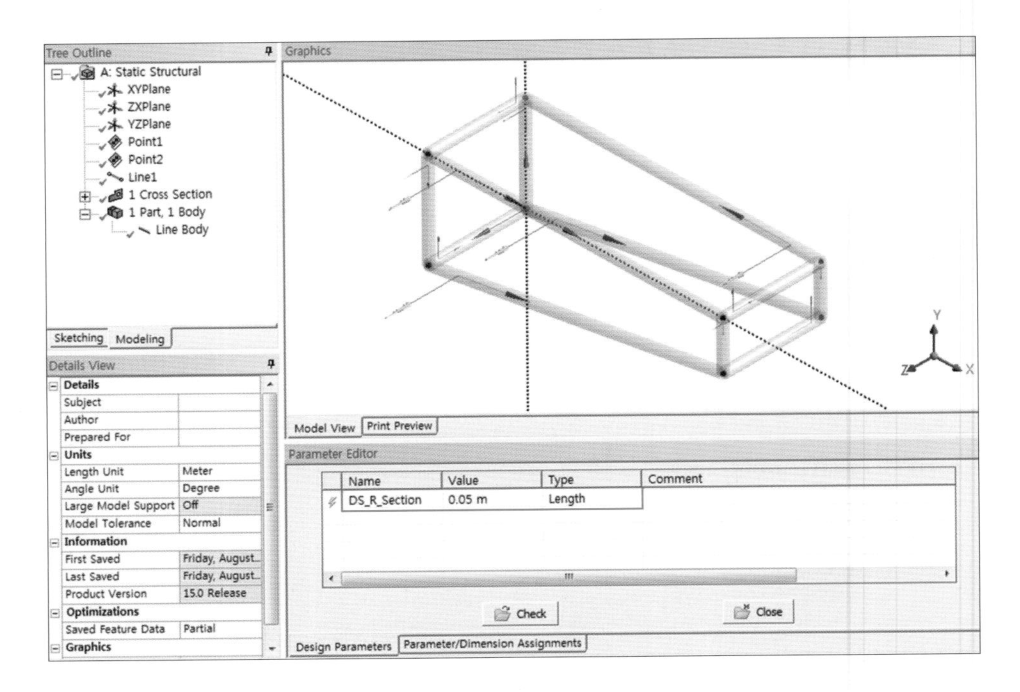

외부 3D CAD 모델의 매개변수를 ANSYS Workbench에서 활용하기 위해 해당 Parameter, 즉 변수 이름 앞에 "DS"를 붙여 변수 이름을 저장합니다. 이는 ANSYS Workbench의 기본설정 옵션에서 매개변수 이름에 DS라는 문자가 포함된 것만 불러들여 사용하도록 설정되어 있기 때문입니다. 이 옵션은 최적화 과정에 필요한 변수들만 구분하여 불러와 사용하기 위한 것입니다.

예 : DS_arm_hole_length, DSplate_thickness, DS_hole_rad 등

단, DesignModeler에서 설정한 매개변수는 DS를 붙이지 않아도 됩니다.

09 Cross Section으로 생성한 Circular1의 반지름 값 설정 항목 앞 빈칸을 클릭하여 매개변수로 설정합니다. Parameter Name 설정 창이 나타나면 변경하지 않고 OK 버튼을 클릭합니다.

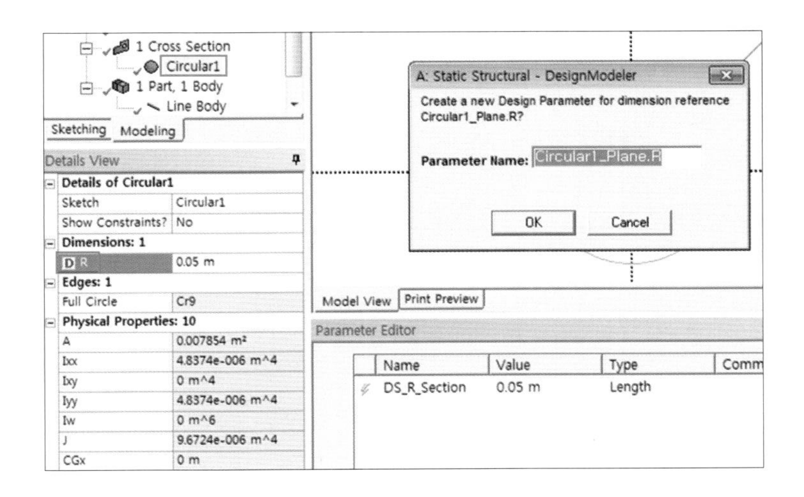

10 모델 치수를 매개변수로 설정하면 Parameter Manager에 자동으로 등록됩니다. 등록된 매개변수를 사용할 수도 있지만 본 예제에서는 앞서 생성한 매개변수가 있으므로 새로 생성된 매개변수는 삭제합니다.

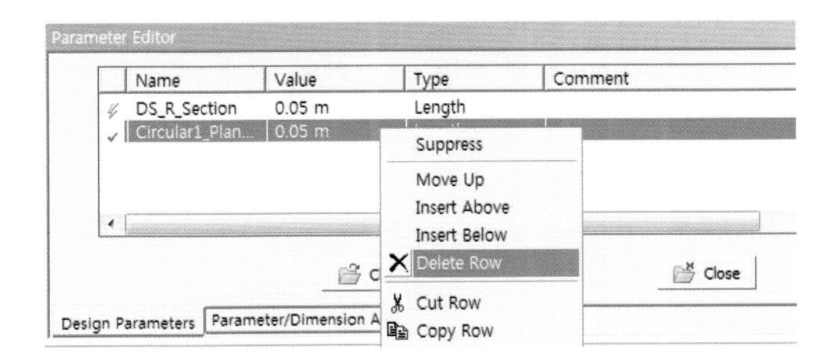

11 Parameter/Dimension Assignments Tab으로 이동하여 Cross Section 반경 치수에 정의된 매개변수를 지정합니다. 매개변수 앞에는 반드시 @ 기호가 입력되어야 합니다. 치수와 매개변수의 관계를 정의하면 Check 항목을 클릭하여 서로 간에 문제가 있는지 확인할 수 있습니다. 매개변수로 정의한 값이 0.05이고 적용된 값도 0.05임을 확인할 수 있습니다.

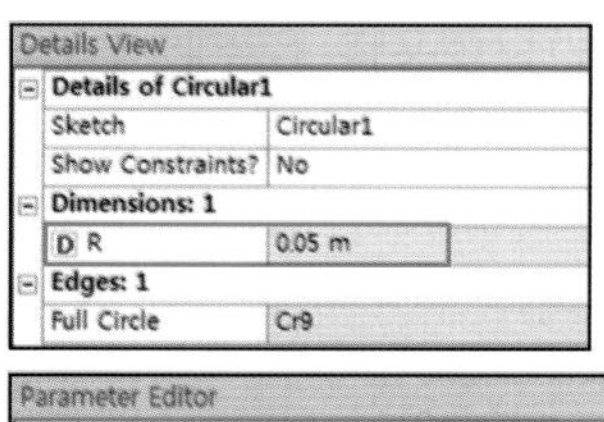

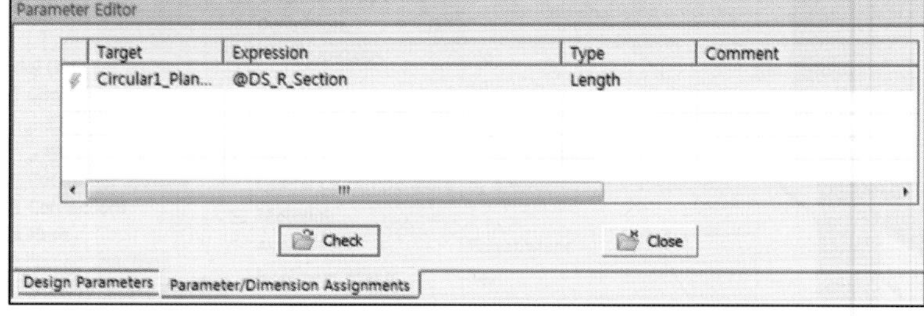

12 DesignModeler에서 매개변수를 설정하면 Parameter Set Bar가 생성되고 이곳에서 관리됩니다.

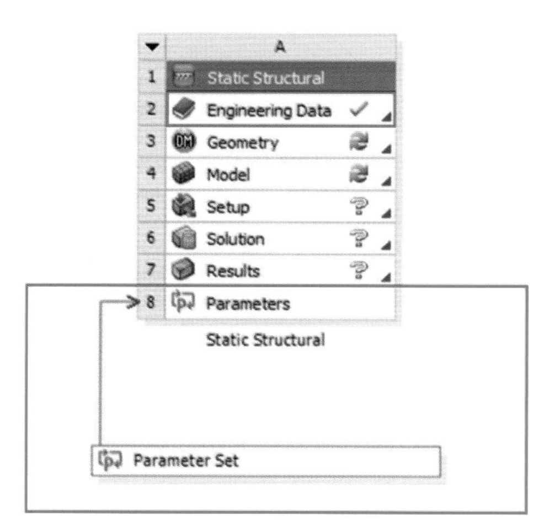

13 Edit를 선택하여 Engineering Data 환경으로 들어갑니다.

14 Engineering Data에 Magnesium Alloy를 추가하고 Young's Modulus를 매개변수로 설정합니다. 이때 해석시스템에 사용하기 위한 재료선택 방법은 2장의 Engineering 설정 부분에서 확인하시기 바랍니다. Magnesium Alloy를 ANSYS Library인 General Materials에서 선택합니다.

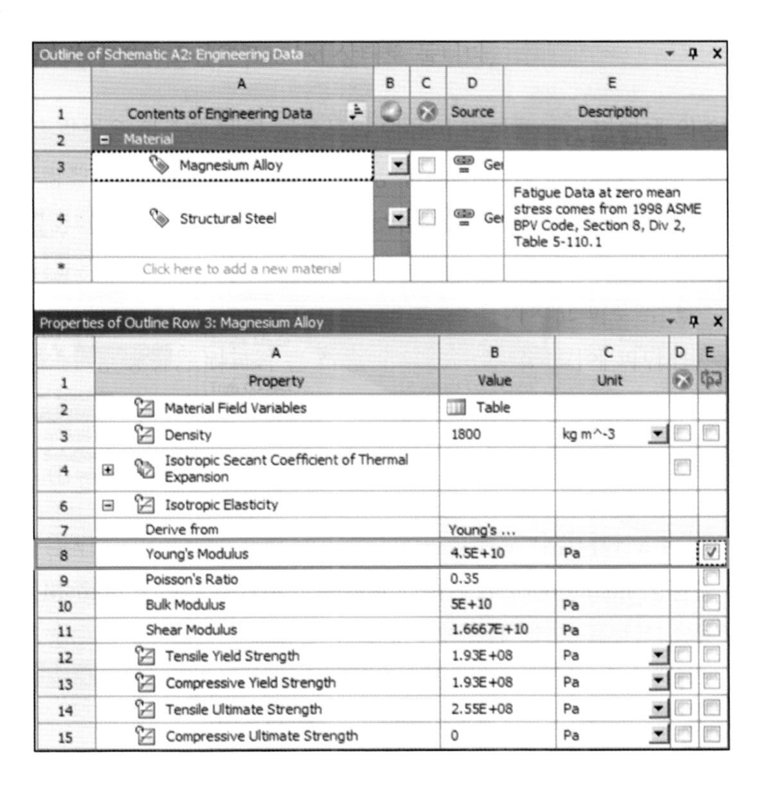

Outline of Schematic A2: Engineering Data

	A	B	C	D	E
1	Contents of Engineering Data			Source	Description
2	Material				
3	Magnesium Alloy			Ge	
4	Structural Steel			Ge	Fatigue Data at zero mean stress comes from 1998 ASME BPV Code, Section 8, Div 2, Table 5-110.1
*	Click here to add a new material				

Properties of Outline Row 3: Magnesium Alloy

	A	B	C	D	E
1	Property	Value	Unit		
2	Material Field Variables	Table			
3	Density	1800	kg m^-3		
4	Isotropic Secant Coefficient of Thermal Expansion				
6	Isotropic Elasticity				
7	Derive from	Young's ...			
8	Young's Modulus	4.5E+10	Pa		
9	Poisson's Ratio	0.35			
10	Bulk Modulus	5E+10	Pa		
11	Shear Modulus	1.6667E+10	Pa		
12	Tensile Yield Strength	1.93E+08	Pa		
13	Compressive Yield Strength	1.93E+08	Pa		
14	Tensile Ultimate Strength	2.55E+08	Pa		
15	Compressive Ultimate Strength	0	Pa		

15 Setup Cell을 더블 클릭하여 WB Mechanical을 실행합니다.

16 Line Body에 Magnesium Alloy를 적용합니다.

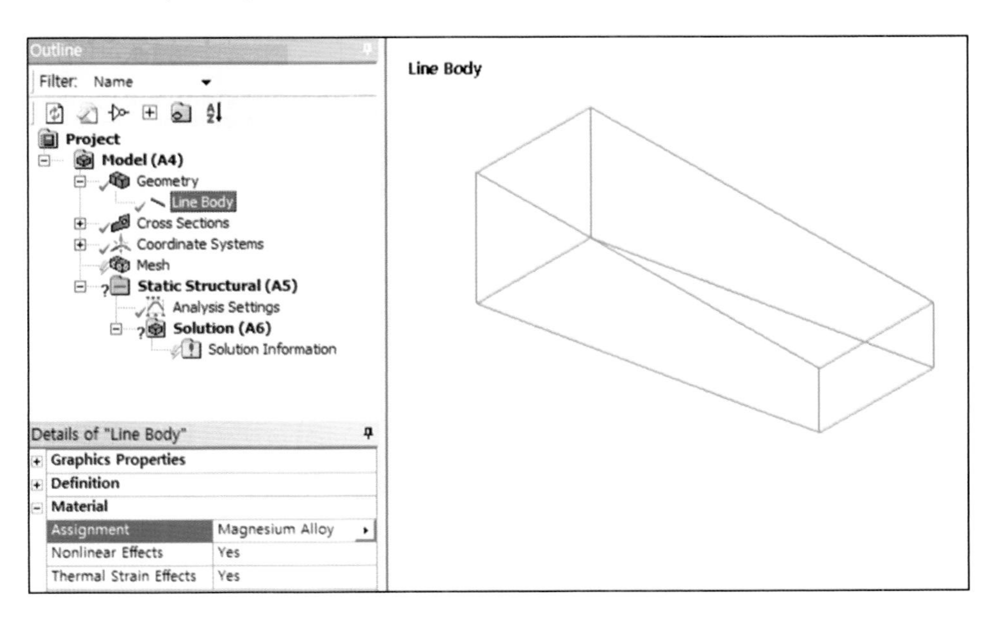

17 Line Body 뒤편 4개 점에 Fixed Support 조건을 적용합니다.

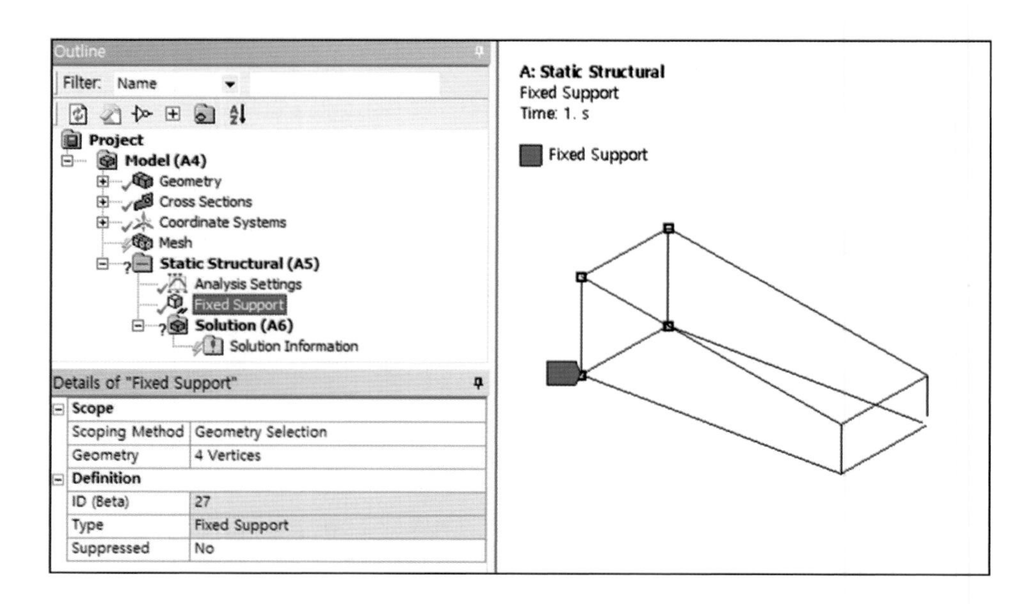

18 Line Body 앞 부분 밑에 2개 점에 Force 조건을 적용하고 Y방향으로 −5000N을 입력합니다.

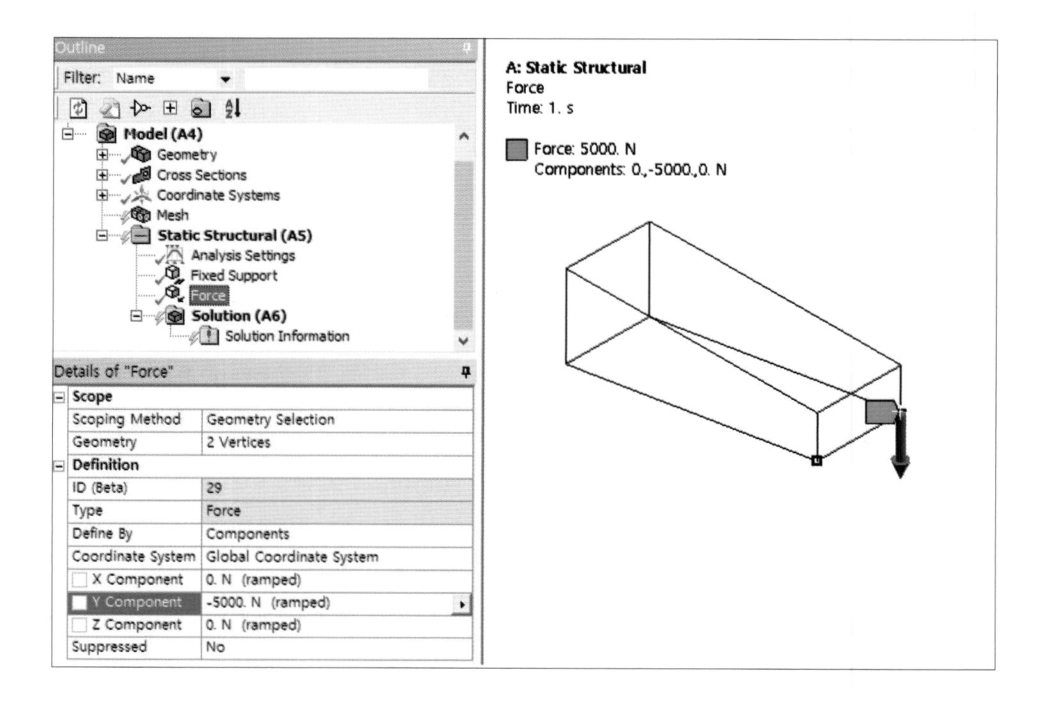

19 결과항목으로 Directional Deformation을 추가한 후 Y방향으로 설정합니다. Beam이 −Y방향으로 변형될 것이므로 Minimum 항목을 Output Parameter로 설정합니다.

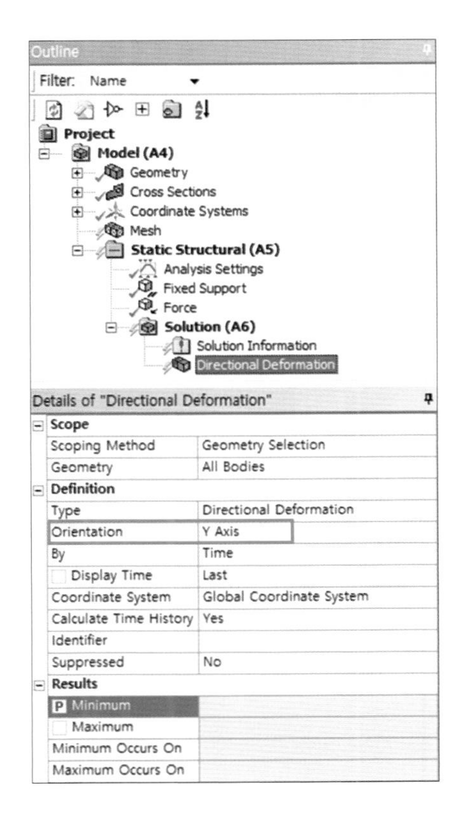

20 Line Body의 질량을 Output Parameter로 설정합니다.

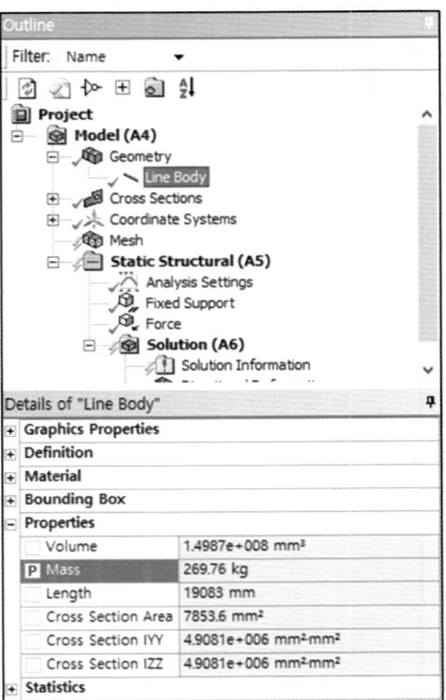

21 Project 환경으로 돌아옵니다. Parameter Set Bar를 더블 클릭하여 설정환경으로 들어갑니다.

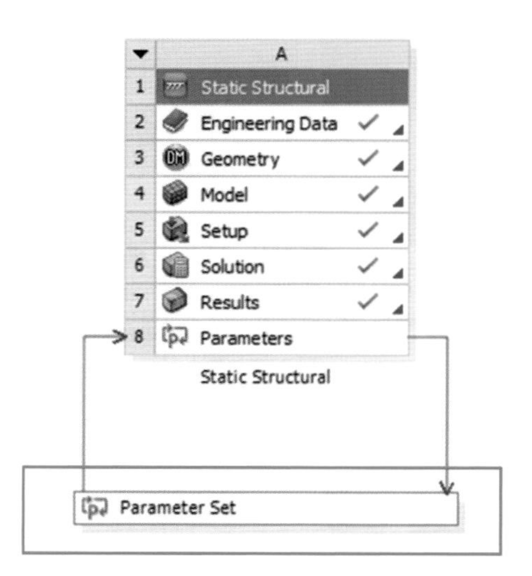

22 DesignModeler에서 생성한 2개의 Input Parameter와 Mechanical에서 생성한 2개의 Output Parameter를 확인합니다.

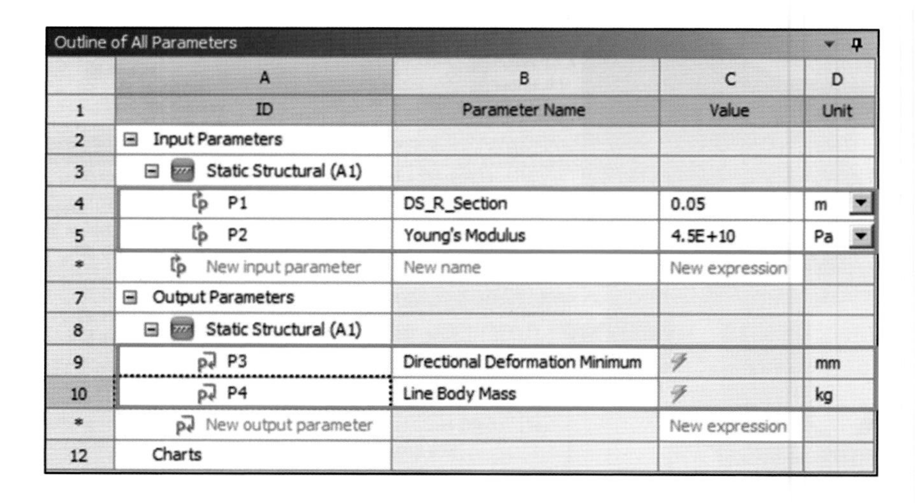

Outline of All Parameters

	A	B	C	D
1	ID	Parameter Name	Value	Unit
2	Input Parameters			
3	Static Structural (A1)			
4	P1	DS_R_Section	0.05	m
5	P2	Young's Modulus	4.5E+10	Pa
*	New input parameter	New name	New expression	
7	Output Parameters			
8	Static Structural (A1)			
9	P3	Directional Deformation Minimum		mm
10	P4	Line Body Mass		kg
*	New output parameter		New expression	
12	Charts			

23 매개변수 설정 환경에서는 Table에서 Input Parameter를 여러 조건으로 구성한 후 이에 따른 결과를 확인할 수 있도록 제공합니다. 현재 설정된 기본 값(Current) 밑으로 다음과 같이 Cross Section 반경 값과 Young's Modulus를 설정한 후 Update All Design Points를 실행합니다.

Table of Design Points

	A	B	C	D	E	F	G	H
1	Name	P1 - DS_R_Section	P2 - Young's Modulus	P3 - Directional Deformation Minimum	P4 - Line Body Mass	Retain	Retained Data	Note
2	Units	m	Pa	mm	kg			
3	DP 0 (Current)	0.05	4.5E+10			☑	✓	
4	DP 1	0.06	4.5E+10			☐		
5	DP 2	0.07	4.5E+10			☐		
6	DP 3	0.05	4.6E+10			☐		
7	DP 4	0.05	4.8E+10			☐		
8	DP 5	0.05	5E+10			☐		
*						☐		

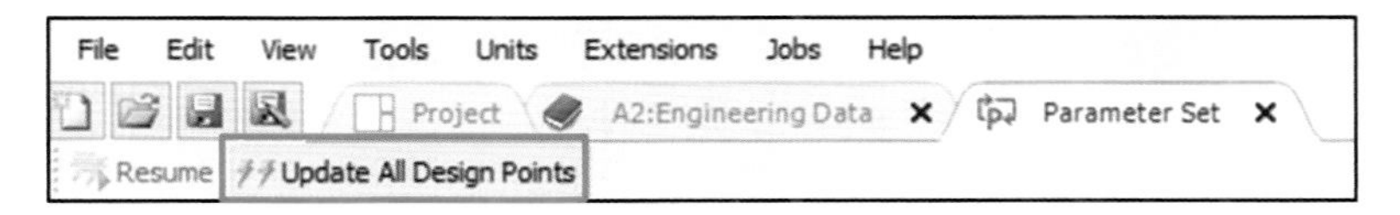

24 DP 1(Design Point 1)부터 순서대로 각 조건에 대해 해석을 진행합니다.
해석이 완료되면 Output Parameter로 정의된 부분에 결과가 표시됩니다.

Table of Design Points

	A	B	C	D	E	F	G	H
1	Name	P1 - DS_R_Section	P2 - Young's Modulus	P3 - Directional Deformation Minimum	P4 - Line Body Mass	Retain	Retained Data	Note
2	Units	m	Pa	mm	kg			
3	DP 0 (Current)	0.05	4.5E+10	-6.456	269.76	☑	✓	
4	DP 1	0.06	4.5E+10	-3.1599	388.46	☐		
5	DP 2	0.07	4.5E+10	-1.7376	528.74	☐		
6	DP 3	0.05	4.6E+10	-6.3156	269.76	☐		
7	DP 4	0.05	4.8E+10	-6.0525	269.76	☐		
8	DP 5	0.05	5E+10	-5.8104	269.76	☐		
*						☐		

25 Toolbox에서 Parameters Chart를 더블 클릭하여 Chart를 생성합니다. 생성된 Chart의 X, Y축 항목에 입력변수와 출력변수를 각각 설정하여 변수 변화에 따른 결과 그래프를 확인해 봅니다.

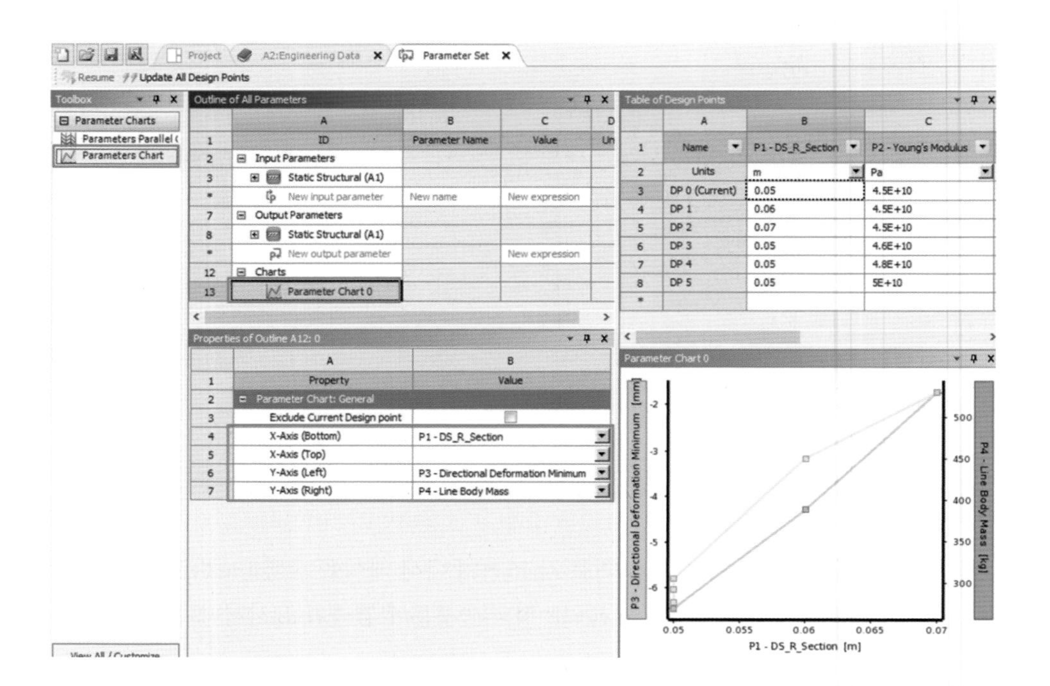

지금까지의 과정을 Parameter Study(또는 What If Study, Case Study)라고 합니다. 이 단계에서 더 나아가서 최적화 알고리즘을 사용하게 되면 DP 1~5 중에서 변형량이 가장 적으면서 구조물의 중량이 늘어나지 않는 최적의 조건을 탐색할 수 있으며, 출력변수 결과에 가장 큰 영향을 미치는 입력변수는 무엇인지 검토할 수 있는 상관분석 과정도 진행할 수 있습니다.

또한 설계변수의 범위에 대하여 모든 조건을 해석하기에는 많은 시간을 요구하게 되므로 Design Point의 효율적인 선정(DOE)과 반응표면모델(Response Surface Model)에 의한 근사최적화 기법을 사용하여 효율적인 계산과 제약조건을 충족하는 목적함수의 최적 값 검색을 다룰 수 있습니다. 이러한 최적화 해석 전체 내용을 모두 설명하기 곤란하므로, 이에 대해서는 (주)태성에스엔이에서 진행하는 정규 교육과정을 이수하시길 권장합니다.